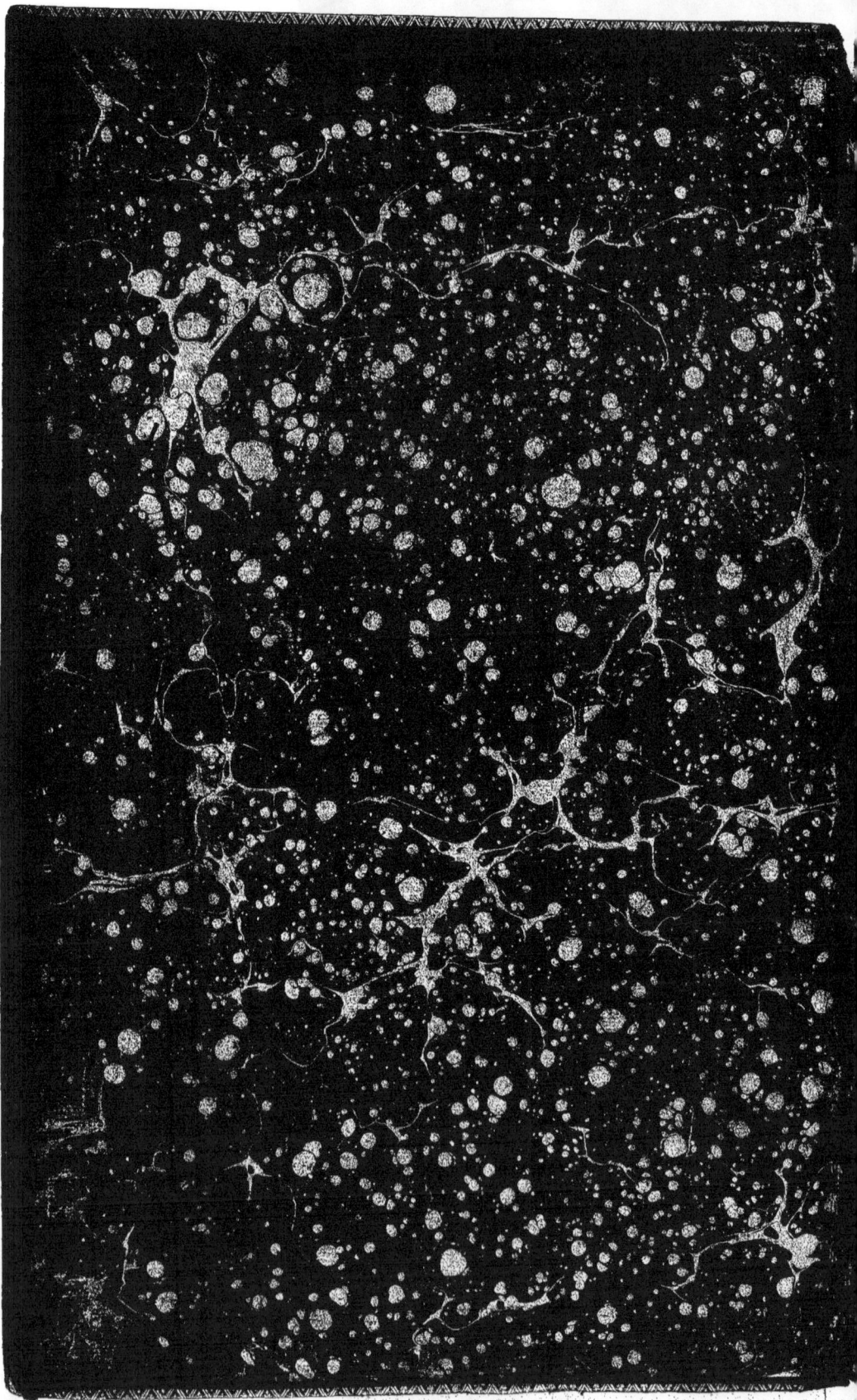

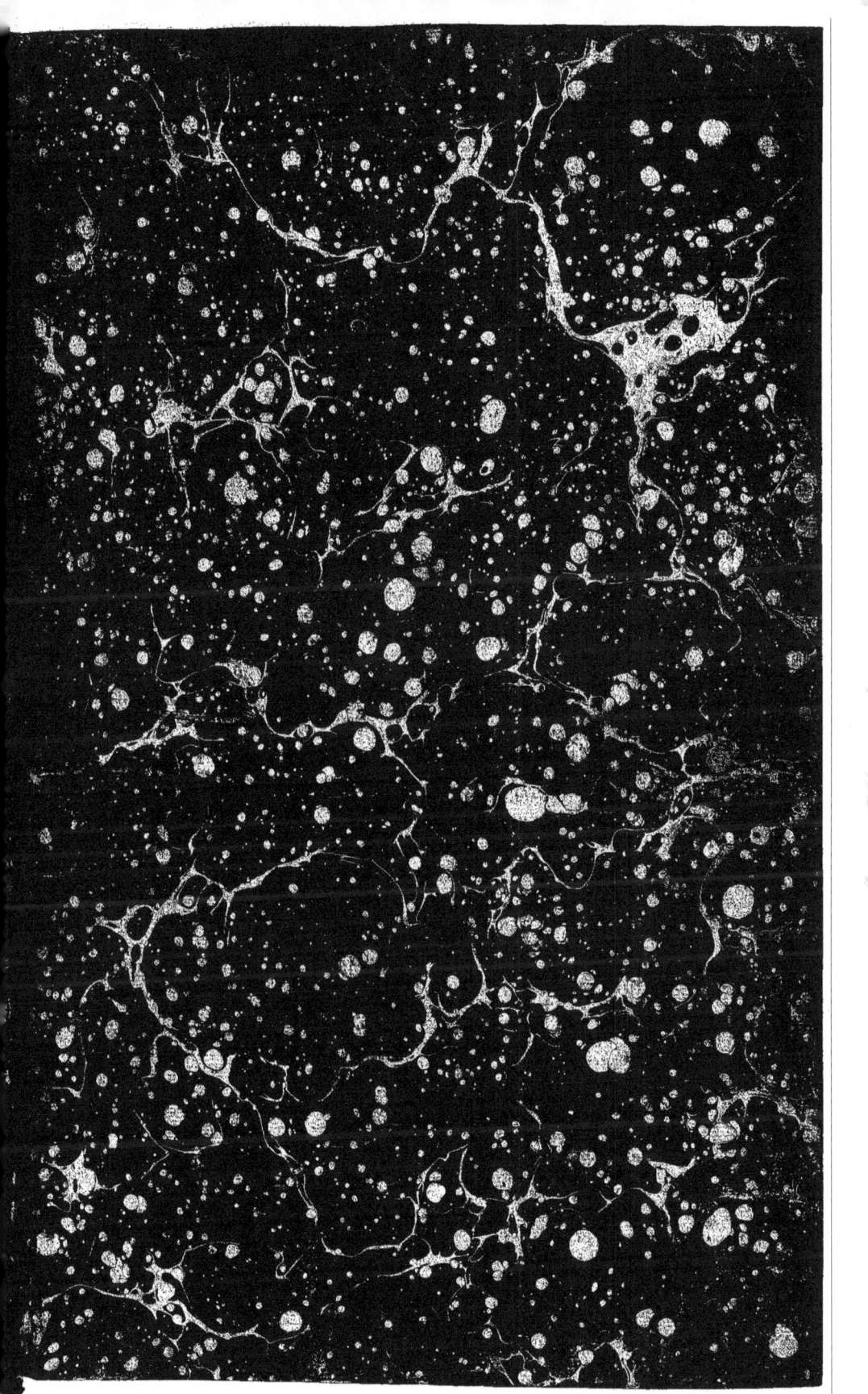

S /72.

PHYTONOMATOTECHNIE
UNIVERSELLE.

TOME PREMIER.

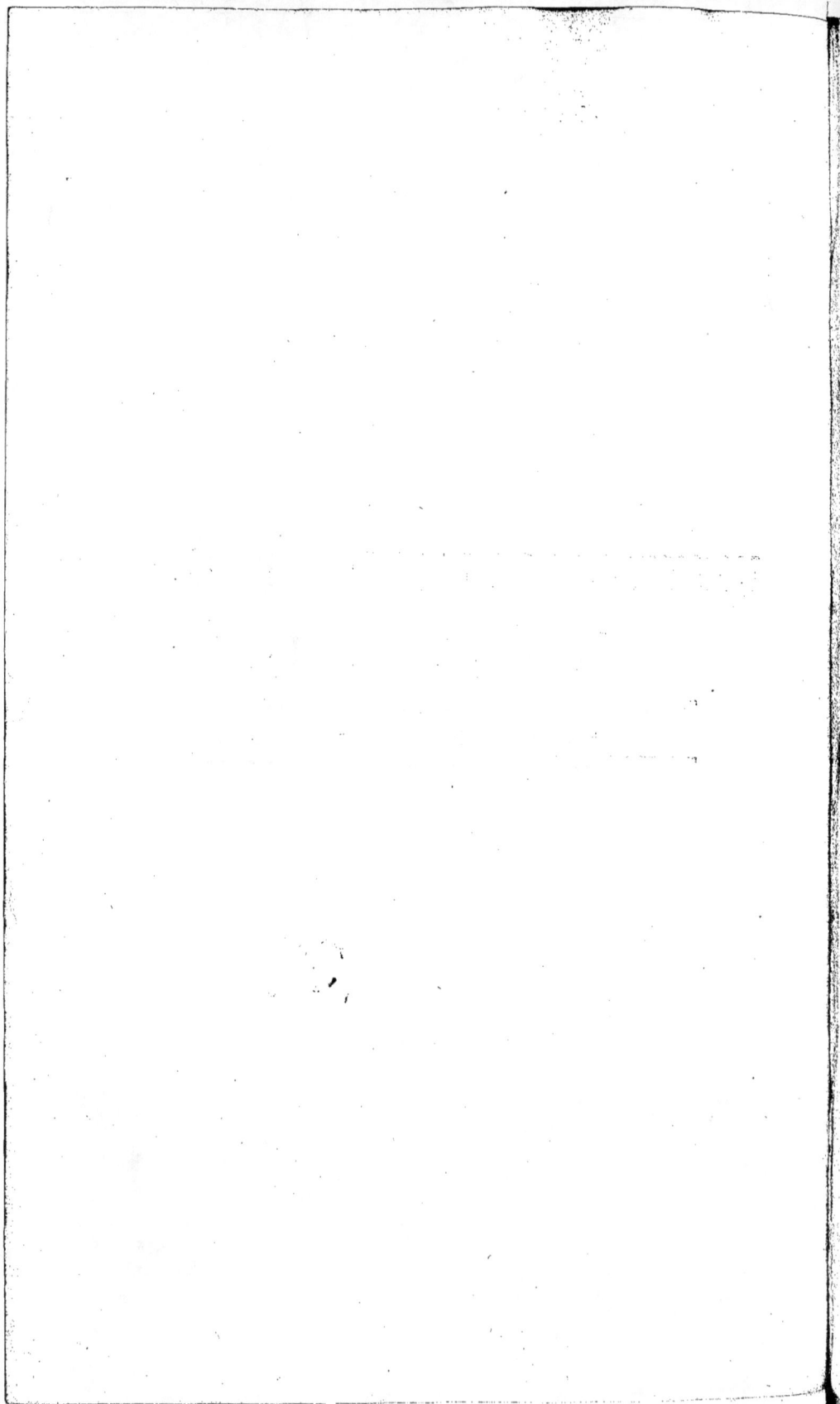

PHYTONOMATOTECHNIE
UNIVERSELLE,

C'EST-A-DIRE,

L'ART DE DONNER AUX PLANTES

DES NOMS TIRÉS DE LEURS CARACTÈRES;

Nouveau Syftême au moyen duquel on peut de foi-même, fans le fecours d'aucun Livre, nommer toutes les Plantes qui croiffent fur la furface de notre globe.

A la Publication de ce Syftême, on joint les Figures, les Defcriptions les plus méthodiques, l'Analyfe, les Propriétés, les Vertus, l'Ufage, l'Etymologie & la Synonymie de toutes les Plantes de la France.

OUVRAGE PROPOSÉ PAR SOUSCRIPTION,

Par M. BERGERET , Chirurgien , Démonftrateur de Botanique.

TOME PREMIER.

A PARIS,

Chez
{
l'AUTEUR, rue d'Antin, près de l'Hôtel de Richelieu.
DIDOT le jeune, Libraire-Imprimeur de MONSIEUR, quai des Auguftins.
POISSON, Graveur en taille-douce, Cour du Cloître Saint-Honoré.
}

M. DCC. LXXXIII.
AVEC APPROBATION, ET PRIVILÈGE DU ROI.

AVIS
AUX SOUSCRIPTEURS.

Il paroîtra exactement tous les deux mois, un Cahier de cet Ouvrage, composé de vingt-quatre pages de Descriptions, & douze Planches de quatre différentes grandeurs ; savoir : trois petites , trois moyennes , trois grandes , & enfin trois très-grandes. Sur chacune de ces Planches, il ne sera représenté qu'une seule figure, si petite soit-elle. Chaque figure représentera , autant qu'il est possible , les plantes de grandeur naturelle. Lorsqu'une plante sera trop petite, pour que l'œil en puisse saisir toutes les parties, on dessinera grossies à la loupe, les parties sur lesquelles sont fondés les caractères génériques. Voyez le *Bry sans col*, *pl. 2*. Lors, au contraire, qu'une plante sera trop grande pour être représentée en entier, on la réduira en petit dans un coin de la Planche ; & on représentera à part une portion de cette même plante de grandeur naturelle. Voyez la *Belladone Officinale*. Enfin si , dans le nombre des plantes , il s'en trouve d'un peu plus grandes que notre format , on les réduira d'un cinquième ou d'un quart ; & on représentera , de grandeur naturelle, les détails. Voyez la *Savonaire Officinale*.

On trouve à chaque Planche deux noms, l'un au bas de la figure ; c'est celui de Linné, ou celui que nous avons adopté : on en voit un autre à la tête de la Planche , c'est le nom phytonomatotechnique, c'est-à-dire , le nom fourni par les caractères de la plante. Nous allons donner une idée très-précise de la manière dont on forme ces noms, & par conséquent de notre système.

Nous faisons passer en revue toutes les principales manières d'être de la Corolle, des Etamines, des Nectars, des Pistils, de l'Enveloppe, du Calice, du Péricarpe & des Semences. A chacune de ces différentes manières d'être, nous avons attribué une consonne ; cela nous a fourni huit grands Tableaux alphabétiques. Nous avons ensuite vu que la plupart de ces différentes manières d'être pouvoient encore subir un examen plus particulier. Cette nouvelle considération nous a produit sept autres petits Tableaux, où il n'y a que des voyelles.

Tous ces Tableaux sont entremêlés de manière, que chacun ayant fourni une lettre à la plante, en raison de ses caractères ; le nom qui en résulte peut être facilement épellé.

Tous ces noms sont formés de quinze lettres exprimées ou sous-entendues ; nous appelons lettres sous-entendues, le retranchement d'une ou plusieurs mêmes lettres fournies par des Tableaux successivement ; & comme la répétition d'une même lettre successive porteroit un obstacle à l'épellation, nous les retranchons du nom, & nous n'en conservons qu'une, sur laquelle nous posons un chiffre qui exprime le nombre de fois que cette lettre doit être répétée. C'est ainsi que l'*Agaric moucheté* forme le nom ÀLÂYZ, au lieu de AAAAAAAALAAAAYZ.

D'après cet exposé, il nous paroît facile de comprendre comment on forme les noms des plantes par notre méthode. Mais, pour plus de clarté, fuppofons que la *Belladone Officinale* fe préfente à nos regards pour la première fois, nous comparons la Corolle avec les caractères du premier Tableau; nous voyons que la lettre J indique une Corolle à cinq découpures : on pofe J, & l'on paffe au fecond Tableau, qui donne la voyelle E; parce que les découpures de la Corolle font peu profondes : on pofe E à côté de J, & on a JE. On paffe au troifième Tableau, & on trouve que la lettre Q indique l'infertion des Etamines fous le germe, par le moyen de la Corolle : on pofe Q, & on a JEQ. Le nombre des Etamines eft de cinq, on trouve au quatrième Tableau que la lettre L les indique pour cette plante; on la pofe, & on a JEQL. L'ouverture des anthères par les côtés, eft exprimée par la lettre Y dans le cinquième Tableau; on la pofe, & on a JEQLY. Enfin, par cette méthode, on parcourt fucceffivement les quinze Tableaux, chacun fournit une lettre; on les pofe, & on obtient le nom JEQLYABIAJISBEV, qui équivaut à toute la defcription que nous donne Linné du genre de l'Atropa, puifque chacune de ces lettres exprime, comme on vient de le voir, un caractère de la plante.

PREMIER TABLEAU.

LA COROLLE.

PREMIÈRE LETTRE DES NOMS.

	Sans aucune Corolle					A
			Corolle d'une pièce très-entière,			B
			découpée	Divifions égales,		C
			en deux	inégales,		D
			en trois	égales,		E
				inégales,		F
		Fleurs non-labiées.	en quatre	égales,		G
				inégales,		H
PLANTES,			en cinq	égales,		J
				inégales,		I
	Fleurs fimples.		en plus de cinq	égales,		L
				inégales,		M
			Une lèvre entière.	L'autre lèvre fendue en deux		N
				en trois		O
		Fleurs labiées.		en plus de trois		P
	Avec une ou plufieurs Co- rolles.		Les deux lèvres dé- coupées.	Une fend. en deux.	La fec. en trois	Q
					La fec. en plus de trois	R
			Les deux lèvres fendues en trois & plus de trois.			S
			Flofculeufe	moins de douze fleurons		T
				plus de douze fleurons égaux		V
				inégaux		U
	Fleurs compofées.		½ flofculeufe	moins de douze ½ fleurons		W
				plus de douze ½		X
			Radiées	moins de vingt fleurons.		Y
				plus de vingt		Z

Nous aurions defiré pouvoir joindre ici quelque autre Tableau, pour plus d'éclairciffement ; mais on les trouvera tous dans l'Introduction à cet Ouvrage, qui paroîtra inceffamment.

Fig.1.

Fig.2.

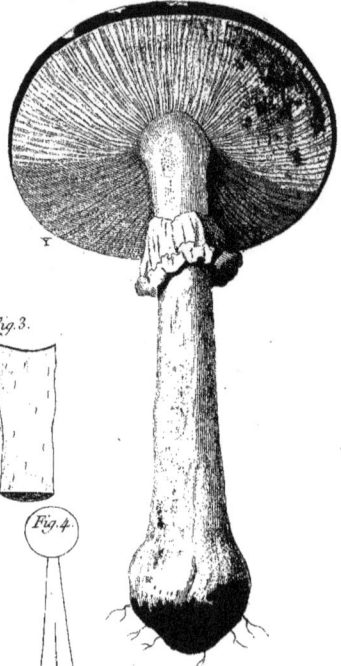

Fig.3.

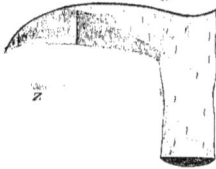

Fig.5.

Fig.4.

AGARICUS Muscarius. L.

AGARICUS

MUSCARIUS.

AGÁRIC *MOUCHETÉ.*

ORDRES SYSTÉMATIQUES

DE TOURNEFORT.	VON LINNÉ.	DE JUSSIEU.
Claffe XVII. Section 1. Genre 2.	Claffe XXIV. Ordre 4. *Fungi.*	Cl. I. Ordre 1. les Champignons.

DESCRIPTION.

ENVELOPPE. *Bourfe générale* blanche, recouvrant toute la plante dans fa jeuneffe; (fig. 5.) Cette Bourfe fe déchire en plufieurs lambeaux de différentes formes, lefquels reftent fixés fur le chapeau; (fig. 1.) Cette enveloppe eft mollaffe, fpongieufe, fouvent prefque nulle fur la bulbe.

    Bourfe partielle blanche, molle, fpongieufe, & qui jaunit en fe deff`echant; (L. 2.) Cette demi-enveloppe eft appliquée fous le chapeau, contre les feuillets, avant l'épanouiffement dudit chapeau, & fixée d'une part à fon bord d'où elle fe détache, & d'autre part autour du pédicule ou colonne où elle refte attachée en forme de peignoir : c'eft à cette enveloppe que quelques Botaniftes ont donné le nom de voile.

CALICE,
COROLLE,
ETAMINES,
PISTIL,
NECTAR,
PÉRICARPE,
} aucune apparence.

RÉCEPTACLE. *Lames* très-blanches, très-rapprochées, occupant tout le deffous du chapeau, (fig. 2.) attachées d'une part au pédicule *, & de l'autre au bord & à toute la face inférieure du chapeau. Ces lames font difpofées de manière qu'entre deux lames entières, telles que nous venons de les décrire, fe trouvent placées trois autres portions, favoir : une grande, de la longueur de la moitié des entières, & deux latérales, qui tout au plus ont un fixième de longueur des grandes. Les demi-feuillets ou demi-lames dont nous venons de parler, font coupées à angle droit ; (fig. 3 & 4.) Chaque lame forme, du côté du chapeau, un fegment de cercle, & une ligne droite du côté de la terre. Ce dernier bord paroît, à la fimple vue, denté à dents de fcie ; mais confidérées à la loupe, ces dents paroiffent autant de paquets poudreux, que nous nommerons les femences.

SEMENCES. Efpèce de farine qui fort de la tranche des feuillets ; laquelle farine pourroit bien être la pouffière fécondante, qui dans ces plantes eft fufceptible de fe gonfler & produire un champignon, felon l'efpèce de matrice qu'elle rencontre plus ou moins propre à fon développement.

RACINE. *Bulbe* fongueufe, fpongieufe, molle, pleine, blanche, arrondie, garnie par le bas de quelques fibres ; fubftance fouvent mangée par des vers.

---

* Telle attention que j'aye apportée à la diffection des efpèces de cette plante, je n'ai pu appercevoir le collet auquel, felon M. Paulet, vont s'attacher les feuillets. Voyez l'excellent Mémoire qu'a publié cet Auteur fur la famille des Champignons, dans les Mémoires de la Société royale de Médecine, année 1776.

A

Tronc. *Colonne* blanche, pleine, cylindrique, molle, fpongieufe, plus longue que le diamètre du chapeau, diminuant de groffeur en montant jufques vis-à-vis les feuillets, où elle eft un peu plus groffe : extrémité fupérieure terminée par un chapiteau ovoïde dans fa jeuneffe ; il devient orbiculaire, horizontal & un peu convexe fupérieurement, avec un léger renfoncement au centre. La couleur du chapeau eft ordinairement ponceau, fouvent pâlit & devient jaune ; cette couleur eft couverte, d'efpace en efpace, par des lambeaux de la bourfe générale ; ce qui la rend mouchetée de blanc. Subftance fpongieufe d'un blanc jaunâtre, prefque nulle du milieu des feuillets au bord du chapeau, mais affez épaiffe en approchant du pédicule ou colonne.

Feuilles, aucune.

Supports, aucun.

Port. D'une fubftance moififorme fe développe une bulbe oviforme, qui en groffiffant fe crevaffe à fa partie fupérieure, & laiffe paroître une tête d'une couleur de feu ; (fig. 5.) Cette tête s'épanouit & fe dépouille de la demi-enveloppe qui cache les feuillets, acquiert l'état dont nous avons parlé, & un diamètre de trois à cinq pouces, pendant que le pédicule acquiert cinq à fix pouces de long, fur un ou près d'un pouce de diamètre.

Végétation. Sort de terre en automne, dure peu de jours.

Lieu. Nos forêts, parmi la bruyère & la mouffe.

Propriétés. { *Odeur*, point défagréable : au contraire, abfolument femblable à celle de champignon ordinaire. La bulbe fe corrompt, la tête fe deffèche & fe conferve des années.

Saveur ; le chapeau mucilagineux aigrelet, feuillets de même ; pédicule & bulbe très-doux, fade & très-aqueux.

Analyse, inconnue.

Vertus. Très-dangereux ; les animaux à qui on en a fait manger ont été très-malades ; deux perfonnes ont manqué d'en perdre la vie. Voyez à ce fujet le Mémoire de M. Paulet.

Dose. Inconnue pour le rendre utile.

Remèdes. De tous ceux qu'a tentés M. Paulet, aucun ne lui a auffi bien réuffi que l'éther, après avoir fait vomir le malade. Voyez ce qu'en dit l'Auteur.

Etymologie. *Agaricus* vient d'*Agarus*, nom d'un fleuve de Sarmatie en Europe, connu aujour-d'hui fous le nom de *Malowouda*, où croiffoit une grande quantité de Champignons fur le Méléfe. C'eft à l'efpèce de champignon qu'on emploie en médecine, & qui croît fur le Méléfe, ainfi qu'à quelques femblables qui croiffent fur d'autres arbres, qu'on avoit donné anciennement le nom d'*Agaricus*. Linnœus, en formant les genres *Boletus* & *Agaricus*, a rapporté au premier les Agarics des Anciens, & il a attribué à fes Agarics des caractères qui conviennent à d'autres efpèces de champignons. Au nom *Agaricus* on a joint *Mufcarius* moucheté, titre fpécifique, à raifon des mouchetures qui font fur le chapeau de l'efpèce que nous venons de décrire.

NOM GÉNÉRIQUE PHYTONOMATOTECHNIQUE.

A L A Y Z.

SYNONYMIE.

Agaricus (*mufcarius*) *ftipitatus, lamellis dimidiatis folitariis ftipite volvato : apice dilatato, bafi ovato. L. fpe pl. 1640. n°. 4. Murray, 820. n°. 4. fyftema pl. 4. 599. n°. 4.*

Agaric *mouchété*, *Lam. 1. 114. n°. 30.*

Fungus *mufcas interficiens. C. B. pin. 373. n°. 19. T. inft. 560. Mém. foc. med. 1776. p. 449.*

—— *pileo fanguineo verrucofo, lamellis albis, annulo fugaci, pediculo bulbofo. Hol. S. Hol...... id. hift. n°. 2373.*

—— *pileolo lato puniceo, lacteum dulcem fuccum fundens Vail. Bot. par. p. 75. n°. 6.*

Fausse Oronge.

AFREARA

BRYUM Apocarpum. L.

BRYUM
APOCARPUM.
BRY *SANS COL.*

ORDRES SYSTÉMATIQUES

DE TOURNEFORT.	VON LINNÉ.	DE JUSSIEU.
Claſſe XVII. Seĉt. 1. Genre 1.	Claſſe XXIV. Ordre 2. *Muſci.*	Claſſe I. Ord. 3. les Mouſſes.

DESCRIPTION.

ENVELOPPE, aucune.

CALICE. *Coëffe* (B) membraneuſe, blanchâtre, conique, liſſe, glabre, & qui tombe de bonne heure.

COROLLE, aucune.

ETAMINES. Une perſiſtante à l'extrémité de chaque tige (F), renfoncée dans le feuillage. *Filet* très-court, cylindrique. *Anthère* arrondie en boîte à ſavonnette, ordinairement de deux couleurs lorſqu'elle eſt mûre. *Urne* liſſe dentée (E). *Opercule* (3) liſſe, conique, rouge, terminée en pointe : cette opercule s'applique ſur l'urne (E), & la ferme comme une boîte eſt fermée de ſon couvercle ; à l'ouverture de l'urne ſe trouve une membrane qui en bouche l'entrée, laquelle en ſe déchirant forme les dentelures de l'urne : urne remplie d'une pouſſière fécondante.

PISTIL,
NECTAR,
PÉRICARPE,   } aucun.
RÉCEPTACLE,

SEMENCES. Aucune bien ſenſible ; on en ſoupçonne d'ovoïdes ſous les écailles des petites branches qui viennent ſur la même plante, & qui ne portent point d'anthères. Ces grains bien conſidérés, paroiſſent, dans la plupart des mouſſes, de petits bourgeons qui forment de nouvelles plantes ; peut-être que la pouſſière des anthères, portée ſous les écailles, y germe & y détermine leur développement. Cette manière de ſe reproduire eſt commune à quelques autres plantes : on peut les nommer vivipares.

RACINE. Fibreuſe, chevelue, filamens très-courts. Racine principale, écailleuſe, formée des débris d'une autre tige.

TRONC. Tige grêle, droite, cylindrique, feuillée, branchue, ſouvent ramifiée ; diviſions toujours dichotomes.

FEUILLES. Simples, perſiſtantes, glabres, élancées, pointues, ployées en gouttière ; bords très-entiers ; point de nervures ni veines.

SUPPORTS.
{ *Armes,*
  Stipules,
  Braĉtée,   } aucune.
  Pétioles,
  Péduncule,   } aucun.
  Vrilles,   } aucune.

Port. D'une racine commune, sortent plusieurs tiges droites qui, dès leur naissance, poussent des branches, lesquelles souvent se fourchent. Feuilles alternes, très-rapprochées, droites, rangées autour de la tige en ligne spirale. Ces feuilles sont écartées de la tige lorsque la plante vient d'être mouillée; mais, s'il y a du temps qu'elle n'a été mouillée, les feuilles sont alors couchées les unes sur les autres en imbrication. Anthères, la plupart terminales, quelques-unes axillaires; les terminales renfoncées dans les feuilles, ce qui les fait paroître sessiles. La hauteur totale de la plante est depuis six jusqu'à douze lignes.

Végétation. On la trouve dans toutes les saisons, mais principalement pendant les hivers, par touffes ou gazons. Les étamines se développent en automne, elles sont mûres en avril; la plante dure plusieurs années.

Lieu. Les bois, aux pieds des arbres, les terrains sablonneux.

Propriétés. { Saveur, } { Odeur, } nullement sensibles.

Analyse, inconnue.

Vertus, } Usage, } inconnues. Dose, }

Etymologie. *Bryum*, du mot grec βρυω, *germino*, je pousse abondamment; parce que les Brys poussent beaucoup de tiges. On a nommé cette espèce *Bryum apocarpum*, des mots *ἀπό privatif*, & *καρπος fructus*, comme qui diroit Bry sans fruit; parce que l'urne, qu'on prenoit pour le fruit dans les mousses, se trouve cachée dans cette espèce à l'extrémité des tiges parmi les feuilles; de sorte qu'on avoit cru qu'elle n'en portoit point.

N.B. Les figures B. E. F. sont grossies & vues à la loupe.

NOM GÉNÉRIQUE PHYTONOMATOTECHNIQUE.
Å F B E Å B Å.

SYNONYMIE.

Bryum (*apocarpum*) *antheris sessilibus, Calyptra minima. L. sp. 1579. n°. 1.*
——— *id. Mur. 797. n°. 1. id. System. pl. 4. 471. n°. 1.*
Bry *à fruits sessiles. Lam. 1. n°. 1265. espèce 1.*
Hypnum *caulibus ramosis foliis lanceolatis, hirsutis, operculis aristatis. Hal. Helv. n°. 1793.*
Sphagnum *subhirsutum obscurè virens, capsulis rubellis. Dil. Mus. pl. 32. f. 4.*
——— *caulibus ramosis foliis indique imbricatis, capsulis obtegentibus. Dal. Par. 337. n°. 3.*
Muscus, *apocarpos hirsutus saxis adnascens capitulis obscurè rubris Vail. Par. 129. n°. 4. pl. 27. fig. 15. Bonne figure.*
Grean *noueux. Dub. 2. 438. n°. 3.*

ÅFBETÁCÆÅ

POLYTRICHUM Commune. L.

POLYTRICHUM

C O M M U N E.

P O L Y T R I C *C O M M U N.*

ORDRES SYSTÉMATIQUES

DE TOURNEFORT.	VON LINNÉ.	DE JUSSIEU.
Claffe XVII. Sect. 1. Genre 1.	Claffe XXIV. Ordre 2. *Mufci.*	Claffe I. Ordre 3. les Mouffes.

DESCRIPTION.

ENVELOPPE, aucune; à moins qu'on ne donne ce nom aux écailles des prétendues fleurs femelles. (*Voyez la première fig.*) Ces écailles terminent les tiges des pieds où elles fe rencontrent, & y forment une rofette; chacune de ces écailles eft ovoïde, entière. Du centre de cette rofette s'élève fouvent une feconde plante qui fe termine encore par une rofette. On trouve de ces tiges qui font trois & même quatre fois prolifères.

CALICE. *Coëffe* conique, membraneufe, rouffe, velue, & qui perfifte long-temps; bord inférieur déchiqueté; (fig. C Æ).

COROLLE. Aucune; à moins qu'on ne voulût nommer ainfi la gaîne de l'étamine, que nous confidérons comme un nectar, ou bien la rofette écailleufe décrite ci-deffus.

ÉTAMINES. *Un filet* creux, terminant la tige; ce filet eft droit cylindrique, plufieurs fois plus long que l'anthère. *Anthère* alongée à quatre faces, angles applatis. *Urne* liffe foutenue d'une apophyfe (très-vifible à l'anthère du filet B.) Cette urne eft à peu près deux fois plus longue que large. *Opercule* conique liffe; fous cette opercule fe trouve une efpèce de membrane qui bouche l'entrée de l'urne (comme on la voit en E). C'eft après la chûte de cette pellicule que la pouffière tombe: ouverture non-dentée.

PISTIL. Aucun, ou abfolument inconnu.

NECTAR. Efpèce de gaîne entière cylindrique, placée au bas du filet (repréfentée à la fig. T); au travers de laquelle gaîne le filet paffe fans y adhérer, excepté par fa partie inférieure.

PÉRICARPE, } Aucun.
RÉCEPTACLE, }

SEMENCES. Aucune bien fenfible. Quelques Auteurs difent en avoir vu d'ovoïdes entre les écailles des fleurs qu'ils nomment femelles. Je penfe que ces efpèces de graines ne font que des bourgeons deftinés à perpétuer ces plantes, en en produifant de nouvelles. D'après cette manière de voir, les mouffes font vivipares.

RACINE, fibreufe, chevelue, filamens très-fins.

TRONC, tige cylindrique, cannelée, droite, fimple, feuillée, fans branche ni divifion, quelquefois prolifère

FEUILLES, fimples, linéaires, liffes, pointues, perfiftantes; furface glabre, bords ciliés, milieu garni d'une nervure; bafe inférée à la tige d'une manière particulière. Cette infertion fe fait par une efpèce d'écaille dont chaque feuille eft garnie à fa bafe; cette écaille eft intimement appliquée fur la tige, & femble l'embraffer à moitié: la feuille tient à l'écaille par une articulation.

B

SUPPORTS.
- *Armes,* } *Aucune.*
- *Stipules,* }
- *Braclée.* Aucune ; à moins qu'on ne regarde comme telles les écailles des rosettes.
- *Pétioles.* Espèce d'écaille elliptique, membraneuse, entière, convexe extérieu-
  rement, concave du côté de la tige.
- *Pédoncule,* Aucun.
- *Vrilles,* Aucune.

PORT. D'une racine chevelue s'élève perpendiculairement une tige droite, feuillée, simple ;
feuilles alternes en ligne spirale, horizontales ou même réfléchies, lorsque la plante est
mouillée ; & appliquées contre la tige, lorsque la plante n'est plus humide. Etamine
terminale. Anthère droite avant la chûte de la coëffe, ensuite penchée ; l'opercule tombe,
& elle se renverse. Les individus nommés femelles, ont un port en tout semblable ;
ils sont privés d'étamines, & ont à la place une rosette d'écailles rousses. La hauteur
de la plante varie ; on en trouve qui n'ont qu'un pouce, pendant qu'il y en a qui ont
plus d'un pied.

VÉGÉTATION. Plante toujours verte, mais principalement l'hiver ; alors elle pousse son étamine,
qui est mûre en juin. Elle forme des gazons presque tous mâles, ou presque tous femelles.

LIEU. Les bois, les bords des chemins, des forêts, les terrains sablonneux, & particulièrement
les garennes de Sève, & à Meudon.

PROPRIÉTÉS.
- *Odeur,* nulle.
- *Saveur,* légérement austère.

ANALYSE.
- *Pyrotechnique ;* fournit beaucoup d'huile & de sel volatil.
- *Hygrotechnique,* inconnue.

VERTUS. On lui attribue une foible vertu béchique ; on l'estime sudorifique & anti-pleurétique.

USAGE. Infusée dans le vin, convient dans les pertes anciennes. L'eau distillée de la plante,
cohobée six fois sur de nouvelle, s'emploie avec succès dans les fluxions de poitrine, où
il convient de faire transpirer ; l'infusion aqueuse a les mêmes propriétés, mais plus foibles.

DOSE. En infusion de deux gros à demi-once ; l'eau distillée par cuillerées.

ETYMOLOGIE. *Polytrichum officinale,* à πολὺ, *multum,* plusieurs ; & τριχός, génitif de Θρὶξ, *capillus,*
cheveu ; comme qui diroit plante qui a beaucoup de cheveux, à cause de la quantité
de filets qu'on trouve dans les gazons formés par cette plante.

NOM GÉNÉRIQUE PHYTONOMATOTECHNIQUE.

Á F B E T Á C Æ Á.

S Y N O N Y M I E.

POLYTRICHUM (*commune*) *caule simplici, antherá parallelipipedá. L. spe. 1573. n°. 1. Mur. 795.
n°. 1. Syst. pl. 4. 455. n°. 1. Dalib. Par. 316. n°. 4.*

———— *quadrangulare yuccæ foliis serratis. Dil. pl. 54. fig. 1. 2. t. 3. 4.*

MUSCUS *juniperifolius, capitulo quadrangulo. Vail. Par. pl. 23. fig. 6, 7, & 8. n°. 15, 17 & 18.*

———— *capillaceus, major, pediculo & capitulo crassioribus. T. inst. 550. Herboris. tom. 2. 446.*

POLYTRIC *commun. Lam. 1. n°. 1264. espèce 1. Dubt. 440. n°. 1.*

GITHYADOARDAL

ASPERULA Odorata. L.

ASPERULA

ODORATA.

ASPÉRULE *ODORANTE.*

ORDRES SYSTÉMATIQUES

DE TOURNEFORT.	VON LINNÉ.	DE JUSSIEU.
Cl. I. Sect. 9. Genre 2. *Aparine*	Claffe IV. Ordre 1.	Claffe X. Ordre 2. Rubiacées.

DESCRIPTION.

ENVELOPPE, aucune. Nous ne regardons point comme telle les feuilles qui font au bas des branches qui foutiennent les fleurs.

CALICE, aucun.

COROLLE. *Un pétale* (G) infundibuliforme, blanc, caduque, glabre, fendu en quatre lobes égaux, arrondis, évafés. Tube (HT) cylindrique, de la longueur des découpures du limbe, & inféré fur le germe (D).

ETAMINES. *Quatre filets* égaux, droits, cylindriques, attachés au haut du tube de la corolle. *Quatre anthères* (Y) oblongues, attachées & pofées tranfverfalement à l'extrémité des filets ; ces anthères s'ouvrent par les côtés. Pouffière fécondante, blanche, très-fine.

PISTIL. *Deux germes* inférieurs, arrondis, velus ; un fertile, l'autre avorte. Un ftyle fourchu (O), prefque auffi long que le tube de la corolle. *Deux ftygmates* arrondis en tête.

NECTAR, aucun.

PÉRICARPE. Enveloppe (R) membraneufe, sèche, fphérique, velue, contenant une femence.

RÉCEPTACLE, aucun.

SEMENCES. Une feule dans chaque fruit, laquelle eft oblongue, & marquée d'un fillon dans fa longueur, comme le fillon des grains de café (L).

RACINE, fibreufe, traçante, nouée ; nœuds garnis de fibrilles.

TRONC. Tige quadrangulaire, quadrilatère, liffe, nouée, droite, rarement branchue.

FEUILLES, très-fimples, feffiles, entières, élancées ; furfaces garnies d'une nervure, & abfolument glabres ; bords entiers ciliés ; extrémité terminée par une petite pointe.

SUPPORTS. {
Armes, aucune.

Stipules ; un anneau de poils à chaque nœud de la tige, fous l'infertion des feuilles.

Bractée ; petites feuilles fubulées, placées à chaque divifion des péduncules.

Pétioles, aucun.

Péduncules communs, ramifiés ; fleurs garnies de petits péduncules particuliers.

Vrilles, aucune.

PORT. De la racine s'élèvent des tiges droites, fimples, noueufes, genouillées ; genoux un peu renflés. Feuilles verticillées, fix à neuf à chaque verticille. Fleurs en corymbe formé de trois péduncules principaux qui fe fubdivifent ; fleurs foutenues par d'autres petits péduncules.

VÉGÉTATION. Sort de terre en avril, fleurit en mai, fruit mûr en juin & juillet ; les tiges périssent pendant les gelées ; la racine persiste, & vit plusieurs années.

LIEU. Les forêts, & autres lieux couverts.

PROPRIÉTÉS. { *Odeur.* Racine, tige & feuilles inodores ; fleurs odorantes.
{ *Saveur.* Racine, tige, feuilles & fleurs presque insipides.

ANALYSE. { *Pyrotechnique.* L'aspérule fournit un phlegme, une huile âcre, & un sel
{ essentiel, qu'on dit ressembler beaucoup au tartre vitriolé.
{ *Hygrotechnique,* inconnue.

VERTUS. On la dit incisive, atténuante, résolutive, vulnéraire, anti-épileptique & anti-paralytique ; sa racine est apéritive.

USAGE. Les racines & tiges s'emploient, comme la garance, pour exciter l'écoulement des urines ; elles conviennent dans les hydropisies, les bouffissures, & généralement dans tous les cas où il faut réveiller le ton du tissu cellulaire. On la prescrit dans les maladies exanthémateuses avec succès. Les fleurs s'ordonnent en infusion aqueuse, vineuse ou spiritueuse, dans l'épilepsie & la paralysie.

DOSE. Les racines pour boisson ordinaire, demi-once par pinte d'eau ; les tiges, par demi-poignée ; les fleurs, par pincée dans l'eau bouillante, & prises comme du thé ; l'infusion vineuse, par petits verres ; & enfin la teinture spiritueuse, par cuillerée.

ETYMOLOGIE. *Asperula,* diminutif d'*aspera,* comme qui diroit plante un peu rude, à cause des fruits de cette plante qui sont rudes. On y a ajouté *odorata,* à cause de l'agréable odeur de ses fleurs.

NOM GÉNÉRIQUE PHYTONOMATOTECHNIQUE.

GITHYADOÁRDAL.

SYNONYMIE.

ASPERULA (*odorata*) *foliis octonis lanceolatis, florum fasciculis pedunculatis. L. sp. 150. Systema plantar. 1. pag. 290. Mur. Syst. veget. 125. Gouan. Hort. 65. id. Flora Monsp. 12. Sauvages. Meth. fol. 163. Dalib. Par. 46.*

———— *five rubeola montana odora. C. B. pin. 334.*

———— *odorata. Dod. Pempt. 355. Dalech. Lat. 870. Gal. 1. 756.*

———— *Quibusdam, five Hepatica stellaris. J. B. 3. 718.*

APARINE *latifolia, humilior, montana. T. inst. 114. id. Herbor. tom. 2. p. 255. Vail. Bot. Par. 14.*

ASPÉRULE *odorante. Dub. Bot. Fran. 2. 204. Lam. 3. pag. 374. n°. 3.* Marche excellente.

MUGUET des bois.

PETIT Muguet.

HÉPATIQUE des bois, ou Hépatique étoilée.

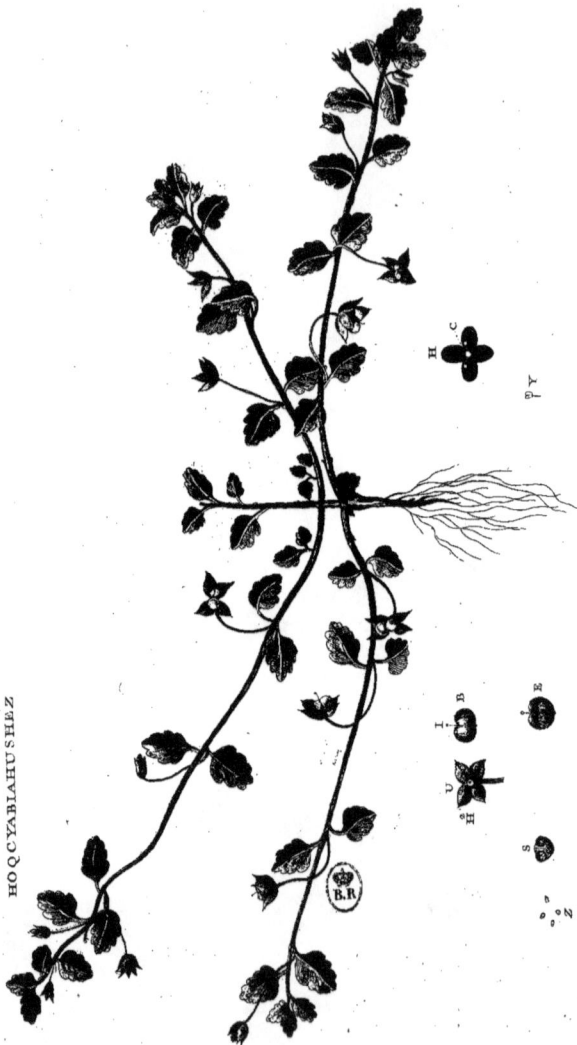

HOQCYABIAHUSHEZ

VERONICA Agrestis. L.

VERONICA

AGRESTIS.

VÉRONIQUE *RUSTIQUE.*

ORDRES SYSTÉMATIQUES

DE TOURNEFORT.	VON LINNÉ.	DE JUSSIEU.
Claffe II. Section 6. Genre 4.	Claffe II. Ordre 1.	Claffe VII. Ordre 2.

DESCRIPTION.

ENVELOPPE, aucune.

CALICE. *Périanthe* (U) inférieur de quatre feuilles ovoïdes, un peu inégales, uniformes ; trois font de même grandeur, une eft un peu plus petite ; toutes perfiftent.

COROLLE. *Un pétale* caduc (H), évafé, inféré fous le germe. Limbe divifé en quatre lobes inégaux, arrondis, entiers ; trois de ces lobes font à peu près égaux, le quatrième eft plus petit, & forme le bord inférieur de la corolle. Aucun tube.

ÉTAMINES. *Deux filets* égaux, écartés, filiformes, blancs, droits, moins longs que les découpures de la corolle, & attachés à fon fond. *Deux anthères* arrondies, bleues (Y). Pouffière fécondante blanche.

PISTIL. *Germe* (I) fupérieur cordiforme, ou formé de deux corps lenticulaires réunis enfemble par le tranchant. *Un ftyle* filiforme de la longueur des étamines : *un ftygmate* en tête.

NECTAR, aucun.

PÉRICARPE. *Capfule* (E) bi-fphérique, bi-loculaire (S), polyfperme. Cette capfule fe fend par le haut en quatre valves.

RÉCEPTACLE élancé, conftituant la cloifon de la capfule.

SEMENCES. Plufieurs, ovoïdes, déprimées, nues, liffes (Z).

RACINE, fibreufe, cylindrique, pivotante.

TRONC. *Tige* cylindrique, pleine, branchue, quelquefois ramifiée ; branches un peu velues.

FEUILLES, fimples, ovoïdes, un peu cordiformes, pétiolées, dentées à dents de fcie, veinées & un peu velues.

SUPPORTS. { *Armes,* *Stipules,* *Bractées,* } aucune.
Pétioles déprimés, & marqués fupérieurement d'une gouttière.
Péduncules cylindriques, folitaires, uniflores, plus longs que les feuilles de la même plante.
Vrilles, aucune.

PORT. De la racine s'élève une tige, qui dès fa naiffance pouffe deux branches oppofées, couchées par terre. Tige auffi couchée. Feuilles oppofées ou alternes, quelquefois oppofées & alternes fur le même pied. Fleurs axillaires, folitaires.

C

Lieu. Dans les champs, les jardins, au bord des fossés.

Végétation. La graine germe & pousse, de janvier à février, deux cotylédons ovoïdes; fleurit depuis mai jusqu'à juillet; les graines mûrissent à mesure; toute la plante périt en août. Il en repousse quelques pieds en automne, qui périssent l'hiver : sa durée est de quatre à six mois.

Propriétés. Racine, tige, feuilles & fleurs inodores, presque insipides.

Analyse, inconnue.

Vertus, inconnues.

Usage. Aucun qui soit parvenu à notre connnissance.

Dose, inconnue.

Etymologie. *Veronica* vient, selon Lemery, de *Ver*, printemps, à cause que les Véroniques sont printanières. Cette espèce a été nommée *Veronica agrestis*, Véronique rustique, parce qu'elle vient dans les campagnes, près des maisons.

NOM GÉNÉRIQUE PHYTONOMATOTECHNIQUE.

HOQCYABIAHUSHEZ.

SYNONYMIE.

Veronica (*agrestis*) *floribus solitariis, foliis cordatis incisis pedunculo brevioribus.* L. *sp. pl.* pag. 18. n°. 26. id. *System. pl.* 1. pag. 35. n°. 30. *Murr.* pag. 57. n°. 26. *Dalib.* par. 6. n°. 9. *Sauvag. meth. fol.* 114. *Gouan. Hort.* 11. n°. 10. id. *Flora Monsp.* 62.

————— *flosculis oblongis insidentibus, Chamœdrios. folio.* T. 1. *inst.* 145. id. *Elem.* 121. id. *Herb. tom.* 1. 287. *Fabregou.* 6. p. 300. *Vail. Bot. par.* 201. n°. 10.

Alsine *media. Dalechamp. Lat.* 2. 1232. id. *Edit. franç.* 2. 127.

————— *chamœdryfolia, flosculis pediculis oblongis insidentibus.* C. B. *pin.* 250.

————— *serrato folio glabro.* J. B. 3. 367.

————— *foliis trissaginis.* Tab. Icon. 711.

Elatine *altera Dod. Dalechamp. Lug. Latin.* 2. 1239. *Gal.* 2. 134.

Véronique des champs. *Dubourg* 2. 305. n°. 6.

Véronique rustique. *Lam.* 2. pag. 447. n°. 47. Marche très-bonne.

N. B. M. Bulliard a placé, au vingtième cahier du Flora parisiensis, la figure de la plante désignée par Linneus sous le nom de *Veronica arvensis*, pour la *Veronica agrestis L.* Fautes auxquelles cet Auteur est extrêmement sujet.

VERONICA hederifolia, *L.*

VERONICA

HEDERIFOLIA.

VÉRONIQUE *LIERRÉE.*

ORDRES SYSTÉMATIQUES

DE TOURNEFORT.	VON LINNÉ.	DE JUSSIEU.
Claffe II. Section 6. Genre 4.	Claffe II. Ordre 1.	Cl.VII.Ordre 2. les Véroniques.

DESCRIPTION.

ENVELOPPE, aucune.

CALICE. *Périante* (U) inférieur de quatre feuilles égales, ovoïdes, ciliées, concaves, entières & qui perfiftent.

COROLLE. *Un pétale* (C) caduc, évafé, inféré fous le germe. Limbe arrondi, divifé en quatre lobes entiers, inégaux, arrondis; trois de ces lobes font à peu près égaux : l'inférieur ou le quatrième eft le plus petit.

ETAMINES. *Deux filets* égaux, écartés, filiformes, droits, moins longs que les découpures de la corolle, & attachés à fon fond. *Deux anthères* arrondies, & qui s'ouvrent latéra- lement en deux battans (Y). Pouffière fécondante blanche.

PISTIL. Germe fupérieur (B) ovoïde cordiforme. Un ftyle (I) filiforme de la longueur des étamines : un ftygmate en tête.

NECTAR, aucun.

PÉRICARPE. Capfule arrondie (S), un peu applatie, bi-loculaire, & comme divifée en deux par une ligne extérieure, & qui s'étend de chaque côté depuis l'infertion du ftyle jufqu'au calice : cette capfule s'ouvre en quatre valves.

RÉCEPTACLE, élancé, conftituant la cloifon de la capfule.

SEMENCES. Plufieurs elliptiques déprimées; la face applatie eft marquée d'un fillon qui donne à chacune des graines la forme d'un très-petit grain de café (Z).

/N. B. On ne trouve pas toujours plufieurs femences dans chaque loge ; fouvent toutes avortent, excepté une qui devient fort groffe.

RACINE, fibreufe, pivotante, cylindrique.

TRONC. Tige herbacée, molle, cylindrique, velue, branchue, & quelquefois ramifiée.

FEUILLES. Les radicales qui viennent après les cotylédons, font ovoïdes, arrondies; celles qui viennent après celles-ci font arrondies & à trois lobes ; les fupérieures font à cinq lobes inégaux, arrondis ; celui du fommet ou le moyen, eft le plus grand : furface velue & marquée de trois à cinq nervures; fubftance épaiffe, fucculente.

SUPPORTS.
$\left\{\begin{array}{l}\textit{Armes,}\\ \textit{Stipules,}\\ \textit{Bractées,}\end{array}\right\}$ aucune.

Pétioles plus courtes que les feuilles, & marquées supérieurement d'une gouttière.

Péduncules cylindriques, réfléchis, solitaires, uniflores, plus longs que les feuilles.

Vrilles, aucune.

PORT. De la racine sort une tige couchée par terre, laquelle pousse, dès sa naissance, deux branches opposées, & aussi couchées par terre. Feuilles alternes. Fleurs axillaires. Fruits presque tous tournés du même côté des branches.

LIEU. Les terres fumées, cultivées & fertiles; les jardins.

VÉGÉTATION. La graine germe & pousse, en février, deux cotyledons ovoïdes, glabres, très-entiers; la plante fleurit depuis février jusqu'à la fin de mai; ses graines mûrissent à fur & à mesure; on ne trouve plus, ou presque plus, la plante en juillet; elle est absolument disparue & morte en août, pour ne plus reparoître: sa durée est tout au plus de cinq mois; les grains restent enterrés six à sept mois avant que de germer.

PROPRIÉTÉS. Racine, tige, feuilles & fleurs inodores; racine & tige presque insipides; feuilles herbacées, un peu styptiques.

ANALYSE, inconnue.

VERTUS, inconnues.

USAGE, aucun.

DOSE, inconnue.

ETYMOLOGIE. *Veronica hederifolia*, de *Ver*, printemps, & de la ressemblance de ses feuilles avec celles du lierre.

NOM GÉNÉRIQUE PHYTONOMATOTECHNIQUE.

HOQCYABIAHUSHEZ ou *HOQCYABIAHUSHEL.*

SYNONYMIE.

VERONICA (*hederifolia*) *floribus solitariis, foliis cordatis planis quemque lobis. L. spe. plant. pag. 19. Mur. 58. System. pl. 1. 36. n°. 32. Gouan. Hort. 12. id. Flor. Monsp. 65. Dalib. pag. 6. Sauv. Met. fol. 114.*

———— *cymbalariæ folio verna. T. elem. 121. J. R. H. 145. id. Herbor. 1. 286. Vail. Bot. par. 201.*

ALSINE *hederulæ folio C. B. 230. Taber. hist.*

———— *spuria prior sive morsus gallinæ. Dod. Pent. 37.* Mauvaise figure.

———— *genus fuchsio, folio hederulæ hirsuto. J. B. 3. 368.*

ELATINE *prior, Dod. Lugduni 138. idem.* édition françoise. *2. 133.*

VÉRONIQUE lierrée. *Dubourg, Bot. franç. 2. 305. Lam. 2. 446.* Bonne marche de 57 articles, description moyennement bonne.

PAPERUDO en Provence, selon Garidel, *pag. 485.*

GYPMYABRAHUFTEZ

DRABA Verna. L.

DRABA

VERNA.

DRABE *PRINTANIÈRE.*

ORDRES SYSTÉMATIQUES.

DE TOURNEFORT.	VON LINNÉ.	DE JUSSIEU.
Cl. V. Sect. 3. Genre 1. *Alyſſon.*	Claſſe XV. Ordre 1.	Cl. XII. Ordre 3. les Crucifères.

DESCRIPTION.

ENVELOPPE, aucune.

CALICE. *Périanthe* (U) de quatre petites feuilles égales, entières, ovoïdes, élancées, moins grandes que les pétales, & qui tombent de bonne-heure.

COROLLE. *Quatre pétales* diſpoſés en croix (G), blancs, écartés pendant l'action du ſoleil; chaque pétale (Y) eſt échancré par le haut en cœur, & attaché par le bas ſous le germe : tous tombent de bonne-heure.

ÉTAMINES. *Six filets* inégaux attachés ſous le germe, & diſpoſés ſur quatre faces (M), ſavoir; quatre ſont plus longs & ſont placés deux à deux, oppoſés; les deux plus courts occupent chacun une des deux autres faces oppoſées, de ſorte qu'on les obſerve dans l'ordre ſuivant: un filet iſolé, enſuite deux enſemble, & ainſi alternativement; chaque filet eſt cylindrique, filiforme. Les *anthères* ſont arrondies (Ỹ). *Pouſſière* fécondante jaune.

PISTIL. *Germe* (F) elliptique, liſſe, applati. *Style* aucun, ou du moins très-court. *Stygmate* en couronne applatie.

NECTAR, aucun

PÉRICARPE. *Silicule* elliptique, comprimée, liſſe, ſurmontée d'un petit bouton qui eſt formé par les débris du ſtygmate. Cette ſilicule eſt bi-loculaire, bivalve. *Valves* liſſes, très-peu concaves (T).

RÉCEPTACLE. *Cloiſon* (È) de la forme des valves.

SEMENCES. Pluſieurs ovoïdes arrondies, liſſes, attachées par un petit cordon aux ſutures, qui uniſſent les valves à la cloiſon.

RACINE, fibreuſe, chevelue.

TRONC. *Hampe* multiflore, cylindrique, droite, un peu velue, ſans branches.

FEUILLES, ſimples, ſeſſiles, velues, ciliées, entières, épaiſſes & en forme de ſpatule; ſurfaces ſans nervure.

    N. B. Les feuilles ne ſont pas toujours entières; ſouvent on les trouve inciſées latéralement, formant trois lobes.

SUPPORTS.
    Armes,
    Stipules, } aucune.
    Bractées,
    Pétioles, aucun.
    Péduncules, uniflores, cylindriques, aſſez courts avant l'épanouiſſement des fleurs, & fort longs à la maturité des fruits.
    Vrilles, aucune.

D

PORT. A la racine fe trouvent attachées plufieurs feuilles couchées fur terre en forme de rofette ; du milieu de cette rofette s'élèvent une, deux, & quelquefois plufieurs efpèces de hampes qui foutiennent chacune un corymbe de fleurs pédunculées blanches, écartées : à mefure que les fleurs fe paffent, le milieu de la hampe s'alonge, & continue à donner des fleurs, pendant que les péduncules inférieurs s'allongent, s'écartent & donnent au corymbe la forme d'une grappe ou panicule.

VÉGÉTATION. Cette plante fort de terre en février, fleurit en mars & meurt en avril ; de forte qu'on ne la trouve plus en mai : fa durée totale eft tout au plus de trois mois. La graine fe fème d'elle-même, & eft enterrée huit mois de l'année fans végéter.

LIEU. Les terres fablonneufes, fur les murs.

PROPRIÉTÉS. { *Odeur ;* toute la plante eft inodore, les fleurs font légèrement odorantes. { *Saveur ;* les racines, feuilles & tiges ont une faveur un peu âcre herbacée.

ANALYSE, inconnue.

VERTUS. On la croit vulnéraire, déterfive.

USAGE. On l'a confeillée pour la fiftule lacrymale ; aucune expérience n'a confirmé fon utilité pour cette maladie.

DOSE. Par poignées, appliquée en cataplafme.

ETYMOLOGIE. *Draba,* du mot grec δραβη, *acris,* à caufe de l'âcreté de cette plante ; on la nomme *Draba verna,* Drabe printanière, parce qu'on ne la trouve qu'au printemps.

NOM GÉNÉRIQUE PHYTONOMATOTECHNIQUE.

GYPMYABEAHUFTEZ.

SYNONYMIE.

DRABA (*verna*) *fcapis nudis foliis fubferratis. L. fp. pl. 896. Mur. 489. L. fyft. pl. tom. 3. p. 213. Foliis incifis Dalibar. flor. par. 197.*

———— (*verna*) *fcapo ramofo, foliis lineari-lanceolatis dentatis. Gouan. Hort. 313. id. Flora Monf. 157.*

———— *caule nudo foliis crenatis. Sauv. Met. fol. 16.*

ALYSSON *vulgare polygoni folio, caule nudo. T. Elem. 186. Inft. R. H. 217. Herbar. part. 1. p. 95. Vail. Bot. Par. p. 1. n°. 1.*

COCHLEARIA *filiculis lanceolatis, polyfpermis, caule paniculato nudo. Scop. Corn. 511.*

BURSA *paftoris minor loculo oblongo foliis integris. C. B. pin. 108.*

———— *minima oblongis filiquis, verna loculo oblongo. J. B. 2. 937.*

PARONICHIA *alfine folia. Lugd. 1214. id. edit. franç. tom. 2. p. 111.*

MYOSOTIS *parva. Lug. 1318. edit. franç. tom. 2. p. 207.*

DRABETE printanière. *Dub. Bot. Fran. 2. 100.*

DRAVE printanière. *Lam. 2. pag. 459.* Bonne marche.

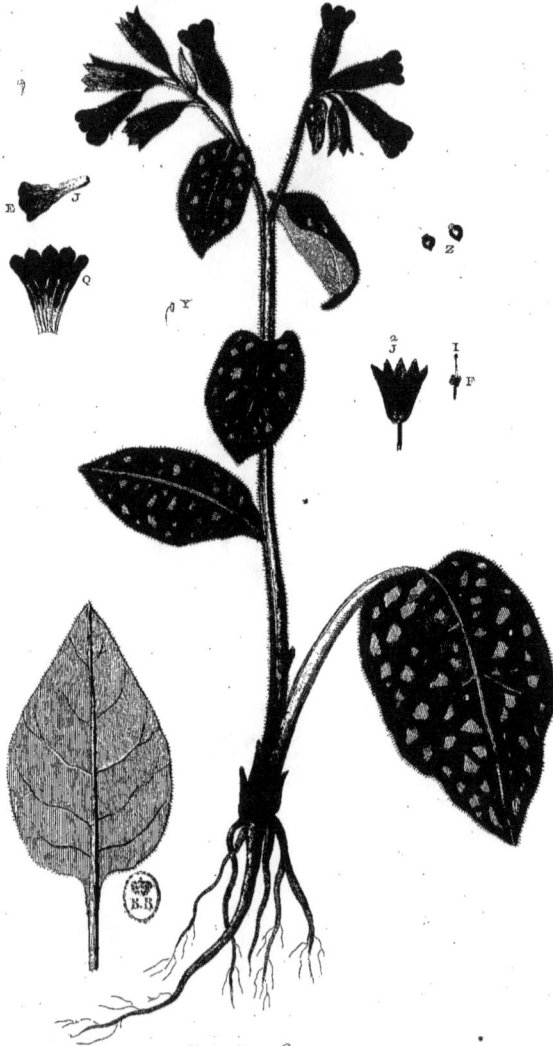

JEQLYAFIAJEAZ

PULMONARIA Officinalis. L.

PULMONARIA

OFFICINALIS.

PULMONAIRE *OFFICINALE.*

ORDRES SYSTÉMATIQUES.

DE TOURNEFORT.	VON LINNÉ.	DE JUSSIEU.
Claſſe II. Section 4. Genre 5.	Claſſe V. Ordre 1.	Cl. VII. Ordre 10. Borraginées.

DESCRIPTION.

ENVELOPPE, aucune.

CALICE. *Périanthe* (J) monophylle, campaniforme, tubulé, velu, attaché ſous les germes, & perſiſtant. Tube à cinq faces & cinq angles. *Lymbe* à cinq dents entières, aiguës, droites, égales.

COROLLE. *Un Pétale* infundibuliforme, caduc. *Tube* (J) ſupérieurement cylindrique, inférieurement quadrangulaire, & percé d'un trou quarré; ſa longueur égale à celle du périanthe. *Lymbe* (E) campaniforme, denté de cinq dents égales, entières, obtuſes: l'inſertion ſe fait ſous les germes.

ETAMINES. *Cinq filets* (Q) égaux, cylindriques, collés à la corolle dans preſque toute leur longueur. *Cinq anthères* oblongues, attachées par le milieu à l'extrémité des filets: chacune s'ouvre en deux battans par chaque côté (Y), & laiſſe tomber une pouſſière jaunâtre.

PISTIL. Quatre germes arrondis, liſſes, glabres. *Un ſtyle* cylindrique de la longueur des étamines, ou preſque auſſi long que le tube de la corolle: *ſtygmate* en tête.

NECTAR, aucun. On trouve dans la corolle quelques poils auxquels je ne crois pas devoir donner le nom de nectar.

PÉRICARPE, aucun.

RÉCEPTACLE, aucun. Les ſemences ſont attachées au fond du calice.

SEMENCES. Quatre, ſouvent deux avortent, deux autres (Z) viennent à maturité: alors elles ſont arrondies, liſſes, d'une couleur bronzée, & marquées d'un ombilic blanc dans la place où ſe fait l'inſertion avec le calice.

RACINE, fibreuſe, ramifiée, pivotante, rouſſe extérieurement, blanche intérieurement.

TRONC. *Tige* cylindrique, anguleuſe, pleine, herbacée, molle, branchue, feuillée, droite.

FEUILLES. *Les radicales* pétiolées, ovoïdes, entières, terminées en pointe; *les caulinaires* ſeſſiles, oblongues & ſémi-amplexicaules; toutes ſont velues, rudes, veinées vert-brun & tachées en deſſus; vert-pâle & ſans tache en deſſous.

N. B. On trouve ſouvent des pieds dont les feuilles ne ſont point tachées.

SUPPORTS.

Armes, aucune.

Stipules, petites écailles radicales enveloppant la naiſſance des pétioles.

Bractées, petites feuilles parmi & ſous les fleurs; ces feuilles ne différent en rien des feuilles caulinaires.

Pétioles auſſi longs que les feuilles; ces pétioles ſont épais, ſucculents, cylindriques ſur la face inférieure, applatis & marqués d'une gouttière à la face ſupérieure.

Péduncules cylindriques, moins longs que les calices; chaque peduncule eſt ſolitaire, uniflore.

Vrilles, aucune.

PORT. De la racine fortent quelques *feuilles* pétiolées couchées par terre ou peu élevées; plus, une *tige* droite, rarement plufieurs, laquelle fe fourche à fa cime, & donne deux branches florifères. Feuilles caulinaires alternes. *Fleurs* alternes difpofées en grappes ou bouquets : toute la plante eft velue.

LIEU. Dans les bois, les prés ombragés.

VÉGÉTATION. D'une même racine fortent tous les ans en février des tiges qui fleuriffent en mars & avril ; les graines font mûres en juin ; la tige périt en même temps ; les feuilles radicales perfiftent toute l'année : la racine eft vivace.

PROPRIÉTÉS. { *Odeur*, abfolument nulle.
{ *Saveur* ; toute la plante eft mucilagineufe, herbacée, un peu falée.

ANALYSE. { *Pyrotechnique* ; cette plante fournit une eau de végétation, un acide végétal, du fel marin & de l'alkali fixe, & beaucoup de terre.
{ *Hygrotechnique* ; du nitre, du fel commun, & une fubftance extracto-muci-lagineufe.

VERTUS. On croit cette plante apéritive, vulnéraire, adouciffante, confolidante, béchique; elle favorife l'expectoration.

USAGE. On la prefcrit dans les crachemens de fang, de pus, dans la phthifie ; elle détermine l'humeur purulente bronchique vers les urines; elle doit être employée avant la bour-rache & la buglofe en qui le nitre eft plus abondant, & en qui les vertus font plus fortes : on la confeille dans les anciennes toux, lors fur-tout que les crachats font falés.

DOSE. Par poignées dans fuffifante quantité d'eau, pour boiffon ordinaire ; dans les bouillons & apozèmes béchiques à la même quantité.

ETYMOLOGIE. *Pulmonaria*, à *Pulmone*, à caufe de la reffemblance des taches de fes feuilles avec les taches de quelques poumons : celle-ci eft nommée *Pulmonaria officinalis*, parce qu'on l'emploie en médecine.

NOM GÉNÉRIQUE PHYTONOMATOTECHNIQUE.

J E Q L Y A F I A J E Â Z

S Y N O N Y M I E.

PULMONARIA (*officinalis*) *foliis radicalibus ovato cordatis fcabris. L. fp. pl. pag.* 194. *id. Murr.* 158. *id. Syftem. pl.* 1. 392. *Dalib. par.* 60. *Gouan. Hort.* 82. *id. Flor. Monfpel.* 20. *Sauv. Meth. fol.* 101.

———————— *italorum ad bugloffum accedens. T. Elem.* 113. *id. Inft.* 136. *J. B.* 3. 595.

———————— *folio non maculofo. Vail. Bot. par.* 165. *T. inft.* 136. *id. Herbor.* 1. 224.

———————— *Major. Lug.* 1327.

SYMPHYTUM *maculofum* S. *Pulmonaria lotifolia. C. B. pin.* 259.

PULMONAIRE officinale. *Dub. Bot. f.* 2. 197. *Lam. flor. f.* 2. 269.

GRANDE Pulmonaire. Pulmonaire à feuilles larges. Herbe au Lait de Notre-Dame.

HERBE aux Poumons. Herbe du Cœur. *Dalech. Hift.* 2. 216.

SAUGE de Jérufalem ou de Bethléem des Anglois.

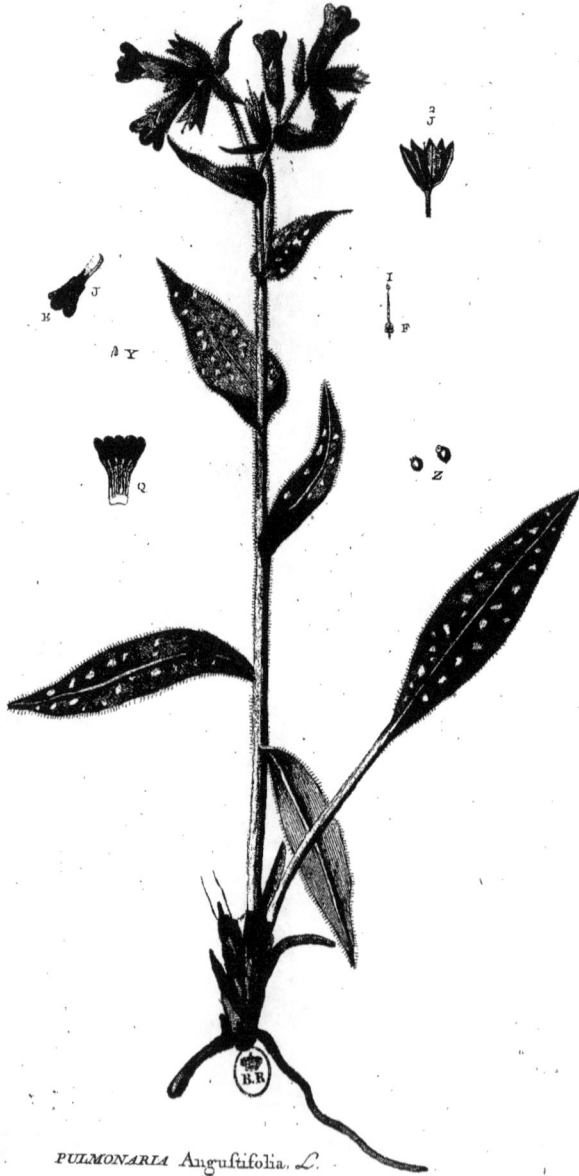

JEQLYAFIAJEAZ

PULMONARIA Angustifolia. L.

PULMONARIA

ANGUSTIFOLIA.

PULMONAIRE *ÉLANCÉE.*

ORDRES SYSTÉMATIQUES

DE TOURNEFORT.	VON LINNÉ.	DE JUSSIEU.
Claffe II. Sect. 4. Genre 5.	Claffe V. Ordre 1.	Cl. VII. Ord. 10. Borraginées.

DESCRIPTION.

ENVELOPPE, aucune.

CALICE. *Périanthe* monophylle, campaniforme, tubulé à cinq faces & cinq angles, perfiftant & attaché fous les germes; lymbe à cinq dents entières, aiguës, droites, égales (J).

COROLLE. *Un pétale* infundibuliforme, caduc; tube (J) fupérieurement cylindrique, inférieurement quadrangulaire; fa longueur égale à celle du périanthe. Lymbe (E) campaniforme à cinq dents égales, entières, obtufes: l'infertion fe fait fous les germes.

ETAMINES. *Cinq filets* (Q) égaux, cylindriques, inférés fur la corolle. *Cinq anthères* oblongues, fixées par leur milieu à l'extrémité fupérieure des filets; chacune s'ouvre en deux battans par chaque côté (Y). Pouffière fécondante jaunâtre.

PISTIL. *Quatre germes* liffes, glabres, arrondis, égaux. *Un ftyle* cylindrique de la longueur du calice, ftygmate en tête.

NECTAR, aucun; je ne crois pas devoir donner ce nom à des poils qui fe trouvent par rouffes affez vifibles entre les fommets des étamines, fur la corolle.

PÉRICARPE, aucun.

RÉCPETACLE, aucun; les graines font attachées au fond du calice.

SEMENCES, *quatre graines*; fouvent on n'en trouve que deux en maturité, & les rudimens des deux autres qui n'ont point été fécondées: ces deux graines font arrondies, liffes, bronzées, & marquées, par la partie qui s'infère au calice, d'une efpèce d'ombilic blanc.

RACINE, fibreufe, ramifiée, traçante, brune extérieurement, blanche intérieurement.

TRONC. Tige cylindrique, herbacée, pleine, feuillée, un peu anguleufe.

FEUILLES. *Les radicales* font élancées, pétiolées, très-entières; les caulinaires feffiles; femi-amplexicaules en cœur, élancées & entières; toutes font prefque toujours tachées de taches blanchâtres fupérieurement, d'un vert-pâle & marquées d'une feule nervure inférieurement: les deux furfaces font velues.

SUPPORTS. {
Armes, aucune.

Stipules; quelques écailles à la racine appliquées contre les pétioles des feuilles.

Bractées, plufieurs petites feuilles reffemblantes abfolument, en petit, aux feuilles caulinaires & placées parmi les fleurs.

Pétioles feulement aux feuilles radicales.

Péduncules cylindriques moins longs que les calices; chacun eft folitaire, uniflore.

Vrilles, aucune.
}

E

Port. De la racine fortent plufieurs feuilles velues couchées par terre ; du milieu de ces feuilles s'élèvent deux ou trois tiges droites, feuillées, fourchues, rarement ramifiées ; branches florifères ; *feuilles* caulinaires, alternes ; *fleurs* alternes, en bouquets ou grappes. Toutes les parties de la plante, excepté quelques parties de la fleur, & la racine, font velues.

Lieu, dans les bois, les prés ombragés.

Végétation. D'une même racine pouffe tous les ans des feuilles & des tiges en février ; les fleurs paroiffent en mars & avril ; les graines font mûres en juin, & les tiges périffent ; les feuilles perfiftent jufqu'aux grandes gelées ; la racine fe conferve & vit plufieurs années.

Propriétés. { *Odeur ;* plante inodore dans toutes fes parties.
{ *Saveur ;* goût mucilagineux, herbacé, falé ; mais peu fapide.

Analyse, inconnue ; on penfe que cette plante poffède les mêmes principes que la *Pulmonaire officinale.*

Vertus. } Mêmes vertus & ufage que la Pulmonaire officinale, au défaut de laquelle on
Usage. } la prefcrit.

Etymologie. *Pulmonaria anguftifolia. (Voyez* l'autre Pulmonaire) : *anguftifolia,* parce que les feuilles font longues & étroites.

NOM GÉNÉRIQUE PHYTONOMATOTECHNIQUE.

J E Q L Y A F I A J E A Z.

SYNONYMIE.

Pulmonaria (*anguftifolia*) *Foliis radicalibus lanceolatis.* L. *fp. pl. p.* 194. *id. Reig. Vegel. à Murray.* 158. *id. Syftem. pl.* 1. *p.* 392. *Dalib. par.* 60.

——————— *foliis radicalibus in petiolum decurrentibus : caulinis feffilibus femiamplexicaulibus. Scop. ed.* 1. *p.* 442.

——————— *foliis radicalibus linguiformibus. Sauv. Met. fol.* 62.

——————— *foliis echii. T. Elem.* 113. *id. Inft.* 136. *Vail. Bot. par.* 165.

——————— *anguftifolia, cœruleo flore. J. B.* 3. 596. *T. Elem.* 113. *id. Inft.* 136. *id. Herb.* 2. 488.

——————— *rubro flore foliis echii. T. Elem.* 113. *id. Inft.* 136. *id. Herb.* 2. 487. *Fabreg.* 6. *p.* 85.

——————— *Anguftifolia rubente cœruleo flore. C. B. pin.* 260. *n°.* 11. *id. n°.* 111.

Pulmonaire élancée. *Lam. fl. fr.* 2. *p.* 269.

——————— vipérée. *Dub. Bot. f.* 2. *p.* 197.

——————— grande. *fig. de la Mat. Med. de Geofroi.*

Petite Pulmonaire, ou Pulmonaire à feuilles étroites.

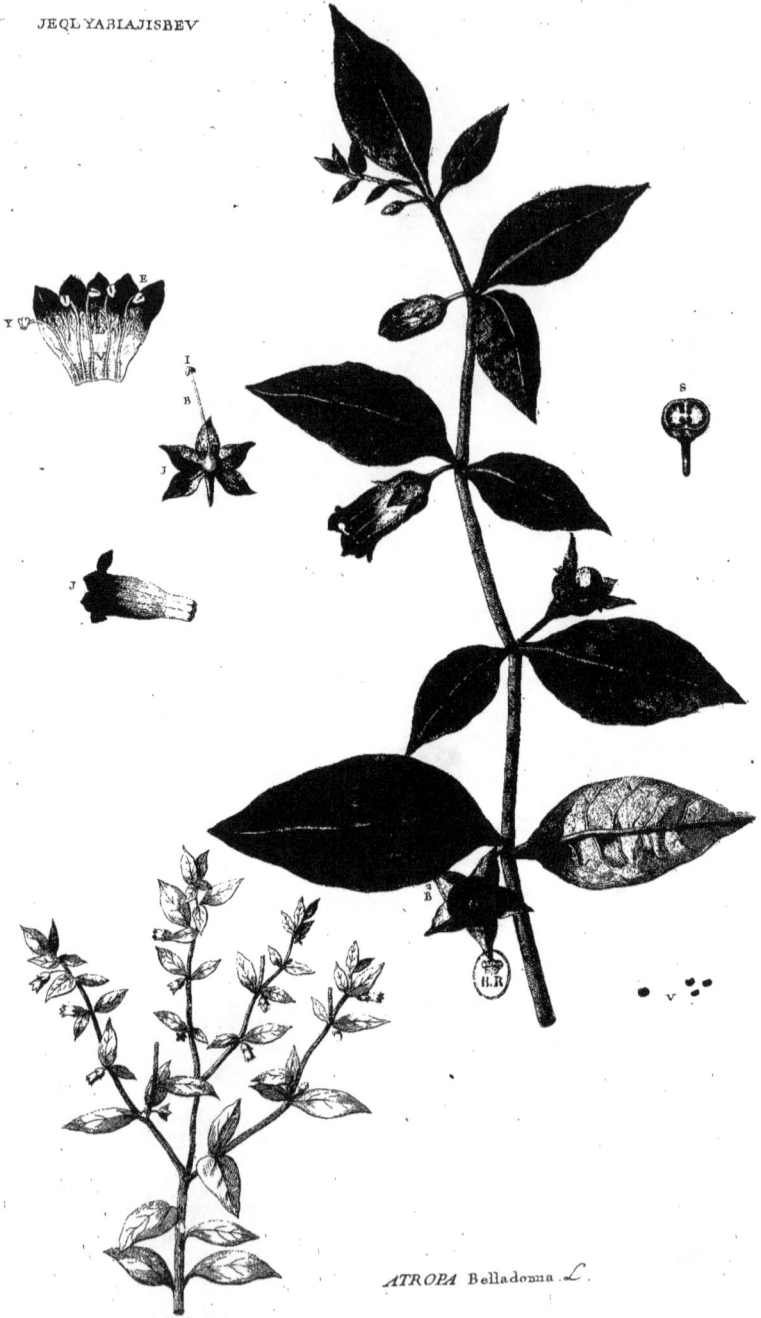

ATROPA Belladonna *L*.

ATROPA

BELLADONNA.

BELLADONE *OFFICINALE.*

ORDRES SYSTÉMATIQUES

DE TOURNEFORT.	VON LINNÉ.	DE JUSSIEU.
Claffe I. Section 1. Genre 2.	Claffe V. Ordre 1.	Cl. VII. Ordre 6. les Solanées.

DESCRIPTION.

ENVELOPPE , aucune.

CALICE. *Périanthe* (JB) monophylle, inférieur, perfiftant, découpé par cinq fentes en cinq laciniures égales, entières, aiguës, ovoïdes, appliquées fur la corolle tant qu'elle exifte, & écartées du fruit (B) après qu'elle eft tombée.

COROLLE (J). *Un pétale* tubulé, campaniforme ; la partie poftérieure forme un tube angu-leux, percé & court ; le corps eft renflé, cylindrique, velu ; enfin, l'entrée ou le lymbe (JE), eft denté de cinq dents égales, entières, arrondies & réfléchies extérieu-rement : infertion fous le germe.

ETAMINES. *Cinq filets* fubulés, cylindriques, plus courts que la corolle, & attachés à fon tube : ces filets font velus dans à peu près la moitié de leur longueur, & font courbés en *S* italiques. *Cinq anthères* (Y) qui, avant leur épanouiffement, font chacune formées de deux petits corps oviformes, lefquels s'ouvrent par le côté externe chacun en deux battans, & perdent leur figure.

PISTIL. *Un germe* fupérieur arrondi, glabre ; *un ftyle* (B) filiforme de la longueur des étamines ; un ftygmate (I) en tête réniforme.

NECTAR , aucun.

PÉRICARPE. *Baie* arrondie, molle, fucculente, portée pár le calice, divifée intérieurement (S) par une cloifon mitoyenne en deux loges égales, pleines d'un fuc rouge fucré, & de graines ; épiderme glabre, très-liffe, marqué dans la partie moyenne d'un fillon qui indique la cloifon mitoyenne : cette baie tombe fans s'ouvrir.

RÉCEPTACLE. Deux, un dans chaque loge, arrondis & échancrés du côté de la cloifon.

SEMENCES, plufieurs, elliptiques, réniformes, liffes.

RACINE , fibreufe, partie pivotante, partie traçante.

TRONC. *Tige* droite, cylindrique, liffe, unie, couverte de poils très-fins & fans nœuds ; extrémité branchue, ramifiée ; fubftance pleine & prefque ligneufe.

FEUILLES , fimples, très-entières, ovoïdes, veinées, pétiolées ; côtes ou veines un peu velues.

SUPPORTS.
$\left\{\begin{array}{l}Armes , \\ Stipules , \\ Bractées ,\end{array}\right\}$ aucune.

Pétioles déprimés bien plus courts que les feuilles, applatis fupérieurement, & cylindriques inférieurement.

Péduncules folitaires, uniflores, cylindriques, de la longueur des fleurs, ou un peu plus courts.

Vrilles , aucune.

PORT. D'une racine très-confidérable fortent tous les ans *plufieurs tiges* droites fans nœuds jufqu'à la cime ; *cime* divifée en trois branches principales obliques, cylindriques, dichotomes ; *rameaux* noueux, flexueux, horifontaux ; *feuilles radicales* folitaires, *feuilles caulinaires* alternes ; *les brachiales* géminées, toujours une plus petite & alternes ; péduncules folitaires axillaires.

VÉGÉTATION. Sort de terre en mars, avril ; fleurit depuis mai jufqu'août ; fon fruit eft mûr depuis juillet jufqu'aux gelées ; les tiges périffent tous les ans ; les racines perfiftent ; fa préfence fur terre eft ordinairement de huit à neuf mois ; fa racine vit plufieurs années.

LIEU. Cultivée dans quelques jardins ; on la trouve dans les terrains gras, dans les endroits élevés & ombragés.

PROPRIÉTÉS. { *Odeur ;* toute la plante froiffée a une odeur virulente nauféabonde. *Saveur ;* les feuilles, tiges & fleurs ont un goût âcre, herbacé, nauféabonde ; les baies font un peu fucrées.

ANALYSE. { *Pyrotechnique ;* une livre de cette plante verte fournit prefque les trois cinquièmes d'eau de végétation inodore peu fapide ; plus un cinquième d'une liqueur acidulée ; enfin, près d'un autre cinquième d'huile & acide empyreumatiques mêlés enfemble : le caput mortuum pèfe à peine le quart d'un cinquième, & fournit très-peu d'alkali fixe.

Hygrotechnique, inconnue.

VERTUS, vénéneufe ; mortelle prife intérieurement à trop forte dofe ; affoupiffante, ftupéfiante, réfolutive, anti-éryfipélateufe, anti-cancéreufe, appliquée extérieurement.

USAGE. On s'eft fervi d'une infufion de fes feuilles dans les dyffenteries rebelles, dans le traitement du cancer, quelquefois avec fuccès, fouvent avec des réfultats graves & incurables ; extérieurement dans les ophthalmies, le fuc du fruit en collyre a fouvent réuffi ; quelquefois il a produit la paralyfie du nerf optique, & la goutte-fereine ; l'eau diftillée, & l'infufion des feuilles, appaifent l'inflammation éryfipélateufe. La plante cuite avec le lait, & appliquée fur les hémorrhoïdes, fur les tumeurs dures, skirrheufes, fur les cancers occultes & ulcérés, en appaife la douleur, & procure quelquefois la réfolution de ces tumeurs.

DOSE. Intérieurement les feuilles féchées & un peu froiffées, à la dofe de trois grains infufées dans une taffe d'eau, commençant par moins ; le fuc du fruit dans les ophthalmies par gouttes ; les feuilles de la plante appliquées extérieurement par poignées en cataplafme.

REMÈDE. Lorfque par ignorance on a pris une trop forte dofe, foit des fruits, foit de l'infufion des feuilles, une perfonne eft attaquée d'accidens graves, tels font la manie, la folie, l'étranglement, l'affoupiffement, &c. &c. on fera vomir le malade, & on lui adminiftrera les acides végétaux à haute dofe ; le vinaigre & le jus de citron ont eu prefque toujours d'heureux fuccès.

ETYMOLOGIE. *Atropa* vient d'*Atropos*, troifième des Parques, celle qui coupe le fil de notre deftinée : ce nom a été donné à cette plante à caufe de fes vertus meurtrières. *Bella Donna*, nom italien qui veut dire belle dame : cette plante, dit-on, a reçu ce nom, à caufe des préparations qu'on en faifoit en Italie pour embellir la peau des dames.

NOM GÉNÉRIQUE PHYTONOMATOTECHNIQUE.

JEQLYABIAJISBEV.

SYNONYMIE.

ATROPA (*Belladonna*), *caule herbaceo, foliis ovatis integris.* L. *fp. pl. p.* 260. *Syft. pl.* 1. *p.* 504. *Mur. Reg. Veg. p.*185. *Sauvag. Met. fol.*204. *n°.*135. *Dalib. Flor. par.* 70.
———— *foliis geminatis calicibus monocarpi caule erecto. Gou. Hort.* 107. *Flor. Monfp.* 32.
BELLADONNA *majoribus foliis & floribus.* T. *inft.* 77. *Hift. par.* 2. 169. *Fabreg.* 1. 166. *Vail. Bot. par.* 10.
SOLANUM *melanocerafus.* C. B. *pin.* 166. *Solanum lethale* Cluf. *Hift.* 1. *p.* 86. *Solanum majus.* Cam. *epit.* 817.
BELLADONE *Dubourg.* 188. Belladone baccifère. *Lam. Bul. Herb. fr. ann.* 1781. Très-mauvaife figure. *it. flor. Parif.*

SAXIFRAGA Tridactylites. *L.*

SAXIFRAGA

TRIDACTYLITES.

SAXIFRAGE *TRIDACTYLE.*

ORDRES SYSTÉMATIQUES

DE TOURNEFORT.	VON LINNÉ.	DE JUSSIEU.
Claſſe VI. Sect. 3. Genre 1.	Claſſe X. Ordre 2.	Cl. XIII. Ordre 2. Saxifrages.

DESCRIPTION.

ENVELOPPE, aucune.

CALICE. *Périanthe* monophylle, inférieur, découpé en cinq dents égales, entières, & qui perſiſtent.

COROLLE. *Cinq pétales* ſupérieurs ovoïdes, élancés, évaſés; *lymbe* arrondi entier; *onglet* aigu: tous tombent de bonne heure; inſertion ſur le calice.

ETAMINES. *Dix filets* moins longs que les pétales, & inférés ſur le calice; chaque filet eſt cylindrique, grêle & court; *dix anthères* arrondies, & qui s'ouvrent par le côté; *pouſſière fécondante* jaunâtre.

PISTIL. *Germe* arrondi, renfermé dans le calice & ſous la corolle; *deux ſtyles* de la longueur des étamines; *deux ſtygmates* obtus, perſiſtans.

NECTAR, aucun.

PÉRICARPE (Q). *Capſule* biloculaire, oviforme, faiſant corps avec le calice, & qui s'ouvre par le haut en deux valves (F).

RÉCEPTACLE, ſervant de cloiſon au péricarpe.

SEMENCES. Pluſieurs dans chaque loge, liſſes & arrondies.

RACINE, fibreuſe, chevelue.

TRONC. *Tige* droite, velue, molle, cylindrique, pleine, branchue & ramifiée.

FEUILLES, épaiſſes, ſucculentes, velues, ſimples, ſans nervures; les radicales très-ſimples; ovoïdes pétiolées; celles qui viennent après ſont cunéiformes, fendues par le haut en trois lobes inégaux, le moyen eſt le plus grand, les deux latéraux ſont plus petits, & ſouvent refendus en deux.

SUPPORTS.
Armes,
Stipules, } aucune.
Bractée. Petites feuilles oblongues, placées ſur les péduncules, & aux diviſions des rameaux.
Pétioles, très-diſtincts aux feuilles radicales, difficiles à diſtinguer dans les feuilles caulinaires, leſquelles ne peuvent être dites pétiolées.
Péduncules, cylindriques plus ou moins longs, ſelon la partie d'où ils ſe détachent.
Vrilles, aucune.

PORT. D'une même racine pouſſe une, quelquefois deux *tiges* entourées de feuilles; ces tiges ſont droites, dichotomes; *feuilles* alternes rarement oppoſées, fleurs terminales ſans ordre; toute la plante eſt velue; *poils* terminés chacun par une petite glande ſphérique.

F

VÉGÉTATION. La graine germe & donne deux cotyledons en février; fleurit en avril & mai; elle sèche & laisse tomber sa graine en juin, & périt pour ne plus reparoître : sa durée totale est de cinq mois tout au plus.

LIEU. Sur les vieilles masures, les endroits secs, arides.

PROPRIÉTÉS. { *Odeur*, absolument nulle.
{ *Saveur;* toute la plante est aigrelette, salée, suivie d'un peu d'amertume.

ANALYSE, inconnue.

VERTUS. On l'estime fondante, résolutive, propre pour les obstructions.

USAGE. Intérieurement on a vanté l'infusion de cette plante pour la jaunisse, les humeurs-froides, les engorgemens glanduleux; extérieurement elle fond, dit-on, les tumeurs scrophuleuses, en appaise la douleur, fait suppurer & cicatrise celles qui sont ouvertes. On s'en est servi avec avantage dans la teigne, les panaris & les vieux ulcères : on n'en fait presque plus d'usage.

DOSE. Intérieurement, l'infusion dans la bière, un à deux poissons par jour ; extérieurement, pilée & appliquée en cataplasme.

ETYMOLOGIE. Saxifraga, à *saxis*, pierres; & *frangere*, briser; comme qui diroit plante qui brise la pierre, parce qu'on a cru que les espèces de ce genre étoient propres à briser les pierres des reins, ou parce qu'elles croissent sur les pierres. A cette espèce on a ajouté l'épithète *tridactylites*, tridactyle, parce que les feuilles se divisent en trois digitations.

NOM GÉNÉRIQUE PHYTONOMATOTECHNIQUE.

JURSYAHIAJESFEZ.

SYNONYMIE.

SAXIFRAGA (*tridactylites*) *foliis caulinis cuneiformibus trifidis alternis, caule erecto ramoso.* L. *spe. 578. Mur. 344. System. pl. 2. 319. Dalib. Par. 127. Gouan. Hort. 210. Flor. Monsp. 235.*

——————— *verna, annua, humilior. T. Elem. 219. id. Inst. 252. id. Herbor. 2. 102. Vail. Bot. par. 176.*

SAXIFRAGE tridactyle. *Dub. Bot. F. 258. Lam. 3. 536.*

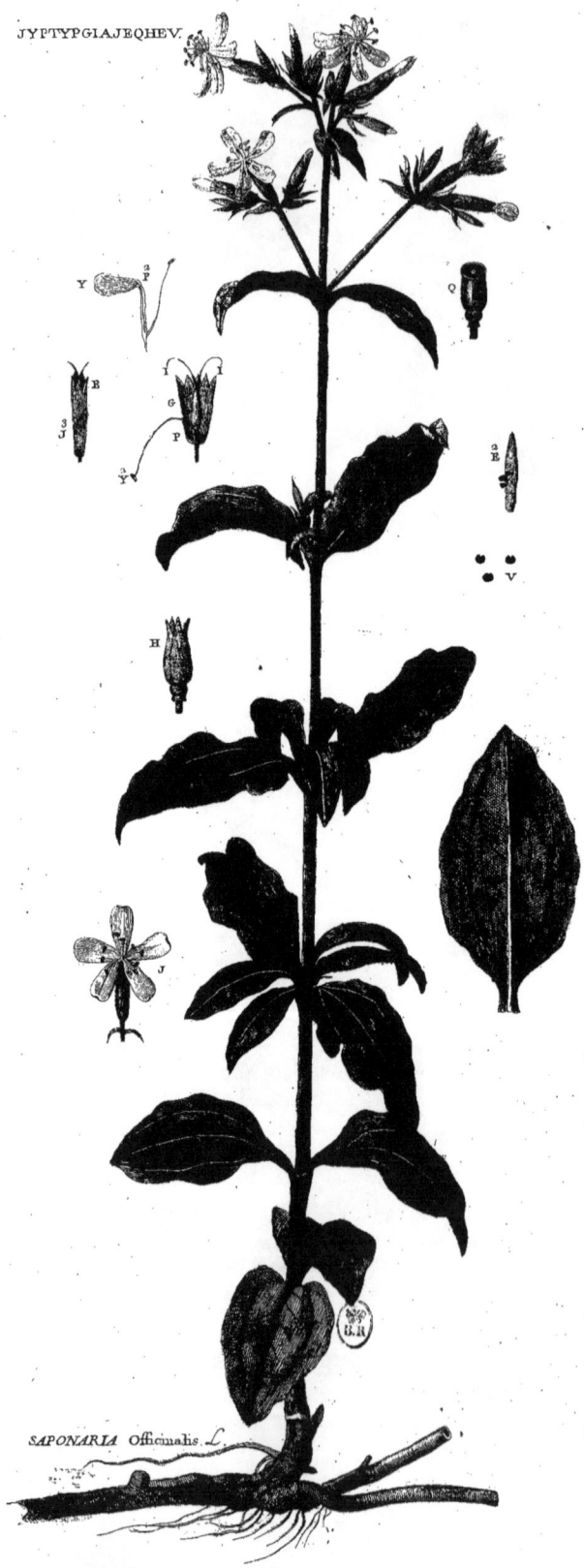

JYPTYPGIAJEQHEV.

SAPONARIA Officinalis. L.

SAPONARIA

OFFICINALIS.

SAPONAIRE *OFFICINALE.*

ORDRES SYSTÉMATIQUES

DE TOURNEFORT.	VON LINNÉ.	DE JUSSIEU.
Cl. VIII. Sect. 1. Genre 2. *Lycnis.*	Claffe X. Ordre 2.	Cl. XII. Ord. 18. Caryophyllées.

DESCRIPTION.

ENVELOPPE, aucune.

CALICE. *Périanthe* monophylle, perfiftant, inférieur, tubulé ; bord découpé de cinq dents entières, aiguës, droites ; quatre de ces dents font fouvent recollées deux à deux, ce qui fait paroître le calice à trois dents ; tube prefque auffi long que les onglets des pétales.

COROLLE (J). *Cinq pétales* caducs, uniformes, évafés, régulièrement difpofés, & attachés fous le germe, *onglet* de chaque pétale (P) linéaire, garni de deux feuillets membraneux qui fe terminent en deux cornes à l'infertion du lymbe avec l'onglet : c'eft à ces cornes & feuillets que nous donnerons le nom de nectars ; *lymbe* en cœur renverfé ; échancrure (Y) peu profonde.

ETAMINES. *Dix filets* cylindriques, filiformes, un peu plus longs que les onglets des pétales, & fixés fous le germe, favoir, cinq alternativement d'eux-mêmes (P), & cinq par le moyen des pétales (P). *Dix anthères* oblongues, formées de deux loges, chacune defquelles s'ouvre en deux battans (Y) par le côté.

PISTIL. *Germe* élancé, liffe, fupérieur ; *deux ftyles* fubulés, courbés ; *deux ftygmates* (I), difficiles à diftinguer des ftyles.

NECTARS. Dix à chaque corolle, deux fur chaque pétale à la réunion du lymbe avec l'onglet : ces dix nectars font fubulés, très-courts, & forment une couronne au milieu de la corolle.

PÉRICARPE *Capfule* (H) oviforme, liffe, oblongue, uniloculaire, étranglée par le bas, & fendue par le haut par quatre fentes, rarement par cinq.

RÉCEPTACLE. Cylindrique, élancé, alvéolé, occupant le milieu de la capfule, (fig. É).

SEMENCES, plufieurs, réniformes, noires (V).

RACINE, fibreufe, cylindrique, noueufe, traçante.

TRONC. *Tige* fimplement branchue, glabre, cylindrique, fiftuleufe, noueufe ; entre-nœuds à peu-près égaux à la longueur des feuilles.

FEUILLES, fimples, glabres ; les inférieures ovoïdes, oblongues, entières ; les caulinaires font en lime à leur bord : elles ont toutes, trois nervures.

SUPPORTS.
{
Armes, } aucune.
Stipules, }

Bractée ; deux feuilles fubulées, placées fur chaque péduncule propre ; d'autres plus larges font fixées aux péduncules communs.

Pétioles fort courts, & accompagnés du difque des feuilles.

Péduncules courts, cylindriques, droits.

Vrilles, aucune.
}

PORT. D'une racine traçante fortent plufieurs tiges droites, branchues ; feuilles oppofées, connées, formant croix avec l'étage qui fuit ; *branches* oppofées, axillaires ; *fleurs* en corymbe, terminales, droites.

VÉGÉTATION. La racine pouffe tous les ans en mars plufieurs tiges, les fleurs paroiffent en juin, juillet ; les fruits & graines font mûrs d'août à feptembre ; les racines pouffent de nouveaux jets qui périffent, ainfi que les tiges, aux gelées ; la racine perfifte.

LIEU. Les bords des rivières, des étangs, des ruiffeaux fablonneux, dans nos jardins.

PROPRIÉTÉS.
{
Odeur ; toutes les parties de la plante, excepté les fleurs, font prefque inodores.

Saveur ; la racine, tant verte que sèche, a un petit goût de régliffe ; ce goût n'eft fuccédé d'aucun autre dans les racines sèches, mais aux vertes fuccède une amertume âcre, infupportable ; les tiges, & fur-tout les feuilles, ont un goût falé-amer.
}

ANALYSE.
{
Pyrotechnique. Cette plante fournit beaucoup d'eau, une huile & acide empyreumatique, & du fel effentiel.

Hygrotechnique, inconnue.
}

VERTUS. On l'eftime déterfive, apéritive, réfolutive, anti-épileptique, anti-vénérienne, anti-afthmatique, propre aux maladies de la peau.

USAGE. Les feuilles froiffées dans les mains, les décraffent comme le favon ; la décoction prife intérieurement, & appliquée extérieurement, guérit les dartres, gales & autres maladies de la peau. La même décoction m'a réuffi pour diffiper certains fymptômes vénériens. La racine fe prefcrit en décoction, pour guérir ou foulager les afthmatiques ; la femence, dit-on, retarde les accès épileptiques, prife en poudre au renouvellement de chaque lune ; on prépare un extrait avec les feuilles, qui a la même vertu que la plante.

DOSE. Les feuilles par poignées, les racines à la dofe d'une once par pinte d'eau ; les femences en fubftance à la dofe d'un gros ; l'extrait en pilules depuis quatre jufqu'à douze grains.

ETYMOLOGIE. *Saponaria,* à *fapone,* favon, parce que cette plante décraffe comme le favon.

NOM GÉNÉRIQUE PHYTONOMATOTECHNIQUE.

J Y P T Y P G I A J E Q H E V.

SAPONARIA (*officinalis*) *calicibus cylindricis, foliis ovato-lanceolatis. L. fpe. 584. Mur. 347. Syftem. pl. 2. pag. Dalib. 125. Gouan. Fl. 236. id. Hort. 212. Sauv. fol. 144.* ———— *Dod. Pent. 179 Hift. Lug. 822. édit. franç. 711. Saponaria Major. Lævis C. B. pag. 206.*

LYCHNIS *fylveftris quæ faponaria vulgo. T. Elem 280. id. Inft. 336. id. Herb. 1. 196. Vail. 110.*
SAVONAIRE *officinale. Dub. Bot. F. 136. Lam. Fl. fr. 1. pag. 541.*

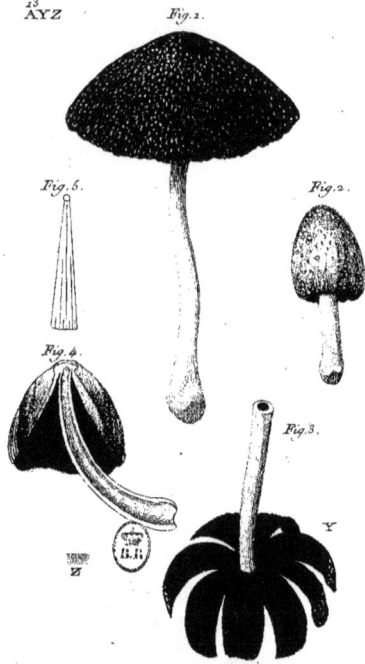

Fig.1.

Fig.5.

Fig.2.

Fig.4.

Fig.3.

Y

Z

AGARICUS Farinosus .B.

AGARICUS

FARINOSUS.

AGARIC *FARINEUX.*

ORDRES SYSTÉMATIQUES.

DE TOURNEFORT.	VON LINNÉ.	DE JUSSIEU.
Claffe XVII. Sect. 1. Genre 2.	Claffe XXIV. Ordre 4. *Fungi.*	Cl. I. Ordre 1. les Champignons.

DESCRIPTION.

ENVELOPPE , aucune.

CALICE , aucun.

ETAMINES. ⎫
COROLLE. ⎭ aucune.

PISTIL , ⎫
NECTAR , ⎬ aucun.
PÉRICARPE , ⎭

RÉCEPTACLE. *Lames* (Y), avant l'épanouiffement du chapeau , de couleur de gris de lin ; noirciffent à mefure que le chapeau s'épanouit. Ces lames font très-rapprochées , & occupent tout le deffous du chapeau ; elles font attachées , d'une part, par un très-petit point de leurs extrémités internes au pédicule ou colonne, enfuite par tout leur bord fupérieur à toute la face inférieure du chapeau. En détachant ces lames (fig. 4), on apperçoit , entre deux lames entières, deux portions de lames, dont la longueur égale la moitié des grandes ; & une autre portion qui eft prefque auffi longue que les lames entières, elle ne paroît même en différer que parce qu'elle ne s'attache point au pédicule ; cette grande portion eft placée entre les deux demi-lames. On y voit de plus, en faifant bien attention , quatre autres petites portions de lames qui ne font qu'au bord du chapeau : de forte qu'entre deux lames entières fe trouvent fept autres portions de lames plus ou moins grandes. On a cherché à faire fentir cette difpofition dans la figure 5. L'ordre des feuillets ou lames que nous venons de décrire , n'eft pas toujours de même, puifqu'on n'y trouve quelquefois que trois portions de feuillets entre les deux feuillets entiers. Chaque demi-lame eft dentée par fon bord inférieur. Toutes ces lames n'ont point la couleur égale dans toute leur étendue ; leur bord inférieur eft toujours plus noir. En regardant les feuillets à la loupe , on les voit parfemées de petites glandes , furmontées chacune d'un poil ; & fi l'on fend le chapeau fupérieurement , la fente partage un feuillet en deux dans fa longueur, & le fait voir compofé de deux épidermes adoffées l'une contre l'autre.

SEMENCES (Z). Efpèce de noir de fumée qui fort de la tranche des feuillets , & qui noircit le papier fur lequel on laiffe épanouir ce champignon.

RACINE. *Bulbe* fongueufe , arrondie , molle , blanche , & peu diftincte du pédicule.

G

TRONC. *Colonne* cylindrique, blanche, caffante, facile à fendre, fiftuleufe, plus longue que le diamètre du chapeau, & un peu plus groffe en bas qu'en haut ; extrémité fupérieure terminée par un chapiteau d'abord ovoïde, devient convexe, horizontal. La couleur en eft premièrement noifette pâle, devient cendrée gris de lin ; fa furface eft couverte de petits flocons farineux roux ou grifâtres, & marquée de ftries qui indiquent l'infertion des feuillets : fubftance prefque nulle.

FEUILLES, aucune.

SUPPORTS, aucun.

PORT. D'une fubftance moififorme fe développe une efpèce de mamelon grifâtre, qui, en s'épanouiffant, devient femblable à un petit œuf ; enfuite fon pédicule s'allonge & lui donne la forme que nous lui obfervons à la figure 2. Peu-à-peu le chapeau s'épanouit & prend la forme de la figure 1. Enfin le chapeau fe fend, laiffe tomber les femences ou pouffière fécondante, prend la forme de la figure 3, & périt. Dans l'état de perfection, le pédicule ou colonne a depuis un jufqu'à trois pouces de haut ; le diamètre d'une à trois lignes : le chapeau a depuis un jufqu'à deux pouces & demi de diamètre.

VÉGÉTATION. Sort des plâtres, fous lefquels fe trouve un morceau de bois humide, ou bien d'un morceau de vieux bois, en automne ; dure peu de jours.

LIEU. Aux plafonds des bâtimens arrofés par des pluies, fur le bois des pompes à puits, &c. &c.

PROPRIÉTÉS. { *Saveur,* } peu fenfibles, mais femblables à celle du Champignon ordinaire.
            { *Odeur,* }

ANALYSE, inconnue.

VERTUS, inconnues.

DOSE, inconnue.

ETYMOLOGIE. *Agaricus* vient d'*Agarus*, actuellement le *Malowouda*, d'où l'on nous apportoit autrefois l'Agaric purgatif. Voyez l'Agaric moucheté, pag. 1. Au nom Agaric nous avons joint Farineux, *Farinofus*, parce que cette efpèce eft parfemée de petits flocons de farine.

NOM GÉNÉRIQUE PHYTONOMATOTECHNIQUE.

Ä Y Z.

SYNONYMIE.

AGARICUS (*farinofus*) pileo convexo, obtufo, grifeo-farinaceo, ftipite fiftulofo albo. Lamellis creberrimis nigris.
———— rubefcens. *Lam. 1. 110. n°. 18.*
———— Decimus fextus. *Scheuf. pl. 17.*
FUNGUS minor tenerrimus, farinâ refperfus, pileolo fuperne cinereo, *Lam.* fubtus tenuiffimis creberrimis nigris. *Vail. par. 72.*
———— multiplex ovatus cinereus minor. *Vail. par. 72.*
AGARIC farineux.
———— rouffâtre. *Lam.*
CHAMPIGNON Toile d'araignée. *Dub. Bot. 2. 480.*

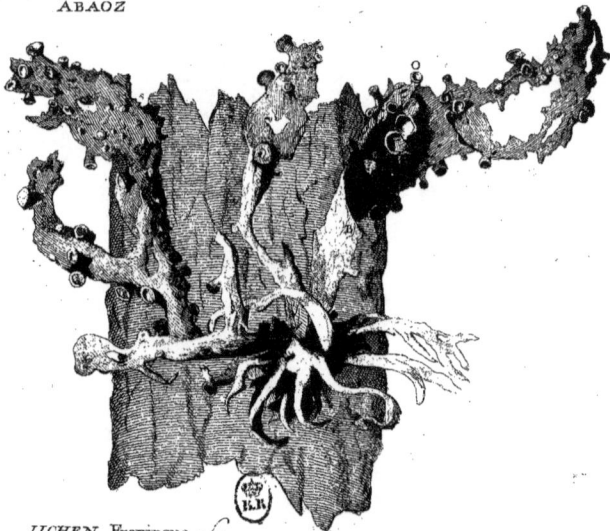

ABAOZ

LICHEN Fraxineus. L.

LICHEN

FRAXINEUS.

LICHEN *DE FRÊNE.*

ORDRES SYSTÉMATIQUES.

DE TOURNEFORT.	VON LINNÉ.	DE JUSSIEU.
Claſſe XVI. Section 2. Genre 3.	Claſſe XXIV. Ordre 3.	Claſſe I. Ordre 2. les Algues.

DESCRIPTION.

ENVELOPPE, aucune.

CALICE, aucun.

COROLLE, aucune.

ETAMINES, aucune bien diſtincte; on voit ſeulement ſur le feuillage de cette plante, dans certains temps de l'année, une pouſſière farineuſe que nous croyons être la pouſſière fécondante : le vent enlève cette pouſſière de deſſus le feuillage ; quelques portions ſont accrochées par une matière glutineuſe qu'on trouve dans de petites écuelles (O) qu'on apperçoit ſur la plante, & que nous nommons les réceptacles. Ces particules de farine y groſſiſſent ou y fécondent les germes des graines deſtinées à produire l'individu.

PISTIL, aucun.

NECTAR, }
PÉRICARPE, } aucun.

RÉCEPTACLE. *Petites écuelles* (O) placées ſur différentes parties de la plante, & plus connues parmi les Botaniſtes ſous le nom de cupules. Ces réceptacles ſont concaves, liſſes, rouſſâtres, pédiculés ou ſoutenus par des cols cylindriques.

SEMENCES, rarement viſibles ; lorſqu'il s'en trouve, conſidérées au microſcope, elles paroiſſent arrondies & liſſes.

RACINE. Aucune bien viſible ; mais, ſi l'on découpe l'écorce de l'arbre à l'attache de cette plante, on voit quelques différences dans la nuance de cette même écorce : ce qui indique l'expanſion en forme de racines de cette végétation.

TRONC. Aucun, à moins qu'on ne donnât ce nom au feuillage même.

FEUILLES, aucune. On pourroit pourtant donner ce nom aux expanſions de ce végétal ; mais l'uſage veut que ce ne ſoit ni tiges ni feuilles ; pourtant on lui accorde le nom de feuillage.

SUPPORTS. {
Armes, }
Bractée, } aucune.
Stipules, }
Pétioles, aucun.
Péduncules cylindriques de différentes longueurs, placés ſous les réceptacles dont nous avons déja parlé.
Vrilles, aucune.

Port. D'un même pied fortent plufieurs portions de cette plante, plus ou moins grandes, droites & roides ; chaque portion eft applatie, élancée en lanière, ployée en gouttière, pléine de rugofités, de lacunes comme des mailles de filet, quelquefois percée. Les feuillages qui n'ont point d'écuelles, font plus liffes, parce qu'ils font plus jeunes. Les anciennes pouffes ou les plus grandes, font très-ridées & garnies d'écuelles peu profondes, jaunâtres ou rouffâtres. De plus, fur leur feuillage, on y voit de petites verrues qui font autant de nouvelles écuelles : plus, de petits flocons de feuilles très-déliées, très-fines, linéaires. Toute la plante eft d'un gris jaunâtre & élaftique lorfqu'elle eft sèche ; d'un verd pâle, molle, ployante, lorfqu'elle eft mouillée : fubftance mince, coriace.

Végétation. On la trouve dans toutes les faifons fur les ormes, les chênes, les frênes, & plufieurs autres arbres qui forment des avenues.

Lieu. A Meudon, à Saint-Cloud, au Bois de Boulogne, & dans toutes les forêts des environs de Paris.

Propriétés. $\left\{\begin{array}{l}\textit{Odeur,} \\ \textit{Saveur,}\end{array}\right\}$ nulle ou prefque nulle.

Analyse, $\left.\begin{array}{l}\\ \end{array}\right\}$ inconnue.
Vertus,

Usage, inconnu

Dose, inconnue.

Etymologie. *Lichen*, de *Lichene*, dartre. Ce nom a été donné aux efpèces de ce genre, foit parce qu'on les croit propres à guérir les dartres ; ou bien, ce qui nous paroît plus vraifemblable, parce que la plupart croiffent fur les arbres en forme de dartres.

NOM GÉNÉRIQUE PHYTONOMATOTECHNIQUE.

Á B Ä O Z.

SYNONYMIE.

Lichen (*fraxineus*) *foliaceus erectus oblongus lanceolatus fublaciniatus lacunofus glaber, fcutellis fubpedunculatis. L. fp. pl. 1614. n°. 37. id. Syft. pl. 4. p. 545. n°. 49. Mur. Reg. Veget. 807. n°. 37.*

——— *cinereus lactucæ fol. T. Elem. Botan. 438.*

——— *pulmonarius cinereus mollior in amplas lacinias divifus. T. I. R. H. 549. tab. 325. fig. A. B. id. Herb. 6. T. 2. p. 421.*

Lichenoides *longifolium rugofum rigidum. Dil. Mufc. 165. tab. 22. f. 59. Dalib. par. 353.*

Orseille de frêne. *Dub Bot. Fr. p. 456. n°. 14.*

Lichen de frêne. *Lam. 1. pag. 83. G. 1274. n°. 25.*

BRYUM Extinctorium. *L.*

BRYUM

EXTINCTORIUM.

BRY *ÉTEIGNOIR.*

ORDRES SYSTÉMATIQUES

DE TOURNEFORT.	VON LINNÉ.	DE JUSSIEU.
Cl. XVII. Sect. 1. Genre 1.	Classe XXIV. Ordre 2. *Musci.*	Classe I. Ordre 3. les Mousses.

DESCRIPTION.

ENVELOPPE, aucune.

CALICE. *Coëffe* (B) membraneuse, cylindrique, blanchâtre, lisse, glabre, très-entière, couvrant toute l'anthère; extrémité supérieure pyramidale, très-aigue : longueur totale de deux lignes.

COROLLE, aucune.

ETAMINES. *Un filet* (F) de trois à quatre lignes de long, placé à l'extrémité supérieure de chaque tige, droit, glabre, soyeux, cylindrique, plusieurs fois plus long que l'anthère, de couleur rousse, & persistant. *Une anthère* oblongue, cylindrique, formée de deux parties, de l'urne (E) & de l'opercule (I), qui sont unies ensemble comme une boîte à savonnette. *Urne* (E) lisse, oviforme-oblongue, bordée de cils à son ouverture, & pleine d'une poussière fécondante. *Opercule* (I) pyramidal, lisse, aigu, de demi-ligne de long, couvrant exactement l'ouverture de l'urne.

PISTIL, aucun.

NECTAR. *Tubercule*, (T) petit, sémi-sphérique, lisse, placé au bas de chaque filet, formant l'insertion de celui-ci avec la tige.

PÉRICARPE,
RÉCEPTACLE, } aucun.

SEMENCES, aucune bien sensible à la vue; mais, si l'on examine l'aisselle des feuilles, avec une excellente loupe, on croit y appercevoir de petits grains transparens, poudreux. Sont-ce des graines ? L'imagination se refuse à les recevoir pour telles.

RACINE, fibreuse, chevelue, filamens très-courts.

TRONC. *Tige* très-grêle, très-courte, très-simple, sans rameaux ni branches, couverte de feuilles dans toute son étendue.

FEUILLES simples, persistantes, glabres, ovoïdes, pointues, sessiles; bords entiers; milieu garni d'une nervure : pointe terminée par un poil.

SUPPORTS. {
Armes,
Stipules,
Bractées, } aucune.
Pétioles,
Péduncules, } aucun.
Vrilles, aucune.

H

PORT. D'une racine capillacée s'élève *une tige* (rarement plufieurs) droite, d'une à deux lignes de long. *Feuilles* alternes très-rapprochées, rangées autour de la tige en rofette, d'une ligne de long fur demi-ligne de large, d'un vert gai ; une feule *Anthère* terminale pour chaque tige.

VÉGÉTATION. On la trouve dans toutes les faifons, principalement pendant l'hiver, par touffes ou gazons. Les étamines fe développent pendant les neiges, elles font mûres en mars, avril. La plante vit plufieurs années.

LIEU. Les terrains fablonneux, humides.

PROPRIÉTÉS. $\left\{\begin{array}{l} Odeur, \\ Saveur, \end{array}\right\}$ nullement fenfibles.

ANALYSE, inconnue.

VERTUS, $\left.\begin{array}{l} \\ \\ \\ \end{array}\right\}$ inconnus.
USAGE,
DOSE,

ETYMOLOGIE. *Bryum*, du mot grec βρυω, *germino*, je pouffe abondamment. *Extinctorium*, de *Extinctor*, éteignoir ; parce que la coëffe de cette efpèce de Bry a la forme d'un éteignoir.

NOM GÉNÉRIQUE PHYTONOMATOTECHNIQUE.

ÁFBETÅBÅ.

S Y N O N Y M I E.

BRYUM (*extinctorium*) *anthera erecta oblonga minori, Colyptris laxis æqualibus. Lin. fp. pl. 1581. Mur. Syftem. Veget. 797. Syftem. Plant. 4. 474. Dalib. Parif. 325. Gouan. Flor. Monfp. 447. Hort. Monfp. 532.*

———— *calyptra extinctori forma minus. Dil. Mufc. tab. 45. fig. 8. Sauvag. Met. fol. 32. n°. 4.*

MUSCUS *capillaceus minimus, colyptra longa conoide nitida. T. inft. 552. Vail. par. 137. n°. 10. tab. 26. f. 1.*

BRY éteignoir. *Dub. 2. 445. n°. 4. Lam. 1. 45. G. 1265. n°. 5.*

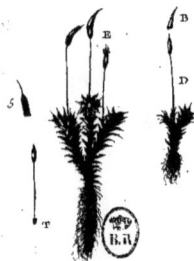

BRYUM Rurale. *L.*

B R Y U M

R U R A L E.

B R Y *R U R A L.*

O R D R E S   S Y S T É M A T I Q U E S

DE TOURNEFORT.	VON LINNÉ.	DE JUSSIEU.
Claſſe XVII. Sect. 1. Genre 1.	Claſſe XXIV. Ordre 2. *Muſci.*	Claſſe I. Ordre 3. les Mouſſes.

D E S C R I P T I O N.

ENVELOPPE, aucune.

CALICE. *Coëffe* (B) membraneuſe, rouſſâtre, oblongue, conique-ſubulée, liſſe, glabre, coupée de biſeau, & fendue du côté de ſon échancrure, couvrant la moitié de l'anthère : ſa longueur égale à-peu-près l'anthère.

ETAMINES. Une à une, placée preſque toujours à l'aiſſelle des feuilles perſiſtantes. Un *filet* (D) purpurin, droit ; cylindrique, glabre, trois à quatre fois plus long que l'anthère : ſa longueur eſt de ſix lignes ou environ. *Anthère* oblongue, liſſe, droite, cylindrique, arrondie par le bas, & terminée en pointe par le haut, s'ouvrant tranſverſalement, aux deux tiers de ſa hauteur, en deux, comme une boîte à ſavonnette : ſa longueur eſt de deux lignes ou environ. *Urne* (E) cylindrique, liſſe, oblongue, ciliée à ſon ouverture : une ligne & un tiers de longueur. *Opercule* très-petit, conique, pointu, appliqué très-exactement ſur l'ouverture de l'urne, d'où il ſe détache après la chûte de la coëffe pour laiſſer ſortir la pouſſière fécondante.

PISTIL, aucun.

NECTAR. *Tubercule* (T) petit, preſque ſphérique, placé au bas de chaque filet, formant l'inſertion de celui-ci avec la tige, qui lui fournit une petite enveloppe de feuilles en forme de périchœce.

PÉRICARPE, ⎫
RÉCPETACLE, ⎭ aucun.

SEMENCES, aucune bien ſenſible à la vue : on trouve pourtant, tant aux aiſſelles des feuilles qu'à l'extrémité des tiges, dans certains temps de l'année, une production pulvérulente, rouſſe, qu'on croit être les graines ; mais on n'a aucune certitude.

RACINE, fibreuſe, chevelue ; filemans ſimples, courts : racine principale écailleuſe, formée des débris des tiges, & de couleur rouſſe.

TRONC. *Tige* grêle, droite, cylindrique, feuillée, ſouvent ſimple, plus ordinairement branchue, & rarement ramifiée.

FEUILLES (5) ſimples, perſiſtantes, oblongues, entières, ſeſſiles, glabres, obtuſes, terminées chacune par un long poil.

SUPPORTS.
{
Stipules, } aucune.
Armes, }

Bractées, aucune ; à moins qu'on ne donne ce nom aux petites écailles qui entourent le bas du filet.

Péduncules, } aucun.
Pétioles, }

Vrilles, aucune.
}

PORT. D'une même racine fortent fouvent plufieurs *tiges* droites, rapprochées, couvertes de feuilles. *Feuilles* alternes, imbriquées, un peu écartées de la tige, fur-tout les inférieures ; les fupérieures forment une étoile à l'extrémité des branches : toutes font terminées par des poils recourbés. *Etamines* la plupart axillaires, quelques-unes terminales.

VÉGÉTATION. On la trouve dans toutes les faifons, fur-tout en hiver, par touffes ou gazons très-touffus, un peu convèxes, velus ; les poils de cette plante donnent aux gazons qu'elles forment, pendant les féchereffes, un air lanugineux ; les étamines font en état d'être obfervées en février & mars,

LIEU. Sur les murs, fur les vieux toits, fouvent même par terre.

PROPRIÉTÉS. { *Odeur*, } aucune.
{ *Saveur*, }

ANALYSE, inconnue.

VERTUS, }
USAGE, } inconnus.
DOSE, }

ETYMOLOGIE. *Bryum*, de βρυω, *Germino*, je pouffe abondamment, & *Rurale*, Rural ou des champs, à caufe que cette efpèce fe trouve le plus fouvent à la campagne, fur les vieux murs des enclos.

N. B. Toutes les figures font de grandeur naturelle.

NOM GÉNÉRIQUE PHYTONOMATOTECHNIQUE.
À D B E T À B I À.
SYNONYMIE.

BRYUM (*rurale*) *antheris erectiufculis, foliis piliferis recurvis.* L. *fp. 1581. n°. 7. id. Mur. 797. n°. 7. id. Syftem. plantar. 4. p. 475. n°. 7. Dalib. Parif. 320. n°. 13. Gouan. Fl. Monfp. 448. n°. 5.*

———— *rurale unguiculatum hirfutum elatius & ramofius. Dil. Mufc. 353. tab. 45. fig. 12.*

HYPNUM *caulibus erectis, foliis lanceolatis, pilo fluitante terminatis, capfulis erectis longe roftratis. Hal. Helv. n°. 1789.*

MUSCUS *capillaris tectorum denfis cæfpitibus nafcees, capitulis oblongis, foliis in pilum oblungum definentibus. Vail Bot. par 133. n°. 5. pl. 25. fig. 3.*

BRY rustique. *Dubourg, Bot. Franc. 2. 445. n°. 6. Lam. 1. pag. 46. genre 1265. efp. 7.*

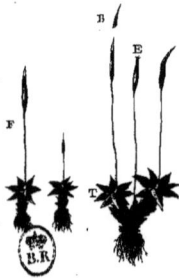

APBETABIA

BRYUM Subulatum. L.

BRYUM

SUBULATUM.

BRY *SUBULÉ.*

ORDRES SYSTÉMATIQUES

DE TOURNEFORT.	VON LINNÉ.	DE JUSSIEU.
Claffe XVII. Section 1. Genre 1.	Claffe XXIV. Ordre 2. *Mufc.*	Claffe I. Ordre 3. les Mouffes.

DESCRIPTION.

ENVELOPPE, aucune.

CALICE. *Coëffe* (B) membraneufe, caduque, fubulée, liffe, glabre, coupée inférieurement en bifeau, beaucoup plus courte que l'anthère, d'une couleur jaune-roux, ou roux-pâle.

COROLLE, aucune.

ETAMINES. Une (F) perfiftante, placée prefque toujours à l'extrémité de chaque tige. *Filet* droit, cylindrique, filiforme, un peu tortillé dans fa moitié inférieure, formant l'hygro-mètre, droit dans fa moitié fupérieure, d'une couleur rouge-brun : fa longueur varie depuis huit lignes jufqu'à douze : mais de deux ou deux fois & demi plus long que l'anthère. *Anthère* (E) cylindrique, en forme d'alêne, liffe, glabre. *Urne* cylindrique, fouvent un peu penchée fur le filet, droite par elle-même, de couleur rouge-brun, gorge ciliée ; fa longueur eft double de l'opercule ou d'un tiers du filet. *Opercule* petit, blanc, conique, couvrant exactement l'ouverture de l'urne, d'où il fe fépare comme un couvercle de boîte à favonnette, pour laiffer tomber une pouffière fécondante, rouffe, dans l'urne.

PISTIL, aucun.

NECTAR. *Tubercule* placé au bas de chaque filet, & d'une forme pyramidale.

PÉRICARPE, }
RÉCEPTACLE, } aucun.

SEMENCES, aucune. A cette efpèce on trouve, comme aux autres, les parties que les Botaniftes nomment les graines. Voyez ce que nous en avons dit au *Bry éteignoir* & *Bry rural.*

RACINE, fibreufe, rouffe, chevelue ; fibrilles très-déliées.

TRONC. *Tige* grêle, très-courte, cylindrique, feuillée, ordinairement fimple, rarement branchue.

FEUILLES, fimples, perfiftantes, glabres, entières, ovoïdes-élancées, feffiles, aiguës ou ter-minées en pointe, & garnies dans leur milieu d'une nervure ; leur longueur eft à-peu-près de deux lignes fur environ une ligne de large.

I

SUPPORTS.
{
Armes,
Stipules,
Bractée,
} aucune.
{
Péduncules,
Pétioles,
} aucun.
{
Vrilles, aucune.

PORT. D'une racine s'élève, à quelques lignes de terre, une petite *tige,* rarement plufieurs; cette tige eft très-fimple, très-feuillée. *Feuilles* alternes, écartées; les fupérieures forment une étoile. *Etamines* toujours terminales.

VÉGÉTATION. Cette plante fe trouve dans toutes les faifons, mais principalement depuis février jufqu'en avril, par touffes applaties, en forme de petits gazons d'un vert très-gai. Les nouvelles étamines fe développent en février, font mûres en mai; les anciennes fubfiftent : la plante dure plufieurs années.

LIEU. Dans les bois, fur les côtés des murs, mais principalement du côté qui regarde le nord; dans les terrains fablonneux & ombragés : enfin, fur les arbres; mais toujours, ou prefque toujours, fur les parties que le foleil n'éclaire point.

PROPRIÉTÉS.
{
Odeur,
Saveur,
} nulle.

ANALYSE, inconnue.

VERTUS, inconnues.

USAGE, inconnu.

DOSE, inconnue.

ÉTYMOLOGIE. *Bryum,* de βρυω, *Germino,* je pouffe abondamment. *Subulatum,* fubulé, de *Subula,* alêne; fait en alêne, parce que les anthères de cette efpèce font très-allongées, & reffemblent par leur forme à de petites alênes.

NOM GÉNÉRIQUE PHYTONOMATOTECHNIQUE.

Á F B E T Á B I Á.

S Y N O N Y M I E.

BRYUM (*fubulatum*) *antheris erectis fubulatis, furculis acaulibus. L. fpe. 1581. n°. 6. id. Mur. 797. n°. 6. id. Syftem. pl. 4. 475. n°. 6. Goua. Flor. Monfp. 447. n°. 4.*
—— *capfulis longis fubulatis. Dit. Mufc. 350. tab. 45. fig. 10. Dalib. 321. n°. 14.*
MUSCUS *capillaris, corniculis longiffimis incurvis. Vail. Bot. par. 133. n°. 6. pl. 25. fig. 8.*
BRY fubulé. *Dub. Bot. Franc. 2. 445. n°. 5. Lam. 1. 46. genr. 1265. efp. 6.*

GALANTHUS Nivalis. *L.*

GALANTHUS

NIVALIS.

PERCE *NEIGE.*

ORDRES SYSTÉMATIQUES

DE TOURNEFORT.	VON LINNÉ.	DE JUSSIEU.
Claffe IX. Sect. 5. Genre 2.	Claffe VI. Ordre 1.	Cl. IV. Ordre 1. *les Bananiers.*

DESCRIPTION.

ENVELOPPE , aucune.

CALICE. *Spathe* (F) monophylle, linéaire, roulé fur le péduncule, fendu en deux, perfiftant & qui fe deffeche fur la plante. Ce calice eft placé au deffous du germe.

COROLLE. *Trois pétales* égaux; uniformes, évafés, difpofés régulièrement (E). Chaque pétale (U) eft oblong, aigu, entier, attaché fur le germe par un onglet très-court : ces trois pétales perfiftent & fe deffèchent.

ETAMINES. *Six filets* cylindriques, plus courts que les anthères, fixés fur le germe (S). *Six anthères* (Y) fubulées, fixées par leurs parties inférieures au haut des filets ; chaque anthère s'ouvre latéralement & longitudinalement pour laiffer tomber la pouffière fécondante.

PISTIL. *Un germe* liffe, fémi-oliviforme, placé fous la fleur. *Un ftyle* cylindrique filiforme, de la longueur des étamines. *Un ftygmate* très-fimple en pointe.

NECTARS. *Trois nectars* (D) pétaliformes en cœur renverfé, placés dans les efpaces que laiffent les pétales, & inférés comme elles fur le germe. *Voyez la fleur* (E).

PÉRICARPE. *Capfule* ovale, liffe, à trois pans, trois loges & trois valves.

RÉCEPTACLE. *Le centre* des trois cloifons fert de réceptacle dans cette plante ; ce centre fe divife en trois : chaque portion tient à fa valve, & entraîne avec elle des graines.

SEMENCES. Plufieurs arrondies.

RACINE. *Bulbe* oviforme, liffe, tuniquée, autrement dite, formée de plufieurs tuniques appliquées par couches les unes fur les autres comme les oignons ordinaires ; cette bulbe eft pulpeufe, & terminée inférieurement par une touffe de fibres ou chevelure.

TRONC. *Hampe* très-fimple, très-liffe, glabre, cylindrique, uniflore.

FEUILLES , très-fimples, très-entières, liffes, linéaires, garnies d'une nervure longitudinale, & terminées par une pointe mouffe, blanchâtre, épaiffe, & comme cartilagineufe.

SUPPORTS.

Armes, aucune.

Stipules ; quelques gaînes qui entourent les feuilles, quelques tuniques rouffes qui entourent la bulbe.

Bractées, aucune.

Pétioles, aucun.

Péduncules ; un feul attaché au haut de la hampe, à l'infertion du fpathe : ce péduncule eft cylindrique, uniflore, de la longueur du fpathe, & un peu courbé.

Vrilles, aucune.

PORT. Au deſſus de quelques fibres ſimples, ſe trouve un *oignon* ſurmonté d'une eſpèce de *tige* en apparence, laquelle eſt formée, par les gaînes que nous avons décrites aux ſtipules, plus par deux ou trois feuilles, & par la hampe : toute cette partie de la plante, juſqu'au vert des feuilles, ſe trouve ſous terre. Au deſſus de terre on voit deux, quelquefois *trois feuilles* oppoſées ; d'entre ces feuilles ſort la hampe, terminée par un ſpathe & le péduncule.

VÉGÉTATION. Cette plante ſort de terre en janvier, fleurit en février, le fruit eſt mûr en juin, les feuilles diſparoiſſent pour ne reparoître que l'année ſuivante : elle dure en tout ſur terre cinq à ſix mois; l'oignon vit pluſieurs années.

LIEU. Les bois & prés humides.

PROPRIÉTÉS. $\left\{\begin{array}{l}\textit{Odeur}\,;\;\text{la bulbe a une odeur de ciboule : le reſte de la plante eſt preſque}\\ \qquad\text{inodore.}\\ \textit{Saveur}\,;\;\text{la bulbe a un goût amer, un peu âcre.}\end{array}\right.$

ANALYSE, inconnue.

VERTUS. On la croit inciſive, propre à mûrir les abcès, appliquée extérieurement.

USAGE. Aucun en Médecine.

DOSE, inconnue.

ETYMOLOGIE. *Galanthus*, des mots grecs ἄνϑος, *Flos*, Fleur, & γάλα, *Lac*, Lait ; comme qui diroit fleurs d'un blanc de lait. on ajoute *Nivalis*, de neige ; parce que cette plante pouſſe & fleurit à travers la neige ; c'eſt delà qu'on l'a auſſi nommée *Perce Neige*.

NOM GÉNÉRIQUE PHYTONOMATOTECHNIQUE.

EUSMYDBIAFIVTEZ.

SYNONYMIE.

GALANTHUS (*nivalis*). *L. Hort. clif. 134. ſpe pl. 1. 413. Mur. 261. Syſtem. pl. 2. p. 15. Gouan. Hort. Monſp. 163. Dalib. par. 99.*

——— *uniflorus petalis alternis cordatis. Hal. Helv. n°. 1252.*

LEUCOIUM *bulboſum trifolium minus. B. p. 56.*

NARCISSO-LEUCOIUM, *trifolium minus. T. inſt. 387. Elem. 306. Fabreg. 5. 257. Vail. Bot. par. 144.*

NARCISSUS. *6. Cam. epit. 936.*

GALANT d'hiver. *Lam. 3. 500.* Marche douteuſe.

PERCE NEIGE. *Tournefort. Dubourg. 1. 322.*

GENTIANA Centaurium. *L*.

GENTIANA

CENTAURIUM.

GENTIANE *CENTAURIETTE.*

ORDRES SYSTÉMATIQUES

DE TOURNEFORT.	VON LINNÉ.	DE JUSSIEU.
Claffe II. Section 1. Genre 8.	Claffe V. Ordre 2.	Cl. VII. Ordre 2. les Gentianes.

DESCRIPTION.

ENVELOPPE, aucune.

CALICE. *Périanthe* (J) inférieur de cinq feuilles glabres, égales, entières, fubulées, appliquées contre le tube de la corolle, & perfiftantes.

COROLLE. *Un pétale* (J) infundibuliforme. *Tube* cylindrique, ftrié, jaunâtre, un peu plus long que le périanthe, & inféré fous le germe. *Lymbe* (I) fendu en cinq jufqu'à la gorge du tube; découpures égales, entières, elliptiques & évafées.

ETAMINES. *Cinq filets* (Q) égaux, filiformes, fixés à la gorge de la corolle; ils excèdent & fortent au dehors du tube, & font moins longs que les découpures du lymbe. *Cinq anthères* oblongues, jaunes, attachées en béquille fur le filet (Y) après l'explofion de la pouffière fécondante, & difpofés fur une même ligne que le filet, avant l'épanouiffement de la corolle : chaque anthère s'ouvre par le côté en forme de vis.

PISTIL. *Un germe* (B) ovoïde, cylindrique, élancé, formé de deux parties longitudinales indiquées par deux lignes parallèles. *Un ftyle* filiforme, beaucoup plus court que le germe. *Deux ftigmates* (O) arrondis en tête.

NECTAR, aucun.

PÉRICARPE. *Capfule* ovoïde, oblongue, glabre, biloculaire, & qui s'ouvre en deux valves; la cloifon eft formée par l'adoffement des valves qui rentrent fur elles-mêmes.

RÉCEPTACLE, aucun; les valves en tiennent lieu.

SEMENCES, plufieurs, nues, liffes, arrondies.

RACINE, fibreufe, perpendiculaire ou traçante, garnie de petites fibres.

TRONC. *Tige* branchue, fouvent ramifiée, quarrée, pleine, herbacée, glabre. *Les branches* forment des angles aigus avec la tige, ainfi que les rameaux avec les branches.

FEUILLES. *Les inférieures* oblongues, elliptiques, entières, mais un peu en lime aux bords, la face inférieure garnie de trois nervures. *Les feuilles fupérieures* font ovoïdes, oblongues, entières, aiguës : toutes font feffiles, fur-tout les fupérieures.

SUPPORTS.
{ *Armes*,
Stipules, } aucune.
Bractées, petites feuilles très-rapprochées, fubulées & placées fous les fleurs.
Pétioles très-courts aux feuilles radicales, nuls aux feuilles caulinaires.
Péduncules très-courts, fouvent nuls.
Vrilles, aucune.

PORT. De la racine fortent quelques *feuilles* qui périffent de bonne-heure; s'élèvent enfuite une ou plufieurs *tiges* verticales ou obliques, feuillées, quarrées, droites. *Branches* oppofées, axillaires. *Rameaux* auffi axillaires, florifères. *Fleurs* purpurines, terminales, difpofées en corymbe. *Feuilles* oppofées : toute la plante eft glabre.

K

LIEU. Les prés, les bois, les terrains secs & sablonneux ; très-commune au Bois de Boulogne près de Paris.

VÉGÉTATION. Elle sort de terre de mars à mai ; fleurit de juin à août ; les fruits sont mûrs en août-septembre ; la plante périt aux premiers froids, pour ne plus reparoître.

PROPRIÉTÉS. { *Odeur ;* toute la plante est inodore, excepté les fleurs qui ont une foible odeur aromatique.
{ *Saveur ;* toute la plante est très-amère.

ANALYSE. { *Pyrotechnique ;* cinq livres de cette plante fleurie, ont fourni douze onces d'une eau de végétation inodore, âcre, acidule & piquante au goût ; plus, deux livres d'une autre eau de végétation, rousfâtre, acide, âcre & empyreumatique ; ensuite trois à quatre onces d'une autre liqueur auftère, alkaline ; enfin, près de deux onces d'huile épaifse : les cendres ont donné trois gros de sel.
{ *Hygrotechnique ;* une once & demie de cette plante infusée dans l'esprit-de-vin, a donné un peu plus d'un demi-gros d'une substance résineuse, très-amère ; traitée ensuite à l'eau, elle a fourni un extrait gommo-extractif, très-peu amer & très-abondant.

VERTUS. Cette plante est incisive, fébrifuge, desobstructive, stomachique, anti-putride, déterfive & propre contre les vers.

USAGE. On s'en sert soit en substance, en décoction ou infusion aqueuse, vineuse ou spiritueuse, dans les fièvres tierces, quartes ou quotidiennes, qu'elle guérit d'une manière durable.

On l'emploie, en qualité d'amère, pour tuer les vers ascarides, lombricaux & cucurbitins, pour fortifier l'estomac, s'opposer à la production des acides ; comme fortifiante, elle convient dans les pâles-couleurs, la cachexie & la plupart des maladies de foiblesse. Comme incisive, elle réussit dans les légères obstructions du foie, dans les suppressions du flux menstruel, du flux hémorrhoïdal ; pourvu que ces maladies soient exemptes de dispositions inflammatoires. Enfin, elle guérit la jauniffe, même essentielle. On en prépare un extrait qui a les mêmes vertus que la plante.

DOSE. La plante en substance, depuis demi-gros jusqu'à un gros ; en infusion, soit aqueuse ou vineuse, par poignées ; & enfin, l'infusion spiritueuse, par cuillerées. L'extrait & la conserve se prescrivent depuis demi-gros jusqu'à un gros.

ETYMOLOGIE. On nomme cette plante *Gentiana,* en mémoire d'un Roi d'Illyrie nommé *Gentius,* qui le premier mit en usage la grande *Gentiane,* de qui celle-ci a le caractère. On ajoute *Centaurium,* parce que, selon les Mythologistes, le centaure *Chiron* se guérit d'une blessure qu'il avoit au pied, par le moyen de cette plante.

NOM GÉNÉRIQUE PHYTONOMATOTECHNIQUE.

JIQJYABOAJUSVEZ.

SYNONYMIE.

GENTIANA (*Centaurium*) corollis quinque fidis infundibuliformibus, caule dichotomo, pistillo simplici. *L. Mat. Med. 75. spe. pl. 332. n°. 17. Mur. Reg. Veg. 122. n°. 17. L. Syft. Veget. 1. 642. n°. 19. Dalib. par. 81. n°. 5. Gouan. F. Monfp. 35. n°. 6. id. Hort. 129. n°. 3.*
——————— *foliis trinerviis ovatis, floribus umbellatis, tubo strictissimo. Sauv. 132. n°. 79.*

CENTAURIUM MINUS. *B. p. 278. T. elem. 102. inft. 80. Herb. 1. 119. Vail. Bot. par. 31. n°. 1. Cam. epit. 426.*

GENTIANE CENTAURIETTE. *Lam. 2. 295.*

CENTAURIETTE FÉBRIFUGE. *Dub. 2. 287.*

PETITE CENTAURÉE ou FIEL DE TERRE.

JITLYNCIAJIQJEZ

SAMOLUS Valerandi *L.*

SAMOLUS

VALERANDI.

SAMOLE *DE* VALERAND.

ORDRES SYSTÉMATIQUES

DE TOURNEFORT.	VON LINNÉ.	DE JUSSIEU.
Claffe II. Section 6. Genre 3.	Claffe V. Ordre 1.	Cl. VII. Ord. 1. les Lyfimachies.

DESCRIPTION.

ENVELOPPE, aucune.

CALICE. *Un périanthe* (J̈I) monophylle, perfiftant, inférieur, campaniforme, fendu en cinq laciniures égales, entieres, glabres, appliquées contre la corolle avant fa chûte, écartées du germe (İ) après la chûte de la corolle.

COROLLE. *Un pétale* (JI) infundibuliforme, caduc, fendu en cinq ; découpures égales uniformes, arrondies, évafées ; tube de la longueur du lymbe cylindrique, ouvert poftérieurement ; gorge garnie de cinq nectars ; infertion fur le germe.

ETAMINES. *Cinq filets* (L) cylindriques, filiformes, prefque auffi longs que le tube de la corolle, & attachés à ce même tube. *Cinq anthères* (Y) triangulaires avant leur épanouiffement, s'ouvrent enfuite par les côtés, & deviennent fphériques.

PISTIL. *Un germe* moyen, c'eft-à-dire, entre le calice & la corolle (C). Ce germe eft arrondi, glabre, & furmonté d'*un ftyle* (İ) cylindrique, filiforme, & de la longueur des étamines. *Un ftygmate* obtus en tête.

NECTARS. *Cinq nectars* (N) en forme de petites écailles verdâtres, & ayant la figure de petits croiffans. Ces nectars font fixés aux cinq fentes de la corolle.

PÉRICARPE. *Capfule* fphérique, très-adhérente, & plus petite que le calice (İ); mono-loculaire; extrémité fupérieure pointue, & s'ouvrant en cinq valves (J̇).

RÉCEPTACLE (E). arrondi, inégal, raboteux, donnant attache à toutes les femences.

SEMENCES. Plufieurs petites, arrondies & brunes (Z).

RACINE, fibreufe, chevelue ; fibres fimples, blanches.

TRONC. *Tige* herbacée, pleine, cylindrique, feuillée, glabre, liffe, branchue, jamais ou prefque jamais ramifiée.

FEUILLES, très-fimples, très-entières, glabres, épaiffes, obtufes, & terminées par une petite pointe ; les inférieures & radicales font pétiolées, veinées & en œuf renverfé ; les caulinaires font veinées, elliptiques, un peu pétiolées ; les florales (voyez *Bractées*) font fans veines & feffiles.

SUPPORTS.
- *Stipules,* } *Armes,* } aucune.
- *Bractées* ; petites feuilles lancéolées, entières, glabres, feffiles & fans nervures ; une feule fur le milieu de chaque péduncule.
- *Pétioles* déprimés, moins longs que les feuilles.
- *Péduncules* cylindriques, uniflores, plufieurs fois plus longs que le diamètre de la fleur.
- *Vrilles,* aucune.

Port. Sur une touffe de racines s'élève *une feule tige* verticale, un peu flexeufe. *Branches* alternes, axillaires. *Péduncules* alternes. *Fleurs* folitaires, difpofées en panicule. *Feuilles* folitaires, alternes. Sa hauteur eft d'un pied ou à peu près.

Végétation. Sort de terre au printemps; fleurit depuis juin jufqu'en octobre; les fruits font mûrs de juillet à novembre; la plante périt aux gelées; fa racine vit deux années.

Lieu. Les terrains humides, auprès des lacs, des fources, & au bord de certaines rivières.

Propriétés. $\begin{cases} Odeur, \text{ herbacée.} \\ Saveur, \text{ herbacée un peu falée & très-peu amère.} \end{cases}$

Analyse. $\begin{cases} Pyrotechnique, \\ Hygrotechnique, \end{cases}$ inconnue.

Vertus. On la dit vulnéraire, apéritive, déterfive & anti-fcorbutique. On croit l'eau diftillée de cette plante, un excellent fébrifuge.

Usage. Prefque nul en Médecine; les feuilles fe mangent en falade dans quelques villages.

Dose. Par poignées, en infufion; l'eau diftillée, par verrées de quatre onces : dans le friffon de la fièvre.

Etymologie. *Samolus*, diminutif de *Samos*, Ifle où cette plante a été trouvée par *Valerandus*, de qui elle a auffi retenu le nom.

NOM GÉNÉRIQUE PHYTONOMATOTECHNIQUE.

JITLYNCIAJIQJEZ.

SYNONYMIE.

Samolus (*Valerandi*). L. *fpe pl. 1. p. 243. Hort. Clif. 51. Hort. upf. 42. Syft. pl. 1. 472. Mur. Reg. Veget. 177. Œd. Flor. dan. 198 Dalib. par. 69. Hal. Helv. 707. Gouan. Hort. Monf. 100. id. Flor. Monfp. 24. Sauv. Met. fol. 65. Tour. inft. 143. id. Elem. de Bot. 120. id. Herbor. 6. tom. 2. p. 505. Vail. Bot. par. 176. Fabreg. 6. 148. J. B. 3. 791.*

———— *aquaticus. Lam. 3. 329.*

Anagallis *aquatica rotundo folio non crenato. C. B. pin. 252. Bot. Monfp. 18.*

———— *aquatica altera. Lob. icon. 466. Lug. 1090. édit. franç. 1. 955.*

Alsine *aquatica perennis folio Beccabungæ. Mor. hift. 2. 324. fect. 3. tab. 24. fig. 28.*

Veronica *aquatica folio fubrotundo non crenato. Mor. hift. 2. 323.*

Mouron d'eau. *Dub. 2. 287.*

Samole aquatique. *Lam. 3. 329.*

JOPVYASIAJUPSEZ

OXALIS Acetosella. *L*

OXALIS

ACETOSELLA.

ALLELUIA *A FLEURS BLANCHES.*

ORDRES SYSTÉMATIQUES.

DE TOURNEFORT.	VON LINNÉ.	DE JUSSIEU.
Claſſe I. Section 4. Genre 8.	Claſſe X. Ordre 5.	Cl. VII. Ord. 1. les Lyſimachies.

DESCRIPTION.

ENVELOPPE, aucune.

CALICE. *Périanthe* (U) de cinq feuilles égales, entières, uniformes, ovoïdes, moins grandes que les diviſions de la corolle, & qui perſiſtent.

COROLLE. *Un pétale* (J) évaſé, diviſé en cinq; chaque diviſion (O) eſt ovoïde, renverſée, entière & pétaliforme : toutes ces diviſions ſont collées enſemble par leurs onglets, & forment un ſeul pétale.

ETAMINES. *Dix filets* (V) inégaux, collés entre eux par leur partie inférieure. Ces filets ſont diſpoſés ſur deux rangs autour du piſtil ; ſavoir, les cinq plus longs forment le rang interne ; & les cinq plus courts, le rang externe. Ces filets détachés ſont rangés entre eux alternativement un petit & un grand ; chaque filet eſt droit, glabre, cylindrique, filiforme : tous s'inſèrent d'eux-mêmes ſous le germe. *Cinq anthères* arrondies (Y) & qui s'ouvrent par les côtés.

PISTIL. *Un germe* (S) oviforme à cinq petits angles. *Cinq ſtyles* filiformes, égaux, droits. *Cinq ſtigmates* arrondis en tête.

NECTAR, aucun.

PÉRICARPE. *Capſule* (P) oviforme, anguleuſe, diviſée intérieurement en cinq loges; extérieurement cette capſule eſt garnie de cinq angles (2), leſquels angles s'ouvrent avec élaſticité pour laiſſer tomber les graines.

RÉCEPTACLE. Un ſeul pour toutes les loges : ce réceptacle occupe le milieu du fruit.

SEMENCES. Pluſieurs à chaque loge, liſſes, oviformes (Z).

N. B. La plante & tous les détails, excepté la ſemence Z, ſont figurés de grandeur naturelle.

RACINE, écailleuſe & fibreuſe.

TRONC. *Tige*, aucune : les fleurs ſont portées ſur des péduncules qui partent de la racine. Voyez *Péduncules*.

FEUILLES. Toutes radicales, pétiolées, ternées; folioles égales, entières en cœur renverſé, un peu pétiolées. Le milieu eſt marqué d'une veine, & la ſurface ſupérieure eſt poilue : ce qui diſtingue les feuilles de cette eſpèce d'avec l'*Alleluia jaune*, qui les a très-glabres.

SUPPORTS.
{
Armes, aucune.

Stipules ; pluſieurs écailles rouges, ovoïdes, placées autour de la racine, à l'inſertion des feuilles.

Bractée ; deux petites écailles oppoſées, ſeſſiles, purpurines, attachées deux à chaque péduncule, au milieu ou aux deux tiers de ſa longueur.

Pétioles ; pluſieurs très-longs, radicaux, cylindriques & marqués ſupérieurement d'une gouttière.

Péduncules, pluſieurs, cylindriques, très-longs, velus, uniflores & garnis d'un nœud à l'inſertion des deux bractées.

Vrilles, aucune.
}

L

Port. D'une même racine fortent plufieurs feuilles & plufieurs fleurs, fans aucune apparence de tige.

Végétation. Cette plante pouffe toutes les années, en février, des feuilles roulées fur elles-mêmes en volute, ou comme la croffe d'un évêque; les folioles font alors ployées chacune en deux, & appliquées les unes contre les autres; les folioles s'épanouiffent tous les matins, & fe ferment tous les foirs. En même temps que les feuilles fortent de terre, il en fort auffi des péduncules roulés fur eux-mêmes, comme les feuilles; chacun de ces péduncules fe déroule petit-à-petit. La fleur s'épanouit en mars & avril; le fruit eft mûr en mai; cette plante difparoît en juin, juillet, pour ne reparoître que l'année fuivante: fa durée fur terre eft de fix mois tout au plus; la racine vit plufieurs années.

Lieu. Les terrains arides & fecs, les bois & autres lieux incultes.

Propriétés, { *Odeur*, nulle.
{ *Saveur*; la racine a un goût herbacé, falé: toutes les autres parties de la plante font d'une acidité agréable, mais fur-tout les feuilles.

Analyse, { *Pyrotechnique*; cette plante donne de l'eau de végétation infipide, de l'huile & du fel fixe.
{ *Hygrotechnique*; dix livres de feuilles de cette plante fraîche fourniffent trois livres de fuc, qui lui-même rend une once & deux gros d'un fel effentiel acide, connu dans le commerce fous le nom de *fel d'ofeille*: on n'a pas examiné encore les autres produits.

Vertus. Cette plante eft rafraîchiffante, anti-putride, anti-fcorbutique.

Usage. On fe fert de l'infufion de cette plante dans les fièvres ardentes & putrides, pour appaifer la foif; fon acidité fe combine avec les humeurs putrides alkalefcentes qu'elle neutralife & détruit. Ce combiné eft un peu laxatif; c'eft un excellent moyen pour faire difparoître promptement la caufe de ces maladies, ainfi que celle des diarrhées colliquatives, putrides, dans lefquelles les déjections ont une odeur d'œuf pourri. On l'ordonne généralement dans tous les cas où il faut s'oppofer à la trop grande efferveicence du fang & des humeurs, lorfque la caufe en eft putride.

Dose. Par poignées, en infufion; le fuc dépuré, par cuillerées; le fel en limonade, à la dofe de deux gros par pinte d'eau.

Etymologie. *Oxalis*, Ὀξαλὶς, de ὀξὺς, *Acidus*, Acide, à caufe de l'acidité de toute la plante. *Acetofella*, diminutif d'*Acetofa*, comme qui diroit Petite Ofeille.

NOM GÉNÉRIQUE PHYTONOMATOTECHNIQUE.

JOPVYASIAJUPSEZ.

SYNONYMIE.

Oxalis (*acetofella*) *fcapo unifloro, foliis ternatis, radice fquamofâ articulatâ.* L. *fpe pl.* 620. n°. 1. Gouan. *Flor. Monfp.* 472. Sauv. *Met. fol.* 173. Dalib. *pat.* 135.
―――― *acetofella fcapo unifloro foliis ternatis obcordatis radice dentatâ.* Mur. *Reg. Veget.* 360. n°. 1. Lin. *Syftem. plant.* 2. 388. n°. 2.
Oxys *acetofella.* Scop. *carn. edit.* 2. 561.
―――― *flore albo.* T. *inft.* 88. *id. Elem.* 76. Herbor. 2. 473. Vail. *par.* 155. Fabreg. 6. *p.* 9.
―――― *five trifolium acidum flore albo.* J. B. 2. 387.
Trifolium *acetofum vulgare.* B. *pin.* 330. Dod. *pempt.* 578. Cam. *epit.* 581. *fig.* 2. Dal. *lat.* 1355.
Panis *cucule.* Brunf.
Pain de cocu. Dalech. *fran.* 2. 242.
Surelle blanche. Lam. 3. 60.
Alleluia aigrelet. *Dub.* 255.
Alleluia à fleurs blanches.
Pain de coucou.
Lujula.

LUPXYNZEA GUAIZ

RANUNCULUS Ficaria. L.

RANUNCULUS
FICARIA.

RENONCULE *FICAIRE.*

ORDRES SYSTÉMATIQUES.

DE TOURNEFORT.	VON LINNÉ.	DE JUSSIEU.
Claffe VI. Section 7. Genre 3.	Cl. XXII. Ordre 7. *Polygynie.*	Cl. XII. Ord. 2. les Renuncules.

DESCRIPTION.

ENVELOPPE, aucune.

CALICE. *Périanthe* (G) de trois feuilles uniformes, égales, concaves, oblongues, évafées, entières; moins grandes que les pétales, & qui tombent de bonne-heure.

COROLLE. *Six à dix pétales* (L) difpofés réguliérement en roue autour d'un centre commun, & fixés fous le germe; chaque pétale (U) eft oblong, élancé, entier, prefque fans onglet: tous tombent de bonne-heure.

ETAMINES. *Plus de vingt filets* (P) droits, cylindriques, filiformes, moins longs que les pétales & de la longueur des anthères, attachés fous les germes, & qui tombent de bonne heure. *Plus de vingt anthères* élancées ou en maffue, fixées & contiguës aux filets; chacune (Y) s'ouvre longitudinalement & latéralement, pour laiffer tomber la pouffière fécondante.

PISTILS. *Plus de vingt germes* oblongs, très-petits, devenant autant de graines. *Styles*, aucun. *Stigmates*, un pour chaque germe.

NECTARS. *Plufieurs écailles*, une fur chaque pétale placé au bas du limbe, à la face interne & fur l'onglet (N).

PÉRICARPE, aucun.

RÉCEPTACLE. *Semi-fphère* (I) liffe, nu, donnant attache aux graines.

SEMENCES, plufieurs, oblongues, liffes (Z).

RACINE. *Tubercules* en olive, attachés à des pédicules, & ordinairement fans fibres. *Fibres* partant de la tige en forme de chevelures garnies de fibrilles.

TRONC. *Tige* cylindrique couchée par terre, creufe, branchue, quelquefois ramifiée, glabre, molle, herbacée, garnie de quelques nœuds & de quelques cannelures.

FEUILLES, fimples, glabres, épaiffes, pétiolées; reffemblant par leur forme à des fers de flèches qui feroient poftérieurement échancrés en rein; bords dentés, anguleux; furfaces luifantes, liffes, veinées; la feule veine du milieu eft faillante en deffous, les autres font renfoncées.

SUPPORTS.
{
Armes,
Stipules, } aucune.
Braclées,

Pétioles, très-longs, femi-amplexicaules, garnis fupérieurement d'une gouttière, arrondis en deffous.

Péduncules très-longs, terminant la tige & les branches.

Vrilles, aucune.
}

N. B. On trouve aux aiffelles des feuilles de cette plante, en avril, de petits bulbes que nous n'avons pas cru devoir rapporter aux fupports: nous en parlerons au port de la plante.

Port. D'une touffe de racines fortent *plufieurs tiges* qui pouffent près de terre deux feuilles
oppofées ; des aiffelles de ces feuilles fortent deux branches qui fourniffent, ainfi que
la tige, des feuilles alternes, ou très-rarement oppofées ; aux aiffelles de ces feuilles fe
voient en avril de petites bulbes, oviformes, liffes, blanches ; chaque branche eft
terminée par un péduncule quadrangulaire, uniflore ; fleurs terminales.

Lieu. Les bois ombragés & humides.

Végétation. Cette herbe fort de terre en février ; fleurit en mars & avril ; les femences
font mûres à la fin d'avril & mai ; la plante fe deffeche & ne paroît plus en juillet,
août ; elle ne reparoît que l'année fuivante ; fa durée fur terre eft tout au plus de fix
mois ; la racine eft vivace : les bulbes axillaires, mis en terre, produifent de nouvelles
plantes.

Propriétés, { *Odeur ;* toute la plante eft inodore.
{ *Saveur ;* les bulbes ont un goût farineux, reffemblant à celui de l'orge :
les tiges & feuilles ont un goût herbacé & un peu falé.

Analyse, { *Pyrotechnique ;* cinq livres de cette plante ont fourni trois livres cinq onces
deux gros d'une eau de végétation, inodore, ayant une légère faveur de
moutarde acide ; plus, une livre & deux onces d'une eau plus ou moins
empyreumatique ; enfin un peu de fel volatil concret, & de l'huile firupeufe.
{ *Hygrotechnique,* inconnue.

Vertus. On la dit anti-fcorbutique, anti-hémorrhoïdale, anti-fcrophuleufe ; fon fuc paffe
pour un bon errhine : toute la plante, mais fur-tout les racines appliquées à l'extérieur,
eft réfolutive.

Usage. On fe fert de fa décoction intérieurement, pour corriger les affections fcorbutiques,
pour appaifer les douleurs hémorrhoïdales ; on applique la racine en cataplafme fur les
écrouelles pour les fondre. La pulpe, mêlée avec le beurre, forme un onguent très-
propre à remédier aux maladies de l'anus ; il cicatrife les ulcères de cette partie, fait
tomber les crêtes & fifcs, & remédie aux hémorrhoïdes. Les Champenois mangent
les feuilles de cette plante en falade à leurs repas. Je confeillai un jour à un malade
de porter fur fa peau une ceinture des racines de cette plante, pour les hémorrhoïdes :
elles difparurent, & reprirent chaque fois qu'il quitta fa ceinture.

Dose. La plante en décoction, une poignée par pinte d'eau ; l'onguent en friction, à la
dofe d'un à deux gros.

Etymologie. *Ranunculus* vient de *Rana,* Grenouille ; on lui a donné ce nom, parce que
la plupart des efpèces de ce genre naiffent dans les marais ainfi que les grenouilles.
A cette efpèce on ajoute *Ficaria,* Ficaire, à caufe des productions tuberculeufes qui
viennent aux aiffelles de fes feuilles, & qui reffemblent à des fics, autrement dit à
des porreaux.

NOM GÉNÉRIQUE PHYTONOMATOTECHNIQUE.

L U P X Y N Z E A G U À I Z.

SYNONYMIE.

Ranunculus (*ficaria*) *foliis cordatis angulatis petiolatis, caule unifloro. L. fp. 774. n°. 9.
Mur. 428. n°. 9. L. S. pl. 2. 656. n°. 10. Œd. Dan. 499. Dalib. par. 167.
Calicibus triphillis. Gouan. Flor. Monfp. 269. n°. 4. Hort. 265.*
———— *foliis cordatis dentatis petiolatis. Sauv. Met. fol. 210.*
———— *vernus rotundifolius major & minor. T. inft. 286. Herbor. 1. 61. Vail. par. 170.
Fabreg. 6. 102. n°. 18.*
———— *latifolius. Lug. 1036. Tourn. Elem. 242.*
Chelidonia *rotundifolia major & minor. C. B. 309.*
Scrophularia *minor five Chelidonium minus vulgo dictum. J. B. 3. 468.*
Renoncule ficaire. *Lam. 3. 191.*
———— ficaire. *Dub. 123.*
Petite Chélidoine. Petite Scrophulaire.

REQJYA BOAJEYDAL.

VITEX Agnuf caftus. *L.*

VITEX

AGNUS CASTUS.

VITEX *CHASTE.*

ORDRES SYSTÉMATIQUES

DE TOURNEFORT.	VON LINNÉ.	DE JUSSIEU.
Claſſe XX. Section 4. Genre 3.	Cl. XIV. Ord. 2. *Angioſpermies.*	Cl. I. Ordre 3. les Verveines.

DESCRIPTION.

ENVELOPPE, aucune.

CALICE. *Périanthe* (J̇) monophylle, campaniforme, cylindrique, perſiſtant, découpé à ſon bord par cinq dents peu profondes ; ſa longueur eſt de beaucoup moindre que le tube de la corolle.

COROLLE. *Un pétale* (R) irrégulier, infundibuliforme, perſonné, caduc. Tube cylindrique ; gorge renflée ; lymbe découpée en cinq dents inégales, & diſpoſées en deux lèvres ⁵⁄₅ : les deux dents ſupérieures ſont les plus petites, & forment la lèvre ſupérieure ; deux ſont latérales & moyennes ; enfin, la cinquième dent (E) eſt la plus grande & l'inférieure ; inſertion ſous le germe.

ETAMINES. *Quatre filets* (Q) inégaux, deux grands, deux petits, plus longs que la corolle, & attachés à ſon tube ; chaque filet (V) eſt cylindrique, filiforme, velu inférieurement, glabre ſupérieurement. *Quatre anthères* (Y) en forme de fer de flèche, attachées par leur milieu ; elles s'ouvrent latéralement pour laiſſer tomber la pouſſière fécondante.

PISTIL. *Un germe* ſphérique, glabre, ſupérieur (B). *Un ſtyle* cylindrique, glabre, filiforme, droit, de la longueur des étamines. *Un ſtigmate* bifide (O).

NECTAR, aucun.

PÉRICARPE. *Baie* sèche (B), oviforme, liſſe, diviſée intérieurement en quatre loges (Ÿ) ; chaque loge contient une graine (L).

SEMENCES, *quatre*, une dans chaque loge ; chacune eſt liſſe, oviforme & attachée par le petit bout au bas de ſa loge.

RACINE, fibreuſe, ligneuſe, traçante.

TRONC. *Tige* cylindrique, branchue, ramifiée, glabre. *Ecorce* griſâtre-brune. *Bois* blanc très-dur. *Rameaux* feuillés, moëlleux.

FEUILLES, compoſées, digitées, pétiolées ; digitations formées de cinq folioles inégales, diſpoſées dans l'ordre ſuivant ; ſavoir, deux petites ſituées auprès du pétiole, deux moyennes placées entre l'impaire & les deux petites ; enfin une plus grande impaire & terminale. Chaque foliole eſt ovoïde, élancée, un peu pétiolée, veinée, entière, d'un vert pâle en deſſous, & ſans aucun poil.

SUPPORTS,
{
Armes,
Stipules, } aucune.
Bractées,

Pétioles communs, cylindriques, marqués ſupérieurement d'une gouttière, & auſſi longs que le foliole intermédiaire. *Pétioles particuliers* applatis, très-courts.

Péduncules particuliers courts, cylindriques, uniflores, s'inſérant à un péduncule commun.

Vrilles aucune.
}

M

Port. *Arbriffeau* droit, s'élevant de terre à fix pieds. *Branches, rameaux & feuilles* oppofées écartées, folitaires. *Fleurs* verticillées ; chaque anneau eft formé de deux bouquets de fleurs ; chaque bouquet eft compofé d'un péduncule commun, & de trois à quatre petits péduncules floriferes : toutes ces fleurs forment un épi terminal. A chaque aiffelle des feuilles fe voient les rudimens des branches de l'année fuivante.

Lieu. Les lieux marécageux des provinces méridionales de la France.

Végétation. Les fenilles de cet arbre fe développent en mars-avril ; les fleurs en août-feptembre ; les fruits font mûrs en novembre ; les feuilles tombent aux premieres gelées.

Propriétés,
{
Odeur ; toute la plante à une odeur aromatique, tirant fur le poivre.

Saveur ; l'écorce a très-peu de faveur ; les feuilles font poivrées ; les calices le font beaucoup plus, & laiffent, ainfi que les fruits, fur la langue quand on les a mâchés, une impreffion poivrée très-piquante.
}

Analyse,
{
Pyrotechnique ; les femences ou baies fourniffent par l'analyfe un peu d'eau de végétation ; plus, une eau rouffâtre empyreumatique, & enfin beaucoup d'huile partie liquide, partie de confiftance graiffeufe.

Hygrotechnique, inconnue.
}

Vertus. On croit les femences de cette plante réfolutives, anti-fpafmodiques, anti-hyftériques, anti-aphrodifiaques ; l'expérience n'a pas été toujours d'accord avec les grandes propriétés qu'on leur attribue : l'infufion des feuilles eft, dit-on, apéritive, lithontriptique.

Usage. Comme anti-hyftérique & anti-fpafmodique, la femence en poudre ou en émulfion, dans une eau appropriée ; les mêmes femences entieres en infufion dans l'eau, pour les gonorrhées & les ulceres internes ; les feuilles auffi infufées comme du thé, pour pouffer les urines, les fables, & procurer les regles.

Dose. Les baies, qu'on nomme femences en pharmacie, s'ordonnent dans l'eau de nymphæa en émulfion, depuis demi-gros jufqu'à un gros ; dans l'eau bouillante en infufion, à la même dofe ; les feuilles par pincées dans l'eau bouillante, & infufées comme le thé.

Etymologie. *Vitex,* felon Lémeri, vient de *Vieo,* je lie ; parce que les branches & rameaux de cet arbriffeau peuvent fervir, comme l'ofier, à lier ou unir enfemble différentes chofes. Le nom d'Agneau chafte, *Agnus caftus,* a été donné auffi à cette plante, parce qu'on l'avoit cru capable de conferver la chafteté, en réprimant les aiguillons de Vénus.

NOM GÉNÉRIQUE PHYTONOMATOTECHNIQUE.

R E Q J Y A B O A J E Y D A L.

SYNONYMIE.

Vitex (*Agus caftus*) *foliis digitatis, integerrimis, fpicis verticillatis.*
———————— *foliis digitatis, fpicis verticulis. Gouen. Hort.* 309. *Flor. Monfp.* 103. *Sauv. Met. fol.* 176. *Cam. epit.* 105. *Rivin. Rup. Flor.* 201. *Dod. Pent.* 774.
———— *verticillata. Lam.* 2. 263.
———— *foliis anguftioribus cannabis modo difpofitis. C. B. pin.* 475. *T. Elem.* 575. *Inft.* 603.
———— *matioli. Dal. Lug.* 1. 281. *édit. franç.* 1. 237.
Agnus *folio non ferrato. J. B.* 1. 205.
Vittet verticillé. *Lam.* 2. 263.
Faux Poivrier. *Gouan. Flor.* 201.
Agnus caftus.
Vitex chafte.

N. B. Nous n'avons point fait mention de Linné dans notre fynonymie, parce que les *Vitex* qu'il décrit ont les feuilles dentées ; & que nous ne regardons pas cette efpèce comme une variété.

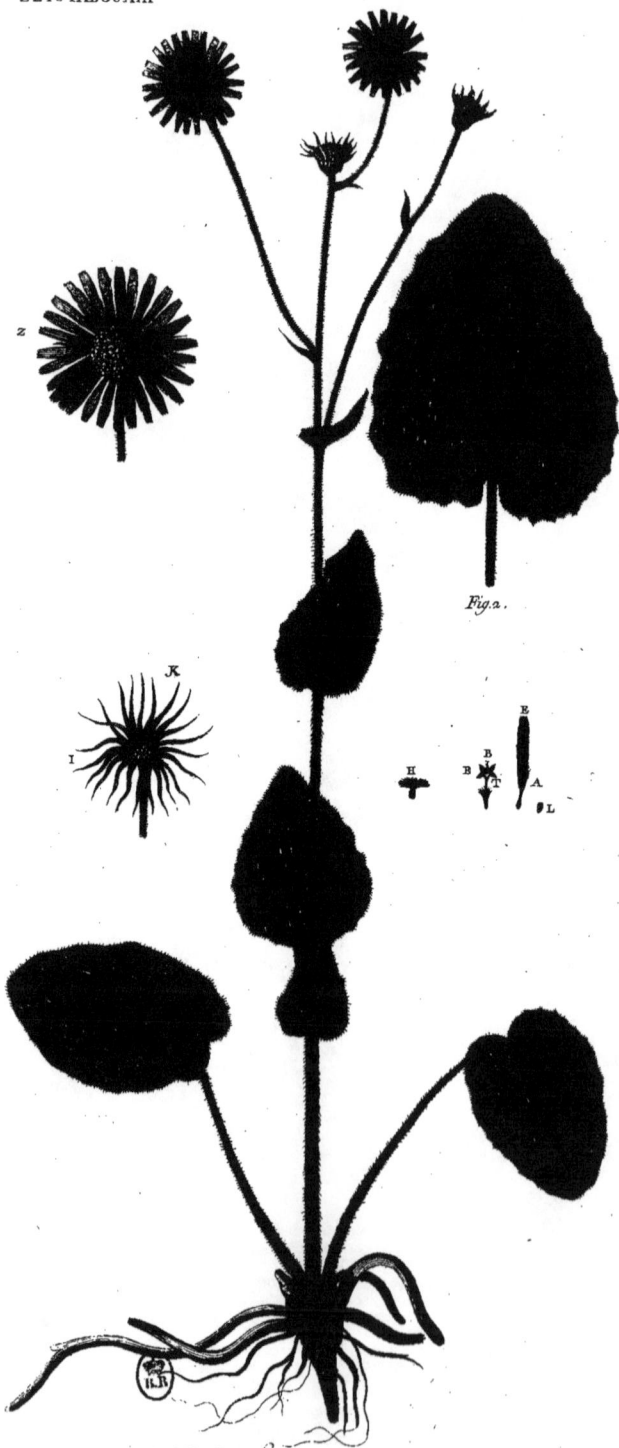

ZETJYABOJAIH

Fig.a.

DORONICUM Pardalianches. *L.*

DORONICUM

PARDALIANCHES.

DORONIC *PARDALIANT.*

ORDRES SYSTÉMATIQUES

DE TOURNEFORT.	VON LINNÉ.	DE JUSSIEU.
Claffe XIV. Sect. 1. Genre 5.	Claffe XIX. Ordre 2.	Cl. IX. Ord. 3. les Corymbifères.

DESCRIPTION.

ENVELOPPE. *Exquamation* (K) périanthiforme, compofée de vingt à trente feuilles égales, fubulées, droites, entières, perfiftantes, de la longueur des demi-fleurons, & difpofées fur deux rangs.

COROLLE, confidérée dans l'enfemble (Z), *compofée, radiée. Difque* formé par plus de cent fleurons jaunes, égaux, fertiles. *Couronne* formée par *vingt à trente demi-fleurons* égaux, dentés, évafés & jaunes.
confidérée en particulier. *Fleuron* (ET) infundibuliforme; tube cylindrique, de la longueur du lymbe, & inféré fur un germe couronné d'une aigrette de poils. Lymbe campaniforme, terminé par cinq dents égales difpofées en étoile. *Demi-fleuron* (A E) en forme de languette linéaire, obtufe, terminée par trois dents dans fa partie fupérieure, & par un tube inférieurement; ce tube s'infère fur un germe glabre non-aigretté.

ETAMINES, (dans les fleurons) *cinq filets* courts inférés au haut du tube de la corolle. *Cinq anthères* réunies en un cylindre qui excède le lymbe, & au travers duquel paffe le piftil (B): ces anthères s'ouvrent par leur face interne dans leur longueur. *Pouffière fécondante* jaune.
dans les demi-fleurons. Aucune apparence de filets ni d'anthères.

PISTIL. *Germe* oblong, chagriné, placé fous la corolle & fur le calice. *Un ftyle* filiforme, plus long que le tube de la corolle. *Deux ftygmates* écartés & reployés extérieurement.

NECTAR,
PÉRICARPE, } aucun.

RÉCEPTACLE. *Convexité* (I) liffe, unie, ou tout au plus légérement alvéolée, donnant attache à toutes les graines.

SEMENCES. Plufieurs oviformes, ftriées; celles du centre (H) font velues & couronnées d'une aigrette de poils fiffiles; celles de la circonférence (L), fur lefquelles font pofés les demi-fleurons (E), font ftriées, glabres & fans couronne.

RACINE, fibreufe, horizontale, charnue, traçante, reffemblant par fa figure à un fcorpion fans bras; fibres latérales, très-longues, très-amples.

TRONC. *Tige* verticale, feuillée, un peu velue, cannelée ou ftriée, un peu flexueufe, légérement fiftuleufe, & très-rarement branchue.

FEUILLES. Les radicales velues, pétiolées, cordiformes, veinées, & un peu dentées à leurs bords; les premières caulinaires, étranglées au milieu, feffiles & amplexicaules; les fupérieures font cordiformes, feffiles, amplexicaules, dentées & veinées; celles qui font placées fous les péduncules font fubulées: toutes font velues.

SUPPORTS.
$\left\{\begin{array}{l}\textit{Stipules ,} \\ \textit{Armes ,}\end{array}\right\}$ aucune.

Braĉtées ; fouvent quelques feuilles fubulées attachées aux péduncules.

Pétioles , feulement aux feuilles radicales , plus longs que les feuilles , applatis en deffus , un peu cylindriques en deffous.

Péduncules cylindriques , uniflores , terminals , ftriés , velus.

Vrilles , aucune.

PORT. D'une racine s'élève perpendiculairement une tige entourée à fa bafe de plufieurs feuilles couchées par terre ; cette tige eft garnie de feuilles alternes , & porte trois ou quatre péduncules , favoir , un terminal , & les autres latéraux.

VÉGÉTATION. Sort de terre en février ; fleurit en avril , mai ; les graines font mûres en mai & juin ; la tige périt , & les feuilles radicales difparoiffent en août ; il repouffe quelques feuilles en feptembre : la racine vit plufieurs années.

LIEU. Les terrains incultes , les bois , les montagnes.

PROPRIÉTÉS. $\left\{\begin{array}{l}\textit{Odeur ;} \text{ toute la plante eft prefque inodore , excepté la racine qui a une} \\ \text{légère odeur de régliffe.} \\ \textit{Saveur ;} \text{ la racine a une faveur aromatique , femblable au goût du chervi ;} \\ \text{la tige \& les feuilles ont le même goût , mais plus herbacé.}\end{array}\right.$

ANALYSE , inconnue.

VERTUS. Aucune certitude fur les vertus de cette plante. Les Auteurs font très-partagés : les uns la difent cordiale , propre à guérir l'épilepfie , les vertiges , les palpitations du cœur , même l'anévrifme de ce vifcère ; d'autres au contraire l'affurent vénéneufe. Peut-être que cette diverfité dans les fentimens vient de ce que les efpèces de ce genre n'ont pas été encore bien décrites.

USAGE , aucun à elle feule ; la racine entre dans quelques préparations pharmaceutiques.

DOSE , inconnue.

ETYMOLOGIE. *Doronicum* vient d'un mot arabe *Doronigi* , dont on ne connoît pas la véritable fignification. *Pardalianches* eft un mot grec compofé de Παρδαλις , *Panthera* , Panthère , efpèce de Léopard ; & de αγχω , *Strangulo* , étrangler : parce que les chaffeurs , felon les anciens Naturaliftes , fe fervoient de la racine de cette plante pour empoifonner ces animaux , qu'elle (dit-on) étouffe ou fuffoque.

N. B. La figure entière repréfente la plante réduite de moitié ; tous les détails font faits de grandeur naturelle.

NOM GÉNÉRIQUE PHYTONOMATOTECHNIQUE.

Z E T J Y A B O J Å I H.

S Y N O N Y M I E.

DORONICUM (*Pardalianches*) *foliis cordatis , obtufis , denticulatis : radiculibus petiolatis ; caulinis amplexicaulibus.* L. *fp. 1247. id. Mur. 639. id. Syftem. pl. 3. 835. Gouan. Hort. 446. id. Flor. Monfp. 365. Sauvag. 119. n°. 271.*

———— *foliis cordatis imis longè petiolatis , fuperioribus amplexicaulibus. Hal. Helv. n°. 88.*

———— *foliis auriculatis , fubdentatis , dentibus glandulofis , calice fulcato. Scop. cor. 1. 378.*

———— *maximum foliis caulem amplexantibus. C. B. p. 187. T. inft. 488.*

ACONITUM *pardalienches. Cam. epit. 883.* Bonne figure en bois.

DORONIC cordiforme. *Lam. 2. pag. 128. genr. 116. n°. 4.*

PEZIZA Lentifera *L.*

PEZIZA

LENTIFERA.

PESISE *A* LENTILLES.

ORDRES SYSTÉMATIQUES.

DE TOURNEFORT.	VON LINNÉ.	DE JUSSIEU.
Cl. XVII. Section 1. Genre 3.	Cl. XXIV. Ordre 4. *Fungi.*	Cl. I. Ord. 1. les Champignons.

DESCRIPTION.

ENVELOPPE,
CALICE,
COROLLE,
ETAMINES, } aucuns.
PISTIL,
NECTAR,
PÉRICARPE,

RÉCEPTACLE. Forme de petit creuset à ouverture orbiculaire, peu profond, d'abord fermé ou presque fermé ; c'est ainsi qu'on le voit aux deux petites figures ; ensuite ce réceptacle s'ouvre & laisse appercevoir à travers d'une petite membrane plusieurs graines ; le fond de ce réceptacle (O) est lisse, uni ; les bords sont ondulés, & quelquefois striés.

SEMENCES. Cinq à six au fond du réceptacle, chacune est orbiculaire, lenticulaire, ferme, brune, lisse & nue par dessus ; lisse & garnie d'un petit pédicule en dessous.

RACINES. *Fibrilles* très-grêles, très-fragiles, de couleur rousse, peu profondes en terre.

TRONC. *Colonne* rousse, ratinée, pleine, en pyramide renversée, cylindrique, spongieuse, plus longue que l'ouverture du réceptacle, augmentant de grosseur en montant, terminée par une espèce de chaton ou enfoncement où sont les graines ; c'est ce chaton que nous avons nommé le réceptacle.

FEUILLES, }
SUPPORT, } aucuns.

PORT. D'une substance moisi-forme se développe une fongosité en œuf renversé, ayant un petit nombril au gros bout ; cette végétation s'accroît, grossit, s'allonge, & acquiert depuis six jusqu'à neuf lignes de longueur, sur quatre à cinq lignes d'ouverture.

VÉGÉTATION. Sort de terre, ou de tout autre corps, en automne ; ses graines étant mûres, la plante se dessèche, sans changer de forme ni de couleur.

N

Lieu. Les forêts, par terre & fur les arbres; l'espèce que nous avons peinte étoit venue fur un crotin de cheval.

Propriétés. { *Odeur*, point désagréable, mais femblable à une légére odeur de Champignon.

Saveur de Champignon dans toutes fes parties.

Analyse, }
Vertus, } inconnues.
Dose, }

Etymologie. *Peziza* vient de *Pezica*, *Pezicæ*, nom que les Grecs donnoient aux espèces de Champignons qui naissoient fans racines ni pédicule. *Voyez* Pline, livre XIX, chap. III. Ce nom n'a été en ufage parmi eux que comme adjectif; ils l'écrivoient μυκης πεζις, *Fungus fessiles*, Champignon feffile ou raz de pied; parce que la plupart des espèces de ce genre font applaties fur terre. On nomme cette espèce *Peziza Lentifera*, parce qu'il porte des femences femblables à des lentilles.

NOM GÉNÉRIQUE PHYTONOMATOTECHNIQUE.

Á O Z.

SYNONYMIE.

Peziza (*lentifera*) *campanulata lentifera*. L. *fpe. pl. 1649. id. Mur. 823. id. Syft. plant. 4. p. 616. Œd. Fl. Dan. 469. fig. 1.*

———— *calyce campanulato. Hort. Clif.*

———— *calyciformis lentifera lævis. Dil. Gi. 195. Dalib. Parif. 387. Guet. Stam. 1. pag. 15.*

Cyathus *fericeus intus levis. Hal. Helv. n°. 2215. id.*

———— *hirfutus intus ftriatus. n°. 2214.*

Cyathoides *cyathiforme cinereum & veluti fericeum. Mich. genr. 222. tab. 102. fig. 1.*

Fungus *pyxoides feminifer. Læf. Pruff. 98.*

———— *fpermelias. Boc. Muf. 1. tab. 301. fig. 1.*

Fungoïdes *infundibuliforma, femine fœtum T. ift. 560. id. Herbor. T. 2. 264. Fabreg. 4. pag. 263. Vail. Bot. par. 56. tab. 11. fig. 6. 7.*

Pésise à Lentilles. *Lam. 1. pag. 123.*

Crusot liffe. *Dub. Bot. fol. 2. 464.*

ÁFRETABÁ

BRYUM Striatum.

BRYUM

STRIATUM.

BRY *STRIÉ.*

ORDRES SYSTÉMATIQUES

DE TOURNEFORT.	VON LINNÉ.	DE JUSSIEU.
Claſſe XVII. Sect. 1. Genre 1.	Claſſe XXIV. Ordre 2. *Muſci.*	Claſſe I. Ordre 3. les Mouſſes.

DESCRIPTION.

ENVELOPPE , aucune.

CALICE. *Coëffe* (A B) membraneuſe, conique, rouſſâtre, ſtriée, ordinairement glabre, quelquefois un peu velue, mais ſur-tout à quelques autres eſpèces que les Auteurs regardent comme variétés de celle-ci ; bord inférieur entier avant ſa chûte de deſſus l'anthère , découpé ou garni de petites dents lorſqu'elle en eſt ſéparée ; extrémité ſupérieure terminée en pointe ; la longueur égale la moitié de l'anthère.

COROLLE , aucune.

ETAMINES. *Un filet* perſiſtant d'une à deux lignes de long , placé à l'extrémité ſupérieure des tiges ou branches , droit, cylindrique, liſſe, jaunâtre dans ſa moitié ſupérieure, raboteux & noirâtre dans ſa moitié inférieure. *Une anthère* liſſe, cylindrique, formée *d'une urne* (I) oblongue, tronquée , bordée à ſon ouverture de pluſieurs denticules en forme de cils , pleine d'une pouſſière fécondante , verdâtre ou bleuâtre ; & *d'un opercule* (2) très-petit, couvrant ſeulement l'ouverture de l'urne.

PISTIL , aucun.

NECTAR. *Tubercule* (T) cylindrique, noir, raboteux, formant la moitié de la longueur du filet de l'étamine, & l'inſertion de celui-ci avec l'extrémité des tiges ou branches.

PÉRICARPE, } aucun.
RÉCEPTACLE, }

SEMENCES. Aucune bien ſenſible à la vue ; mais, ſi l'on conſidère cette plante en mars ou avril, on voit à chaque branche, à l'aiſſelle d'une des feuilles ſupérieures, un petit bouton que l'on prendroit pour une fleur femelle : mais en l'attendant, on voit que ce bouton n'eſt autre choſe qu'une branche qui pouſſe, & qui même, par ſon déve-loppement, feroit croire les étamines axillaires.

RACINE, fibreuſe, chevelue, très-adhérente à l'écorce des arbres.

TRONC. *Tige* très-grêle, courte, cylindrique, liſſe, glabre, ſimple ou branchue : branches ſolitaires.

FEUILLES , très-ſimples , perſiſtantes , ovoïdes , élancées ; extrémité ſupérieure pointue & terminée par un poil ; extrémité inférieure ſeſſile ; bords entiers ; milieu garni d'une nervure, & creuſé en nacelle.

Supports.
$$\left\{\begin{array}{l}\textit{Armes,}\\\textit{Stipules,}\\\textit{Bractée,}\\\textit{Péduncules,}\\\textit{Pétioles,}\\\textit{Vrilles,}\end{array}\right.$$
$\left.\begin{array}{l}\textit{Armes,}\\\textit{Stipules,}\\\textit{Bractée,}\end{array}\right\}$ aucune.

$\left.\begin{array}{l}\textit{Péduncules,}\\\textit{Pétioles,}\end{array}\right\}$ aucun.

Vrilles, aucune.

Port. D'une racine commune fortent *plujieurs tiges* fimples ou branchues, jamais ou prefque jamais ramifiées. *Feuilles* alternes, très-rapprochées. Au premier examen, on les croiroit trois à trois oppofées ; mais confidérées avec attention, on les trouve alternes : ces feuilles s'écartent de la tige lorfqu'elles font mouillées, s'en rapprochent en fe crifpant lorfqu'elles ne font plus humides. *Anthères* terminales, confidérées pendant l'hiver ; axillaires dans l'été, à caufe des branches latérales, & prefque terminales, que cette plante pouffe : la grandeur de toute cette plante eft depuis quatre jufqu'à huit lignes.

Végétation. On la trouve, dans toutes les faifons, par gazons très-touffus fur l'écorce des arbres ; les étamines fe développent & font bonnes à obferver pendant les hivers : on n'y trouve plus que les urnes en été.

Lieu. Sur l'écorce des arbres des jardins, des promenades ; très-commune fur les arbres des Champs Elifés.

Propriétés. $\left.\begin{array}{l}\textit{Odeur,}\\\textit{Saveur,}\end{array}\right\}$ nullement fenfible.

Analyse,
Vertus,
Usage,
Dose,
$\left.\begin{array}{l}\quad\\\quad\\\quad\\\quad\end{array}\right\}$ inconnus.

Etymologie. *Bryum,* de βρυω, *Germino,* je pouffe abondamment. *Striatum,* Strié ; à caufe des cannelures de la coëffe.

N. B. Toutes les figures de cette plante font groffies à la loupe, mais fur-tout les détails.

NOM GÉNÉRIQUE PHYTONOMATOTECHNIQUE.

Ă F B E T Ă B Ă.

SYNONYMIE.

Bryum (*ftriatum*) *antheris fubfeffilibus fparfis, calyptris ftriatis furfumve pilofis. Lin. fpe. 1379. n°. 2. Syftem. pl. 4. 472. n°. 2. Mur. 792. n°. 2. Gouan. flor. Monfp. 449. n°. 13. Flor. Dan. tab. 537. fig. 3. Dalib. 314.*

Muscus *apocarpos arboribus ramofus. Vail. Bot. par. 129. n°. 6. pl. 25. fig. 5.*

—————— *apocarpos arboreus erectus plurimis capitulis caulibus adhærentibus. Vail. 129. pl. 25. fig. 6.*

Bry ftrié. *Lam. 1. 44. Genre 1265.*

Bry rayé. *Dub. 2. 444.*

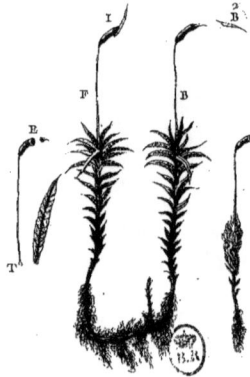

BRYUM Undulatum. *L.*

BRYUM

UNDULATUM.

BRY *ONDULÉ.*

ORDRES SYSTÉMATIQUES

DE TOURNEFORT.	VON LINNÉ.	DE JUSSIEU.
Cl. XVII. Section 1. Genre 1.	Claſſe XXIV. Ordre 2. *Muſci.*	Claſſe I. Ordre 3. les Mouſſes.

DESCRIPTION.

ENVELOPPE , aucune.

CALICE. *Coëffe* (B) membraneuſe, jaunâtre, ſubulée, liſſe, glabre, inférieurement coupée en bizeau, & fendue juſqu'au milieu de ſa longueur ; ſa longueur eſt de deux lignes : elle tombe de bonne heure.

COROLLE , aucune.

ETAMINES. *Un filet* perſiſtant, placé à l'extrémité de chaque tige (FB) ; ce filet eſt droit, cylindrique, d'un pouce de long, ou pluſieurs fois plus long que l'anthère. *Anthère* cylindrique, un peu courbée, formée d'une urne (E) & d'un opercule unis enſemble comme le couvercle d'une boîte eſt uni à ſon fond. *Urne* cylindrique, liſſe, glabre ; ouverture auſſi glabre, & garnie d'une petite membrane qui en bouche l'entrée. *Opercule* liſſe, rouge, aigu, & qui tombe pour laiſſer tomber la pouſſière fécondante

PISTIL , aucun.

NECTAR. *Tubercule* (T) arrondi, liſſe, attaché au bas du filet de l'étamine.

PÉRICARPE , ⎫
RÉCPETACLE , ⎬ aucun.

SEMENCES , aucune viſible à la ſimple vue ; mais à la loupe, on apperçoit à l'aiſſelle des feuilles des eſpèces de boutons, que les Botaniſtes croient être les graines.

RACINE , perpendiculaire ou traçante, fibreuſe, & garnie de fibrilles très-déliées, crépues & de couleur rouſſe.

TRONC. *Tige* ſimple, cylindrique, feuillée, filiforme, glabre & vivace.

FEUILLES , ſimples, linéaires, liſſes, ondulées, perſiſtantes ; ſurfaces glabres ; milieu garni d'une nervure ; bords ondulés ; ſommet terminé en pointe, baſe ſeſſile, autrement dit privée de pétiole. Ces feuilles, regardées au travers à la lumière, ſont un peu tranſparentes ; conſidérées à la loupe, les bords en paroiſſent dentelés à dents de ſcie.

SUPPORTS. ⎧ *Armes ,* ⎫
⎪ *Stipules ,* ⎬ aucune.
⎪ *Bractées,* ⎭
⎨ *Pétioles ,* ⎫
⎪ *Péduncules ,* ⎬ aucun.
⎩ *Vrilles ,* aucune.

O

PORT. D'une racine chevelue s'élèvent une ou plusieurs *tiges* perpendiculaires, feuillées, simples, sans branches ni rameaux. *Feuilles* alternes, disposées en ligne spirale autour de la tige ; leur direction est horizontale lorsqu'elles sont mouillées, & crépues lorsqu'elles ne sont plus humides. *Etamines* terminales. *Anthère* penchée avant & après la chûte de la coëffe & de l'opercule.

VÉGÉTATION. Plante toujours verte si elle est humide, mais principalement en janvier & février, temps où elle pousse son étamine qui est mûre en juin ; elle forme des gazons lâches d'un beau vert pâle.

LIEU. Les terrains sablonneux & argilleux, aux pieds des arbres.

PROPRIÉTÉS. $\left\{\begin{array}{l} Odeur, \\ Saveur, \end{array}\right\}$ nullement sensible.

$\left.\begin{array}{l} \text{ANALYSE,} \\ \text{VERTUS,} \\ \text{USAGE,} \\ \text{DOSE,} \end{array}\right\}$ inconnues.

ETYMOLOGIE. *Bryum*, du mot grec βϱυω, *Germino*, je pousse abondamment ; & *Undulatum*, Ondulé, à cause des ondulations qu'on observe sur les feuilles.

NOM GÉNÉRIQUE PHYTONOMATOTECHNIQUE.

Å F B E T Å B I A̋.

S Y N O N Y M I E.

BRYUM (*undulatum*) *antheris erectiusculis, pedunculis subsolitariis, foliis lanceolatis carinatis undulatis patentibus serratis. L. spe pl. 1582. id. System. 4. 477. Mur. Reig. Veget. 797. Œd. Dan. 477. Dalib. par. 320.*

———— *foliis lanceolatis serratis, capsulis cylindricis inclinatis aristatis. Hal. Helv. n°. 1823.*

———— *capsulis subnutantibus ; surculis simplicibus ; foliis lanceolatis undatis serratis. Scop. car. edit. 1. pag. 143. n°. 13. edit. 2. n°. 1301.*

———— (*phyllifolium*) *surculo simplici, foliis undato-serrulatis, primordialibus plumulosis. Neck. meth. 203. Phyllidis folio rugoso acuto, capsulis incurvis. Dil. Musc. 360. tab. 46. fol. 18.*

MUSCUS *erectus, linariæ folio major. Vail. Paris. 132. n°. 1. planch. 26. fig. 17. Fabreg. 5. 233.*

———— *capillaceus minor, capitulo longiori falcato. T. inst. 552. Herbor. tom. 2. 448. Vail. Bot. par. tab. 26. fig. 17.*

BRY ondulé. *Lam. 1. genre 1265. n°. 10.*

———— cambré. *Dub. Bot. franc. 2. 446. n°. 15.*

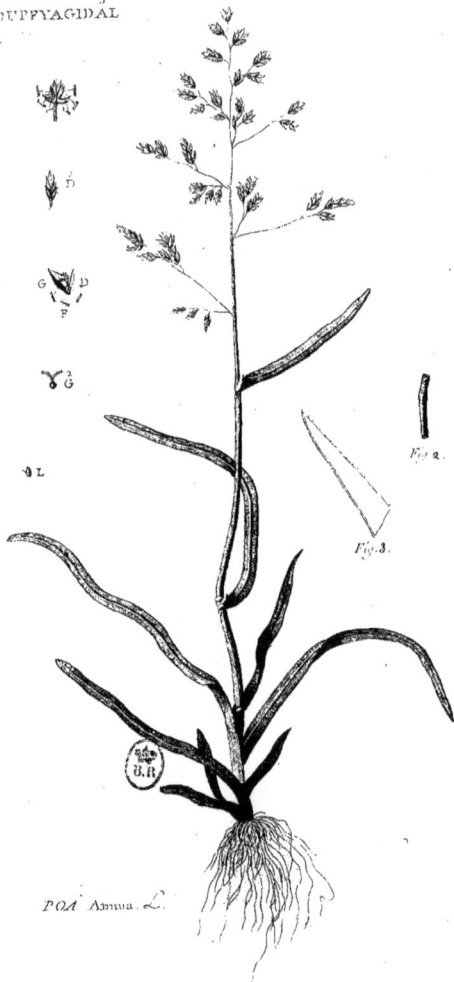

DUFFYAGIDAL

Fig. 2.

Fig. 3.

POA Annua. L.

P O A

A N N U A.

P A T U R I N *A N N U E L.*

ORDRES SYSTÉMATIQUES.

DE TOURNEFORT.	VON LINNÉ.	DE JUSSIEU.
Cl.XV.Sect.3.Genre 8.*Gramen.*	Claffe III. Ordre 2.	Cl. II. Ord. 3. les Chiendents.

DESCRIPTION.

ENVELOPPE. *Gluma* perfiftant de deux valves pour trois à cinq fleurs difpofées en petits épis ovoïdes , avant l'épanouiffement de ces mèmes fleurs (D) , mais d'une forme bien différente , & l'apparition des anthères, comme on le voit à la figure (4). Ces deux valves font inégales , ovoïdes , concaves , aiguës , entières , fans arêtes , & un peu fcarieufes aux bords.

PÉRIANTHE, aucun ; à moins qu'on ne donne ce nom à la corolle fuivante.

COROLLE. *Deux pétales* (DG) inégaux, perfiftans, glumiformes, aigus, fans arêtes; l'extérieur ou le plus grand (G) eft ovoïde, cariné, bordé d'une membrane tranfparente , & garni à fon dos de quelques poils ; l'intérieur ou le plus petit (D) eft applati, membraneux, tranfparent & élancé.

ETAMINES. *Trois filets* égaux, cylindriques, en forme de cheveux attachés fous le germe & terminés par des anthères en béquille. *Trois anthères* (F) égales, oblongues, attachées aux filets par leur milieu, & s'ouvrant par les côtés.

PISTIL. *Un feul germe* (G), arrondi, liffe, placé dans les deux valves de la corolle. *Deux ftyles* filiformes, écartés, barbus. *Deux ftigmates* non-diftincts des ftyles.

NECTAR, }
PÉRICARPE, } aucun.
RÉCEPTACLE, }

SEMENCES. *Une feule graine* (L) petite., liffe, garnie latéralement d'un petit poil, & fixée par fa partie inférieure au fond de la corolle.

RACINE, fibreufe, chevelue, peu enfoncée en terre.

TRONC. *Chaume* creux, cylindrique., glabre, un peu applati, garni de trois nœuds & de trois feuilles ; terminé par un panicule de fleurs : nœuds liffes. (*Voyez* la fig. 2).

FEUILLES , très-fimples, glabres ; les radicales font comprimées, graminées, très-entières tant aux bords qu'à la nervure. Les caulinaires graminées en gaîne , bords dentés en lime , c'eft-à-dire, fi finement, que l'œil ne peut l'appercevoir ; mais ces petites dents s'apperçoivent en promenant le doigt fur le bord de la feuille de la pointe à la bafe : toutes font garnies d'une nervure au centre. La fig. 3 repréfente une petite portion de feuille groffie , pour faire appercevoir les dents qui font au bord.

SUPPORTS, {
Armes , aucune.

Stypules ; une petite membrane très-entière, arrondie, placée à la gorge de la gaîne de chaque feuille, c'eft-à-dire, à l'endroit où elle s'écarte du chaume.

Bractées , aucune.

Pétioles ; gaîne herbacée entourant le chaume d'un nœud à l'autre.

Péduncules très-déliés, droits ; les inférieurs foutiennent d'autres petits péduncules florifères : les fupérieurs font très-fimples & courts.

Vrilles , aucune.
}

PORT. D'une feule racine fortent plufieurs feuilles. Plus, plufieurs chaumes verticaux & obliques; ces chaumes font ordinairement garnis de trois nœuds & de trois feuilles; à chaque nœud le chaume fait un petit coude : c'eft de ce nœud que part toujours la gaîne de la feuille. Les péduncules inférieurs font toujours géminés, & produifent d'autres petits péduncules, qui quelquefois font eux-mêmes ramifiés; ces deux péduncules font inégaux, l'externe eft toujours le plus 'grand, l'interne eft le plus petit; leurs écarts entre eux forment un angle droit, quelquefois angle aigu; l'étage formé par les deux péduncules inférieurs eft alterne aux feconds, mais l'ordre des étages fe fait de façon que les grands péduncules font fur deux lignes oppofées, & les petits au contraire forment à eux tous une ligne centrale, de forte que le panicule a un de ces côtés privé de péduncules; le panicule formé par l'enfemble de toutes les fleurs, eft pyramidal.

VÉGÉTATION. On la trouve, dans toutes les faifons, en toutes fortes d'états, c'eft-à-dire, fortant de terre, en fleurs, & en graine : fa durée totale, felon les Auteurs, eft d'une année.

LIEU. Par-tout Paris & fes environs, dans les foffés, même dans les rues peu fréquentées.

PROPRIÉTÉS, { *Odeur*, nulle.
{ *Saveur;* toute la plante eft herbacée, peu fucrée.

ANALYSE, } inconnues.
VERTUS, }

USAGE, aucun.

DOSE, inconnue.

ÉTYMOLOGIE. *Poa* eft un mot grec qui, en notre langue, veut dire herbe. A ce nom on a joint *Annua*, à caufe que cette efpèce ne dure qu'une année. Les nouveaux Auteurs françois le nomment Paturin, parce que les efpèces de ce genre forment le pâturage recherché par les beftiaux.

NOM GÉNÉRIQUE PHYTONOMATOTECHNIQUE.

DUPFYAGIDĂL.

SYNONYMIE.

P O A (*annua*) *panicula diffufa angulis rectis, fpiculis obtufis, culmo obliquo compreffo. L. fpe plant.* 99. *n°.* 7. *Mur.* 97. *n°.* 7. *Syftem. pl.* 1. 187. *n°.* 6. *Dalib. par.* 28. *n°.* 4. *Sauv. Met. fol.* 36. *n°.* 54. *Gouan. Hort. Monfp.* 44. *n°.* 5. *id. Flor. Monfp.* 122. *n°.* 5.

—— *fpiculis quinquefloris ovatis, culmo compreffo. Scop. carn.* 1. *pag.* 195. *n°.* 8.

—— *culmo infracto, panicula triangulari locuftris trifloris glabris. Hal. Helv. n°.* 1466.

GRAMIN *pratenfe, paniculatum minus. C. B. pin.* 2. *n°.* 6. *Tour. inft.* 522. *Herbor.* 1. 36. 153. *Vail. pag.* 91. *n°.* 61. *Fabreg. tom.* 4. *pag.* 259. *n°.* 15. *Scheuch. Agroftograpg.* 189. *tab.* 3. *fig.* 17. E.

——— *pratenfe paniculatum medium. C. B. pin.* 2. *n°.* 5. *Tour. inft.* 521. *Herbor.* 1. 157. *Vail. par.* 91. *n°.* 62. *Fabreg.* 4. *n°.* 14. *pag.* 259.

——— *paniculatum minus album vel. rubrum. Taber. icon.* 206. 207. *J. B.* 2. 465. 466.

PATURIN annuel à chaume oblique, applati; panicule étalé, à angles droits; épilets obtus. *Dub.* 2. 403. *n°.* 3.

PATURIN annuel. *Lam.* 3. 590. *n°.* 8.

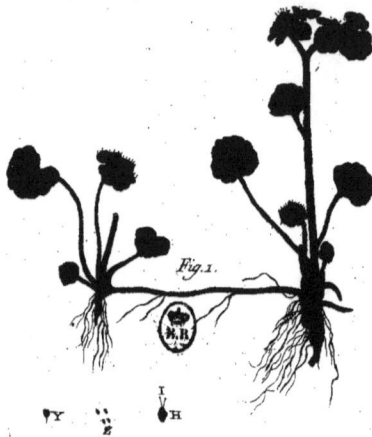

GOTQYAHIAQFEZ

Fig.1.

CHRYSOSPLENIUM Alternifolium. *L.*

CHRYSOSPLENIUM

ALTERNIFOLIUM.

DORINE *ALTERNÉE.*

ORDRES SYSTÉMATIQUES

DE TOURNEFORT.	VON LINNÉ.	DE JUSSIEU.
Claſſe II. Section 6. Genre 5.	Claſſe X. Ordre 2.	Cl. XIII. Ordre 2. les Saxifrages.

DESCRIPTION.

ENVELOPPE , aucune.

CALICE , aucun ; à moins que (comme Linné) l'on ne donne ce nom à la corolle.

COROLLE. *Un pétale* (G) perſiſtant , évaſé , inſéré ſur le germe , & diviſé en quatre lobes égaux, uniformes, arrondis, réfléchis, glabres, & plus longs que les étamines.

ETAMINES. *Huit filets* égaux , cylindriques , ſubulés , glabres , droits , moins longs que les diviſions de la corolle , & inſérés au bas de ſes lobes , à ſon inſertion avec le germe. *Huit anthères* arrondies , jaunes , & qui s'ouvrent par les côtés (Y). *Pouſſière fécondante* jaune.

PISTIL. *Un germe* (H) arrondi , inférieur , liſſe , glabre , couvert d'une peau que ſemble lui fournir la corolle. Ce germe eſt terminé par deux corps pyramidaux , & par *deux ſtyles* écartés , cylindriques , liſſes , & de la longueur des étamines. *Deux ſtigmates* arrondis , liſſes.

NECTAR , aucun.

PÉRICARPE. *Capſule* liſſe , arrondie , uni-loculaire , s'ouvrant par deux ſemi-valves comme le bec d'un oiſeau ; chacune de ces demi-valves eſt liſſe , creuſée en gouttière , & placée ſur la corolle. La partie inférieure de ce fruit eſt formée de deux enveloppes , une externe fournie par la corolle , une interne qui tient lieu de réceptacle.

RÉCEPTACLE , aucun , à proprement parler. Les ſemences s'attachent à la ſeconde enveloppe qui forme le fruit.

SEMENCES. Pluſieurs (Z) arrondies , liſſes.

RACINE , fibreuſe , traçante , ſtolonifère , (fig. 1.) Rejetons garnis de fibrilles chevelues , perpendiculaires.

TRONC. *Tige* triangulaire à trois faces , liſſe , herbacée , molle & pleine. *Branches* quarrées. *Rameaux* applatis.

FEUILLES. Les radicales pétiolées , ſimples , réniformes , liſſes , polies , garnies à leur ſurface ſupérieure de quelques poils glanduleux , & ſans aucune nervure ; bords garnis de ſept lobes crenelés , c'eſt-à-dire , qui enjambent les uns ſur les autres en manière de tuiles ; ordinairement l'imbrication ſe fait des deux côtés de l'échancrure , au centre , de manière que le lobe impair eſt recouvert par ſes deux côtés ; chacun de ces lobes eſt un peu échancré dans ſon milieu. *Une feuille caulinaire* , moins lobée. Lobes arrondis , entiers ; point d'échancrure du côté du pétiole. *Feuilles brachiales* , preſque entières , & glabres.

P

SUPPORTS. {

Armes, } aucune.
Stipules, }

Bractées ; deux petites feuilles très-entières accompagnent chaque fleur latérale des rameaux.

Pétioles ; ceux des feuilles radicales font triangulaires, marqués fupérieurement d'une gouttière : ceux des feuilles caulinaires font applatis, oblongs, & élargis à leur infertion avec la tige.

Péduncules, aucun.

Vrilles, aucune.
}

PORT. D'une touffe de racines chevelues fortent des feuilles radicales, foutenues par de très-longs pétioles ; plus, des racines horizontales, traçantes ; plus, une ou deux tiges droites, feuillées : chacune eft garnie dans fon milieu d'une feuille. Cette tige eft terminée par deux branches qui forment une fourche ; chaque branche fe fourche de nouveau, & produit trois fleurs de couleur d'abord jaune, enfuite deviennent vertes ; ces fleurs font terminales & appliquées fur une couche de feuilles ; les feuilles fupérieures font trois à trois pour chaque fleur, deux entières oppofées que nous nommons bractées, & une impaire un peu lobée que nous regardons comme feuille.

LIEU. Les terrains humides, ombragés en Alface, près de Saverne.

VÉGÉTATION. Sort de terre en février ; fleurit en mars-avril ; les fruits font mûrs en avril-mai ; les feuilles perfiftent toute l'année.

PROPRIÉTÉS. {

Odeur ; toute la plante eft inodore.

Saveur ; la racine a un goût herbacé, ftiptique, point aigre ; les tiges & feuilles ont le même goût, mais un peu amer.
}

ANALYSE, inconnue. Il eft à croire que cette plante poffède les mêmes principes que le *chryfofplenium oppofitifolium* dont nous aurons occafion de donner l'analyfe dans cet ouvrage, & de laquelle celle-ci a toutes les propriétés.

VERTUS. On l'eftime fortifiante, apéritive, propre (dit-on) à s'oppofer à la production des calculs, & à guérir les maladies du foie.

USAGE. On s'en fert pour l'hydropifie, les obftructions du foie, pour fortifier la poitrine, pour cicatrifer les ulcères du poumon, pour foulager les accès de goutte. Je doute que l'expérience ait toujours répondu aux grandes efpérances qu'on a en cette plante.

DOSE. Sèche, par pincées, infufée comme du thé.

ÉTYMOLOGIE. *Chryfofplenium,* des mots grecs χρυςός, *Aurum,* Or ; & πλην̀ό, *Lien,* Rate : comme qui diroit Plante dorée propre pour les maladies de la Rate. *Alternifolium,* alternée, à caufe que les feuilles de cette efpèce font alternes.

NOM GÉNÉRIQUE PHYTONOMATOTECHNIQUE.

G O T Q Y A H I A Q̆ F E Z.

SYNONYMIE.

CHRYSOSPLENIUM (*alternifolium*) *foliis alternis.* L. *fp. pl.* 569. *Hort. Clif.* 149. *Mur.* 342. *Syft. pl.* 2. 307. *Œd. Dan. tab.* 366. *Hal. Helv. n°.* 1548.

———————— *pediculis oblongis infidentibus.* T. *inft.* 146.

SAXIFRAGA *aurea foliis pediculis oblongis infidentibus. Raii hift.* 206.

SEDUM *paluftre luteum majus foliis pediculis longis infidentibus. Mor. hift.* 3. *p.* 477. *fec.* 12. *tab.* 8. *f.* 8.

SAXIFRAGE dorée.

DORINE à feuilles alternes. *Lam.* 3. 394.

———————— alterne.

CRESSON de roche. *Buch. hift. univ. tom.* 6. *pag.* 1. *planc.* 1446. mauvaife figure.

GYRNYALOAHENRÆL

Fig.2.   *Fig.3.*

EUPHORBIA Peplus.

EUPHORBIA

PEPLUS.

TITIMALE *PÉPLUS.*

ORDRES SYSTÉMATIQUES

DE TOURNEFORT.	VON LINNÉ.	DE JUSSIEU.
Claſſe I. Section 3. Genre 6.	Claſſe XI. Ordre 3.	Cl. XIV. Ord. 2. les Euphorbes.

DESCRIPTION.

ENVELOPPE , aucune.

CALICE. *Périanthe* inférieur , perſiſtant , monophylle , campaniforme , denté de quatre dents aiguës, entières, placées entre les pétales. Ce calice a une ligne & demie de long.

COROLLE. *Quatre pétales* (G) perſiſtans, horizontaux, diſpoſés en croix ſur l'ouverture du calice qu'ils bouchent. Chaque pétale (Y) eſt petit, en forme de croiſſant, & attaché par ſa convexité au haut du calice, entre deux dents, par le moyen d'un petit péduncule.

ETAMINES. *Une douzaine de filets* cylindriques, moins longs que le calice, & inférés au milieu de ſon corps. *Autant d'anthères* arrondies qui s'ouvrent par les côtés, & perſiſtent.

PISTIL. *Un germe* (L) pédiculé, ſortant hors du calice ; ce germe eſt triangulaire, liſſe, glabre, uni ; angles liſſes, arrondis. *Trois ſtyles* réfléchis, cylindriques, égaux ; chaque ſtyle eſt terminé par *deux ſtigmates*.

NECTAR , aucun.

PÉRICARPE. *Une capſule* (R) compoſée de trois coques adoſſées l'une contre l'autre. Si l'on en fait une coupe tranſverſale comme N, ces trois coques forment un fruit triloculaire ; chaque coque s'ouvre longitudinalement pour chaſſer une ſemence.

SEMENCES, une dans chaque loge. Cette graine eſt oviforme & de deux couleurs. *Voyez* fig. L.

RACINE , fibreuſe , chevelue.

TRONC. *Tige* droite , feuillée , cylindrique , liſſe , glabre , pleine , branchue , ramifiée. Branches auſſi cylindriques, obliques.

FEUILLES. *Les caulinaires* très-entières, pétiolées, garnies d'une nervure, & de forme ovoïde, renverſée ; celles de la cime (A & fig. 2.) oblongues ; pétiolées, marquées d'une nervure au milieu, & très-entières. Les feuilles brachiales (fig. 3.) ſont ovoïdes, un peu plus larges & mieux figurées d'un côté que de l'autre, & auſſi très-entières.

SUPPORTS.
{
Armes, *Stipules*, } aucune.

Bractées, aucune ; à moins qu'on ne donnât ce nom aux feuilles qui accompagnent la bifurcation des rameaux ; mais leur forme n'eſt pas différente des feuilles brachiales.

Pétioles ſeulement aux feuilles caulinaires , moins longs que les feuilles , & applatis.

Péduncules cylindriques, très-courts, ſolitaires & uniflores.

Vrilles , aucune.

Port. D'une racine chevelue s'élève une tige verticale, droite, feuillée. Cette tige se divise à son sommet (A) en trois branches; c'est ce sommet de la tige que nous nommons la cime. Ces trois branches se divisent ensuite en deux rameaux (B); & chacun des rameaux se ramifie encore, mais toujours en deux. Cette manière d'être s'exprime en Botanique par le terme *Dichotome. Les feuilles caulinaires* sont alternes; *celles de la cime* sont au nombre de trois opposées; celles des branches & rameaux sont toujours deux à deux, opposées. Les fleurs sont solitaires, petites & placées une à chaque division des rameaux. Toutes les parties de cette plante coupées, donnent un lait âcre.

Végétation. Sort de terre dans tous les temps de l'année, mais plus en mai-juin; fleurit & graine toute l'année; les tiges périssent aux fortes gelées; quelques pieds subsistent & passent l'hiver; sa durée totale est d'une année : le véritable temps de la trouver abondamment, c'est l'automne.

Lieu. Les jardins, les terres grasses & fumées, les fossés, les vignes, & le long des haies.

Propriétés.
{ *Odeur;* toute la plante à une odeur herbacée, un peu forte.
  Saveur; toutes les parties, mais sur-tout les feuilles, ont un goût herbacé,
  mais qui laisse à la bouche une impression âcre, brûlante, qui, pendant
  long-temps, semble s'augmenter au point de faire mal à la gorge.

Analyse, inconnue. Ses propriétés font croire que ses principes sont les mêmes que ceux des autres espèces du même genre, que nous aurons occasion de décrire.

Vertus. Très-âcre, très-purgative, capable d'enflammer les entrailles. A l'extérieur caustique, propre à brûler les verrues.

Usage, aucun intérieurement; on ne s'en sert presque point extérieurement.

Dose, inconnue.

Etymologie. Cette plante portoit dans Tournefort le nom *Tithymalus,* Titimale, des mots grecs τίλη, *Mamelle,* μαλακὸς, *Tendre;* comme qui diroit Tendre Mamelle, à cause que les espèces de ce genre donnent du lait pour peu qu'on les entame. Linné les a nommées Euphorbes, *Euphorbiæ,* en mémoire d'un Médecin du Roi Juba nommé *Euphorbius. Peplus,* de πεπλος, Vêtement ou Robe légère sans manche, dont se couvroient les femmes des Anciens. Ce nom fut donné sans doute à cette plante à cause de la forme qu'affectent les feuilles terminales avant leur parfait épanouissement.

NOM GENÉRIQUE PHYTONOMATOTECHNIQUE.

GYRXYALOAHENREL.

SYNONIMIE.

Euphorbia (peplus) *umbella trifida: dichotoma, involucellis, ovatis, foliis integerrimis, obovatis, petiolatis.* L. *sp. pl.* 653. *n°.* 31. id. *Syst. pl.* 2. 444. *n°.* 31. Mur. 375. *n°.* 31. Gouan. Hort. 232. *Flor. Monsp.* 174. *n°.* 4. Dalib. par. 156. *n°.* 12. Sauv. Met. fol. 115. *n°.* 239. Buch. Hist. Reg. Veg. 8. pag. 158.

Tithymalus *foliis rotundis, stipulis, floralibus cordatis, petalis acute corniculatis.* Hal. Helv. *n°.* 1049.

————— *rotundis foliis non crenatis.* T. inst. 87. id. Herbor. 1. pag. 397. Vail. Bot. par. 193. *n°.* 10. Fabreg. 6. 247.

Peplus. *Seu esula rotunda.* C. B. pin. 292. Lob. ic. 362. Dod. pent. 375. Cam. Epit. 969. Dal. hist. 1658. Gal. 2. 523.

Titimale des vignes. *Dub.* 1. 268.

Titimale à feuilles rondes. *Lam.* 3. 100.

Peplus. *Dic. de Trevoux.*

JÆQLYABIJEQLEZ

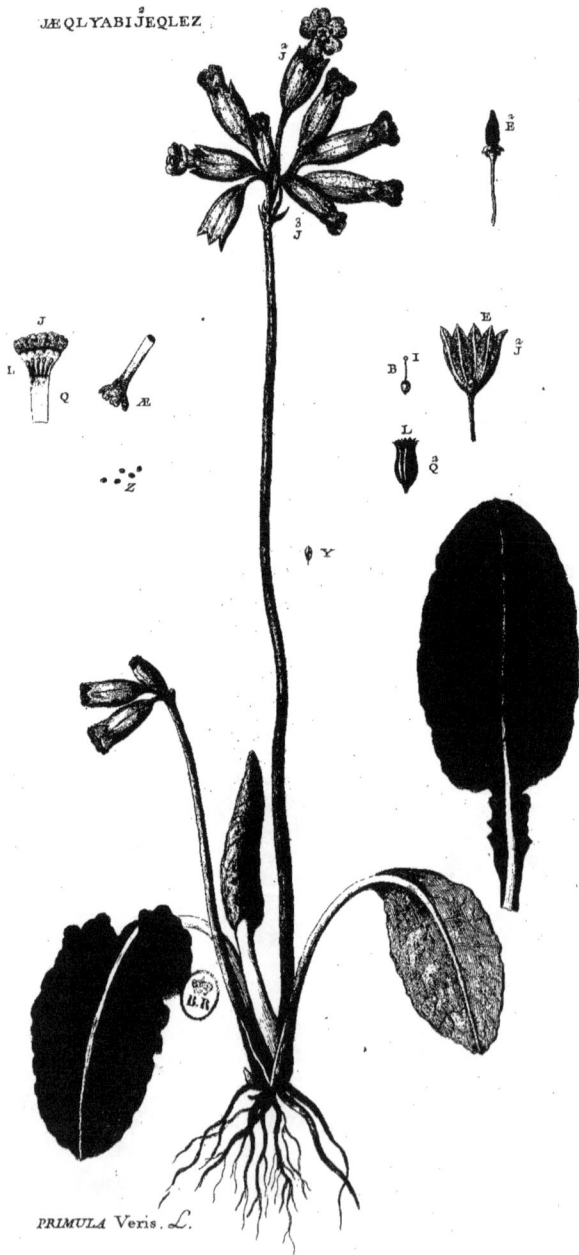

PRIMULA Veris. L.

PRIMULA
VERIS.
PRIMEVERE *OFFICINALE.*

ORDRES SYSTÉMATIQUES.

DE TOURNEFORT.	VON LINNÉ.	DE JUSSIEU.
Claffe II. Section 1. Genre 6.	Claffe V. Ordre 1.	Cl. VII. Ord. 1. les Lyfimachies.

DESCRIPTION.

ENVELOPPE. *Une collerette* (J̇) de plufieurs feuilles entières, fubulées, droites, perfiftantes, placées au bas de l'ombelle, & foutenant plufieurs fleurs.

CALICE. *Un périanthe* (J̇) monophylle, campaniforme, cylindrique, anguleux, placé fous le germe, & perfiftant. *Tube* marqué de cinq angles & cinq faces. *Limbe* denté (E) de cinq dents entières, aiguës, droites, égales.

COROLLE. *Un pétale* hypocrateriforme tubulé. *Tube* cylindrique, deux fois plus long que le limbe, ou de la longueur du calice. *Limbe* (Æ) en rofette, découpé par cinq dents égales (J), lefquelles font recoupées ou échancrées en cœur. Cette corolle s'infère fous le germe, & fe deffèche fur la plante.

ETAMINES. *Cinq filets* (L) égaux, cylindriques, très-courts, attachés au haut du tube de la corolle (Q). *Cinq anthères* oblongues, plus longues que les filets; chacune s'ouvre par deux battans de chaque côté (Y), & laiffe tomber une pouffière fécondante jaune.

PISTIL. *Un feul germe* fphérique, liffe, fupérieur. *Un ftyle* cylindrique (B), filiforme, moins long que le tube de la corolle. *Un ftigmate* (I) arrondi en tête.

NECTAR, aucun.

PÉRICARPE. *Capfule* (Q̇) oviforme, liffe, oblongue, uniloculaire, arrondie par le bas, & s'ouvrant par le haut par huit ou dix dents (L) égales, peu profondes.

RÉCEPTACLE, oviforme (E), oblong, rabotteux, donnant attache à plufieurs graines.

SEMENCES, plufieurs arrondies (Z).

RACINE, fibreufe, cylindrique; fibres ramifiées.

TRONC. *Hampe* cylindrique, pleine, légérement velue, foutenant plufieurs fleurs.

FEUILLES, très-fimples, pétiolées, elliptiques ou en fpatule; bords crenelés; furfaces veinées, ondulées & un peu velues.

SUPPORTS.
Armes, aucune.

Stipules; quelques écailles à la racine, qui accompagnent la naiffance des pétioles.

Bractées, aucune.

Pétioles cylindriques, déprimés à la face fupérieure, arrondis dans leur face inférieure, plus larges à leur naiffance qu'à leurs extrémités, & auffi longs que les feuilles; fouvent ces pétioles font accompagnés d'une portion du limbe de la feuille, comme on le voit à la figure de la feuille repréfentée à part. *Voyez* Port.

Péduncules uniflores, cylindriques auffi long que les fleurs, & tous fixés à un centre commun. Tous ces péduncules font velus, blanchâtres, un peu arqués pendant la floraifon, droits & roides à la maturité des fruits.

Vrilles, aucune.

Q

PORT. D'une racine chevelue fortent *plufieurs feuilles* couchées par terre; les plus extérieures, ou celles qui font pofées fur terre, font bien pétiolées; les internes ou fupérieures ont leur pétioles à limbe decurrent, c'eft-à-dire, accompagnés d'un prolongement de la feuille qui les borde des deux côtés, comme on le voit à la figure de la feuille féparée. Plus, deux hampes, quelquefois plufieurs droites, foutenant *plufieurs fleurs* difpofées en ombelle.

VÉGÉTATION. Les feuilles perfiftent toute l'année; les hampes fortent du milieu de ces feuilles en janvier & février; les fleurs s'épanouiffent en février, mars & avril; les fruits font mûrs & la hampe fèche en juin; la racine vit plufieurs années.

LIEU. Les bois, les prés, & autres lieux incultes & humides.

PROPRIÉTÉS.
{ *Odeur*; les fleurs de cette efpèce ont une odeur affez agréable; les feuilles & racines font inodores ou prefqu'inodores.
{ *Saveur*; la racine a un goût aftringent, aromatique, âcre; toutes les autres parties ont un goût amer-âcre.

ANALYSE.
{ *Pyrotechnique*; les fleurs de cette plante, dit M. Geoffroi, donnent beaucoup d'acide, peu d'efprit urineux, nul fel volatil concret, mais affez d'hile & de terre.
{ *Hygrotechnique*, inconnue.

VERTUS. On l'eftime anti-apopleétique, anti-hyftérique, anti-paralytique, calmante, un peu fomnifère & cephalique.

USAGE. On fe fert de l'infufion de fes fleurs pour l'apoplexie, pour la paralyfie, fur-tout de la langue, pour laquelle elle m'a réuffi une fois. On s'en fert dans les vertiges, les maux de tête rebelles. Extérieurement, on l'a appliquée fur la goutte, avec fuccès. Infufée dans l'eau-de-vie, & appliquée en fomentation, a guéri, felon *Bartholin*, un paralytique. On en prépare une eau diftillée & un extrait qui ont les mêmes vertus.

DOSE. Les fleurs par poignées, comme du thé, dans l'eau bouillante, pour boiffon ordinaire. Ces mêmes fleurs infufées dans l'eau-de-vie, pour appliquer fur les membres paralyfés. Toute la plante en cataplafme pour la goutte.

ETYMOLOGIE. *Primula veris*, Première du Printemps; parce que fes fleurs paroiffent avant l'équinoxe. Herbe à la paralyfie, parce qu'on l'a crue bonne à combattre cette maladie.

NOM GÉNÉRIQUE PHYTONOMATOTECHNIQUE.

J Æ Q L Y A B I J E Q L E Z.

SYNONYMIE.

PRIMULA (*veris*) *foliis dentatis, rugofis.* L. *fp. pl.* 204. *n°.* 1. *Mur.* 162. *n°.* 1. *Syftem. pl.* 1. 411. *n°.* 1. *Dalib. par.* 62. *Gouan. Hort. Reg.* 88. id. *Flor. Monfp.* 23. *Cam. Epit.* 883.

——— (*officinalis*) *limbus corollarum concavus.* Lin. *Mat. Med.* 57. *Gouan. Hort. Monfp.* 88. id. *Flor. Monfp.* 23.

——— *foliis rugofis, dentatis, hirfutis, fcapis, multifloris; floribus omnibus nutantibus.* Hal. *Helv. n°.* 610. *Œd. Dan.* 433.

——— *floribus fubobellatis; foliis rugofis, hirfutis.* Scop. *Carn. edit.* 1. 293. *n°.* 2.

——— *veris odorato flore fimplici luteo.* J. B. *hift.* 3. 495. T. *Elem.* 101. id. *Infl.* 124. id. *Herbor.* 2. *p.* 486.

VERBASCUM *pratenfe odoratum.* B. P. 241.

HERBA *Paralyfis. Brunsf.*

HERBE à la Paralyfie.

PRIMEVÈRE officinale. *Barb. Dub.* 2. 286. *Lam.* 2. 247.

PRIMEROLLE. Fleurs de Coucou. Braies de Cocu.

HERBE à la Paralyfie.

Les CLOCHETTES ou les Clochâtes des Champenois.

Le PETIT-BOUILLON.

PRIMEROSE des Anglois.

Fig. 2.

GERANIUM Robertianum. *L.*

GERANIUM

ROBERTIANUM.

BEC DE GRUE *HERBE A ROBERT.*

ORDRES SYSTÉMATIQUES.

DE TOURNEFORT.	VON LINNÉ.	DE JUSSIEU.
Claffe VI. Section 6. Genre 8.	Claffe XVI. Ordre 3. *Decandrie.*	Cl. XII. Ordre 8. les Géraines.

DESCRIPTION.

ENVELOPPE, aucune. On pourroit pourtant donner ce nom aux deux petites feuilles que l'on trouve à la naiffance des deux pédoncules. Nous rangeons ces deux écailles dans les Bractées.

CALICE. *Un périanthe* (J) de cinq feuilles ovoïdes, élancées, perfiftantes, & terminées en pointe ; chaque feuille eft ftriée ou cannelée ; mais toutes n'ont pas une égale quantité de cannelures : deux feuilles ont trois côtes chacune. Deux autres en ont une chacune ; & enfin la cinquième en a deux : ce qui fait en tout dix côtes à chaque calice.

COROLLE. *Cinq pétales* (J) en œuf renverfé, élancés, très-entiers, égaux, uniformes, évafés, & deux fois plus grands que les feuilles du calice. Chaque pétale (U) eft compofé d'une lame ovoïde, renverfée, & d'un onglet linéaire de la longueur du calice : tous ces pétales font fixés fous les germes, & tombent de bonne heure.

ETAMINES. *Dix filets* (S) égaux, uniformes, fubulés, très-légèrement réunis par le bas, & attachés fous les germes d'eux-mêmes : tous font anthériferes & de la longueur des onglets des pétales. *Dix anthères* arrondies, & qui s'ouvrent par les côtés.

PISTIL. *Cinq germes* arrondis, mais peu vifibles avant la défloraifon. *Un ftyle* (F) cylindrique, de la longueur du calice. *Cinq ftigmates* réfléchis (Y) & en pointe.

NECTAR, aucun.

PÉRICARPE. *Cinq coques* (Q) oviformes, furmontées de quelques poils, & d'une longue barbe, mais qui refte quelquefois attachée au réceptacle (I) : chacune de ces coques contient une graine, & s'ouvre par le côté interne.

RÉCEPTACLE. *Un réceptacle* (I) commun à toutes les coques ; ce réceptacle eft fubulé, perfiftant, & marqué à fa bafe de cinq petites facettes, & de cinq ftries à fa partie fupérieure.

SEMENCES, une feule à chaque coque. Cette graine eft oviforme, arrondie fur un côté, applatie & comme réniforme fur l'autre.

RACINE, fibreufe, traçante ou fufiforme, elle varie, pleine & rougeâtre.

TRONC. *Tige* cylindrique, pleine, dichotome, un peu velue, plus ou moins rouge, noueufe, articulée, genouillée, branchue & ramifiée, genoux renflés.

FEUILLES, compofées, ternées, pétiolées ; folioles ovoïdes, pinnatifides, incifées, veinées.

SUPPORTS.
Armes, aucune.
Stipules ; ordinairement quatre à chaque articulation, deux pour chaque feuille comme on les voit à la grande figure, fur la tige, à la naiffance des feuilles ; chaque ftipule eft applatie, triangulaire ou pyramidale, & feffile.
Bractées ; ordinairement deux petites écailles ovoïdes, placées à la fourche du pédoncule principal, ou à la naiffance des deux pédoncules particuliers.
Pétioles très-longs, cylindriques & velus.
Pédoncules de deux fortes, généraux & particuliers : les pédoncules généraux font deux fois plus longs que les particuliers : tous font cylindriques, velus.
Vrilles, aucune.

PORT. D'une feule racine (fig. 2.) fortent *plufieurs tiges* obliques, flexueufes, noueufes. De chaque nœud inférieur fortent plufieurs chofes, favoir, deux à quatre feuilles, deux branches, quatre à huit ftipules, & un péduncule qui fouvent avorte. *Feuilles* oppofées. *Branches* ramifiées, géminées. *Péduncules*, quelques-uns axillaires, mais prefque tous terminals. *Fleurs* terminales rouges. *Bractées* oppofées. *Stipules* géminées & oppofées.

VÉGÉTATION. Sort de terre en mars, fleurit tout le printemps & l'été, fes graines mûriffent & tombent à fur & à mefure.

LIEU. Les haies, les lieux fecs, mais ombragés ; les bords des fentiers.

PROPRIÉTÉS. { *Odeur ;* toute la plante étant verte a une odeur balfamique, mais principalement les tiges.
Saveur ; la racine eft un peu amère & ftyptique ; les tiges & feuilles font moins fapides.

ANALYSE. { *Pyrotechnique ;* cinq livres de cette plante fourniffent, par la diftillation, dix onces ou à-peu-près d'une eau de végétation infipide & claire ; plus, deux livres & dix onces d'une eau un peu colorée, acide, & même un peu auftère; plus, une once & demie d'une eau très-brune, auftère & empyreumatique: & enfin cinq à fix gros d'une huile épaiffe & empyreumatique. Pendant ce travail, il fe dégage une très-grande quantité d'air inflammable. Le charbon, traité par l'incinération & la lixiviation, donne à-peu-près quatre gros d'alkali fixe.
Hygrotechnique, inconnue.

VERTUS. Elle eft vulnéraire, aftringente, rafraîchiffante, propre à fondre le fang extravafé & coagulé, après des chûtes avec meurtriffure. Elle divife les humeurs accumulées dans les glandes, & difpofe ces engorgemens à la réfolution.

USAGE. On s'en fert extérieurement en cataplafme avec le vinaigre, pour les fortes contufions, les différentes efquinancies, en gargarifme pour les aphthes de la gorge & de la bouche, & pour arrêter les hémorrhagies. Le firop réuffit dans les dyffenteries.

DOSE. Cette plante fe prefcrit extérieurement par poignées ; on la hache & on la fait bouillir dans deux parties d'eau & une partie de vinaigre, puis on l'applique fur les tumeurs qu'on veut réfoudre. La même infufion dans le vin, pour arrêter le fang d'une plaie. Intérieurement, l'infufion dans l'eau, par verrées, dans les dyffenteries. Le firop, par cuillerée, étendu dans de l'eau.

ETYMOLOGIE. *Geranium*, γέρανος, *Grus*, parce que les fruits des efpèces de ce genre font faits en forme de bec de Grue, dont elle a auffi reçu le nom françois. *Robertianum*, nom donné à cette efpèce, à caufe de fa couleur rouge, du mot *Ruber* ou *Rubertiana*, & par corruption, *Herba Roberti*, Herbe de Robert.

NOM GÉNÉRIQUE PHYTONOMATOTECHNIQUE.

JUPSYAFYAJUQ̊IL ou *JUPSYAFYGJUQ̊IL.*

SYNONYMIE.

GERANIUM (*Robertianum*) pedunculis bifloris, calicibus pilofis decemangulatis. *L. fp. pl.* 955. *n°. 45. id. Mur.* 515. *n°. 45. id. Syftem. pl.* 3. 325. *n°. 35. Buchos. Dic. Reg. Veget.* 9. *pag.* 92. *n°.* 55.

————— pedunculis axillaribus bifloris, foliis oppofitis, calicibus pilofis decemangulatis. *Gouan. Hort.* 342. *id. Flor. Monfp.* 274.

————— pedunculis bifloris, foliis quinque partitis, lobis pinnatifidis. *Sauv. Met. fol.* 252. *n°.* 60.

————— pedunculis bifloris, foliis quinque trive partitis, lobis pinnatifidis. *Hort. Clif.* 344. *Dalib. par.* 207. *n°.* 6. *Fl. Suec.* 578. 619.

————— Robertianum. 1. Viride & 1. Rubens. *C. B. pin.* 319. *Tour. Inft.* 268. *id. Herbor.* 2.51. *Dod. Pent.* 62. *Vail. Bot. par.* 80. *Fabreg.*

————— 5. *Cam. Epit.* 903.

HERBA *Ruperti & Geranium fecundum. Lug.* 1278.

BEC de Grue, Robertin. *Lam.* 15.

BEC de Grue, Herbe à Robert. *Dub.* 2. 250.

HERBE à Robert.

GERANIUM Cicutarium. L.

GERANIUM
CICUTARIUM.
BEC DE GRUE *CICUTIN.*

ORDRES SYSTÉMATIQUES.

DE TOURNEFORT.	VON LINNÉ.	DE JUSSIEU.
Claffe VI. Section 6. Genre 8.	Claffe XVI. Ordre 3. *Décandrie.*	Claffe XII. Ord. 8. les Geraines.

DESCRIPTION.

ENVELOPPE *Collerette* (J) de plufieurs écailles droites, entières, membraneufes & perfiftantes.

CALICE. *Périanthe* (J) de cinq feuilles ovoïdes, évafées, concaves, égales, obtufes, entières & perfiftantes; extrémité garnie à fon dos d'une efpèce d'arête; bords membraneux; dos garni de trois crêtes & velu.

COROLLE. *Cinq pétales* évafés, difpofés en rofe; chaque pétale (U) eft ovoïde, renverfé; fon *limbe* eft plane, entier; l'*onglet* eft court & garni de chaque côté d'une petite touffe de poils; tous ces pétales font inférés fous le germe, égalent les feuilles du calice & tombent de bonne heure.

ETAMINES. *Dix filets* (S) inégaux, cinq courts & ftériles, & cinq grands garnis d'anthères; chaque filet eft fubulé & attaché fous le germe: tous ces filets font un peu collés enfemble par le bas, & fe deffechent fur la plante. *Cinq anthères* elliptiques, attachées aux filets par leur milieu: elles s'ouvrent par les côtés, pour laiffer tomber une pouffière fécondante jaune.

PISTIL. *Cinq germes* peu vifibles avant la défloraifon. *Un ftyle* (F) court, dans la fleur, mais qui s'allonge à mefure que le fruit mûrit. *Cinq ftigmates* purpurins (Y) & écartés.

NECTAR. *Cinq glandes* (G) placées fur le réceptacle, & au deffous des filets des étamines: chacune eft brune & arrondie.

PÉRICARPE. *Cinq coques* (Q) velues, ovoïdes, renverfées, uni-loculaires, furmontées de quelques poils & d'une longue queue contournée en fpirale de gauche à droite, & terminée par une partie droite en index. Cette queue eft très-fenfible à l'humidité du temps, & peut fervir à faire des hygromètres. La coque s'ouvre du côté interne (Q̇), pour laiffer tomber la graine qu'elle contient.

RÉCEPTACLE. *Efpèce de poinçon* (I) fubulé, placé au milieu du périanthe, & fervant de réceptacle aux coques.

SEMENCES, une à chaque coque: cette femence (L) eft oblongue, liffe.

RACINE, fibreufe, pivotante, fufiforme.

TRONC. *Tige* fimple, rarement branchue, cylindrique, velue dans fa jeuneffe, glabre dans fa vieilleffe, un peu fiftuleufe, noueufe & feuillée.

FEUILLES, compofées, pinnées, pétiolées, & terminées par une impaire; folioles feffiles, alternes, ovoïdes & pinnatifides; lacinieures incifées, & un peu velues.

SUPPORTS.
- *Armes,* aucune.
- *Stipules* colorées, deux à deux, oppofées, ovoïdes, feffiles, membraneufes.
- *Bractées,* aucune.
- *Pétioles* affez longs, déprimés & fans gouttière.
- *Péduncules;* le général très-long, partant ou de la racine, ou de l'aiffelle des feuilles: ce péduncule eft cylindrique, velu, droit, & foutient à fon fommet plufieurs autres péduncules floriferes.
- *Vrilles,* aucune.

R

PORT. D'une même racine fortent *plufieurs feuilles* couchées par terre. Plus, *plufieurs tiges* auffi couchées fur terre : & enfin fouvent *des péduncules* multiflores. Les tiges pouffent d'efpace en efpace, aux nœuds, deux feuilles oppofées, & trois ftipules inégaux; un eft plus grand que les deux autres. De l'aiffelle d'une des feuilles fort un très-long péduncule velu, terminé par une ombelle de trois à fept fleurs ; il fort de plus de cette même aiffelle un bouquet de feuilles, qui n'eft autre chofe que le rudiment d'une branche. Les fleurs font foutenues par des péduncules droits ; ces péduncules enfuite s'écartent en fe ployant à leur naiffance, puis reviennent en formant un fecond coude auprès des fleurs : c'eft dans cette dernière forme qu'on les obferve à la maturité des fruits. La grandeur totale de la plante varie prodigieufement : on la trouve couvrant trois pouces de terre, & d'autres pieds qui en occupent trois à quatre pieds.

VÉGÉTATION. Sort de terre, fleurit & fructifie, depuis mars jufqu'en octobre : ne dure en tout que fix à neuf mois.

LIEU. Cette plante fe trouve prefque par-tout, dans les champs, les bords des chemins, fur-tout aux endroits ombragés.

PROPRIÉTÉS.
{ *Odeur ;* la racine froiffée a une odeur forte nauféeufe : les tiges & feuilles font inodores.
{ *Saveur ;* la racine a un goût tirant fur le navet : la tige & les feuilles ont un goût herbacé, infipide.

ANALYSE, inconnue.

VERTUS. On la croit rafraîchiffante intérieurement, aftringente, & un peu deffication extérieurement.

USAGE, prefque aucun en Médecine.

DOSE, inconnue.

ETYMOLOGIE. *Geranium*, de γέρανος, *Grus*, à caufe de la reffemblance des fruits des efpèces de ce genre, avec la tête & le bec de Grue. *Cicutarium*, Cicutin, relativement à la reffemblance des folioles de cette efpèce avec les folioles de la Ciguë.

NOM GÉNÉRIQUE PHYTONOMATOTECHNIQUE.

JUPSYGFYJUQIL ou *JUPTYGFYJUQIL*.

SYNONYMIE.

GERANIUM (*cicutarium*) *pedunculis multifloris, floribus pentandris, foliis pinnatis, incifis, obtufis, caule ramofo. Mur. 513. n°. 26. Lin. Syftem. pl. 3. 317. n°. 32. id. fp. pl. 951. n°. 26. Dalib. par. 208. n°. 7. Scop. Corn. edid. 2. 853. Buch'. Reg. Veget. 9. 86. n°. 32. Mauvaife defcription.*

———— *pedunculis axillaribus multifloris, foliis oppofitis, pinnatis, incifis, obtufis, calycibus pentaphyillis, floribus pentandris. Gouan. Flor. Monfp. 272. n°. 1. id. Hort. 340. n°. 8.*

———— *cicutæ folio minus & fupinum. C. B. pin. 319. Tour. Inft. 269. id. Fore albo variet. id. Tour. Herbor. 1. pag. 150. Fabreg. 4. pag. 238. n°. 6. Vail. par. 80. n°. 8.*

———— *fupinum. Dod. pent. 63.*

———— *3. Cam. epit. 61.*

MYRRHIDA de Pline.

BEC DE GRUE Cicutin. *Dub. 252. n°. 5. Lam. 3. pag. 24. n°. 33.*

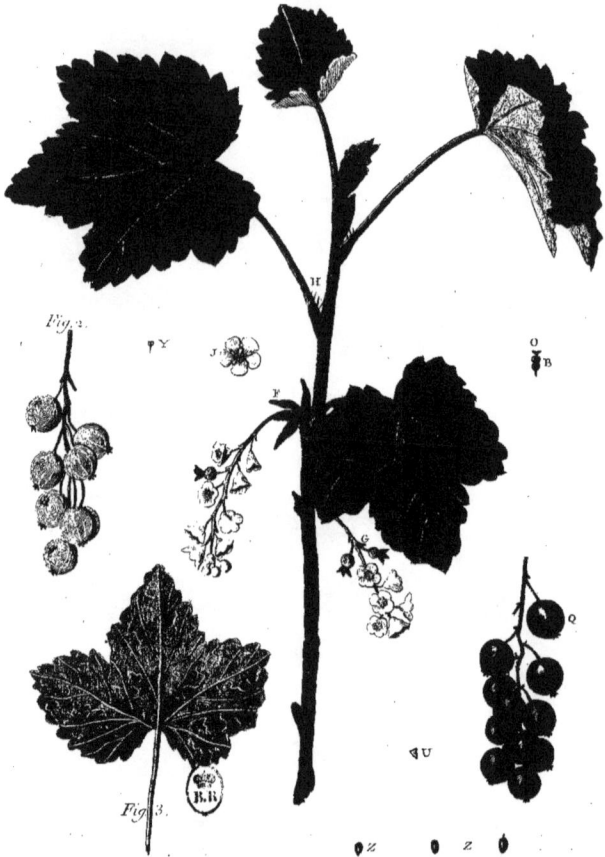

Fig. 2.

Fig. 3.

RIBES Rubrum 2.

RIBES

RUBRUM.

GROSEILLER *ROUGE.*

ORDRES SYSTÉMATIQUES

DE TOURNEFORT.	VON LINNÉ.	DE JUSSIEU.
Cl. XXI. Sect. 8. G. 8. *Groffularia.*	Claffe V. Ordre 1.	Cl. XIII. Ord. 3. les Grofeillers.

DESCRIPTION.

ENVELOPPE, aucune ; à moins qu'on ne donnât ce nom aux écailles (F) qu'on voit à la bafe de la grappe, mais que nous confidérons comme des bractées générales.

CALICE. *Périanthe* (J) monophylle, fupérieur, campaniforme, évafé, reffemblant à une corolle, découpé en cinq fentes égales ; lobes arrondis, uniformes, entiers, & qui fe deffèchent.

COROLLE. *Cinq pétales* (U) triangulaires, entiers, égaux, uniformes, placés & attachés dans le calice fur fes fentes, & qui fe deffèchent.

ETAMINES. *Cinq filets* égaux, cylindriques, moins longs que les divifions du calice, mais auffi élevés que les pétales, inférés fur le calice, & celui-ci fur le germe. *Cinq anthères* (Y) arrondies, & qui s'ouvrent par les côtés.

PISTIL. *Un germe* (B) inférieur, arrondi, un peu velu d'abord, enfuite glabre. *Un ftyle* court, cylindrique, droit. *Deux ftigmates* (O) écartés.

NECTAR, aucun ; à moins qu'on ne donnât ce nom aux pétales.

PÉRICARPE. *Baie* (Q) ronde, liffe, fucculente, monoloculaire, contenant plufieurs graines, & qui tombe fans s'ouvrir.

RÉCEPTACLE. *Réfeau* ou fil, dans le fuc du péricarpe, où vont s'attacher les graines.

SEMENCES. Plufieurs pepins arrondis.

RACINE, fibreufe, ligneufe, ramifiée.

TRONC. *Tige* cylindrique, ligneufe, pleine, branchue, ramifiée, couverte, ainfi que les branches, d'une écorce rouffe-brune : les derniers rameaux ont une peau verte.

FEUILLES, pétiolées, fimples, veinées, glabres, très-peu velues, bord de chaque feuille fendu en cinq ou fept lobes dentés de dents arrondies, & terminées chacune par une petite glande.

SUPPORTS. {

Armes, aucune.

Stipules, aucune à l'infertion des feuilles ; mais on trouve fur les pétioles (H) un affez grand nombre de filamens en forme de barbes qui bordent la gouttière du pétiole.

Bractées ; trois à quatre écailles à la bafe & infertion de la grappe ; ces bractées font élancées, feffiles. Plus au bas de chaque péduncule on apperçoit une très-petite écaille.

Pétioles auffi longs ou plus longs que les feuilles ; ces pétioles font élargis & barbus à leur infertion, avec la tige plus grêle, à mefure qu'ils approchent des feuilles, & marqués d'une gouttière fupérieurement & longitudinalement.

Péduncules, un général, cylindrique qui en porte plufieurs autres courts, auffi cylindriques, & difpofés alternativement le long du grand en forme de grappe.

Vrilles, aucune.

PORT. D'une même racine s'élèvent *plufieurs tiges* droites, verticales & rapprochées ; chacune de ces tiges pouffe des *branches alternes*, obliques, afcendantes. *Rameaux* & *ramifications* auffi alternes. *Feuilles* folitaires, obliques. *Fleurs* difpofées en grappes fimples : ces fleurs confidérées entre elles font alternes ; chaque grappe eft enveloppée, à fa naiffance, d'une touffe de feuilles particulières. Voyez *Bractées*. Les pétioles des feuilles à leur infertion, avec les rameaux, font garnis de poils. Voyez *Stipules*.

VÉGÉTATION. De l'extrémité des tiges & branches fe développe en mars une continuation de cette même tige ou branches qui porte les feuilles. Le nœud des branches de l'année précédente produifent en avril des bractées dont nous avons parlé, & les grappes des fleurs. Les fruits font murs en mai & juin ; les feuilles tombent aux premières gelées ; les tiges perfiftent.

LIEU. Cet arbriffeau croit naturellement aux Alpes, au nord : on le cultive dans nos jardins.

PROPRIÉTÉS. { *Odeur ;* les feuilles & fleurs ont une légère odeur défagréable.
Saveur ; les feuilles font falées, herbacées : les fruits mûrs font aigrelets & agréables.

ANALYSE. { *Pyrotechnique ;* cinq livres de Grofeilles mûres, diftillées au bain de vapeur, ont donné deux livres cinq onces d'une eau de végétation limpide, fans odeur ni faveur. Plus, une livre douze onces un gros & demi d'une autre eau de végétation chargée d'acide, & qui s'y rend d'autant plus fenfible, que la fin de la diftillation approche. Le *caput mortuum*, diftillé à feu nud, a produit fix onces demi-gros d'une liqueur très-acide, & une once d'une autre liqueur rouffe, auftère ; enfin une once quarante grains d'une huile fyrupeufe. Le charbon, traité par l'incinération, a donné des cendres bleuâtres, defquelles on a tiré, par lixiviation, deux gros quarante-quatre grains d'alkali fixe.
Hygrotechniqae, inconnue.

VERTUS. Le Grofeilles font eftimées rafraîchiffantes, anti-putrides, anti-alkalefcentes, propres à tempérer les effervefcences fanguines.

USAGE. On les prefcrit dans les chaleurs d'entrailles qui n'ont pas pour caufe les acides. Dans les foifs ardentes, tant fébriles, humorales qu'autres, elles s'oppofent à la putridité des humeurs ; elles diminuent les diarhées putrides & bilieufes : enfin on les ordonne dans les hémoptyfies & dans les vomiffemens de matières bilieufes. On en prépare un firop & une gelée, qui ont les mêmes vertus.

DOSE. Le fuc exprimé dans de l'eau fucrée jufqu'à une agréable acidité : le firop de même.

ETYMOLOGIE. *Ribès* eft un nom italien que les Botaniftes ont adopté. Ce nom vient du mot arabe *Ribas*, & fert en cette langue à exprimer toutes chofes acidules qu'on mange. *Rubrum*, Rouge, à caufe de la couleur des fruits.

NOM GÉNÉRIQUE PHYTONOMATOTECHNIQUE.

J U V J Y A B O A J I Q B E Z.

SYNONYMIE.

RIBES (*rubrum*) *inermis, racemis glabris pendulis, floribus planiufculis. L. fp. pl. 290. n°. 1. id. Mur. 201. n°. 1. id. Syftem. pl. 1. 564. n°. 1. Gouan. Hort. Monfp. 114. id. Flor. Monfp. 212. n°. 3. Sauv. Met. fol. 210. n°. 108. Dalib. par. 75. n°. 3. Buch'oz. Reg. Veg. cent. 11. Dec. 6. pl. 7.* Belle figure, mais imparfaite.
———— *inerme, foliis planiufculis, ftipulis minimis. Hal. Helv. n°. 218.*
———— *vulgare acidum. Bouch. hift. 2. pag. 97.*
———— *vulgare fructu rubro. Cluf. Pann. 119. Cam. epit. 88.*
RIBESIUM, *fructu rubro. Dod. Pent. 749.*
GROSSULARIA *rubra. Scop. Carn. ed. 2. n°. 269. Dalec. lat. 132. id. Gal. 1. 110.*
———— *multiplici acino fivenon fpinofa hortenfis rubra. Sive Ribes officinarum. C. B. pin. 455. n°. 5. Tourn. inft. 639. Fabreg. 4. 285. Vail. Parif. 95. n°. 3. Duham. arb. 1. tab. 1.*
GROSEILLER rouge. *Lam. 3. 472. Bulliard. Parif. tom. 2. 8e. cah. fig. 147.* Très-mauvaife figure. *Dalec. franc. 1. 110.*
———— *caftillier. Dub. par. 2. 109.*

N. B. Le Grofeiller à fruit blanc. (fig. 2.) n'eft qu'une variété du Grofeiller à fruit rouge.

JYPSYASIAJUQLEZ

CERASTIUM Tomentofum. *L.K.*

CERASTIUM

TOMENTOSUM.

CERAIST *TOMENTEUX.*

ORDRES SYSTÉMATIQUES.

DE TOURNEFORT.	VON LINNÉ.	DE JUSSIEU.
Cl. VI. Sect. 2. Genre 8. *Alfine.*	Claffe X. Ordre 5.	Claffe XII. Ord. 18. les Œillets.

DESCRIPTION.

ENVELOPPE, aucune.

CALICE. *Périanthe* (U) de cinq feuilles égales, uniformes, élancées, entières, concaves, bordées d'une membrane blanche, tranfparentes, & qui perfiftent.

COROLLE. *Cinq pétales* (J) égaux, uniformes, deux fois plus longs que le calice; chaque pétale (Y) eft fendu par fon limbe en cœur, & forme deux lobes égaux, arrondis; l'onglet s'infère dans le calice, fous le germe : tous les pétales fe deffèchent.

ETAMINES. *Dix filets* égaux de la longueur du calice, attachés alternativement fur les pétales; & fous le germe, chaque filet eft droit, cylindrique & perfiftant. *Dix anthères* oblongues, fixées par leur milieu au haut des filets, perpendiculaires à eux avant la floraifon, & en béquille après la chûte de la pouffière fécondante : chaque anthère (Y) s'ouvre longitudinalement par fes côtés.

PISTIL. *Un germe* (S) arrondi, liffe, glabre, placé dans le calice. *Cinq ftyles* fimples de la longueur du germe; chacun eft cylindrique, filiforme & droit. *Cinq ftigmates* en tête

NECTAR, aucun.

PÉRICARPE. *Capfule* liffe, monoloculaire, cylindrique, s'ouvrant fupérieurement par dix dents, & qui à peine excède le calice. La fig. L repréfente la capfule d'un autre *ceraftium* ouverte, pour laiffer tomber les femences, & qu'on a repréfentée ici pour donner l'idée du genre.

RÉCEPTACLE, cylindrique, alvéolé, occupant le centre de la capfule.

SEMENCES. Plufieurs arrondies, liffes, & un tant foit peu réniformes.

RACINE, fibreufe, traçante; fibres garnies de fibrilles.

TRONC. *Tige* grêle, cylindrique, branchue, tomenteufe, partie traçante, partie droite & garnie de nœuds à l'infertion des feuilles.

FEUILLES, très-fimples, entières, feffiles, linéaires, tomenteufes & garnies d'une feule nervure.

SUPPORTS.
{
Armes, } *Stipules,* } aucune.

Bractées, deux à deux au bas de la divifion des péduncules; chacune de ces bractées eft ovoïde, concave, bordée d'une membrane blanche, tranfparente, quelquefois dentée.

Pétioles, aucun.

Péduncules, plufieurs plus ou moins longs, cylindriques, droits.

Vrilles, aucune.

S

Port. D'une même racine fortent plufieurs tiges moitié couchées & moitié droites. La partie de la plante qui eft couchée, n'a prefque pas de feuilles ; la partie droite eft très-feuillée : cette tige pouffe *des branches* axillaires ftériles ; la branche inférieure eft feule fans oppofition ; celles au deffus font oppofées, formant angle aigu avec la tige : jamais, ou prefque jamais, cette plante n'a de rameaux. *Les feuilles* font oppofées, feffiles, connées. *Les bractées* font oppofées, connées & appliquées contre les péduncules. Le haut de la tige fe divife en deux péduncules communs ; d'entre ces péduncules fort quelquefois une fleur ; les péduncules communs fuivent la même divifion que la tige, c'eft-à-dire, produifent deux autres péduncules communs, & toujours une fleur inter-médiaire. *Les fleurs* font grandes, blanches, terminales & difpofées en corymbe : toute la plante eft couverte d'une bourre qui la fait reffembler à une étoffe.

Végétation. Sort de terre en mars, fleurit en mai, le fruit eft mûr en juin & juillet ; la plante difparoit quelquefois dans les hivers rudes : les racines font vivaces.

Lieu. Les Provinces méridionales de la France, les terrains fablonneux incultes.

Propriétés. { *Odeur*, toute la plante eft inodore.
{ *Saveur*, toutes les parties en font infipides.

Analyse,
Vertus, } incónnues.
Usage,
Dose,

Etymologie. *Cerastium*, de Κερα'τιον, *Corniculum*, Cornicule ou petite Corne, diminutif de Κέρας, une Corne; comme qui diroit plante qui porte des petites cornes. On a donné ce nom aux efpèces de ce genre, parce que la plupart ont des capfules allongées & ployées en forme de petite corne de bœuf, *tomentofum* tomenteux, de *tomentum*, bourru, drappé; parce que toute la plante eft cotonneufe comme une étoffe.

NOM GÉNÉRIQUE PHYTONOMATOTECHNIQUE.

JYPSYASIAJUQLEZ.

SYNONYMIE.

Cerastium (*tomentofum*) *foliis oblongis, tomentofis, pedunculis ramofis, capfulis globofis.* L. *fp. pl.* 629. *Syftem. Veget.* 2. 400. *Mur. Reg. Veget.* 363. *Gouan. Hort. Monfp.* 224. *Flor. Monfp.* 246. *Buchos. Reig. Veget. tom.* 5. *pag.* 138. Mauvaife Defcription. ——————— *foliis lanceolato-linearibus, fubhirfutis, corollâ calicem fuperante.* Sauv. *Met. fol.* 142.

Myosotis *tomentofa linariæ, folio anguftiore.* T. *inft.* 245. *elem.* 211. *id. linariæ folio ampliore* Variété de la précédente.

Caryophyllus *holofteus, tomentofus, anguftifolius & latifolius.* C. B. *pin.* 210. *prod.* 104. *Bot. Monf.* 54. J. B. 3. 360.

Cereste tomenteux.

Cereste cotonneux. Lam. 3. 56.

ZETJYABOJAIH:

DORONICUM Plantagineum. L.

DORONICUM

PLANTAGINEUM.

DORONIC *PLANTAGINÉ.*

ORDRES SYSTÉMATIQUES

DE TOURNEFORT.	VON LINNÉ.	DE JUSSIEU.
Claffe XIV. Sect. 1. Genre 5.	Claffe XIX. Ordre 2.	Cl. IX. Ord. 3. les Corymbifères.

DESCRIPTION.

ENVELOPPE. *Exquamation* (J) périanthiforme, compofée de vingt à trente feuilles égales, fubulées, droites, entières, perfiftantes, de la longueur des demi-fleurons, & difpofées fur deux rangs.

COROLLE, confidérée dans l'enfemble (Z), *compofée, radiée. Difque* formé par plus de cent fleurons jaunes, égaux, fertiles. *Couronne* formée par *vingt à trente demi-fleurons* égaux, dentés, évafés & jaunes.

confidérée en particulier. *Fleuron* (OT) infundibuliforme; tube cylindrique, de la longueur du lymbe, & inféré fur un germe couronné d'une aigrette de poils. Lymbe campaniforme, terminé par cinq dents égales difpofées en étoile. *Demi-fleuron* (E) en forme de languette linéaire, obtufe, terminée par trois dents dans fa partie fupérieure, & par un tube inférieurement; ce tube s'infère fur un germe glabre non-aigretté.

ÉTAMINES, (dans les fleurons) *cinq filets* courts inférés au haut du tube de la corolle. *Cinq anthères* réunies en un cylindre qui excède le lymbe, & au travers duquel paffe le piftil (O) : ces anthères s'ouvrent par leur face interne dans leur longueur. *Pouffière fécondante* jaune.

dans les demi-fleurons. Trois à cinq filets très-fins fixés au haut du tube du demi-fleuron. Aucune anthère *.

PISTIL. *Germe* oblong, chagriné, placé fous la corolle & fur le calice. *Un ftyle* filiforme, plus long que le tube de la corolle. *Deux ftigmates* (O) écartés & reployés extérieurement.

NECTAR,
PÉRICARPE, } aucun.

RÉCEPTACLE. *Convexité* (1) liffe, unie, ou tout au plus légèrement alvéolée, donnant attache à toutes les graines.

SEMENCES. Plufieurs oviformes, ftriées; celles du centre (H) font velues & couronnées d'une aigrette de poils fiffiles; celles de la circonférence, fur lefquelles font pofés les demi-fleurons (E), font ftriées, glabres & fans couronne.

RACINE, fibreufe, horizontale, charnue, traçante, garnie de fibres latérales très-longues.

TRONC. *Tige* verticale, feuillée, fiftuleufe, fimple, droite, à cinq angles, un peu velue.

---

* Les Doronics, felon Linné, ne doivent point avoir de filets aux demi-fleurons. Ce caractère n'appartient qu'au genre de *farnica* (L). Nous ofons affurer que ces filets fe trouvent très-fréquemment dans l'un & l'autre genre ; & nous croyons qu'on feroit très-bien de les diftinguer par d'autres caractères, ou de les réunir comme l'avoit fait M. de Tournefort.

Feuilles. Les radicales velues, pétiolées, ovoïdes, veinées, & un peu dentées à leurs bords; les premières caulinaires, étranglées au milieu, seffiles; les supérieures sont cordiformes, seffiles, dentées & veinées; celles qui sont placées sous les pédunculees sont subulées: toutes sont très-peu velues.

Supports.
{
 Armes, *Stipules*, } aucune.
 Bractées; souvent quelques feuilles subulées attachées aux pédunculees.
 Pétioles, seulement aux feuilles radicales, plus longs que les feuilles, applatis en dessus, un peu cylindriques en dessous.
 Pédunculees cylindriques, uniflores, terminals, striés.
 Vrilles, aucune.
}

Port. D'une racine s'élève perpendiculairement une tige entourée à sa baie de plusieurs feuilles couchées par terre; cette tige est garnie de feuilles alternes, & porte deux ou trois pédunculees, savoir, un terminal, & les autres latéraux axillaires.

Végétation. Sort de terre en février; fleurit en avril, mai; les graines sont mûres en mai & juin; la tige périt, & les feuilles radicales disparoissent en août; il repousse quelques feuilles en septembre: la racine vit plusieurs années.

Lieu. Les terrains incultes, les bois, les montagnes, dans la forêt de S. Germain-en-Laye.

Propriétés.
{
 Odeur; toute la plante est presque inodore, excepté la racine qui a une légère odeur de réglisse.
 Saveur; la racine a une saveur peu aromatique, mais sucrée comme la réglisse, & laisse à la gorge une saveur âcre; la tige & les feuilles ont un goût herbacé.
}

Analyse, inconnue.

Vertus. Aucune certitude sur les vertus de cette plante. Un Auteur (*Fabregou*, *Environs de Paris*, *tome 4*, *page 68*) dit l'avoir employée dans différens cas, sans lui avoir reconnu d'autre propriété que de faciliter la transpiration.

Usage, } inconnus.
Dose, }

Etymologie. *Doronicum* vient d'un mot arabe *Doronigi*, dont on ne connoît pas la véritable signification. *Plantagineum*, Plantaginé, à cause de la ressemblance des feuilles radicales avec celles du grand Plantain.

N. B. La figure entière représente la plante réduite de moitié; tous les détails sont faits de grandeur naturelle.

NOM GÉNÉRIQUE PHYTONOMATOTECHNIQUE.

Z E T J Y A B O J Á I H.

S Y N O N Y M I E.

Doronicum (*plantagineum*) *foliis ovatis, acutis, subdentatis, ramis alternis.* L. *sp.* 1247. *System. pl.* 3. 836. *Mur. Reg. Veget.* 639. *Dalib. par.* 256. *Gouan. Hort. Monsp.* 446. *flor.* 366.
————— *plantaginis folio.* T. *inst.* 487. B. P. 184. *Vail. Paris.* 47. T. *Herbor.* 2. 334. *Fabreg.* 4. 67
————— *foliis ovatis, acutis obsoletè dentatis. Sauv. met. fol.* 107.
————— *folio ferè plantaginis oblongo.* J. B. 3. 18.
————— *longifolium. Taber. icon. pl.* 337. Bonne figure.
Doronic plantaginé. *Lam.* 2. 127.
Doronic. *Dub.* 1. 16.

AYZ

AGARICUS Umbo freni.

AGARICUS

UMBO FRENI.

AGARIC *BOSSETE A BRIDE.*

ORDRES SYSTÉMATIQUES

DE TOURNEFORT.	VON LINNÉ.	DE JUSSIEU.
Cl. XVII. Section 1. Genre 2.	Classe XXIV. Ordre 4. *Fungi.*	Cl. I. Ordre 1. les Champignons.

DESCRIPTION.

ENVELOPPE,
CALICE,
COROLLE,
ETAMINES, } aucune apparence.
PISTIL,
NECTAR,
PÉRICARPE,

RÉCEPTACLE. *Lames* (Y) blanches, écartées, en petit nombre en comparaison des autres Agarics, mais espacées à des distances égales sous le chapeau ; la quantité varie depuis huit jusqu'à dix-huit. Ces lames ne sont point attachées au pédicule, mais bien à un bourrelet ou cercle qui cerne le haut du pédicule, sans y adhérer. Cet anneau ou bourrelet, ainsi nommé par *M. Paulet*, * est fixé par enhaut au chapeau ; son grand diamètre ou l'extérieur donne attache aux feuillets ; l'intérieur ne touche à rien, c'est à travers cet intérieur que passe le pédicule pour s'aller implanter à la propre substance du chapeau. Les lames dont nous venons de parler sont toutes égales ; l'espace qu'elles laissent entre elles, n'est point occupé par aucune portion de feuillet, ou du moins c'est très-rare.

---

* Nous saisissons avec plaisir l'occasion de marquer notre reconnoissance à M. Paulet, que nous avons consulté au sujet de la synonymie de cette plante ; il a bien voulu éclaircir nos doutes, d'après la prière que nous lui en avons faite par une lettre datée du 30 mai, & par conséquent avant que la critique sur la première plante de ce premier volume ne parût dans la Gazette de Santé, n°. 51. C'est même d'après sa réponse du 1er juin que nous donnons la phrase de Michelius.

Le Rédacteur de la Gazette de Santé commence sa critique par relever la faute que nous avons commise à la note placée au bas de la première page de ce volume. Nous y disons : *Je n'ai pu appercevoir le* COLLET *auquel vont s'attacher les feuillets* ; au lieu de dire : *Je n'ai pu appercevoir le* BOURRELET *auquel vont s'attacher les feuillets.* Comme ces deux termes sont également de l'invention de M. Paulet, nous avons à leur égard fait une méprise, faute d'avoir apprécié leur véritable signification. C'est-là notre faute pour laquelle le Rédacteur s'écrie : *Qu'il y a de choses à dire sur ce peu de mots !*

Une seconde remarque du Rédacteur roule sur le mot *Bourse partielle*, nom que nous avons donné à ce que M. Paulet nomme *Collet*, que Vaillant, *Bot. par.* pag. 74, nomme *Anneau*, & que Linnæus, *Philosoph. Bot.* pag. 300, planch. 7, fig. 139, lettr. b, nomme *Volva.* Ce dernier nom, comme le fait M. Paulet, a été traduit par le mot *Bourse*, & réservé par la plupart des Botanistes pour exprimer l'enveloppe membraneuse qui couvre en totalité un Champignon. Je ne pouvois donc mieux faire que de nommer l'une *Bourse générale*, puisqu'elle enveloppe le tout ; & l'autre, *Bourse partielle*, puisqu'elle ne couvre que quelques parties, c'est-à-dire, une partie du pédicule, & tous les feuillets. Nous savons fort bien que M. Paulet nomme *Coëffe* ce que nous nommons *Bourse générale*, & que c'est d'après ce caractère qu'il a établi la famille des *Champignons coëffés* : mais à ce sujet, ne lui en déplaise, nous ne suivrons pas son exemple, parce que le mot coëffe est déja consacré pour exprimer le calice des Mousses, qui, à juste titre, mérite ce nom.

Une troisième remarque du Rédacteur est de trouver notre traduction *Muscarius*, moucheté, impropre. A ce sujet, nous ne sommes pas les premiers qui ayons commis la faute, si c'en est une, puisque Lamarck l'a traduit de même ; mais nous avouerons pourtant que, d'après la phrase de Gaspard Bauhin, nous l'aurions traduit *Agaric tuant les mouches* ; mais, ayant trouvé des vers à la bulbe, comme nous en avons averti au mot Réceptacle, page 1, il nous parut difficile de comprendre comment une substance pouvoit servir de nourriture aux enfans, pendant qu'elle causoit la mort aux mères.

La dernière remarque du Rédacteur consiste à trouver mauvais que nous ayons traduit le mot *Agaricus* par son vrai mot françois *Agaric*. En vérité, M. le Rédacteur est bien difficile ; car, non-seulement il relève nos plus petites fautes, mais bien plus, il trouve mauvais que nous fassions bien.

T

Semences. Il est à croire que cette espèce est, comme les autres, munie, à la tranche de ses feuillets, d'une poussière que nous avons considérée comme les semences, en faisant pourtant appercevoir nos soupçons sur ce qu'elle pourroit bien être la poussière fécondante ; alors chaque feuillet seroit une *anthère*.

Racine, aucune bien visible.

Tronc. *Colonne* cylindrique, droite, fistuleuse, plus longue que le diamètre du chapeau. Cette colonne est nue, ferme, d'une couleur de cheveux châtains depuis son milieu jusqu'au bas, & plus blanche en remontant ; au haut de cette colonne, se trouve un chapeau très-mince, d'abord conique, ensuite horizontal, orbiculaire, blanc, strié, mamelonné, ressemblant à une petite bossette de bride ; point de chair.

Feuilles, }
Supports, } aucuns.

Port. D'une substance ligneuse ou végétale pourrie se développent des petits flocons de moisissure, desquels sortent ces Champignons, d'abord en forme de très-petits cônes : ces cônes s'élèvent verticalement sur un pédicule, ensuite le chapeau se développe.

Végétation. Sort des végétaux putréfiés en automne, ensuite il se dessèche & se conserve long-temps, selon mon observation, mais se passe vîte, selon Michelius.

Lieu. Les forêts, sur des petits morceaux de bois pourris.

Propriétés. { *Odeur*, } de Champignon.
{ *Saveur*, }

Analyse,)
Vertus,) inconnues.
Usage,)
Dose,)

Etymologie. *Agaricus* vient d'*Agarus*. Voyez la page 2 de ce volume. *Umbo freni*, Bossette de bride, à cause de sa ressemblance avec la bossette du mors d'une bride.

NOM GÉNÉRIQUE PHYTONOMATOTECHNIQUE.

Ä Y S.

SYNONYMIE.

Agaricus (*umbo freni*) *pediculo nigro, fistuloso, nudo ; lamellis rarioribus in annulum centralem affixis ; lamellulis rarissimis ; pileo striato, membranaceo albo, centro pilei umbilico prominente.*

Fungus *fimetarius, parvus, cespitosus, fugax, pileolo fornicato, utráque parte cinereo desuper striato ac in medio pulchre umbilicato, subtus lamellis raris, ad tubum quemdam coeuntibus, eidemque junctis, cui inseritur pediculus albus & fistulosus. Mic. Nov. Gen. 195. tab. 79. fig. 7.*

Agaric bossette à bride.

La Bossette de bride.

ABAYDEZ

CLAVARIA Digitata. *L*.

CLAVARIA

DIGITATA.

CLAVAIRE *DIGITÉE.*

ORDRE SYSTÉMATIQUE.

DE TOURNEFORT.	VON LINNÉ.	DE JUSSIEU.
Cl. XVII. Sect. 1. G. 5. *Agaricus.*	Claſſe XXIV. Ordre 4. *Fungi.*	Cl. I. Ord. 1. les Champignons.

DESCRIPTION.

ENNELOPPE,
CALICE,   } aucune apparence.
COROLLE,

ÉTAMINES. Aucun *filet*, aucune *anthère*. Pouſſière fécondante (B) diſpoſée par petites taches arrondies, poudreuſe, ſur toute la plante.

PISTIL. Germe (Y) arrondi à quatre loges, placé ſous l'écorce de la plante, garni d'un ſtyle court qui traverſe l'écorce pour ſe rendre à un des paquets poudreux. *Stigmate* inviſible ; mais ſa bouche doit ſe trouver dans une des taches blanches que nous venons de décrire.

NECTAR, aucun.

PÉRICARPE. En coupant en travers une des digitations de cette plante, comme nous l'avons coupée à la fig. Y, on apperçoit ſous ſon écorce des petites taches noires qui forment un cercle ſous cette même écorce ; chaque tache, conſidérée à la loupe, lorſque la plante eſt vieille, paroît un conduit monoloculaire, cylindrique, inégal, & comme poudreux.

SEMENCES, pluſieurs à chaque fruit : ces ſemences ſont très-fines & noires. Comme elles paroiſſent arrondies ou d'une figure très-difficile à déterminer à cauſe de leur petiteſſe, nous leur avons attribué la lettre Z, deſtinée à exprimer ces ſortes de ſemences.

RÉCEPTACLE. L'intérieur de chaque fruit en fait les fonctions.

RACINE, aucune bien déterminée. Cette plante prend naiſſance ſur un corps ligneux.

TRONC. *Tige* (2) cylindrique, inégale, raboteuſe, pleine, dure & ligneuſe, noire & comme chagrinée ou ridée en dehors, blanche en dedans ; cette tige eſt ſouvent ſimple, mais plus ſouvent branchue, quelquefois ramifiée : les branches & rameaux ſont de même forme que la tige.

FEUILLES, aucune.

SUPPORTS.
{ *Armes,*
  Stipules, } aucune.
  Bractées,
  Pétioles,
  Péduncules, } aucun.
  Vrilles, aucune.

PORT. D'un corps ligneux à demi pourri & posé sur terre, se développe cette fongosité ; sa première forme est comme un doigt qui sortiroit verticalement de ce corps ; cette production grossit, s'alonge, & parvient enfin, mais par un développement assez lent, à donner quelques branches aussi verticales, & de la même forme que la tige : l'ensemble par sa forme, ressemble, dans un état parfait, à une patte d'oiseau.

VÉGÉTATION. Sort, en automne ou en toute autre saison, des planches ou pieux à demi enterrés après des pluies.

LIEU. Aux palissades, aux barrières, sur-tout aux endroits garantis du soleil, & garnis d'herbes.

PROPRIÉTÉS. { *Odeur* absolument semblable à la moisissure.
              Saveur presque nulle.

ANALYSE,
VERTUS,   } inconnues.
USAGE,
DOSE,

ETYMOLOGIE. *Clavaria*, de *Clava*, massue, parce qu'une partie des espèces du genre de la Clavaire sont faites en forme de massue. *Digitata*, digitée ; à cause que ces branches ressemblent à des doigts.

NOM GÉNÉRIQUE PHYTONOMATOTECHNIQUE.

Å B Å Y D E Z.

S Y N O N Y M I E.

CLAVARIA (*digitata*) *ramosa lignea nigra. Guet , Stamp. 1. p. 10. Dalib. par. 387. Lin. System. pl. 4. 621. id. sp. pl. 1652. id. Mur. 823.*

LICHEN, *Agaricus terrestris. Mic. Gen. 104. tab. 54. fig. 4.*

AGARICUS *digitatus niger. T. Inst. 563.*

CORALLO *fungus digitatus niger. Vail. Bot. par. 41. Fabreg. 3. pag. 239.*

MANINE en palmette noire. *Dub. 2. 504.*

CLAVAIRE digitée. *Lam. 1. genre 1288. pag. 126. Leslib. Bot. Belg. 308.*

SPHAGNUM Palustre. *L.*

SPHAGNUM

PALUSTRE.

SPHAIGNE *DES MARAIS.*

ORDRE SYSTÉMATIQUE.

DE TOURNEFORT.	VON LINNÉ.	DE JUSSIEU.
Claſſe XVII. Sect. 1. Genre 1.	Claſſe XXIV. Ordre 2. *Muſci.*	Claſſe. I. Ordre 3. les Mouſſes.

DESCRIPTION.

ENVELOPPE,
CALICE, } aucuns.
COROLLE,

ETAMINES. *Un filet* B de quatre à ſix lignes de long, placé à l'extrémité ſupérieure de la tige, droit, glabre, cylindrique, pluſieurs fois plus long que l'anthère, de couleur rouſſàtre, & perſiſtant. *Une anthère* arrondie, un peu oviforme, liſſe, glabre, rouſſe, brune, formée de deux parties, une ſupérieure qu'on nomme l'opercule, & une inférieure qu'on nomme l'urne ; ces deux pièces ſont unies enſemble, comme une boîte à ſavonnette. *Opercule* (2) pyramidal, arrondi, liſſe, & qui tombe de bonne heure. *Urne* (E) ſemi-ſphérique, un peu alongée, liſſe, brune, & ſoutenue par une apophyſe (4) en forme de petit bourrelet.

PISTIL, aucun.

NECTAR. *Exquamation* (V) périanthiforme, compoſée de deux rangs d'écailles, ſavoir ; une écaille circulaire, périanthiforme dentée, forme le rang interne ; & pluſieurs écailles imbriquées, placées au deſſous de la première, forment le ſecond rang ou le rang externe.

PÉRICARPE,
RÉCEPTACLE, } aucun.

SEMENCES, aucune bien déterminée. Les Auteurs modernes diſent avoir trouvé ſur le même individu des fleurs femelles en cône & axillaires ; mais je crois qu'ils ont pris pour fleurs femelles l'avortement ou le non-développement des nectars des fleurs mâles qui ont cette forme avant leur épanouiſſement, ou à la chute des anthères.

RACINE. Quelques fibres chevelues, fixées dans une terre humide.

TRONC. *Tige* cylindrique, verticale, liſſe, très-branchue. *Branches* rapprochées, réfléchies, très-feuillées, & terminées en pointe.

FEUILLES, très-ſimples, perſiſtantes, très-entières, ſeſſiles, membraneuſes, concaves, ovoïdes, & ovoïdes-élancées.

SUPPORTS.
{
Armes,
Stipules, } aucune.
Bractées,
Pétioles,
Péduncules, } aucun.
Vrilles, aucune.
}

V

PORT. D'une même racine fortent *plufieurs tiges* verticales, branchues, jamais ou prefque jamais ramifiées. *Branches* deux à deux par le bas; trois à trois, & même plus, par le haut: ces branches fortent de la tige par touffes, & fe reploient en bas le long de cette même tige. *Feuilles* alternes très-rapprochées, imbriquées. *Etamines* terminales.

VÉGÉTATION. On la trouve dans toutes les faifons par gazons très-touffus, blanchâtres, par terre, parmi les plantes marécageufes.

LIEU. Dans les endroits marécageux; à Meudon, à l'étang du *Ros-Solis*; à Montpellier, à *Lefperou*.

PROPRIÉTÉS. { *Odeur,* *Saveur,* } nullement fenfibles.

ANALYSE,
VERTUS,   } inconnues.
USAGE,
DOSE,

ETYMOLOGIE. *Sphagnum*, de Σφαγνος, nom que les Anciens donnoient à une Mouffe odorante connue aujourd'hui fous le nom de *Lichen ufnea* L. Voyez PLINE, liv. XII. chap. XXIII. J'ignore la raifon qui a déterminé nos Auteurs modernes à donner ce nom à la plante que nous venons de décrire. *Paluftre*, de marais, parce qu'on ne la trouve que dans des marécages.

NOM GÉNÉRIQUE PHYTONOMATOTECHNIQUE.

Å F B E V Å.

SYNONYMIE.

SPHAGNUM (*paluftre*) *ramis deflexis. fp. pl. 1569. n°. 1. id. Mur. 794. n°. 1. id. Syftem. plant. 4. 448. Fl. Lapp. 415. Fl. Suec. 864. 958. Flor. Dan. pl. 474.* Médiocre Figure. *Bul. Parif. pl. 382.* Médiocre Figure. *Dalib. par. 338. n°. 6. Gouan. Flor. Monfp. 444. id. Hort. 530.*

———— *cauliferum ramofum paluftre candicans, ramulis reflexis, foliis anguftioribus. Sauv. Met. fol. 23.*

———— *cauliferum ramis teretibus pendulis. Hal. Helv. n°. 1724. Scop. Carn. 1. pag. 161.*

———— *paluftre molle deflexum, fquamis cymbiformibus. Dil. Mufc. 240. pl. 32. fig. 1.*

HYPNUM (*cubule*) *ramis lateralibus deflexis primordialibus fubrotundis, terminalibus congeftis. Nech. Met. 188. n°. 45.*

MUSCUS *paluftris in ericetis nafcens. Vail. Bot. par. 139. tab. 23. fig. 3. n°. 24. Fabreg. 5. 216.*

———— *fquamofus paluftris candicans molliffimus. T. Inft. 554. id. Herbor. 2. 460.*

SPHAGNE des marais. *Dub. 429. Lam. 1. 34. Genr. 1260. n°. 1. Leftib. Botan. Belg. 279.*

ÅDBEVÅBÅ

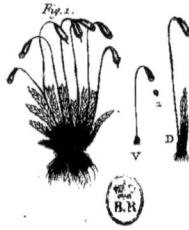

Fig. 1.

BRYUM Argenteum. L.

BRYUM

ARGENTEUM.

BRY *ARGENTÉ.*

ORDRES SYSTÉMATIQUES.

DE TOURNEFORT.	VON LINNÉ.	DE JUSSIEU.
Claffe XVII. Sect. 1. Genre 1.	Claffe XXIV. Ordre 2. *Mufci.*	Claffe I. Ordre 3. les Mouffes.

DESCRIPTION.

ENVELOPPE , aucune.

CALICE. *Coëffe* membraneufe, tranfparente, rouffâtre, femi-fphérique, liffe, glabre, terminée par fa convexité par un petit prolongement cylindrique, filiforme ; ouverture coupée obliquement, fa longueur égale le quart de l'anthère : cette coëffe tombe de bonne heure. *Voyez* l'extrémité de l'anthère du filet (D), couverte de la coëffe.

COROLLE , aucune.

ETAMINES. *Un filet* (D) perfiftant, cylindrique, filiforme, glabre, liffe, de quatre à fix lignes de long, placé à l'aiffelle d'une des feuilles inférieures ; ce filet n'eft jamais droit, mais forme à fa partie fupérieure une courbure qui rend l'anthère pendante. *Une anthère* oviforme, liffe, d'abord verte, enfuite elle devient d'un blanc fale. *Un opercule* très-petit, rougeâtre, terminant l'anthère.

PISTIL , aucun.

NECTAR. *Tubercule* pyramidal, rougeâtre, couvert de petites écailles foyeufes très-fines : ce tubercule ainfi garni, (fig. V.) peut-être confidéré comme un *périchæce.*

PÉRICARPE, RÉCEPTACLE , } aucun.

SEMENCES, aucune bien vifible. Si pourtant l'on confidère avec beaucoup d'attention, & au moyen d'une excellente loupe, les gazons formés par cette plante, on y trouve des extrémités des tiges épanouies en étoile ; dans ces étoiles on apperçoit des petits grains poudreux, c'eft fans doute ces parties qu'on a prifes pour des femences.

RACINE, fibreufe, chevelue, fixée à terre ou fur les pierres.

TRONC. *Petites tiges* très-feuillées, très-grêles, très-fimples, fans rameaux ni branches.

FEUILLES , très-fimples, perfiftantes, ovoïdes, très-entières ; extrémité fupérieure terminée par un poil, milieu fans nervure, furfaces applaties.

SUPPORTS. { Armes, Stipules, Bractée, } aucune. { Péduncules, Pétioles, } aucun. { Vrilles, aucune.

PORT. D'une racine commune (fig. 1.) fortent plufieurs *tiges* très-fimples, verticales, jamais elles ne portent des branches. *Feuilles* alternes, très-rapprochées, difpofées par imbrication autour de la petite tige, à laquelle elles donnent une forme cylindrique ; ces feuilles ou écailles font blanches & comme argentées par toute la portion qui eft à découvert, & donnent, à caufe de cette blancheur, aux gazons qu'elles forment, un afpeĉt argenté : chaque feuille eft terminée par un très-petit poil. *Etamines* très-folitaires, axillaires, prefque radicales ; les filets font verticaux, & forment une courbure par le haut pour porter l'anthère.

VÉGÉTATION. On la trouve, dans toutes les faifons, par gazons très-touffus, un peu convexes. Les étamines fe développent pendant l'hiver.

LIEU. Sur les toîts des vieilles mafures, fur les bords des foffés, & autres lieux un peu en pente.

PROPRIÉTÉS. $\left\{\begin{array}{l}\textit{Odeur,}\\\textit{Saveur,}\end{array}\right\}$ nullement fenfible.

ANALYSE,
VERTUS,
USAGE,
DOSE, $\left.\begin{array}{c}\\\\\\\\\end{array}\right\}$ inconnues.

ETYMOLOGIE. *Bryum*, de βρυω, *Germino*, je pouffe abondamment ; & *Argenteum*, Argenté, à caufe de la couleur argentée de fes écailles.

N. B. Tontes les patties de cette plante font repréfentées près de trois fois plus grandes que nature.

NOM GÉNÉRIQUE PHYTONOMATOTECHNIQUE.

Å D B E V Å B Å.

SYNONYMIE.

BRYUM (*argenteum*) *antheris pendulis, furculis cylindricis imbricatis lævibus.* Fl. fuec. 909. 108. Dalib. par. 321. n°. 16. L. fp. pl. 1586. n°. 27. id. Syftem. pl. 4. 479. n°. 29. id. Mur. 798. n°. 27.

———— *cauliculis teretibus capfulis ovatis, acuminatis pendulis.* Hal. Helv. n°. 1821.

———— *capfulis pendulis, pedunculis fubradicalibus, furculis teretibus ramofis.* Scop. Corn. 1. p. 452.

———— *pendulum julaceum argenteum & fericeum.* Dill. Mufc. 392. tab. 50. fig. 62. 63.

MUSCUS *fquamofus argenteus, ericæ folio.* Vail. Bot. par. 134. n°. 2. plan. 26. fig. 3. Fabreg. 5. pag. 230. n°. 47.

———— *fquamofus, ericæ folio minimus, capitulis nutantibus.* T. Inft. 555. id. Herbor. vol. 2. page 457.

BRY argentin. Dub. 2. 447. n°. 17.

——— argenté. Lam. 1. pag. 50. Genre 1265. n°. 17. Leftib. Botanograf. 266.

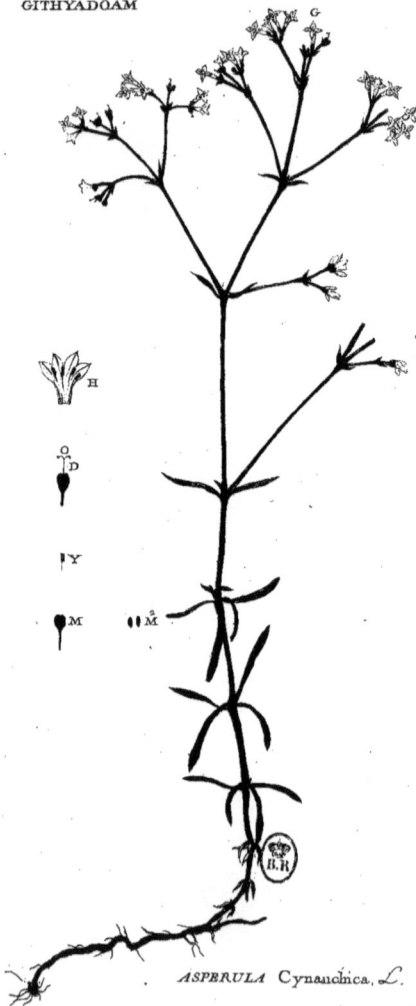

GITHYADOÁM

ASPERULA Cynanchica, L.

ASPERULA
CYNANCHICA.
ASPÉRULE *A LA SQUINANCIE.*

ORDRES SYSTÉMATIQUES.

DE TOURNEFORT.	VON LINNÉ.	DE JUSSIEU.
Cl. II. Sect. 3. Genre 2. *Rubeola.*	Claffe IV. Ordre 1.	Claffe X. Ordre 2. Rubiacées.

DESCRIPTION.

ENVELOPPE, aucune; à moins qu'on ne donnât ce nom aux petites feuilles qui font au bas des péduncules, & que nous rangeons dans les bractées.

CALICE, aucun.

COROLLE. *Un pétale* (G) infundibuliforme, blanc, caduc, glabre, fendu en quatre lobes égaux, aigus, évafés; tube cylindrique, de la longueur, ou à-peu-près, des découpures du limbe, & inféré fur le germe (D).

ETAMINES. *Quatre filets* (H) égaux, droits, cylindriques, filiformes, attachés au haut du tube de la corolle. *Quatre anthères* (Y) oblongues, terminant les filets; ces anthères s'ouvrent latéralement & longitudinalement, pour laiffer tomber une *pouffière fécondante* blanche.

PISTIL. *Deux germes* inférieurs, oblongs, liffes, ordinairement fertiles, quelquefois l'un avorte. *Un ftyle* (D) cylindrique, liffe, droit & fourchu. *Deux ftigmates* (O) arrondis en tête.

NECTAR, } aucun.
PÉRICARPE, }

RÉCEPTACLE, aucun; le péduncule en fait les fonctions.

SEMENCES, deux à deux (M), unies enfemble, & couvertes féparément d'une enveloppe membraneufe, chagrinée: ces femences, prifes féparément & dépouillées, font liffes & oviformés (M).

RACINE, fibreufe, flexueufe, pivotante, groffe, noirâtre, garnie de fibrilles.

TRONC. *Tige* tantôt fimple, tantôt ramifiée, quadrangulaire, quadrilatère, liffe, nouée, couchée par terre ou droite, mais toujours feuillée.

FEUILLES, très-fimples, linéaires, feffiles & très-entières; furface fupérieure, liffe, glabre; furface inférieure, garnie d'une nervure; extrémité terminée en pointe.

SUPPORTS. {
Armes, } aucune.
Siptules, }

Bractées, quatre à quatre à chaque divifion des péduncules; ces bractées font inégales; deux font oppofées, égales & grandes; deux font intermédiaires, & beaucoup plus petites.

Pétioles, aucun.

Péduncules de deux fortes, de communs & de particuliers; les communs font alongés & droits; les péduncules particuliers font plus rares: lorfqu'il s'y en trouve, ils font plus courts que les fleurs.

Vrilles, aucune.
}

X

PORT. D'une racine commune fortent plufieurs tiges verticales ou couchées par terre, mais affez droites, feuillées, branchues & fouvent ramifiées ; ces tiges pouffent, à leurs nœuds, *quatre feuilles verticillées ;* l'extrémité de chaque tige fe divife en trois péduncules principaux, chacun fe fubdivife en trois autres ; ceux-ci fe divifent de nouveau, pour enfin fe terminer par des *fleurs* la plupart feffiles : toutes ces divifions font accompagnées de deux grandes bractées oppofées, & de deux autres très-petites. La grandeur de la plante varie depuis quatre pouces jufqu'à un pied.

VÉGÉTATION. Sort de terre en avril, fleurit & graine depuis mai jufqu'en octobre ; les tiges périffent l'hiver ; la racine perfifte plufieurs années.

LIEU. Les prés, les bords des chemins, & autres lieux incultes, non-couverts & arides.

PROPRIÉTÉS. $\left\{ \begin{array}{l} \textit{Odeur ;} \text{ tige \& feuilles inodores, fleurs peu odorantes.} \\ \textit{Saveur ;} \text{ tige \& feuilles d'une faveur herbacée \& un peu acerbe.} \end{array} \right.$

ANALYSE. $\left\{ \begin{array}{l} \textit{Pyrotechnique,} \\ \textit{Hygrotechnique,} \end{array} \right\}$ inconnue.

VERTUS. On la dit réfolutive, fondante, rafraîchiffante, propre à détruire les engorgemens glanduleux & à tempérer les efferveſcences ſanguines.

USAGE. On s'en fert en Médecine intérieurement en tifane, & extérieurement en cataplafme dans l'efquinancie ; c'eft le feul cas où l'on en faffe ufage, encore s'en fert-on très-peu.

DOSE. Par demi-poignées en infufion ; extérieurement en cataplafme, à volonté.

ETYMOLOGIE. *Afperula,* diminutif d'*Afpera.* Voyez la page 8 de ce volume. *Cynanchica,* à *Cynanche,* Cynancie, Squinancie, des mots grecs κυνὸς, génitif de κύων, Chien, & de ἄγχειν, fuffoquer. Cette plante a reçu ce nom, parce qu'elle a été reconnue propre à remédier à l'inflammation de la gorge, qu'on nomme fquinancie, dans laquelle le malade tire quelquefois la langue comme les chiens qui haletent, à caufe qu'il eft prêt à fuffoquer. *Rubeola,* diminutif de *Rubia,* comme qui diroit, Petite Garence.

NOM GÉNÉRIQUE PHYTONOMATOTECHNIQUE.

G I T H Y A D O Á M. [6]

S Y N O N Y M I E.

ASPERULA (cynanchica) *foliis quaternis linearibus : fuperioribus oppofitis ftipulatis, caule erecto, floribus quadrifidis.* L. *fp. pl. 151. n°. 6. id. Syftem. pl. 1. 296. n°. 7. Mur. Reg. Veget. 125. n°. 6. Gouan. Hort. 66. n°. 5. id. Flor. Monfp. 13. Buc. Reig. Veget. vol. 3. pag. 101.*

———— *caule firmo ramofo, foliis linearibus quaternis fupremis conjugatis. Hal. Helv. n°. 730.*

———— *foliis linearibus quaternis, fummis, oppofitis. Sauv. Met. fol. 163. n°. 41.*

RUBIA cynanchica. *C. B. pin. 333. B. Hift. 3. pag. 723. Mag. Bot. 225.*

RUBEOLA *vulgaris quadrifolia lævis, floribus purpurafcentibus. T. Inft. 130. id. Elem. 106. id. Herbor. 1. 336. Vail. Bot. par. 174. n°. 1. Fabreg. 6. 129. n°. 1.*

GALLIUM *album minus. Taber. hift. 433. fig. 2.*

ASPÉRULE à fynanche.

———— à la fquinancie.

———— rubéole. *Dub. 2. 204. n°. 3. Lam. 3. 375. n°. 5.*

HERBE à la fquinancie. Petite Garence.

HOQCYABIAHUCHEZ.

VERONICA Chamædris. L.

VERONICA

CHAMÆDRYS.

VERONIQUE *GERMANDRÉE.*

ORDRES SYSTÉMATIQUES.

DE TOURNEFORT.	VON LINNÉ.	DE JUSSIEU.
Claſſe II. Section 6. Genre 4.	Claſſe II. Ordre 1.	Cl. VII. Ord. 2. les Véroniques.

DESCRIPTION.

ENVELOPPE, aucune.

CALICE. *Périanthe* inférieur (U) de quatre feuilles élancées, égales, entières, uniformes, moins longues que les lobes de la corolle, & perſiſtantes.

COROLLE. *Un pétale* caduc (H), diviſé en roſette ou en quatre lobes inégaux, entiers, obtus, évaſés; l'inférieur eſt le plus petit, & eſt élancé; les trois autres ſont arrondis, & à-peu-près égaux; le ſupérieur eſt le plus grand; inſertion ſous le germe.

ETAMINES. *Deux filets* égaux, moins longs que les lobes de la corolle, & attachés à ſon fond; leur forme eſt cylindrique, un peu arquée, & égale de groſſeur dans toute leur étendue. *Deux anthères* (Y) bleues, arrondies, & qui s'ouvrent par les côtés. *Pouſſière fécondante* blanche.

PISTIL. *Un germe* arrondi, placé au fond du calice. *Un ſtyle* très-fin, de la longueur des étamines. *Un ſtigmate* arrondi en tête.

PÉRICARPE. *Capſule* (C) en cœur renverſé, biloculaire, comprimée, liſſe, & qui s'ouvre longitudinalement en deux valves principales; mais, à cauſe de l'échancrure & de la cloiſon qui eſt oppoſée à la largeur des valves, ce fruit s'ouvre en quatre, ou prend la forme de quatre valves.

RÉCEPTACLE. Une cloiſon dans la capſule.

SEMENCES (Z), deux à trois, même plus, dans chaque loge; chaque ſemence eſt elliptique, arrondie, & marquée dans ſon milieu d'un petit ſillon.

N. B. Les fruits de cette plante ſont très-ſujets à avorter, preſque aucun ne vient en maturité parfaite; delà naît une très-grande difficulté de les bien décrire.

RACINE, fibreuſe, chevelue, traçante.

TRONC. *Tige* ſimple, quelquefois branchue, jamais ramifiée, foible, noueuſe, cylindrique, garnie de deux lignes longitudinales, & oppoſées de poils qui occupent les entre-nœuds.

FEUILLES, très-ſimples, ſeſſiles ou pétiolées, cordiformes, dentées crénelées, velues, veinées & ridées; la dent terminale eſt toujours la plus large.

SUPPORTS. {
Armes, } aucune.
Stipules, }

Bractées; petites feuilles ſubulées, ſeſſiles, entières, placées à la naiſſancé de chaque péduncule.

Pétioles, aucun; excepté aux feuilles du haut des tiges où l'on en apperçoit de très-courts lorſque la plante eſt au ſoleil, & d'aſſez longs lorſqu'elle eſt à l'ombre.

Péduncules cylindriques de deux ſortes, ſavoir, de très-longs & multiflores qui ſortent des aiſſelles des feuilles. C'eſt de ces péduncules que naiſſent de plus petits pédundules cylindriques & uniflores.

Vrilles, aucune.

PORT. D'une même racine fortent plufieurs tiges fimples, quelquefois branchues, foibles, & comme réfléchies vers terre par un pli qu'elles forment à leur partie inférieure. Les *feuilles* font folitaires, oppofées, horizontales, & difpofées de manière que les inférieures forment une croix avec celles d'au deffus. Les deux lignes des poils dont nous avons déja parlé, partent de l'aiffelle des feuilles inférieures pour fe rendre à l'entre-deux des feuilles d'au deffus. Péduncules généraux, axillaires, alternes ou oppofés. *Fleurs* folitaires, alternes, formant des grappes peu évafées; chaque péduncule particulier eft accompagné d'une braftée.

VÉGÉTATION. Sort de terre en mars, fleurit en mai, fruit mûr en juin & juillet; les tiges périffent en automne : les racines perfiftent plufieurs années.

LIEU. Les forêts, & autres lieux ombragés & incultes.

PROPRIÉTÉS. { *Odeur;* toute la plante eft inodore.
{ *Saveur,* très-peu fapide.

VERTUS. On la dit fondante, défobftruftive, propre à détruire les obftruftions & embarras des vifcères du bas-ventre; propre aux hydropifies, aux fleurs-blanches, & à la toux convulfive.

USAGE, aucun, ou prefque aucun.

DOSE, inconnue.

ETYMOLOGIE. *Veronica,* felon Lémeri, vient de *Ver,* Printemps, à caufe que les Véroniques fleuriffent au commencement de cette faifon. *Chamædris,* Germandrée, à caufe de la reffemblance de fes feuilles avec une plante de ce nom.

NOM GÉNÉRIQUE PHYTONOMATOTECHNIQUE.

HOQCYABIAHUCHEZ.

SYNONYMIE.

VERONICA (chamædrys) *racemis lateralibus, foliis ovatis feffilibus dentatis, caule debili bifariam pilofo. Lin. fp. 17. n°. 23. id. Syftem. pl. 33. n°. 24. Mur. 57. n°. 23. Œd. Flor. Dan. 448. Gouan. Hort. 11. n°. 8. id. Flor. Monfp. n°. 7. pag. 64.*

————— *racemis lateralibus, foliis ovatis feffilibus rugofis dentatis, caule debili. Dalib. par. 4. n°. 4.*

————— *foliis cordatis feffilibus oppofitis, racemis laxe floriferis. Fl. Lapp. 8.*

————— *foliis cordatis fubrotundis hirfutis nervofis, ex alis racemofa. Hal. Helv. n°. 536.*

————— *foliis cordatis fummis majoribus acutioribus ex alis racemofa. Sauv. Met. fol. 135. n°. 101.*

————— *minor foliis imis rotundioribus. T. Elem. 121. id. Inft. 144. id. Herbor. 1. 289. Mor. hift. 320. Vail. Bot. par. 201. n°. 5. Fabreg. 6. 299. n°. 5.*

CHAMÆDRYS, *fpuria, latifolia. J. B. 3. 283.*

————— *fpuria, minor, rotundifolia. C. B. Pin. 249.*

HIEROBOTANE *mas. Dalec. hift. 1337. id. edit. fran. 1. 225.*

VERONIQUE germandrée.

————— des haies. *Gouan. Flor. Monfp. 65.*

————— chaînette. *Dub. 2. 304. n°. 4. Lam. 2. 442. n°. 33. Leftib. Botanogr. 152.*

————— des bois.

LOU PICHOT CHAÎNE, à monfpel. *Gouan. hort. 11.*

HOQCYABLAHUCHEZ.

VERONICA Officinalis. L.

VERONICA

OFFICINALIS.

VÉRONIQUE *OFFICINALE.*

ORDRES SYSTÉMATIQUES

DE TOURNEFORT.	VON LINNÉ.	DE JUSSIEU.
Claffe II. Section 6. Genre 4.	Claffe II. Ordre 1.	Cl. VII. Ord. 2. les Véroniques.

DESCRIPTION.

ENVELOPPE , aucune.

CALICE. *Périanthe* (U) inférieur de quatre feuilles velues, oblongues, élancées, un peu inégales, uniformes ; deux font un peu plus grandes : toutes perfiftent, & font plus petites que la corolle.

COROLLE. *Un pétale* caduc, (H) évafé, inféré fous le germe. *Limbe* divifé en quatre lobes inégaux, arrondis, entiers ; les lobes latéraux font égaux entre eux, le lobe fupérieur eft fenfiblement plus grand, & l'inférieur eft le plus petit : ces quatre lobes font foutenus par un très-petit *tube* cylindrique.

ETAMINES. *Deux filets* (C) égaux, filiformes, droits, glabres, blanchâtres, auffi longs que les découpures de la corolle, & attachés à fon fond. *Deux anthères* (Y) arrondies, bleuâtres, & qui s'ouvrent par les côtés. *Pouffière fécondante* blanche.

PISTIL. *Germe* fupérieur ovoïde, applati, entier. *Un ftyle* filiforme, de la longueur des étamines. *Un ftigmate* (B) bien diftinct du ftyle.

NECTAR , aucun.

PÉRICARPE. *Capfule* (H) prefque orbiculaire, liffe, un peu velue, applatie ; bords tranchans ; extrémité entière avant la maturité, échancrée (C) lorfqu'elle eft mûre ; l'intérieur eft divifé en deux loges, & contient plufieurs femences : cette capfule s'ouvre en deux valves bien diftinctes ; chacune eft échancrée en cœur.

RÉCEPTACLE, deux, un dans chaque loge, lequel fait corps avec la cloifon mitoyenne.

SEMENCES , plufieurs arrondies, liffes (Z).

RACINE , fibreufe, capillacée, traçante ; fibres garnies d'autres fibrilles.

TRONC. *Tige* fimple ou branchue, cylindrique, pleine, velue, feuillée, nouée.

FEUILLES, fimples, elliptiques, très-peu pétiolées ; furface fupérieure velue & concave ; furface inférieure convexe, arquée, velue, garnie d'une veine principale très-vifible, & de quelques veines en ramifications peu vifibles ; l'extrémité du côté de la tige eft entière, & n'a aucune dent ; les bords font dentés à dents de fcie, ces dents vont en groffiffant à mefure qu'elles approchent du bout ; ce bout au fommet eft terminé par une forte dent. La longueur de chaque feuille égale à-peu-près les entre-nœuds de la tige.

SUPPORTS.
- *Armes*, *Stipules*, } aucune.
- *Bractées ;* petites feuilles fubulées, entières, plus longues que le calice, & attachées à chaque péduncule particulier.
- *Pétioles* déprimés, très-courts.
- *Péduncules* de deux fortes, un général cylindrique, velu, droit, très-long, & qui part de l'aiffelle des feuilles, lequel porte plufieurs péduncules particuliers très-courts & uniflores.
- *Vrilles*, aucune.

Y

Port. D'une feule racine fortent *plufieurs tiges* couchées par terre, lefquelles pouffent fouvent *deux branches* oppofées, axillaires & près de terre. Plus, d'efpace en efpace ces tiges font garnies de *deux feuilles* oppofées. Plus, des aiffelles de quelques feuilles fortent *deux péduncules* généraux tantôt oppofés & tantôt alternes; ces péduncules font verticaux & tortueux. *Les fleurs* font difpofées le long de ces péduncules en épis ferrés; chaque fleur eft foutenue par un petit péduncule particulier & une bractée. Toute la plante a fouvent un afpect blanchâtre, & comme incane.

Lieu. Les bois, les côteaux, le bois de Boulogne près Paris, les terrains fablonneux.

Végétation. Sort de terre au printemps, fleurit tout l'été & l'automne, fes fruits mûriffent à fur & à mefure, les tiges périffent l'hiver, les racines perfiftent plufieurs années.

Propriétés. { *Odeur;* toute la plante froiffée a une odeur herbacée, accompagnée d'une très-légère odeur d'ail.

Saveur; la racine eft prefque infipide: les tiges & feuilles ont un goût herbacé, aftringent, fuivi d'une légère amertume.

Analyse. { *Pyrotechnique;* la Véronique fournit de l'eau de végétation odorante, infipide, puis acide; enfuite de l'huile, du fel fixe & de la terre.

Hygrotechnique; cette plante, infufée dans l'eau, fournit un extrait gommeux, noirâtre, d'une odeur balfamique, un peu amer, âcre & légèrement aftringent. La même plante donne à l'efprit-de-vin une teinture jaune-verte, d'une odeur très-balfamique, mais plus âcre que l'extrait.

Vertus. Cette plante eft apéritive, tonique, vulnéraire, défobftructive, fudorifique, béchique & céphalique: on la fubftitue au Thé de la Chine.

Usage. Comme apéritive & tonique, elle convient dans les fuppreffions d'urine, dans les hydropyfies, dans les bouffiffures, dans les gravelles, & généralement dans tous les cas où il eft avantageux de déterminer une évacuation par les voies urinaires. Elle réuffit auffi, à raifon de fa qualité tonique, dans les fleurs-blanches, les pâles-couleurs. Cette même propriété la rend propre aux anciennes toux, aux toux fur-tout féreufes. Elle peut prévenir la phthifie pulmonaire. On s'en eft fervi dans les obftructions avec quelque fuccès. Extérieurement on s'en fert pour nétoyer les vieux ulcères des jambes, qu'elle déterge & guérit. On en prépare un firop, qui a les mêmes propriétés. L'eau diftillée de cette plante a peu de vertus.

Dose. Infufée comme du thé, par pincées.

Etymologie. *Veronica* vient, felon Lémeri, de *Ver*, Printemps. *Officinalis*, Officinale, parce qu'elle eft la plus employée en Médecine.

NOM GÉNÉRIQUE PHYTONOMATOTECHNIQUE.

HOQCYABIAHUCTEZ.

SYNONYMIE.

Veronica (*officinalis*) *fpicis lateralibus pedunculatis, foliis oppofitis, caule procumbente. L. Mat. Med. 37. Syftem. pl. 1. 26. n°. 10. fp. pl. 14. n°. 9. Mur. 56. n°. 9. Œd. Dan. tab. 248. Dalib. par. 3. n°. 1. Gouan. Hort. 9. n°. 3. id. Flor. Monfp. 64. n°. 2.*

———— *caule repente, fcapis fpicatis, foliis oppofitis, ovatis, ftrigofis, Fl. Lap. 5. Hort. Clif. 8.*

———— *caule procumbente, foliis fcabris, petiolatis, ovatis, ex alis racemofa. Hal. Helv. n°. 504.*

———— *mas fupina & vulgatiffima. B. pin. 246. Cam. Epit. 461. Tour. Elem. 120. Inft. 143. Herbor. 1. 283. Vail. Bot. par. 200. n°. 1. Fabreg. 6. 296. n°. 1. 304. n°. 2. 37.*

Véronique officinale. *Dub. 2. Lam. 443. n°. 37. Leftiboud. Bot. Belg. 152.*

———— mâle. Le Thé d'Europe.

JITJYABENJEQDAB.

Fig. 2.

VIBURNUM Tinus. *L.*

VIBURNUM

TINUS.

VIORNE LAURIER-THYM.

ORDRES SYSTÉMATIQUES

| DE TOURNEFORT.
Cl. XX. Sect. 6. Genre 5. *Tinus.* | VON LINNÉ.
Claffe V. Ordre 3. | DE JUSSIEU.
Cl. X. Ord. 3. les Chèvrefeuilles. |

DESCRIPTION.

ENVELOPPE. *Deux à trois collerettes* (N), chacune eft formée de plufieurs petites écailles feffiles, ovoïdes, entières & perfiftantes.

CALICE. *Un périanthe* (E) fupérieur, monophylle, découpé en cinq dents entières, égales, perfiftantes.

COROLLE. *Un pétale* (JI) fupérieur découpé par cinq fentes égales; ces cinq fentes forment cinq lobes égaux, entiers, arrondis, obtus, obliques & un peu creux. La fleur tombe de bonne heure.

ETAMINES. *Cinq filets* (T) égaux, cylindriques, filiformes, de la longueur de la corolle, & inférés à fon tube. *Cinq anthères* arrondies, placées à l'extrémité des filets, & qui s'ouvrent par les côtés. *Pouffière* fécondante blanchâtre.

PISTIL. *Un germe* inférieur, oviforme, liffe. *Aucun ftyle. Trois ftigmates*, felon les Auteurs; mais en le regardant avec attention, on n'en apperçoit qu'un feul affez large.

NECTAR, aucun.

PÉRICARPE. *Baie* (Q) liffe, fèche, oviforme, monoloculaire, peu pulpeufe, d'une couleur azurée, contenant une feule femence.

SEMENCES, une feule (B), oviforme, cartilagineufe, liffe, monoloculaire, & renfermant une amande très-acerbe.

RACINE, fibreufe, ligneufe, ramifiée.

TRONC. *Tige* cylindrique, ligneufe, pleine, branchue, ramifiée; les branches & rameaux liffes, glabres, cylindriques; les dernières ramifications garnies de deux angles, & couvertes de poils roux.

FEUILLES, très-fimples, pétiolées, très-entières, ovoïdes, oblongues, quelques-unes élancées: toutes font veinées, luifantes & comme vernies; les fupérieures font velues & ciliées.

SUPPORTS. {
Armes,
Stipules, } aucune.

Bractées, aucune; à moins qu'on ne nomme ainfi les feuilles des enveloppes.

Pétioles courts, déprimés fupérieurement, & fans gouttière.

Péduncules de plufieurs fortes, de communs ou généraux, & de particuliers: tous font cylindriques, droits.

Vrilles, aucune.

PORT. D'une racine fort *une tige* verticale, qui, dès fa naiffance, fe ramifie. *Branches* obliques, oppofées. *Rameaux* auffi obliques & oppofés. *Feuilles* oppofées, folitaires. *Fleurs* difpofées en double & triple ombelles, & terminales.

VÉGÉTATION. Cet arbriffeau eft vert toute l'année : on le trouve de plus couvert de fleurs & de fruits prefque dans toutes les faifons.

LIEU. Originaire d'Efpagne, d'Italie ; cultivé dans nos jardins.

PROPRIÉTÉS. $\begin{cases} Odeur \text{ ; l'écorce, les feuilles & les fruits font inodores.} \\ Saveur \text{ ; l'écorce & les feuilles ont une faveur amère, falée, plus ou moins} \\ \qquad \text{ftyptique : les amandes font très-acerbes.} \end{cases}$

ANALYSE. $\begin{cases} Pyrotechnique \text{ ; le Laurier-thym, dit Lémeri, contient beaucoup de fel effentiel,} \\ \qquad \text{du fel fixe, & de l'huile.} \\ Hygrotechnique \text{, inconnue.} \end{cases}$

VERTUS. Les Auteurs affurent que les baies de cet arbriffeau font très-purgatives.

USAGE, $\Big\}$ inconnues.
DOSE,

ETYMOLOGIE. *Viburnum*, de *Vieo*, je lie ; nom donné à une efpèce de ce genre, à caufe de l'ufage qu'on en fait pour lier plufieurs chofes. *Dict. de Med. T. 6. p. 654.*

NOM GÉNÉRIQUE PHYTONOMATOTECHNIQUE.

JITJYABINJEQDAB.

SYNONYMIE.

VIBURNUM (*Tinus*) *foliis integerrimis ovatis : ramificationibus venarum fubtus villofo-glandulofis.* L. *Syftem. pl. 1. 732. n°. 1. fp. pl. 583. n°. 1. Mur. 243. n°. 1. Gouan. Flor. Monfp. 38. n°. 1. id. Hort. 153. n°. 1.*

————— *foliis ovatis integerrimis.* L. *Hort. up. 69. Sauv. Met. fol. 136.*

TINUS prior. T. *Inft. 607. Hort. Clif. 109. Cluf. hift. 1. pag. 49.*

LAURUS *Tinus feu fylveftris : trium generum.* J. B. *hift. 3. pag. 418.*

————— *fylveftris corni feminæ foliis fubhirfutis.* C. B. *pin. 461.*

VIORNE lauriforme. *Lam. 3. 363. Leftib. Bot. Belgiq. 121.*

LAURIER-TIN ou LAURIER-THYM.

LAOURIETIN A MONSPELIER. *Gouan. Hort. 153.*

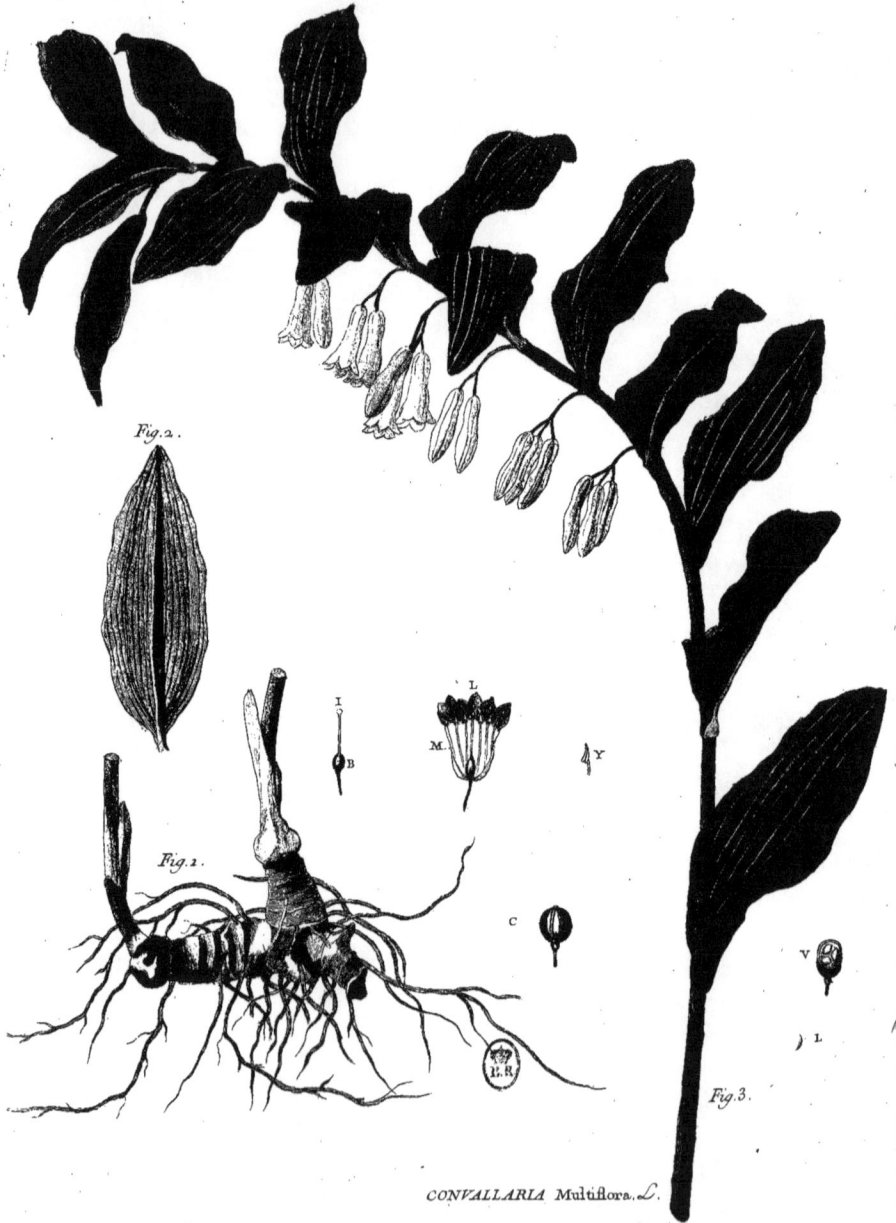

LEQMYABIAVCAL

Fig. 2.

Fig. 1.

Fig. 3.

CONVALLARIA Multiflora. *L.*

CONVALLARIA

MULTIFLORA.

SCEAU DE SALOMON *MULTIFLORE.*

ORDRES SYSTÉMATIQUES.

DE TOURNEFORT.	VON LINNÉ.	DE JUSSIEU.
Cl. I. Sect. 2. G. 2. *Polygonatum.*	Claffe VI. Ordre 1.	Claffe III. Ordre 2. les Lis.

DESCRIPTION.

ENVELOPPE, aucune.

CALICE, aucun.

COROLLE. *Un pétale* (LM) campaniforme, tubulé, liffe & glabre. *Limbe* peu évafé, denté de fix dents égales, entières, uniformes & difpofées fur deux rangs, favoir, trois forment une rangée interne, & les trois autres la rangée externe. *Tube* cylindrique, marqué de fix nervures longitudinales, & qui partent du milieu de chaque dent. Cette corolle fe deffèche fur la plante.

ETAMINES. *Six filets* (M) égaux, fixés dans le tube de la corolle, & prefque auffi longs que lui. *Six anthères* en forme de fer de flèche, fixées par leur milieu & par la face qui répond à la corolle, aux extrémités des filets : ces anthères font blanches, & s'ouvrent par les côtés (Y), & laiffent tomber une *pouffière fécondante* blanchâtre.

PISTIL. *Un germe* (B) fupérieur, liffe, arrondi, glabre, & marqué de trois ftries longitudinales. *Un ftyle* cylindrique, de la hauteur des filets des étamines. *Un ftigmate* (I) velu & en tête.

NECTAR, aucun.

PÉRICARPE. *Baie* (C) molle, pulpeufe, liffe, arrondie, triloculaire (V), & qui tombe fans s'ouvrir; extérieur marqué de trois lignes qui indiquent les cloifons.

RÉCEPTACLE, aucun bien diftinct. Les femences (L) font nourries par la partie pulpeufe.

SEMENCES, au nombre de trois dans chaque fruit, une dans chaque loge ; chacune eft oviforme, liffe.

RACINE, (fig. 1.) fibreufe, traçante, articulée, & marquée, d'efpace en efpace, d'une empreinte provenant de la deftruction des tiges des années précédentes.

TRONC. Tige (fig. 3.) très-fimple, pleine, liffe, glabre & bi-angulaire.

FEUILLES, (fig. 2.) très-fimples, glabres, feffiles, très-entières, nerveufes.

SUPPORTS. *Armes,* *Stipules,* *Bractées,* } aucune.
Pétioles, aucun.
Péduncules cylindriques, de deux fortes, de généraux & de particuliers ; chaque péduncule général produit, dès fa naiffance, des péduncules particuliers alternes, folitaires & uniflores.
Vrilles, aucune.

Z

PORT. D'une racine commune fortent plufieurs *tiges* entourées, à leur naiffance, d'une membrane fpathiforme ; ces tiges s'élèvent verticalement dans leur moitié inférieure, la moitié fupérieure forme une courbure en manière de demi-arc. *Les feuilles* font alternes & difpofées fur deux rangs oppofés de manière à donner à la tige une forme aîlée. *Les péduncules* communs fortent des aiffelles des feuilles, & font tous penchés en deffous du demi-arc que forme la tige : ces péduncules produifent des péduncules plus petits, alternes ; chacun defquels produit une fleur. L'enfemble de ces fleurs forment, par leur réunion au péduncule commun, une grappe fimple.

LIEU. Les bois, les endroits couverts & ombragés.

VÉGÉTATION. Cette plante fort de terre à la fin d'avril, fleurit en mai ; fon fruit eft mûr en juillet-août ; la tige périt en novembre ; la racine perfifte, & pouffe de nouvelles tiges toutes les années.

PROPRIÉTÉS. {
Odeur ; la racine eft légérement odorante ; la tige & les feuilles le font très-peu, & fouvent point du tout.
Saveur ; la racine eft mucilagineufe, fucrée légérement, aromatique, âcre ; la tige & les feuilles font de même, mais plus foibles.

ANALYSE. {
Pyrotechnique ; cette plante ne fournit à l'analyfe que des liqueurs acides, & de l'huile.
Hygrotechnique, inconnue.

VERTUS. On l'eftime vulnéraire, aftringente, fortifiante, réfolutive, cofmétique.

USAGE. On prefcrit la racine de cette plante, en infufion dans le vin, pour les hernies des enfans ; & la même racine s'applique, extérieurement, en cataplafme : ces deux remèdes ont fouvent eu du fuccès. L'infufion aqueufe guérit, dit-on, la gale ; fon eau diftillée décraffe la peau ; la racine en cataplafme diffipe les contufions.

DOSE. Pour les defcentes, fix gros de racine infufée dans demi-feptier de vin blanc, pour prendre dans la journée. Le marc fur la hernie réduite : ce remède doit être continué long-temps. Pour les contufions, la racine par poignées, rappée & appliquée en cataplafme.

ÉTYMOLOGIE. *Convallaria,* de *Convallium,* Vallée ; parce que les efpèces de ce genre croiffent dans les vallées. *Multiflora,* en raifon des grappes axillaires, multiflores, dont cette efpèce eft garnie. *Sceau de Salomon,* à caufe des empreintes, en forme de cachet, qu'on obferve à la racine.

NOM GÉNÉRIQUE PHYTONOMATOTECHNIQUE.

LEQMYABIÀVCAL.

SYNONYMIE.

CONVALLARIA (*multiflora*) *foliis alternis amplexicaulibus caule tereti, pedunculis axillaribus multifloris.* L. *fp.* 452. n°. 4. id. Mur. Reg. Veget. 276. n°. 4. id. Syft. Plant. 2. 74. n°. 4. Gouan. Hort. 177. n°. 5. id. Flor. Monfp. 40. n°. 4. Flor. Dan. tab. 152. Buch'oz. Dict. Reg. Veget. 6. 155. n°. 3.

————— *foliis alternis, pedunculis pendulis multifloris.* Sauv. Met. fol. 42. n°. 132.

POLYGONATUM *caule fimplici cernuo, foliis ovato-lanceolatis, petiolis multifloris.* Hal. Helv. n°. 1243.

————— *latifolium, maximum.* C. B. pin. 303. T. Elem. 69. id. Inft. 78. id. Herbor. 2. 189. Vail. Bot. par. 162. n°. 2. Fabreg. 6. pag. 62.

————— *latifolium.* 1. Cluf. hift. 1. pag. 275. Cam. Epit. 692.

SIGNET maintefleur. Dub. 2. 325. n°. 2.

MUGUET multiflore. Lam. 3. 268. n°. 4. Leflib. 180.

SCEAU DE SALOMON multiflore.

Fig.2.

Fig.1.

HELLEBORUS Hyemalis. L.

HELLEBORUS

HYEMALIS.

HELLÉBORE *d'HIVER.*

ORDRES SYSTÉMATIQUES.

DE TOURNEFORT.	VON LINNÉ.	DE JUSSIEU.
Claffe VI. Section 6. Genre 11.	Claffe XIII. Ordre 1. *Polygynie.*	Claffe XII. Ordre 1.

DESCRIPTION.

ENVELOPPE, aucune.

CALICE, aucun.

COROLLE. *Six pétales* (LU) oblongs, élancés, égaux, uniformes, évafés, entiers, jaunes & non-perfiftans, mais qui fe deffèchent avant de tomber.

ETAMINES. Plus de *douze filets* jaunes, filiformes, cylindriques, glabres, droits, attachés d'eux-mêmes au fupport. *Autant d'anthères* (Y) elliptiques, jaunes, faifant corps avec les filets, & qui s'ouvrent par les côtés. *Pouffière fécondante* jaunâtre.

PISTIL. *Six germes* (V) pour l'ordinaire, quelquefois moins, ovoïdes-élancés, applatis. *Six ftyles* courts, cylindriques, un peu courbés. *Six ftigmates* (E) peu diftincts des ftyles.

NECTARS. *Cinq à huit cornets* (G) jaunes, caducs & fendus en deux lèvres inégales, favoir, une fupérieure courte & tronquée, & une inférieure plus longue & échancrée en cœur.

PÉRICARPE. *Six follicules* (H) prefque cylindriques, marquées de deux futures oppofées, favoir, une externe liffe, arrondie; & une interne tranchante : c'eft par cette dernière que ce fruit s'ouvre (Q) pour laiffer tomber les graines.

RÉCEPTACLE. La cloifon oppofée à celle qui s'ouvre, tient lieu de réceptacle.

SEMENCES, plufieurs (Z) liffes, arrondies.

RACINE. *Tubercule* (fig. 1.) arrondi, inégal, dur, charnu, plein, garni tout à l'entour de fibres chevelues.

TRONC. Hampes cylindriques, fiftuleufes, liffes, glabres, molles, herbacées, uniflores.

FEUILLES, radicales, pétiolées, compofées, ternées. Chaque foliole (fig. 2.) eft cunéiforme, incifée par fon fommet en plufieurs lobes inégaux, & feffile.

SUPPORTS.
- *Armes*, aucune.
- *Stipules;* quelques écailles radicales, membraneufes, entourent les hampes & les pétioles des feuilles à leur fortie de la racine.
- *Bractées*, trois à quatre fous chaque fleur, abfolument femblables aux folioles.
- *Pétioles* cylindriques, liffes, creux, fans canelures, foutenant ordinairement trois folioles.
- *Péduncules*, aucun; à moins qu'on ne donne ce nom aux hampes.
- *Vrilles*, aucune.

Port. D'une racine commune fortent plufieurs hampes verticales, terminées par trois bractées évafées, placées immédiatement fous la corolle. Plus, de cette même racine fortent plufieurs pétioles terminés par trois folioles difpofées en rondache. Ces hampes & pétioles fortent d'entre des écailles qui font placées fur la racine.

Lieu. Les montagnes de la Provence, aux lieux couverts.

Végétation. Sort de terre & fleurit en février; fon fruit eft mûr en mars & avril; la plante difparoît en mai; fa durée fur terre eft de trois mois; la racine vit plufieurs années.

Propriétés. $\left\{\begin{array}{l}\textit{Odeur},\ \text{nulle.}\\ \textit{Saveur;}\ \text{toute la plante eft très-âcre, mais principalement la racine.}\end{array}\right.$

Analyse, inconnue.

Vertus, inconnues; on la croit vénéneufe.

Usage, aucun.

Dose, inconnue.

Etymologie. *Helleborus*, du mot grec ἑλλέβορος, compofé des mots ἑλεῖν, *Perimere*, Tuer; & βορά, *Efus*, Mangeaille, comme qui diroit, Plante qui tue ceux qui en mangent; parce que ces plantes font de vrais poifons, prifes à trop forte dofe.

NOM GÉNÉRIQUE PHYTONOMATOTECHNIQUE.

L U P X Y G V E Å H Q E Z.

SYNONYMIE.

Helleborus (*hyemalis*) *flore folio infidente. L. fp. pl. 783. n°. 1. id. Mur. Reg. Veget. 431. n°. 1. id. Syftem. Veget. 2. 671. n°. 1. Hal. Helv. n°. 1191.*
——————— *ranunculoïdes præcox tuberofus flore luteo. Mor. hift. 3. pag. 459. fig. 4. id. pl. 4.*
——————— *niger tuberofus ranunculi folio flore luteo. T. Elem. 235. id. Inft. 272.*
Aconitum *hyemale. Cam. Epit. 828. Bonne figure.*
——————— *luteum minus. Dod. Pempt. 352. R. Dalec. Lat. 1742. id. édit. franç. 2. 595.*
——————— *aliud. Dalech. 1742. édit. franç. 2. 595.*
——————— *unifolium, luteum, bulbofum. C. B. pin. 183.*
Ranunculus *cum flore in medio folio, radice tuberofo. J. B. 3. 414.*
Hellebore *hyemal.*
——————— *d'hiver. Lam. 2. 315. Leftib. 55.*
——————— *noir à fleurs jaunes & à feuilles d'aconit.*

MENTHA Pulegium. *L.*

M E N T H A

P U L E G I U M.

M E N T H E *P O U L I O T.*

O R D R E S   S Y S T É M A T I Q U E S.

DE TOURNEFORT.	VON LINNÉ.	DE JUSSIEU.
Claffe IV. Section 2. Genre 10.	Claffe XIV. Ordre 1.	Claffe VII. Ordre 4. les Labiées.

D E S C R I P T I O N.

ENVELOPPE , aucune.

CALICE. *Périanthe* (J) monophylle tubulé en cône, découpé par le bord en cinq dents (E) inégales , favoir, trois font fupérieures, égales ; deux inférieures plus étroites : l'ordre de ces dents ne conftitue pas un calice à deux lèvres, fi l'on le confidéroit comme labié. La lettre dix, qui eft deftinée dans fon nom à exprimer le calice , devroit être une S au lieu d'un J. Ce calice eft fitué fous les germes, & perfifte.

COROLLE. *Un pétale* (O) découpé par le limbe par quatre fentes en quatre lobes arrondis, prefque égaux, & difpofés en deux lèvres ; la lèvre fupérieure (1) eft formée par un feul lobe ; la lèvre inférieure eft compofée de trois lobes (2, 3, 4 ;) chacun de ces lobes eft arrondi & entier. Le corps de la corolle eft cylindrique, renflé & terminé poftérieurement par un tube qui va s'attacher fous les germes.

ÉTAMINES. *Quatre filets* égaux excédens la corolle, & plus longs qu'elle ; chacun eft droit, filiforme : tous font fixés au milieu du tube de la corolle. *Quatre anthères* (Y) elliptiques, & qui s'ouvrent par les côtés.

PISTIL. *Quatre germes* (F) arrondis ; qui entourent *un ftyle* filiforme de la longueur des étamines. *Deux ftigmates* aigus, ou un ftigmate bifide.

NECTAR , } aucun.
PÉRICARPE , }

RÉCEPTACLE , aucun ; les femences font fixées au fond du calice.

SEMENCES *Quatre graines* prefque fphériques, groffes comme des petites têtes de camion , & de couleur des graines de millet ; de ces quatre graines fouvent une eft avortée , alors on n'en trouve au fond du calice que trois.

RACINE, fibreufe, rampante, cylindrique & ramifiée.

TRONC. *Tige* quelquefois fimple , mais plus fouvent branchue, jamais ou très-rarement ramifiée. Ses branches font arrondies ; pendant que la tige eft quarrée à angles arrondis, velue, feuillée & noueufe.

FEUILLES, très-fimples, elliptiques, pétiolées, veinées & dentées à petites dents de fcie par les bords, extrémité obtufe.

SUPPORTS. { *Armes ,* }
{ *Stipules ,* } aucune.
{ *Braêlées ,* }
{ *Pétioles* plus courts que les feuilles, & comprimés.
{ *Péduncules* très-fimples, rapprochés, cylindriques, penchés.
{ *Vrilles ,* aucune.

Port. D'une racine commune fortent plufieurs tiges fouvent couchées par terre ; alors des nœuds de ces tiges couchées fortent des radicules qui s'implantent dans terre. Plus , de chaque nœud fort deux feuilles oppofées ; des aiffelles des feuilles inférieures fortent fouvent deux branches oppofées, verticales. *Les fleurs* font difpofées en anneaux autour de ces tiges & branches aux aiffelles des feuilles moyennes & fupérieures. Chaque anneau eft formé d'une centaine de pédoncules fimples plus ou moins ; chacun eft terminé par une fleur blanche purpurine.

Lieu. Les terrains un peu humides , les prairies.

Végétation. Sort de terre en mai-juin, fleurit de juillet jufqu'à feptembre. Ses graines mûriffent à fur & à mefure ; les tiges périffent aux premières gelées ; les racines perfiftent plufieurs années.

Propriétés.
{ *Odeur ;* toute la plante a une odeur agréable, aromatique, analogue à l'odeur des autres menthes.

Saveur ; toute la plante a un goût aromatique , très-piquant à la langue, & un peu amer.

Analyse, inconnue. Cette plante paroît poffeder les mêmes principes que quelques menthes dont nous aurons occafion de parler.

Vertus. On l'eftime apéritive , anti-hyftérique , ftomachique , pectorale , incifive , anti-afthmatique , fternutatoire , céphalique.

Usage. On s'en fert comme fortifiant & ftomachique dans les vieux rhumes invétérés, accompagnés de crachats glaireux & de cachexie ; dans les toux opiniâtres , foit de l'eftomac, foit du poumon. Il réuffit toutes les fois que ces maladies font entretenues par des humeurs vifqueufes, crues, qu'on obferve chez les perfonnes qu'on a exténuées à force de boiffons délayantes. Il convient comme ftomachique dans les coqueluches, les fleurs-blanches, les vomiffemens, les défauts d'appétit. C'eft en réveillant le ton des folides qu'il eft apéritif , & qu'il ranime la circulation & favorife les évacuations périodiques. Comme incifif, on en tire un grand avantage dans l'afthme humide, pituiteux. Cette plante, réduite en poudre, eft fternutatoire.

Dose. Par pincées, deffechée, dans de l'eau bouillante, infufée comme du thé.

Etymologie. *Mentha*, de μινθη, *Minthe*, nom d'une Nymphe fille de Cocyte, fleuve d'Enfer, que les Poètes difent avoir été changée par Proferpine en la plante que nous nommons Menthe, à caufe de fes intrigues avec Pluton. Lémeri donne l'étymologie fuivante : *Mentha*, à *Mente*, Penfée, parce que, dit-il, la Menthe, en fortifiant le cerveau, excite les penfées. *Pulegium*, de *Pulex*, Puce, parce qu'on dit que la fumée de cette plante chaffe les puces.

NOM GÉNÉRIQUE PHYTONOMATOTECHNIQUE.

OIQGYAFOAJEÀZ.

SYNONYMIE.

Mentha (*Pulegium*) *floribus verticillatis, foliis ovatis obtufis fubcrenatis, caulibus fubteretibus repentibus , ftaminibus corollâ longioribus. Dal. par. 178. Lin. fp. 807. n°. 12. id. Syftem. pl. 3. pag. 45. n°. 13. id. Mat. Med. 148. Gouan. Flor. Monfp. 84. n°. 3. id. Hort. 279. n°. 4.*

————— *caule proftrato, foliis fubrotundis obiter dentatis, ftaminibus excertis. Hal. Helv. n°. 221.*

————— *aquatica feu pulegium vulgare. T. Inft. 189.*

Pulegium *latifolium. C. B. pin. 222. T. Elem. 158. id. Herbor. 1. 381.*

Menthe Pouliot. *Lam. 2. 454. Leftib. 136.*

Pouliot rampant. *Dub. 2. 239.*

Le Pouliot à larges feuilles.

DIGITALIS Purpurea. L.

DIGITALIS

PURPUREA.

DIGITALE *POURPRÉE.*

ORDRES SYSTÉMATIQUES

DE TOURNEFORT.	VON LINNÉ.	DE JUSSIEU.
Claſſe III. Section 3. Genre 2.	Claſſe XIV. Ordre 2.	Cl.VII.Ord.5. les Scrophulaires.

DESCRIPTION.

ENVELOPPE , aucune.

CALICE. *Un périanthe* (J) monophylle, campaniforme, perſiſtant, diviſé en cinq portions entières, inégales : deux ſont grandes & inférieures ; deux moyennes & latérales ; une ſupérieure, élancée, plus étroite que les autres, & terminée en pointe : chacune de ces portions eſt marquée intérieurement de petits points noirs, & garnie extérieurement de nervures.

COROLLE. *Un pétale* (Q) caduc , irrégulier , tubulé & plus long que les étamines. *Tube* cylindrique , courbé & étranglé. *Corps* applati ſupérieurement , renflé & cylindrique inférieurement. *Limbe* velu & diviſé en deux lèvres , ſavoir , une ſupérieure (1 , 2.) plus courte & échancrée légèrement, & une inférieure (5) entière , mais découpée en trois , ſi l'on y comprend les deux lobes qu'on trouve à la commiſſure des deux lèvres (3 & 4.) La couleur du tube de la corolle eſt d'un blanc jaunâtre ; le corps eſt d'un rouge pourpre ; le dedans, tant ſupérieurement qu'inférieurement, eſt velu & tigré de rouge & de blanc.

ETAMINES. *Quatre filets* (H) inégaux , applatis & attachés à la corolle ; les deux plus longs ſont genouillés un peu au deſſus de leur inſertion à la corolle ; les deux plus petits ſont auſſi courbés, mais moins que les grands. *Quatre anthères,* chacune eſt formée de deux lobes déprimés & unis enſemble, ainſi qu'au filet, par leur partie ſupérieure ; chacun de ces lobes eſt tacheté de points rouges , & s'ouvre par le côté. *Pouſſière fécondante* blanchâtre.

PISTIL. *Un germe* (B) ſupérieur, oviforme, élancé, velu. *Un ſtyle* filiforme, de la longueur des étamines. *Un ſtigmate* (O) bifide.

NECTAR, aucun ; à moins qu'on ne donne ce nom à un cercle qu'on trouve ſous le germe.

PÉRICARPE. *Capſule* (X) oviforme, liſſe, biloculaire (S) , & qui s'ouvre par le haut en quatre demi-valves.

RÉCEPTACLE (E) inégal , raboteux, placé au milieu de la capſule.

SEMENCES , pluſieurs (Z) liſſes & arrondies.

RACINE , fibreuſe , napiforme , garnie de fibrilles.

TRONC. *Tige* cylindrique, fiſtuleuſe, velue , ſimple ou branchue, garnie d'angles membraneux.

FEUILLES , ovoïdes , élancées, veinées & velues en deſſus ; bords ondulés, dentés de dents arrondies ; diſque décurrent le long du pétiole.

SUPPORTS.
{
Armes , } aucune.
Stipules , }
Bractées ; petites feuilles ovoïdes élancées , très-entières , ſeſſiles & placées une à une ſous chaque péduncule.
Pétioles très-viſibles aux feuilles radicales , moins diſtincts aux feuilles caulinaires ; ces pétioles ſont applatis & accompagnés du limbe de la feuille.
Péduncules un à un , cylindrique & réfléchi.
Vrilles , aucune.
}

Port. D'une racine fortent plufieurs *feuilles* couchées par terre ; du milieu de ces feuilles s'élèvent verticalement plufieurs tiges fouvent fimples, quelquefois branchues, mais jamais ramifiées. Les feuilles caulinaires font alternes, peu pétiolées. Les pétioles font femi-amplexicaules ; les branches font axillaires ; les fleurs font penchées, difpofées en épis, & toutes tournées d'un feul côté de la tige ; fruits redreffés.

Lieu. Les montagnes du Lyonnois, la Provence, à Montpellier à *Lefperou* ; très-commune dans les bois de Meudon, près de Paris.

Végétation. Cette plante fe fème d'elle-même en automne, fort de terre au printemps, fe conferve petite tout l'été, pour ne fleurir que l'année d'enfuite ; ayant fleuri & grainé, elle périt : fa durée eft de dix-huit mois.

Propriétés. { *Odeur* herbacée.
{ *Saveur ;* toute la plante a un goût herbacé, amer.

Analyse. { *Pyrotechnique ;* cinq livres de cette plante fraîche ont fourni une livre & demie d'une eau de végétation inodore, peu fapide. Plus, trois livres d'une autre eau limpide, inodore, mais très-acerbe. Plus, deux onces d'une liqueur empyreumatique, fort acide & auftère. Plus, une once deux gros d'une autre liqueur rouffe, imprégnée de fel volatil. Plus enfin, une once un gros d'une huile épaiffe, fyrupeufe. Le charbon brûlé a donné, par lixiviation, près de demi-once de fel fixe.
{ *Hygrotechnique,* inconnue.

Vertus. On la dit vomitive, purgative & anti-épileptique, prife intérieurement. Les fleurs appliquées extérieurement, font propres au rachitis & aux écrouelles.

Usage. On s'en fert peu en Médecine. On l'a employée avec fuccès, à la dofe de deux poignées, avec le polypode, pour l'épilepfie ; mais, comme c'eft un fort purgatif, il ne faut l'employer que fur des fujets forts. Les fleurs, cuites dans la graiffe ou le beurre, guériffent les vieux ulcères & les écrouelles, en en continuant l'application très-long-temps.

Etymologie. *Digitalis,* Digitale, qui concerne les doigts ; comme qui diroit, Plante qui porte des doigtiers ou des dais, à caufe que fes fleurs reffemblent à des doigtiers.

NOM GÉNÉRIQUE PHYTONOMATOTECHNIQUE.

QEQHYABOAJOSHEZ.

SYNONYMIE.

Digitalis (*purpurea*) *calycibus foliolis ovatis acutis, corollis obtufis : labio fuperiore integro.* L. *fp. 866. id. Mur. 470. id. Syft. pl. 3. 151 Flor. Dan. tab. 74. Dalib. par. 192. Gouan. Flor. 99. id. Hort. 305.*

——————— *foliolis calycinis acuminatis. Sauv. Met. fol. 66.*

——————— *purpurea folio afpero. C. B. pin. 243.*

——————— *purpurea. T. Elem. 134. id. Inft. 165. id. Herbor. 2. 332. J. B. 2. 812. Dod. Pempt. 169. Vail. Bot. par. 47. Fabreg. 4. 61.*

Digitale pourprée. *Lam. 2. 331. Leftib. 147.*

——————— gantelée. *Dub. Bot. Fran. 2. 209.*

Digitale ou Gants de Notre-Dame.

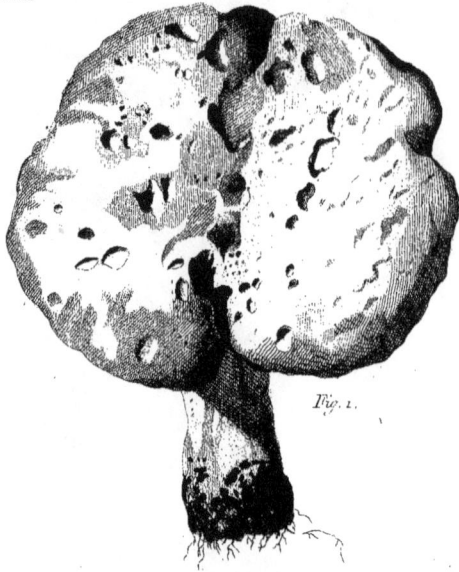

Fig. 1.

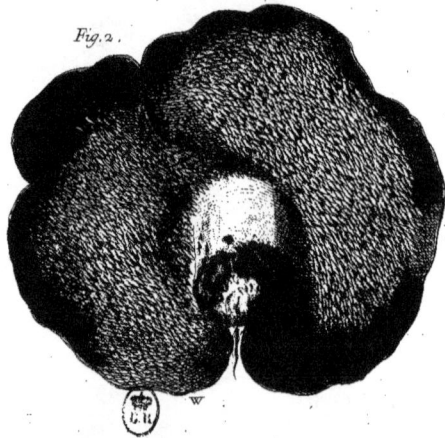

Fig. 2.

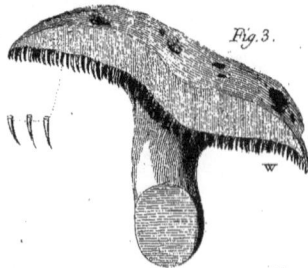

Fig. 3.

HYDNUM Repandum. *L.*

HYDNUM

REPANDUM.

HYDNE *SINUÉ.*

ORDRES SYSTÉMATIQUES

DE TOURNEFORT.	VON LINNÉ.	DE JUSSIEU.
Claffe XVII.	Claffe XXIV. Ordre 4. *Fungi.*	Cl. I. Ord. 1. les Champignons.

DESCRIPTION.

ENVELOPPE,
CALICE,
COROLLE,
ETAMINES, } aucune apparence.
PISTIL,
NECTAR,
PÉRICARPE,

RÉCEPTALE. Papilles ou aiguillons fubulés de deux à quatre lignes de long, & du diamètre d'une moyenne épingle, d'un blanc jaunâtre ou rouffâtre, très-rapprochés & difpofés fous un chapeau, dans une direction perpendiculaire. Leur bafe s'attache à la furface inférieure du chapeau, d'où on les détache facilement fans intéreffer la propre fubftance de cette plante. Ces aiguillons font intérieurement fpongieux. *Voyez* W, & fig. 2 & 3.

SEMENCES, inconnues.

RACINE. *Petites fibrilles* quelquefois très-peu vifibles : elles fervent à fixer la plante dans un terrein fablonneux.

TRONC. *Colonne* ou pédicule plein, d'un pouce ou d'un pouce & demi de long, fur huit à dix lignes de diamètre, tantôt cylindrique, tantôt un peu applatie, & qui s'élargit en fe confondant avec le chapeau. Surface jaunâtre; fubftance ferme, blanche quand on la coupe, & qui jaunit un moment après. Cette colonne ou pédicule foutient un chapeau irrégulièrement orbiculaire, applati, lobé; lobes inégaux. *Voyez* fig. 1.

FEUILLES, aucune.

SUPPORTS. {
Armes,
Stipules, } aucune.
Braêlée,
Péduncules, }
Pétioles, } aucun.
Vrilles, aucune.
}

PORT. D'une fubftance moififorme s'élève un pédicule furmonté d'une tête d'abord arrondie, qui enfuite s'applatit, & préfente fupérieurement une furface évafée de deux à quatre pouces, & comme ondulée par des élévations & des renfoncemens inégaux. Bords finués; échancrures inégales; fubftance charnue, affez ferme; chair blanche en la coupant, peu épaiffe au bord, s'augmentant à mefure que l'on continue vers la colonne ou pédicule; de forte qu'auprès de l'infertion du pédicule, elle a quatre à cinq lignes d'épaiffeur.

Bb

VÉGÉTATION. Sort de terre en septembre-octobre, dure quelques jours, ensuite se dessèche.

LIEU. Nos forêts, aux pieds des arbres.

PROPRIÉTÉS.
{
Odeur de champignon, agréable, ressemblant beaucoup à l'odeur de la chanterelle.

Saveur semblable à celle de champignon, sur-tout à celle des bolets bons à manger. Il laisse une impression sur la langue, semblable à du poivre; ou, pour mieux dire, au brûlant de la *persicaria hydropiper*, mais plus légère.
}

ANALYSE, } inconnues.
VERTUS, }

USAGE, inconnu.

ETYMOLOGIE. *Hydnum*, du grec ῦΤδνον; nom que les Anciens avoient donné à la Truffe, parce qu'on avoit observé que la Truffe se trouvoit abondamment après les pluies. Ce nom a été donné par Linné au genre que nous venons de décrire, sans doute pour la même raison. *Repandum*, Recourbé, parce qu'aucunes des parties de ce Champignon ne sont droites.

NOM GÉNÉRIQUE PHYTONOMATOTECHNIQUE.

Ả W Z.

SYNONYMIE.

HYDNUM (*repandum*) *stipitatum, pileo convexo lævi flexuoso. Dalib. par. 383. Lin. sp. pl. 1647. n°. 2. id. Syst. Plant. 4. 612. n°. 2. Mur. Reg. Veget. 822. Buch. Dic. Univ. to. pag. 82. Flor. Dan. tab. 310.*

——— *pediculatum pileo inæqualiter laciniato scabro flavo. Guet. Stamp. 1. pag. 383.*

ECHYNUS *petiolatus, lamellatus, subrufus, petiolo lævi. Hal. Helv. n°. 2325.*

ERINACEUS *coloris pallide citreis. Dill. Giss. tab. 1.*

——— *esculentus pallide luteus. Mich. nov. gen. 132. tab. 72. fig. 3.*

FUNGUS *erinaceus. Vail. Bot. par. 58. Fabreg. 4. pag. 176. n°. 108.*

——— *Schæff. tab. 318.*

HYDNE sinué. *Lam. 1. 120. genre 1283. Lestib. 307.*

ERINACE chantourné. *Dub. 2. 495.*

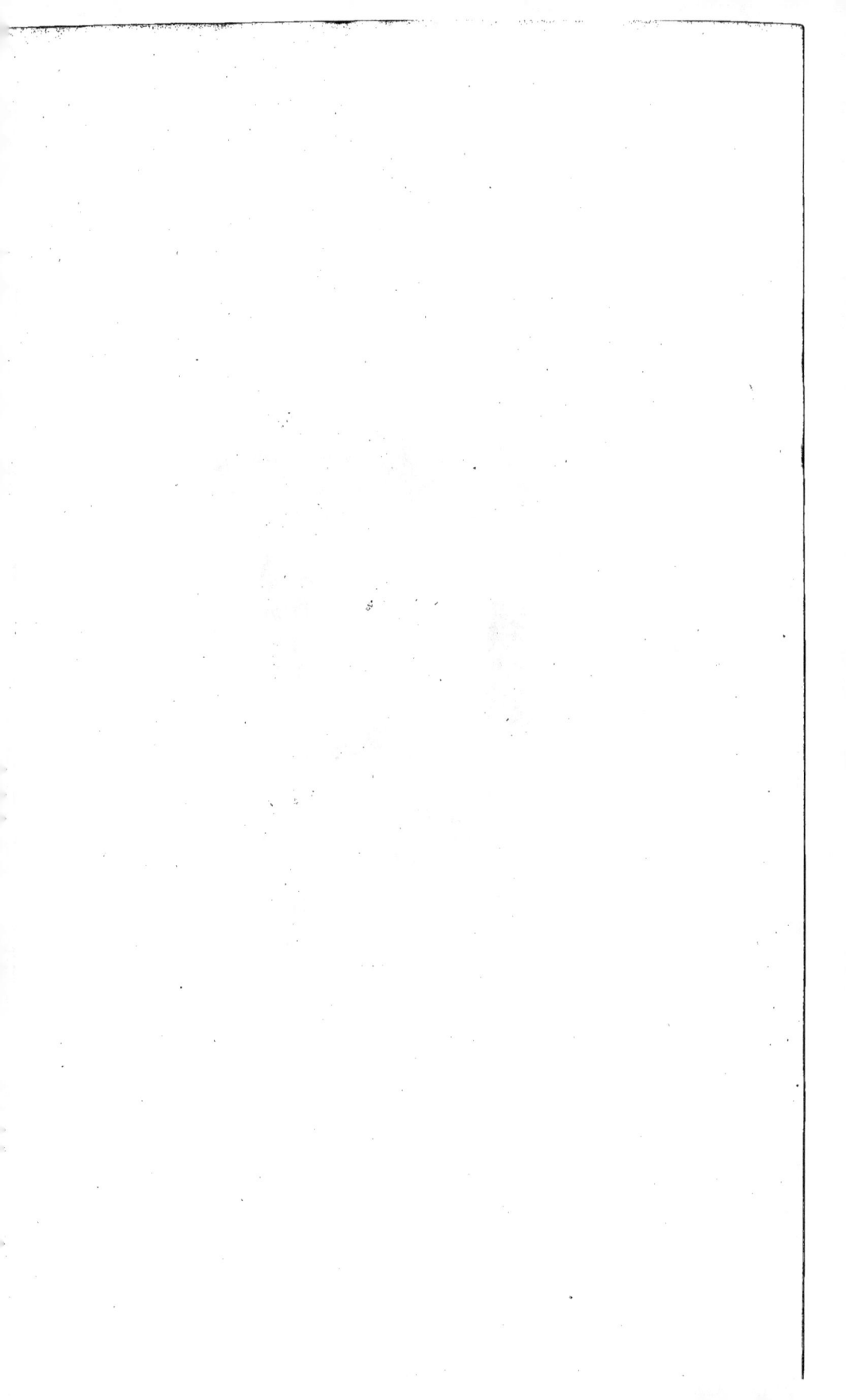

AUZ

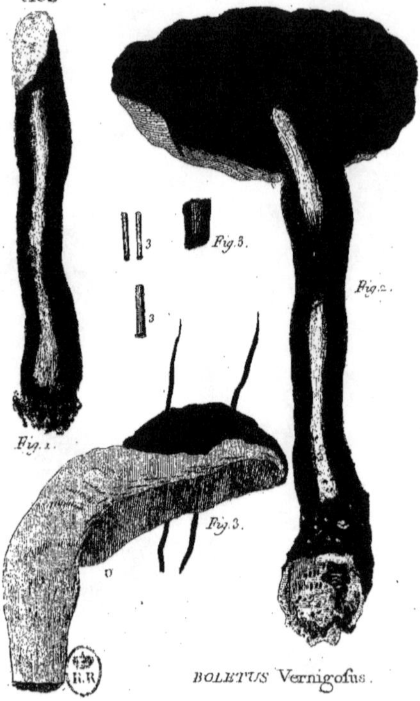

Fig.1.

Fig.3.

Fig.2.

Fig.3.

BOLETUS Vernigofus.

BOLETUS

VERNIGOSUS.

BOLET *VERNISSÉ.*

ORDRES SYSTÉMATIQUES

DE TOURNEFORT.	VON LINNÉ.	DE JUSSIEU.
Cl. XVII. Section 1. Genre 2.	Claſſe XXIV. Ordre 4. *Fungi.*	Cl. I. Ordre 1. les Champignons.

DESCRIPTION.

ENVELOPPE,
CALICE,
COROLLE,
ETAMINES, } aucune apparence.
PISTIL,
NECTAR,
PÉRICARPE,

RÉCEPTACLE. Collection de tuyaux à ouvertures cylindriques, petites, égales ou preſque égales, & un peu argentées. Ces tuyaux, détachés de deſſous le chapeau, *voyez* la fig. 3. ſont autant de priſmes roux, ſimples, à pluſieurs angles, adoſſés les uns contre les autres; de manière que chacun par ſes angles, étant adoſſé à ſes voiſins, forme avec eux autant de nouveaux tuyaux. Chaque priſme, pris ſéparément, eſt anguleux & comme cannelé; ſon diamètre eſt égal dans toute ſa longueur; ſa conſiſtance eſt ſpongieuſe; en regardant à la loupe les côtés d'un faiſceau de tuyaux, on les voit couverts d'une pouſſière rouſſe très-fine, que nous décrirons au mot Semences. Tous ces tuyaux ont le diamètre d'une petite épingle, & à-peu-près cinq lignes de long; & ſont fixés ſous & à la propre ſubſtance du chapeau.

SEMENCES. Petites graines poudreuſes, très-fines, applaties, luiſantes & jaunâtres, ſituées dans les tuyaux dont nous venons de parler; leur forme varie prodigieuſement : ces graines, groſſies à la loupe, peuvent à peine égaler l'empreinte de la pointe d'un camion.

RACINES, aucune, à proprement parler. Ce Champignon prend ſa naiſſance ſur un autre corps qui lui tranſmet ſa ſève.

TRONC. *Colonne* cylindrique, jamais droite, inégale dans ſon diamètre, c'eſt-à-dire, renflée dans certains endroits, & étranglée dans d'autres; l'extérieur ou l'écorce en eſt très-liſſe, très-dure, très-ſèche & comme vernie; ſous cette écorce, qui n'a tout au plus qu'un quart de ligne d'épaiſſeur, ſe trouve une ſubſtance ſpongieuſe, jaunâtre, & très-ſemblable à de l'amadou. Cette colonne eſt pleine de cette ſubſtance, & terminée ſupérieurement par un chapiteau orbiculaire auquel elle s'attache toujours ou latéralement, ou ſupérieurement, comme nous l'avons fait repréſenter à la *fig.* 2.: mais toujours en paſſant de bas en haut & par à côté de ce chapeau.

FEUILLES, aucune.

SUPPORTS.
$\begin{cases} Armes, \\ Stipules, \\ Bractées, \end{cases}$ aucune.

$\begin{cases} Pétioles, \\ Péduncules, \end{cases}$ aucun.

$Vrilles$, aucune.

PORT. Sur un corps végétal couvert de terre, se développe, peu à peu, une colonne cylindrique très-dure, jaunâtre & très-luisante, laquelle est terminée supérieurement par une tache blanche, luisante & plus molle, mais néanmoins de la consistance de cuir humide. *Voyez* la fig. 1. Cette colonne s'épanouit, peu à peu, par sa partie supérieure, c'est-à-dire, par sa tache blanche, & prend la forme de la *fig.* 2. Dans cet état, le chapeau est couvert de la même écorce que le pédicule, & formé de la même substance spongieuse semblable à de l'amadou, & porte à-peu-près dix lignes d'épaisseur, y compris la longueur des tubes qui sont placés sous ce chapeau. Ce Champignon, dans cet état, se dessèche, & se conserve sans se corrompre.

VÉGÉTATION. Sort de terre dans toutes les saisons, après d'abondantes pluies ; il se développe insensiblement, & emploie à ce développement deux à trois mois ; ensuite il se dessèche.

LIEU. Les bois, les forêts sur-tout où l'on a fait d'anciennes coupes de bois. Le Bois de Boulogne près Paris.

PROPRIÉTÉS. $\begin{cases} Odeur, \\ Saveur, \end{cases}$ à très-peu de chose près, semblables au bolet de chêne, *boletus ignarius.*

ANALYSE, inconnue.

VERTUS. Nous les croyons semblables à celle du bolet de chêne, connu plus communément sous le nom d'agaric de chêne.

USAGE, aucun.

ETYMOLOGIE. *Boletus*, du mot grec βωλίτης, Champignon rond. Ce nom fut donné par Tournefort à la morille. Linné, en formant de nouveaux genres, donna ce nom aux champignons à chapeaux garnis de pores, & nomma *Phallus* les morilles de Tournefort. Au mot *Boletus* nous avons ajouté *Vernigosus*, du mot *Vernigo*, Vernis, à cause que cette espèce est couverte d'une écorce dure & luisante comme un cuir verni.

NOM GÉNÉRIQUE PHYTONOMATOTECHNIQUE.

Á U Z.

SYNONYMIE.

BOLETUS (*vernigosus*) *stipitatus perennis, poris tenuissimis albicantibus, pediculo & pileo utrinque vernigoso.*

BOTTIN de Dubourg. 2. pag. 494.

BOLET vernissé.

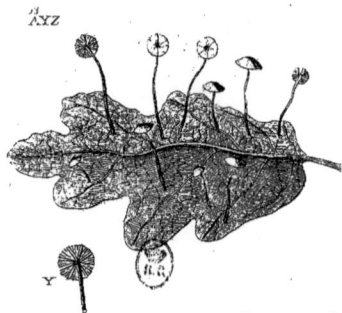

AGARICUS Androfaceus. *L.*

AGARICUS

ANDROSACEUS.

AGARIC *ANDROSACÉ.*

ORDRES SYSTÉMATIQUES.

DE TOURNEFORT.	VON LINNÉ.	DE JUSSIEU.
Cl. XVII. Seĉt. 1. Genre 2.	Claffe XXIV. Ordre 4. *Fungi.*	Cl. I. Ord. 1. les Champignons.

DESCRIPTION.

ENVELOPPE,
CALICE,
COROLLE,
ETAMINES, } aucune apparence.
PISTIL,
NECTAR,
PÉRICARPE,

RÉCEPTACLE. *Lames* (Y) blanches, écartées, en petit nombre en comparaifon de quelques autres efpèces du même genre, mais de trois fortes, favoir, de grandes qui du bord vont fe rendre au pédicule ou colonne ; de moyennes qui, auffi du bord, fe rendent à moitié du trajet des grandes ; & enfin de petites, qui ne fe voient qu'avec attention au bord du chapeau. Cet ordre fe voit, fans être obligé de difféquer la plante ; de plus, fi l'on confidère avec une loupe la tranche des feuillets, on les voit marqués d'une ligne en fente qui indique qu'ils font formés de deux membranes adoffées l'une contre l'autre. Ces lames ou feuillets font à-peu-près d'une égale largeur dans toute leur étendue, & femblent, en quelque façon, fe continuer un peu le long de la colonne ; mais cette manière d'être tient principalement au creux ou renfoncement qu'on obferve quelquefois fur le chapeau, & qui alors éloigne le pédicule ou colonne, & oblige les feuillets de le fuivre.

SEMENCES. Efpèce de farine très-fine, très-blanche, qui fort de la tranche des feuillets.

RACINE, aucune bien diftinĉte ; le bas de la colonne eft très-adhérent fur des feuilles mortes, où croît cette plante, de manière à ne pouvoir l'en détacher.

TRONC. *Colonne* cylindrique, filiforme, d'un rouge brun dans fa moitié inférieure ; d'une couleur plus claire dans fa moitié fupérieure. Cette colonne eft pleine, droite, coriace, ferme, difficile à rompre ; fa partie inférieure eft un tant foit peu plus groffe que fa partie fupérieure. La partie fupérieure eft terminée par un chapeau d'abord conique ; il devient convexe, horizontal, enfuite applati, & enfin concave fupérieurement ; fa furface eft liffe, blanche, & marquée de petites lignes qui indiquent la place qu'occupent les feuillets ; fubftance très-mince ou prefque nulle.

FEUILLES, aucune.

SUPPORTS, aucun.

PORT. Des feuilles à demi pourries, & couvertes de moififfure, fortent des colonnes ou pédicules verticaux furmontés d'autant de petits cones ; ces cones s'évafent peu à peu, & deviennent des plateaux horizontaux, enfuite concaves.

C c

Végétation. Sort des feuilles entaffées par terre & à demi pourries, en automne principalement après des pluies de longue durée.

Lieu. Les bois, les foffés, les endroits couverts & qui confervent un peu l'humidité.

Propriétés. { *Odeur*, } abfolument femblable à celle de champignon de couche, mais
{ *Saveur*, } plus foible.

Analyse,
Vertus,
Usage,   } inconnues.
Dose,

Etymologie. *Agaricus* vient d'*Agarus*. Voyez la page 2 de ce premier volume. *Androfaceus*,
Androfacé, des mots grecs ἀιδϛὸς, *Viri*, de l'homme ; & σάκος, *Scutum*, Bouclier, à
caufe de la reffemblance des têtes de ce champignon avec un bouclier ; ou, pour mieux
dire, à caufe de fa reffemblance avec une production maritime décrite dans Tournefort,
fous le nom d'*Acetabulum*, & qui portoit autrefois le dom d'*Andraface*.

NOM GÉNÉRIQUE PHYTONOMATOTECHNIQUE.

A Y Z.
13

SYNONYMIE.

Agaricus (androfaceus) *ftipitatus albus, pileo plicato membranaceo, ftipite nigro. Dalib. par.* 374.
n°. 52. Lin. fp. pl. 1644. n°. 23. id. Syft. pl. 4. 606. n°. 24. Mur. Reg. Veget. 820.
n°. 23. Buch. Dic. Reg. Veget. 1. 85. n°. 23.

——— *pileo convexo plicato membranaceo lamellis remotis ; ftipite nigro procero capillaceo*
nudo. Scop. Carn. 1. pag. 29.

Amanita *petiolo nigro, pileolo albo ftriato excarni. Hal. Helv. n°.* 2351.

Fungus *caule nigro capillari, androfaceus capitulo. Boc. Muf.* 143. *tab.* 104.

——— *pileo candicante, lamellis paucis pediculo fufco fplendente. Vail. Bot. par.* 69. *n°.* 59.
tab. 11. *fig.* 21 à 23. *Mich. Nov. gen. pl.* 168. *Fabreg. 4.* 169. *n°. 6.*

Champignon androfacé. *Dub. 2.* 471. *Lam. 1.* 113. *genr.* 1281. *Leftib.* 304.

ÅBÅYZ.

Fig.2.

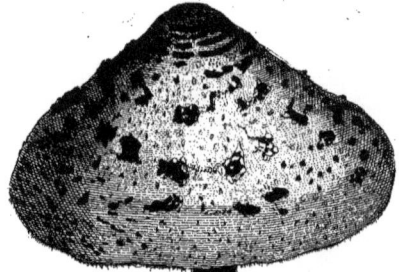

Fig 3.

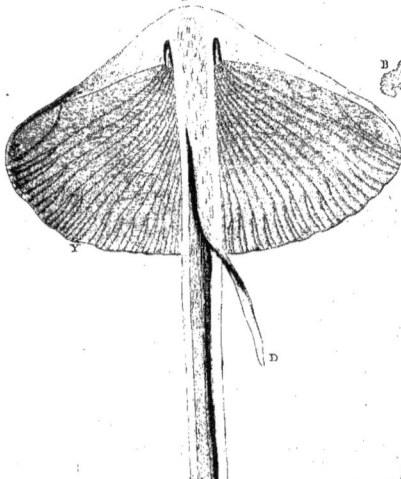

B

B

Fig.1.

D

AGARICUS Rimofus.

AGARICUS

RIMOSUS.

AGARIC *GERCÉ.*

ORDRE SYSTÉMATIQUE.

DE TOURNEFORT.	VON LINNÉ.	DE JUSSIEU.
Claſſe XVII. Sect. 1. Genre 2.	Claſſe XXIV. Ordre 4. *Fungi.*	Cl. I. Ord. 1. les Champignons.

DESCRIPTION.

ENVELOPPE. *Une bourſe partielle* qui bouche tout le deſſous du chapeau avant ſon épanouiſſement ; elle eſt molle, ſpongieuſe, blanche en deſſus, & comme fibreuſe, griſe-brune
en deſſous, preſque point adhérente au pédicule, autour duquel elle forme un anneau.
Cette demi-envelonne eſt fixée, d'une part avant le parfait épanouiſſement du chapeau,
à un pouce au deſſous du haut du pédicule, & d'une autre part, au bord du chapeau.
Voyez la fig. 1, où l'on voit en B une gerçure circulaire qui indique la ſéparation de
cette enveloppe d'avec la tête : on la voit en B, fig. 2, ſéparée du chapeau.

CALICE,
COROLLE,
ETAMINES,
PISTIL, } aucune apparence.
NECTAR,
PÉRICARPE,

RÉCEPTACLE. Lames très-blanches, rapprochées, occupant tout le deſſous du chapeau,
Voyez fig. 3 ; attachées, d'une part, à un bourrelet ſpongieux qui entoure le haut du
pédicule, & de l'autre, par leur bord ſupérieur à toute la face inférieure du chapeau :
ces lames ſont diſpoſées de manière qu'entre deux lames entières ſe trouve placée une
portion de lame, qui, preſque jamais, n'excède la moitié de la longueur des entières.
On trouve auſſi quelquefois, entre quelques feuillets entiers, trois portions de lames,
ſavoir, deux petites portions qu'on apperçoit au bord du chapeau, & une très-grande
portion qu'on prendroit, ſi l'on n'y faiſoit bien attention, pour un feuillet entier.
Souvent auſſi on trouve la grande portion de lame collée avec le feuillet entier par
ſon extrémité, du côté du péduncule. Tous ces feuillets ſont attachés par l'extrémité
interne au cercle ou bourrelet dont nous avons parlé, & par l'extrémité externe au bord
du chapeau, & par le bord ſupérieur à la propre ſuxſtance du chapeau. *Voyez* fig. 3. Y.
Le bord inférieur paroît comme dentelé tant à l'œil ſimple qu'à la loupe.

SEMENCES. Eſpèce de pouſſière blanche qui ſort des bords inférieurs des feuillets.

RACINE. *Bulbe* pleine, ſpongieuſe, arrondie, ferme, brune en dehors, blanche en dedans,
& garnie de quelques fibrilles.

TIGE. *Colonne* cylindrique, fiftuleufe & pleine d'une efpèce de filaffe foyeufe, très-blanche (D); fubftance ferme d'une couleur brune en dehors, noifette en dedans; écorce gercée. Cette colonne eft entourée, aux deux tiers de fa longueur, d'un cercle B, fig. 2, en forme de collerette; c'eft les débris de la *volve partielle*, & dans fa partie fupérieure terminée par un chapiteau d'abord ovoïde, fig. 1; enfuite convexe & horizontal, fig. 2. Ce chapeau eft d'une couleur brune de marron, & gercé dans fon étendue : ce qui lui donne fouvent une forme imbriquée; fubftance fpongieufe, très-blanche, & affez épaiffe dans toute l'étendue du chapeau.

FEUILLES, aucune.

SUPPORTS, aucun.

PORT. D'une fubftance moififorme s'élève un champignon d'abord bi-oviforme, qui, en groffiffant, fe crevaffe & fe gerce extérieurement en bruniffant; enfuite il fe développe pour parvenir à l'état parfait, fig. 2. Dans cet état, le pédicule a depuis trois pouces jufqu'à huit de long, fur quatre à fix lignes de large; & le chapeau, depuis deux pouces & demi jufqu'à quatre & plus de diamètre.

VÉGÉTATION. Sort de terre en automne, dure plufieurs jours fans fe deffécher; enfuite il fe deffèche & ne fe pourrit point.

LIEU. Nos forêts, le Bois de Boulogne, en allant à Neuilly, en feptembre-octobre.

PROPRIÉTÉS. { *Odeur* foible de champignon, & ne change point.
{ *Saveur* de champignon, mais moins favoureufe.

ANALYSE,
VERTUS,
USAGE,   } inconnues.
DOSE,

ETYMOLOGIE. *Agaricus* d'*Agarus*. Voyez la page 2. de ce volume. *Rimofus*, Gercé, à caufe des gerçures qu'on obferve fur fa furface. Les Béarnois le nomment *Coufne*, Lit de plume, à caufe de fa molleffe.

NOM GÉNÉRIQUE PHYTONOMATOTECHNIQUE.

A B A Y Z.

S Y N O N Y M I E.

AGARICUS (*rimofus*) pediculo annulato rimofo, lamellis albidis, pileo convexo, rimofo variegato. ——— annulato pileo & pediculo variegato. *Dalib. par.* 378. n°. 71.
FUNGUS *pileolo lato longiffimo pediculo variegato. C. B. pin. 371. n°. 24. Vail. Bot. par 74. n°. 1. Tour. Inft. 557. Fabreg. 4. 173. n°. 67.*
FUNGI *efculenti decimum octavum genus. Cluf.* 264.
AGARIC panaché. *Lam. 1. 114. genr. 1281. Leftib.* 305.
CHAMPIGNON haut monté. *Dub.* 466.
LA COUSNE des Béarnois.

ÁBÁQDAZ

CLAVARIA Hypoxylon. L.

CLAVARIA

HYPOXILON.

CLAVAIRE *CORNUE.*

ORDRES SYSTÉMATIQUES

DE TOURNEFORT.	VON LINNÉ.	DE JUSSIEU.
Cl. XVII. Sect. 1. G. 5. *Agaricus.*	Classe XXIV. Ordre 4. *Fungi.*	Cl. I. Ord. 1. les Champignons.

DESCRIPTION.

ENVELOPPE,
CALICE, } aucune apparence.
COROLLE,

ÉTAMINES. Aucun filet, aucune anthère. *Poussière fécondante* parsemée, sur toutes les ramifications (B), de manière à leur donner une couleur grisâtre : cette poussière, lorsqu'on touche la plante, est élancée, & forme, autour des branches, une espèce de brouillard.

PISTIL. Germes arrondis, placés sous l'écorce de la plante. Ces germes ne sont point visibles dans le temps que la poussière fécondante fait explosion : car alors, telle coupe que l'on en fasse, on n'y trouve aucune apparence de germe ; mais, en gardant cette plante sur une éponge imbibée d'eau, peu à peu ces germes, précédemment invisibles, deviennent autant de corps arrondis, noirs, tels qu'on les voit à la fig. 2.

NECTAR, aucun.

PÉRICARPE. En coupant en travers une des branches de cette plante, quinze jours après l'explosion de la poussière fécondante, on apperçoit sous l'écorce des petites taches (Q) rondes, & qui forment un cercle sous cette même écorce ; chacune de ces taches, considérée en particulier, paroît être un petit fruit monoloculaire, sphérique, rempli de très-petits corps poudreux, noirs.

RÉCEPTACLE, aucun bien visible.

SEMENCES, très-petites, noires, arrondies, remplissant l'intérieur des fruits.

RACINE, aucune bien déterminée. Cette plante prend naissance sur un corps ligneux.

TRONC. *Tige* cylindrique ou applatie, très-lisse dans sa jeunesse, rude & chagrinée à la maturité des fruits ; alors on voit l'écorce soulevée & rude, comme si des grains de sable étoient placés au dessous d'elle. Ces tiges sont ou simples, ou ramifiées. Les tiges ramifiées sont applaties à leurs divisions ; les extrémités des tiges simples, & le haut des branches sont aussi un peu applaties : toutes sont noires dans toute leur étendue, & terminées à leurs sommets par une tache d'un beau blanc dans le temps de la floraison, & roussâtre dans le temps de la fructification. La substance est blanche, & de la consistance d'un bouchon de liège tendre.

FEUILLES, aucune.

D d

SUPPORTS.
{
Armes,
Stipules,
Bractées,
} aucune.

Pétioles,
Pédoncules,
} aucun.

Vrilles, aucune.
}

PORT. D'un corps ligneux, à demi pourri & posé sur terre, se développe cette fungosité; sa première forme est un petit cylindre pointu; ce cylindre s'allonge, & produit de sa base une branche, & enfin une troisième. Ces différentes productions applatissent la tige, & lui donnent la forme d'une petite main; *voyez* fig. Q; d'autres restent dans leur forme première : mais toutes ces productions tiennent à une souche commune. Au bas de ces tiges se trouvent des petits corps arrondis (2), lesquels sont les bourgeons des nouvelles branches.

VÉGÉTATION. Sort des pièces de bois demi-enterrées depuis quelques années, après des pluies; la poussière fécondante s'observe en juin & autres mois; les fruits sont visibles quinze jours après: la plante se passe & donne naissance à de nouveaux rejettons.

LIEU. Aux palissades, aux barrières, sur-tout aux endroits garantis du soleil, & garnis d'herbes.

PROPRIÉTÉS. { Odeur, Saveur, } semblable à celle d'un bois un peu pourri, mais foible.

ANALYSE,
VERTUS,
USAGE,
DOSE,
} inconnues.

ETYMOLOGIE. *Clavaria*, de *Clava*, Massue; parce qu'une partie des espèces de ce genre sont faites en forme de massue. *Hypoxylon*, Ὑποξυλον, des mots grecs ὑπὸ, *sub*, sous; ξυλον, *Lignum*, Bois: comme qui diroit, Plante qui croît sous le bois.

NOM GÉNÉRIQUE PHYTONOMATOTECHNIQUE.

À B À Q D A Z.

S Y N O N Y M I E.

CLAVARIA (*hypoxylon*) *ramosa cornuta compressa. Lin. sp. pl. 1652. n°. 5. id. Syst. Plant. 4. 621. n°. 5. Mur. Reg. Veget. 823. n°. 5. Scheuf. Fung. tab. 328. Buch. Dict. univ. tom. 5. 66. n°. 5.*

SPHÆRIA *nigerrima aspera palmata cornibus planis carnosis pulverulentis. Hal. Helv. n°. 2194.*

VALSA *digitata. Scop. Carn. 2. n°. 1413.*

LICHEN-AGARICUS *nigricans ligno innascens, plerumque mutifidus & compressus, imâ parte villosus, summâ vero glaber albidus & pulverulentus. Mich. gen. 104. n°. 1. tab. 55. fig. 1.*

AGARICUS *digitatus niger, apicibus albidis. T. Inst. 562.*

CORALLOIDES *ramosa nigra compressa apicibus albidis. T. Inst. 565.*

CORALLO FUNGUS *digitatus niger apicibus albidis. Vail. Bot. par. 41.*

CLAVAIRE CORNUE. *Lam. 126. Lestib. 308. Buch. Dict. v. 5. pag. 66.*

ÅDBETÅCÅ.

POLYTRICHUM Arboreum.

POLYTRICHUM

ARBOREUM.

POLYTRIC DES ARBRES.

ORDRES SYSTÉMATIQUES.

DE TOURNEFORT.	VON LINNÉ.	DE JUSSIEU.
Claſſe XVII. Section 1. Genre 1.	Claſſe XXIV. Ordre 2. *Muſci.*	Claſſe I. Ordre 2. les Mouſſes.

DESCRIPTION.

ENVELOPPE, aucune.

CALICE. *Coëffe* (C) membraneuſe, conique, rouſſâtre, & toujours velue ; bord inférieur, entier, quelquefois un peu denté, mais très-rarement ; l'extrémité de cette coëffe ſe termine en pointe ; ſa longueur égale les trois quarts de l'anthère : elle ne tombe qu'à la maturité de l'anthère.

COROLLE, aucune.

ÉTAMINES. *Un filet* (D) perſiſtant, de trois à cinq lignes de long, placé conſtamment aux aiſſelles des feuilles ; ce filet eſt droit, cylindrique, liſſe, d'un jaune rouſſâtre, terminé par une *anthère ;* cette anthère eſt compoſée d'une *urne* (E) cylindrique, oblongue, tronquée & bordée à ſon ouverture de pluſieurs denticules en forme de cils, & pleine d'une pouſſière fécondante, verdâtre ; & *d'un opercule* (2) pyramidal & petit, qui couvre l'ouverture de l'urne.

NECTAR. *Tubercule* (T) oblong, cylindrique, liſſe, glabre, placé au bas du filet, & formant l'inſertion de celui-ci avec la tige.

PÉRICARPE,
RÉCEPTACLE, } aucun.

SEMENCES, aucune bien ſenſible. Cette plante eſt ſeulement comme les autres mouſſes, munie de petits bourgeons axillaires, mais qui deviennent autant de branches.

RACINE, fibreuſe, chevelue, garnie de petites fibres, très-déliées.

TRONC. *Tige* très-grêle, aſſez longue, cylindrique, liſſe, glabre, garnie de feuilles rouſſâtres & mortes ; cette tige produit des branches, leſquelles ſe ramifient.

FEUILLES, très-ſimples, ovoïdes, élancées, perſiſtantes ; extrémité ſupérieure terminée en pointe ; extrémité inférieure arrondie & ſeſſile ; bords entiers ; milieu garni d'une nervure, & creuſée en bateau. *Voyez* fig. 2.

SUPPORTS. { *Armes,* *Stipules,* *Bractées,* } aucune. { *Pétioles,* *Péduncules,* } aucun. { *Vrilles,* aucune.

PORT. D'une racine fibreuse fort *une tige* droite, branchue & ramifiée. *Branches & rameaux* alternes, solitaires, obliques. *Feuilles* aussi alternes, rapprochées & crêpées lorsque la plante est desséchée; écartées & lisses lorsque la plante est mouillée. *Anthères* axillaires, pédiculées & droites. La grandeur de cette plante, en y comprenant la tige, est d'un pouce plus ou moins.

VÉGÉTATION. On la trouve, dans toutes les saisons, par touffes ou gazons un peu convexes, très-garnis. Les anthères se développent en janvier & février; on n'y trouve presque aucune coëffe ni d'opercule en juin & juillet. Les gazons vivent plusieurs années.

LIEU. Les terrains sablonneux, aux pieds & sur les racines des arbres; au Bois de Boulogne, près de Paris.

PROPRIÉTÉS. $\left\{\begin{array}{l}Odeur,\\Saveur,\end{array}\right\}$ nullement sensible.

ANALYSE,
VERTUS, $\left.\begin{array}{l}\\\\\\\end{array}\right\}$ inconnues.
USAGE,
DOSE,

ETYMOLOGIE. *Polytrichum*, de πολύ, *multum*, plusieurs; & τριχος, *génitif de* θριξ, *Capillus*: comme qui diroit, Plante qui a beaucoup de Cheveux; à cause de la densité des touffes formées par cette plante.

NOM GÉNÉRIQUE PHYTONOMATOTECHNIQUE.

ÅDBETÅCÅ.

SYNONYMIE.

POLYTRICHUM (*arboreum*) *caule ramoso, antheris lateralibus oblungis, calyptrâ integerrimâ.*
——————— *capillaceum crispum calyptris acutis pilosissimis.* Dill. Musc. 433. tab. 55. fig. 11.
——————— *bryoides capillaceum.* Weis. Crypt. 177.
BRYUM *setis brevissimis alaribus calyptris cylindricis villosissimis.* Hàl. Helv. n°. 1798.
MUSCUS *capillaceus minimus calyptrâ villosâ.* Vail. par. 130. n°. 11. tab. 26. fig. 9.
POLYTRIC des Arbres.

ABBREVIA.

BRYUM Scoparium.

B R Y U M

S C O P A R I U M.

B R Y *A B A L A I S.*

O R D R E S   S Y S T É M A T I Q U E S

DE TOURNEFORT.	VON LINNÉ.	DE JUSSIEU.
Cl. XVII. Section 1. Genre 1.	Claffe XXIV. Ordre 2. *Mufci.*	Claffe I. Ordre 3. les Mouffes.

D E S C R I P T I O N.

ENVELOPPE , aucune.

CALICE. *Coëffe* (B) membraneufe, rouffâtre, fubulée, liffe, glabre, d'abord entière, enfuite découpée inférieurement en bifeau, jufqu'à peu près un bon tiers de fa longueur; fa longueur totale eft de trois lignes, ou égale à l'anthère : elle tombe de bonne heure.

COROLLE , aucune.

ETAMINES. *Un filet* (D) perfiftant, placé à l'aiffelle des feuilles, d'un pouce à dix-huit lignes de long ; droit, cylindrique, liffe, purpurin dans toute fon étendue, mais pourtant plus ou moins foncé ; le milieu eft la partie la plus foncée en couleur. Ce filet eft terminé par *une anthère* (3) cylindrique, oblongue, droite, formée d'une urne & d'un opercule unis enfemble comme le couvercle d'une boîte eft unie à fon fond. *Urne* (E) cylindrique, unie, glabre, verdâtre ; ouverture garnie de petites dents. *Opercule* (2) liffe, aigu, rouge, purpurin ; & qui tombe de bonne heure pour laiffer élancer la pouffière fécondante ou les graines.

PISTIL , aucun.

NECTAR. Exquamation (V) périanthiforme, compofée de plufieurs écailles fubulées, feffiles, terminées par de longs poils, & difpofées en imbrication. Sous ces écailles fe trouve une gaîne cylindrique, entière, qu'on peut comparer au cylindre formé par les étamines des *Rufcus*. Cette gaîne, dont nous avons déja parlé en décrivant le *Sphagnum*, p. 77, eft garnie dans cette plante (lorfque ce que nous nommons plus haut étamines, fe trouve très-jeune) de quatre à cinq lignes longitudinales, poudreufes (fig. 4.) que nous nommerions volontiers étamines , fi l'ufage en Botanique n'en avoit décidé autrement *.

PÉRICARPE , }
RÉCEPTACLE , } aucun.

SEMENCES , aucune.

RACINE , fibreufe, chevelue, perpendiculaire, & garnie de fibrilles très-déliées.

TRONC. *Tige* fimple ou branchue, cylindrique, très-feuillée ; branches quelquefois ramifiées.

---

* Si notre obfervation fur cette Mouffe, & fur plufieurs autres, fe confirme, il faudra nommer *Calice* ce que nous nommons *Nectar;* *Corolle*, la gaîne dont nous venons de parler, & dont la coëffe eft une portion ; *Etamines*, ces lignes poudreufes qu'on y obferve ; & enfin *Piftil*, ce que nous avons rangé plus haut au nombre des *Etamines*. Ce que nous nommons, avec tous les Botaniftes, *Antères*, ne feroit autre chofe qu'une *Capfule* monoloculaire, qui s'ouvriroit en travers, comme on l'obferve fur plufieurs autres plantes.

FEUILLES, très-fimples, fubulées, feffiles ; bords très-entiers & recourbés en deffus, fur-tout depuis le milieu jufqu'à fa pointe ; extrémité très-effilée ; furfaces liffes, glabres, marquées d'une nervure, & perfiftantes.

SUPPORTS.
$$\begin{cases} Armes, \\ Stipules, \\ Braâée, \end{cases} \text{aucune.}$$
$$\begin{cases} Péduncules, \\ Pétioles, \end{cases} \text{aucun.}$$
$$Vrilles, \text{ aucune.}$$

PORT. D'une racine chevelue s'élève obliquement, à un pouce de haut, quelquefois moins, une tige cylindrique, très-garnie de feuilles ; cette tige fe divife en branches verticales, cylindriques & très-feuillées ; quelquefois ces branches pouffent des rameaux. Les feuilles font alternes, très-rapprochées les unes des autres par leur origine ; écartées & penchées d'un feul côté par leurs extrémités. Les étamines font axillaires, folitaires ou plufieurs enfemble. Les filets en font droits, verticaux. Les anthères font verticales dès leur jeuneffe, & obliques à leur maturité.

VÉGÉTATION. Plante toujours verte, fi elle eft mouillée, mais principalement en janvier & février, temps où elle pouffe fes étamines, qui font mûres en mai-juin : elle forme des gazons lâches d'un beau vert.

LIEU. Nos bois, nos forêts, aux Bois de Boulogne & de Meudon.

PROPRIÉTÉS.
$$\begin{cases} Odeur, \\ Saveur, \end{cases} \text{nullement fenfibles.}$$

ANALYSE,
VERTUS,
USAGE,
DOSE,
$$\Big\} \text{inconnues.}$$

ETYMOLOGIE. Bryum, du mot grec βρυω, Germino, je pouffe abondamment. Scoparium, à Balais, à caufe des touffes de feuilles qu'on obferve aux branches de cette efpèce avant que les rameaux foient développés ; ce qui leur donne la forme d'autant de petits Balais.

NOM GÉNÉRIQUE PHYTONOMATOTECHNIQUE.

Å D B E V Å B I Å.

SYNONYMIE.

BRYUM (fcoparium) antheris erectiufculis, pedunculis agregatis, foliis fecundis recurvatis, caule declinato. Dalib. par. 319. n°. 10. L. fp. pl. 1582. n°. 9. id. Syft. pl. 4. 477. n°. 9. Mur. Reg. Veget. 797. n°. 9. Buch. Dict. Reg. Veget. 4. 135. n°. 9.

———— reclinatum foliis falcatis, fcoparium effigie. Dil. Mufc. 357. tab. 46. fig. 16.

HYPNUM foliis falcatis, heteromalis, vaginis multifloris. Hal. Helv. n°. 1777.

———— furculis erectiufculis ; foliis fecundis linearibus recurvis. Scop. Carn. 1. pag. 160. n°. 24.

MUSCUS capillaceus major. pediculo & capitulo tenuioribus. Vail. Bot. par. 132. tab. 28. fig. 11. Tour. Inft. 551. Fabreg. 5. 237. n°. 63.

BRY à Balais. Dub. 2. 445. n°. 7. Lam. 1. 47. gen. 1265. n°. 9. Leftib. Bot. Belgiq. 265.

JIQJIABIAJISBEZ

Fig.4.

Fig.5.

SOLANUM Nigrum. L.

SOLANUM

NIGRUM.

MORELLE *NOIRE.*

ORDRES SYSTÉMATIQUES

DE TOURNEFORT.	VON LINNÉ.	DE JUSSIEU.
Claffe II. Section 7.	Claffe V. Ordre 1.	Claffe VII. Ordre 6. Solanées.

DESCRIPTION.

ENVELOPPE, aucune.

CALICE. *Périanthe* (J) inférieur, perfiftant, petit & à cinq fentes. Dents entières appliquées contre le germe ; elles s'écartent du fruit à mefure qu'il groffit & mûrit.

COROLLE. *Un pétale* (J) caduc, plus grand que le calice. *Limbe* fendu en cinq. *Laciniures* égales, entières, aiguës, évafées. *Tube* cylindrique, plus court que le limbe, & inféré fous le germe.

ETAMINES. *Cinq filets* (Q) plus courts que les anthères, & attachés au haut du tube de la corolle. *Cinq anthères* égales, uniformes, compofées chacune de deux corps cylindriques adoffés l'un à l'autre, & ouverts par le haut, de forte que chaque anthère eft ouverte au fommet par deux trous. *Voyez* la figure ½ groffie à la loupe.

PISTIL. *Un germe* (B) dans le calice ; ce germe eft arrondi, glabre. *Un ftyle* velu & en fufeau, de la longueur, tout au plus, des étamines. *Un ftigmate* en tête.

NECTARS, aucun.

PÉRICARPE. *Baie* (S) fphérique, molle, liffe, verte avant d'être mûre, & qui noircit en mûriffant ; l'intérieur divifé en deux loges qui s'effacent en mûriffant, & remplies de femences & d'un fuc plus ou moins coloré. Ce péricarpe tombe fans s'ouvrir.

SEMENCES, plufieurs (Z), liffes, ovoïdes, un peu comprimées.

RÉCEPTACLE. Pivot (E) occupant le centre de la baie.

RACINE, fibreufe, pivotante, garnie de fibrilles capillacées. *Voyez* la fig. 4.

TRONC. *Tige* (fig. 5.) cylindrique, pleine, glabre, branchue, ramifiée, feuillée.

FEUILLES pétiolées, ovoïdes-anguleufes, veinées, entières ou peu finuées, mais point dentées ; furfaces des feuilles inférieures, glabres ; celles des fupérieures, velues.

SUPPORTS.
{
Armes,
Stipules, } aucune.
Bractées,

Pétioles déprimés, folitaires ou géminés, moins longs que les feuilles.

Pédoncules communs & particuliers ; les communs, cylindriques, plus longs que les particuliers & roides ; les particuliers, cylindriques, plus gros à l'approche du fruit qu'à leur origine, & penchés.

Glandes,
Vrilles, } aucune.
}

Port. D'une racine pouffe une *tige*, laquelle, dès fa naiffance, eft branchue & oblique. *Branches* ramifiées ; branches & rameaux flexueux, difpofés fans ordre. *Feuilles* alternes, quelquefois géminées. *Fleurs* en grappes, caulinaires, ombelliformes, rarement axillaires. *Les fruits* pendent au bas des péduncules partiels. *Péduncules* généraux roides.

Lieu. Les endroits incultes, les terrains gras, les vignes, aux bords des chemins.

Végétation. Pouffe deux cotylédons ovoïdes (2, 3.) en mai-juin ; fleurit en juillet-août ; les fruits font mûrs en août-feptembre ; toutes les parties de la plante périffent en octobre-novembre : fa durée totale eft de fix mois tout au plus.

Propriétés. $\begin{cases} \textit{Odeur, toute la plante a une odeur nauféabonde, foible.} \\ \textit{Saveur herbacée, falée ; les fruits mûrs font fucrés, nauféabonds, déplaifans.} \end{cases}$

Analyse. $\begin{cases} \textit{Pyrotechnique,} \\ \textit{Hygrotechnique,} \end{cases}$ inconnue.

Vertus. Cette plante eft eftimée anodyne, réfolutive, légèrement engourdiffante, anti-cancéreufe, anti-éryfipélateufe & anti-polypeufe, appliquée extérieurement ; intérieu-ment, on la croit affoupiffante, ftupéfiante & capable de déranger les fonctions fpirituelles, & par conféquent vénéneufe.

Usage. On s'en fert en cataplafme pour réfoudre & appaifer les douleurs des hémorrhoïdes, de la goutte & des engorgemens à abcès. Cette plante, réduite en pulpe en la pilant dans un mortier de plomb, a été employée, fans aucun fuccès, contre les douleurs cancéreufes. Les feuilles, réduites en poudre, forment un tabac propre à guérir les polypes du nez, felon M. *Garnier*, Formules de l'Hôtel-Dieu de Lyon, page 62, édition de 1764. On n'en fait aucun ufage intérieur.

Dose. Par poignées, foit appliquée en fubftance, ou cuite avec du lait. Pour les polypes, la poudre par pincées, comme une prife de tabac, plufieurs fois dans la journée.

Etymologie. *Solanum*, à *folari*, foulager ; parce que cette plante foulage, par fa propriété engourdiffante, les douleurs fur lefquelles on l'applique.

NOM GÉNÉRIQUE PHYTONOMATOTECHNIQUE.

JIQJIABIAJISBEZ.

SYNONYMIE.

Solanum (*nigrum*) *caule inermi herbaceo, foliis ovatis dentato - angulatis, racemis diftichis nutantibus.* Lin. Mat. Med. 66. fp. pl. 186. id. Syft. pl. 1. 514. Mur. Reg. Veget. 187. n°. 15. Hal. Helv. n°. 576. Œd. Dan. tab. 460. Gouan. Hort. 209. id. Flor. Monfp. 33. n°. 3.

———— *caule inermi herbaceo ancipiti, foliis ovatis angulatis, umbellis folitariis cernuis.* Scop. carn. 1. 287.

———— *caule inermi herbaceo ; foliis ovatis angulatis.* Dalib. par. 72.

———— *officinarum acinis nigricantibus.* C. B. pin. 166. Vail. 188. n°. 1. T. Inft. 148. id. Her. 1. 76.

———— *hortenfe five vulgare acinis nigricantibus.* J. B. 3. 608. Dod. pempt. 453.

Morelle à fruit noir.

———— noire. Lam. 2. 258. Leftib. 166.

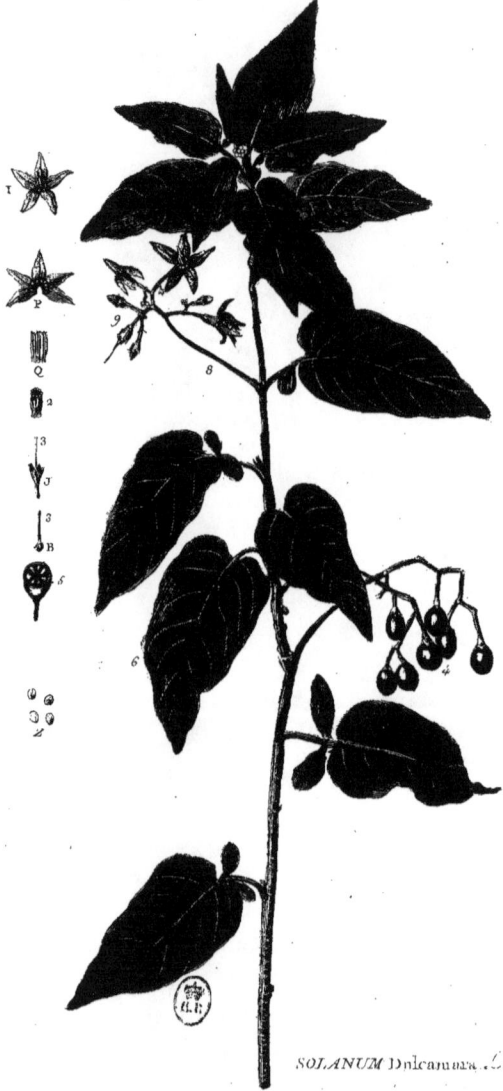

SOLANUM Dulcamara . *L.*

SOLANUM
DULCAMARA.
MORELLE DOUCE-AMÈRE.

ORDRES SYSTÉMATIQUES.

DE TOURNEFORT.	VON LINNÉ.	DE JUSSIEU.
Claffe II. Section 7. Genre 1.	Claffe V. Ordre 1.	Cl. VII. Ordre 6. les Solanées.

DESCRIPTION.

ENVELOPPE, aucune.

CALICE. *Périanthe* (J) monophylle, denté de cinq dents arrondies, droites, obtufes, égales. Ces dents font féparées les unes des autres par cinq fentes qui entament ce calice jufqu'au milieu. Ce calice perfifte & refte appliqué contre le fruit.

COROLLE. *Un pétale* (I) évafé, caduc, en forme de molette d'éperon; découpures ovoïdes, égales, aiguës & portées par un très-petit tube marqué, à fon ouverture, de dix petites dents, & inféré fous le germe.

ETAMINES. *Cinq filets* (Q) égaux, cylindriques, très-courts, droits, & inférés fur le tube de la corolle. *Cinq anthères* élancées, jaunes, réunies en forme de cylindre (2) autour du piftil; ces anthères font droites & plufieurs fois plus longues que les filets, quoique plus courtes que le piftil; chacune s'ouvre par le haut par deux trous égaux; de forte que fi l'on regarde le cylindre qu'elles forment avec une loupe, on le voit percé de dix trous rangés en forme de couronne. *Pouffière fécondante* blanche.

PISTIL. *Un feul germe* (B) fupérieur, oviforme, liffe, glabre, contenu dans le calice (J), & furmonté *d'un ftyle* cylindrique, filiforme, liffe, glabre & droit. Ce ftyle eft lui-même terminé par *un ftigmate* (3) entier, obtus, & peu diftinct du ftyle.

NECTAR. *Dix taches* ou *glandes* (P) verdâtres, placées auprès de l'infertion des étamines: ces glandes font triangulaires, à angles obtus, & très-luifantes.

PÉRICARPE. *Baie* (4.) oviforme, arrondie, très-liffe, très-unie, très-glabre, & à une feule loge; fa confiftance eft molle, fucculente; elle contient un fuc d'un rouge jaunâtre, & plufieurs femences adhérentes à une efpèce de pulpe fibreufe.

SEMENCES, plufieurs applaties fur une face, convexes fur l'autre, & arrondies fur la circonférence; dures, cartilagineufes & blanches.

RACINE, fibreufe, ligneufe, tortueufe, ramifiée; d'un blanc jaunâtre extérieurement, & blanche intérieurement.

TRONC. *Tiges* flexueufes, fragiles, cylindriques, grimpantes, feuillées, branchues & ramifiées. Subftance pleine, ligneufe lorfqu'elle eft vieille, herbacée lorfqu'elle eft jeune.

FEUILLES, fimples (6) ou compofées (7); les fimples font en cœur & à bords entiers; furfaces veinées & glabres; les compofées font formées d'une grande foliole femblable à la feuille que nous venons de décrire, & de deux folioles ovoïdes ou élancées, beaucoup plus petites, & portées fur un pétiole commun.

SUPPORTS.
{
Armes,
Stipules, } aucune.
Bractées,

Pétioles très-fimples, moins longs que les feuilles, applatis en deffus, & arrondis en cylindre en deffous.

Péduncules de deux fortes, de généraux (8) & de particuliers (9). Le premier des généraux eft droit; les ramifications qu'il produit font tortueufes. Les particuliers font auffi droits: tous font cylindriques.

Vrilles, aucune.

F f

PORT. D'une racine fort une ou plufieurs tiges flexueufes, foibles, décombantes. Ces tiges pouffent *des branches* alternes, farmenteufes & très-longues. De ces branches fortent des rameaux auffi alternes, & de la même forme. *Les feuilles* font alternes, folitaires. *Les fleurs* font difpofées en grappes folitaires, & non-axillaires; chaque grappe eft formée d'un péduncule commun, affez long, qui fe divife d'abord en deux; chaque divifion fe fubdivife encore en deux, & produit une fleur & un péduncule commun, lequel fe fubdivife de nouveau pour produire enfin des fleurs qui elles-mêmes font foutenues par d'autres péduncules particuliers. La grandeur de cette plante varie beaucoup; mais elle eft fi foible, qu'elle ne peut pas fe foutenir d'elle-même; elle s'applique & s'attache par des efpèces de petites racines fur les arbres ou murailles voifines; étant foutenue, elle peut acquérir jufqu'à foixante pieds de haut : pendant que fa grandeur ordinaire eft de trois à fix pieds.

VÉGÉTATION. Les graines fe fément d'elles-mêmes en automne; elles pouffent hors de terre en avril-mai; les vieilles tiges pouffent leurs feuilles auffi en avril; elles fleuriffent depuis juin jufqu'en octobre; les fruits mûriffent à fur & à mefure; les feuilles tombent aux premières gelées : la plante vit plufieurs années.

LIEU. Les bois, les haies, les bords des jardins, les terres graffes, les bords des foffés, les lieux humides.

PROPRIÉTÉS.
{ *Odeur*; la racine a une odeur herbacée, foible; les tiges & les feuilles ont la même odeur, mais plus forte; les fruits mûrs ont une odeur défagréable, nauféeufe.

{ *Saveur*; la racine eft légérement amère; les tiges font prefque infipides; les feuilles font un peu fucrées; les fruits font très-défagréables.

ANALYSE, inconnue.

VERTUS. On la dit fondante, défobftructive, réfolutive, déterfive, fudorifique, expectorante; hépatique, fplénique, apéritive, vulnéraire & anti-laiteufe.

USAGE. On s'en fert intérieurement dans l'hydropifie, la jauniffe, les obftructions, les dartres, & même pour les maladies vénériennes. *Linneus* & *Sauvage* lui attribuent pour ces maladies, plus de vertus qu'à la falfe-pareille & à l'efquine. On s'en eft auffi fervi pour les laits répandus, les rhumatifmes, & la colique néphrétique : fouvent on a eu du fuccès, fouvent auffi elle a été infructueufe.

DOSE. Les feuilles vertes en infufion, à la dofe de deux à trois gros, pour pouffer les urines; les farmens fendus & defféchés en décoction, à la dofe de deux à trois gros, pour les dartres, les maladies laiteufes, & les maladies vénériennes; la même dofe auffi dans du vin, pour les dartres, &c.

ETYMOLOGIE. *Solanum* (voyez la page 112.) *dulcamara*, *Dulcis amara* ou *amara dulcis*, à cause de fa faveur fucrée & amère.

NOM GÉNÉRIQUE PHYTONOMATOTECHNIQUE.

JIQJIPBIAJIQBEZ.

SYNONYMIE.

SOLANUM (*dulcamara*) *caule inermi frutefcente flexuofo, foliis fuperioribus haftatis, racemis cymofis.* Lin. Hort. clif. 60. id. Mat. Med. 66 fp. pl. 264. id. Syft. pl. 1. 511. Mur. Reg. Veget. 187. Dalib. par. 72. Duham. arbor. 2. tab. 72. Œd. Dan. tab. 607. Gouan. Flor. Monf. 32. id. Hort. Monfp. 108. Sauv. Met. fol. 103. 274.
————— *fcandens, feu Dulcamara.* C. B. pin. 167. Tour. Elem. 124. id. Inft. 149. id. Herb. 1. 77. Vail. Bot. par. 188. Fabreg. 6. 212.
————— *fcandens.* Lam. 2. 257. Leftib. 166.
DULCAMARA. *Dod. pempt.* 402.
DULCIS-AMARA. *Dalech. Lat.* 1413.
VITIS SYLVESTRIS. *Cam. Epit.* 986.
MORELLE grimpante. *Lam.* 2. 257. *Leftib.* 166.
————— douce-amère. *Dub.* 2. 188.
VIGNE vierge.
————— fauvage.
————— de Judée.
La DOUCE-AMÈRE. *Dal. Franc.* 2. 298.

Fig. 2.

Fig. 1.

ANAGALLIS Arvensis. L.

ANAGALLIS

ARVENSIS.

MOURON *DES CHAMPS.*

ORDRES SYSTÉMATIQUES.

DE TOURNEFORT.	VON LINNÉ.	DE JUSSIEU.
Claſſe II. Section 6. Genre 2.	Claſſe V. Ordre 1.	Cl. VII. Ordre 1. Lyſimachies.

DESCRIPTION.

ENVELOPPE, aucune.

CALICE. *Un périanthe* (J) inférieur diviſé très-profondément en cinq diviſions égales, entières, aiguës, uniformes, glabres, droites, perſiſtantes, & garnies à leur dos chacune d'une nervure.

COROLLE. *Un pétale* (JO) inférieur diviſé très-profondément en cinq diviſions égales, entières ou crénelées (W), uniformes & pétaliformes ; chaque partie eſt obtuſe, glabre & oviforme. Cette corolle donne attache aux étamines, & tombe de bonne heure.

ÉTAMINES. *Cinq filets* égaux, uniformes, droits, cylindriques ſupérieurement, applatis infé-rieurement, moins longs que les découpures de la corolle, & garnis de poils rougeâtres dans toute leur étendue. *Cinq anthères* jaunes, oblongues, & qui s'ouvrent par les côtés (Y). Inſertion ſous le germe par le moyen de la corolle.

PISTIL. *Un germe* (B) liſſe, arrondi, glabre, ſitué dans le calice. *Un ſtyle* filiforme, perſiſtant, droit, & de la longueur des étamines. *Un ſtygmate* très-ſimple, & peu diſtinct du ſtyle.

NECTAR, aucun.

PÉRICARPE. *Une capſule* (Q) ſèche, glabre, luiſante, très-unie, ſphérique, placée ſur le calice, & plus grande que lui. Cette capſule eſt formée de deux valves, ſavoir ; une ſupérieure (3) concave, tranſparente, liſſe, & ſurmontée du ſtyle ; une inférieure (Q) de même forme, & qui contient le réceptacle (4).

RÉCEPTALE. *Sphère* alvéolée & pédiculée, renfermée dans la capſule.

SEMENCES, pluſieurs, petites & triangulaires.

RACINE, fibreuſe, ramifiée.

TRONC. *Tige* quadrangulaire, quadritalère, liſſe, glabre, unie, foible, feuillée, flexueuſe ; branchue, & ſouvent ramifiée. *Branches* & *rameaux* auſſi feuillés, liſſes & quadrangulaires.

FEUILLES, très-ſimples, ſeſſiles, ovoïdes & très-entières ; ſurface ſupérieure glabre, unie ; ſurface inférieure marquée de trois à cinq nervures peu viſibles, & tachée d'un grand nombre de taches brunes, rougeâtres ; bords très-entiers ; extrémité terminée en pointe, rarement obtuſe.

SUPPORTS. { *Armes,* *Stipules,* *Bractées,* } aucune. *Pétioles,* aucun. *Péduncules* très-ſimples, ſolitaires, cylindriques, plus longs que les feuilles ; droits dans la floraiſon, réfléchis & recourbés à la maturité des fruits. *Vrilles,* aucune.

PORT. D'une racine ſort une ou pluſieurs tiges couchées par terre. Dès leur naiſſance, ces tiges pouſſent deux branches oppoſées, & auſſi couchées par terre ; les feuilles ſont oppoſées, horizontales ; les fleurs ſont axillaires, ſolitaires & portées par de longs pédoncules ; ces pédoncules ſe rabattent ſur les feuilles, & leur extrémité ſe recourbe avant la parfaite maturité du fruit.

VÉGÉTATION. Sort de terre en mai-juin, fleurit tout l'été ; fes capfules font mûres à mefure qu'elle défleurit ; la plante difparoît en automne, pour ne plus reparoître : fa durée totale eft de cinq à fix mois.

LIEU. Les jardins, les terres graffes & cultivées.

PROPRIÉTÉS.
{
Odeur herbacée, affez forte.
Saveur d'herbe ; fuivie d'un goût aftringent, légérement aluné.
}

ANALYSE.
{
Pyrotechnique ; cinq livres de cette plante diftillée au bain-marie, ont fourni près de deux livres d'une eau de végétation limpide, d'une odeur herbacée & infipide; plus, près de deux autres livres d'une liqueur limpide, manifeftement acide. Le *caput mortuum*, diftillé à feu nud, a fourni quatre onces deux gros & demi d'une liqueur brune, partie très-acide, partie urineufe; plus, quelques atomes de fel concret; plus, une once deux gros & demi d'huile firupeufe, empyreumatique. Le réfidu, traité par la cinération & lixiviation, a fourni deux gros de fel fixe lixiviel. Pendant cette analyfe, il s'eft dégagé une grande quantité d'air, partie fixe, & partie inflammable.

Hygrotechnique, inconnue.
}

VERTUS. Cette plante eft béchique, expectorante, anti-afthmatique, anti-hydrophobe, anti-maniaque, anti-mélancolique, anti-fcrophuleufe & fébrifuge ; céphalique, vulnéraire, fudorifique.

USAGE. On s'en fert utilement en décoction, dans l'afthme pituiteux, dans les phthifies commençantes, dans les délires qui accompagnent les fièvres ardentes, dans la manie, l'imbécillité, dans les fièvres ; on en a recommandé l'ufage dans la rage. La manière ordinaire d'en faire ufage, eft en infufion aqueufe, ou en fubftance, foit verte, foit fèche.

DOSE. Une once par pinte d'eau, qu'on prend en trois fois ; le fuc à la dofe de quatre onces, deux fois le jour ; la plante réduite en poudre, à la dofe d'un gros.

ETYMOLOGIE. *Anagallis*, ἀναγαλλίς, du mot grec ἀναγελάω, *rideo*, je ris ; à caufe de la propriété qu'on a connue à cette plante de guérir l'hypocondrie, & par conféquent de difpofer le malade au rire.

NOM GÉNÉRIQUE PHYTONOMATOTECHNIQUE.

JOQJYABIAJOQZEZ.

SYNONYMIE.

ANAGALLIS (*arvenfis*) *foliis indivifis, caule procumbente. L. fp. pl.* 211. *id. Syft. plant.* 1. 422. *n°.* 1. *Mur. Reg. Veget.* 165. *Œd. Dan.* 88. *Gouan. Hort.* 92. *id. Flor. Monfp.* 29. *Dalib. pag.* 64. *Sauv. Met. fol.* 135. *n°.* 107.

———— *caule procumbente, foliis ovato-lanceolatis, calycis fegmentis lanceolatis. Hal. Helv. n°.* 625.

———— *phœniceo flore. C. B. pin.* 252. *Lin. Mat. Med.* 58. *Tour. Elem.* 119. *id. Inft.* 142. *id Herbor.* 2. 8. *Vail. Bot. par.* 12. *Fabreg.* 2. 117. Voyez notre fig. 1.

———— *mas. Dal. lat.* 1236. *J. B.* 3. 369. *Dod. pempt.* 32.

MOURON rouge. *Lam.* 2. 285.

———— à fleurs rouges.

———— mâle. *Dal. fran.* 2. 131.

———— des champs. *Dub.* 2. 291.

N. B. Cette efpèce produit une variété à fleurs bleues, repréfentée à la fig. 2ᵉ, & défignée fous les phrafes

ANAGALLIS *fœmina. Dal. Lat.* 1236. *Cam. Epit.* 395. *Dod. Pempt.* 32. *J. B.* 3. 369.

———— *caule procumbente, foliis ovato-lanceolatis, petalis ferratis, calycis fegmentis fubulatis. Hal. Helv. n°.* 626.

———— *cæruleo flore. C. B. pin.* 252. *Tour. Elem.* 119. *id. Inft.* 142. *id. Herbor.* 2. 8. *Vail. Bot. par.* 12. *Fabreg.* 2. 118.

MOURON bleu. *Lam.* 2. 285.

———— femelle. *Dalec. fran.* 2. 131.

JYPSYASIAJUQLEZ

CERASTIUM Vulgatum. L.

CERASTIUM

VULGATUM.

CERAISTE *COMMUN.*

ORDRES SYSTÉMATIQUES.

DE TOURNEFORT.	VON LINNÉ.	DE JUSSIEU.
Cl. VI. Sect. 2. Genre 9. *Miofotis.*	Claffe X. Ordre 5.	Cl. XII. Ordre 18. les Œillets.

DESCRIPTION.

ENVELOPPE, aucune.

CALICE. *Périanthe* (U) de cinq feuilles égales, entières, velues, perfiftantes; chaque feuille eft élancée, & garnie d'un bord membraneux blanc.

COROLLE. *Cinq pétales* égaux (J), uniformes, de la longueur du calice, & qui fe deffèchent; chaque pétale (Y) eft blanc & en cœur renverfé, fendu en deux prefqu'à moitié.

ETAMINES. *Dix filets* inégaux, cinq grands & cinq courts, placés alternativement, & fixés, favoir, les courts fur les pétales, & les longs fous le germe; chaque filet eft cylindrique & perfiftant. *Dix anthères* arrondies, jaunes, & qui s'ouvrent par les deux côtés (S).

PISTIL. *Un germe* fupérieur arrondi, liffe. *Cinq ftyles* cylindriques, courbés & velus par leurs faces internes. *Cinq ftigmates* (I) difficiles à diftinguer des ftyles.

NECTAR, aucun.

PÉRICARPE. Capfule liffe (Q) oviforme, élancée, monoloculaire, & qui s'ouvre par le haut; bord de l'ouverture garni de dix dents (L).

RÉCEPTACLE, cylindrique, élancé (E), occupant le milieu de la capfule.

SEMENCES, plufieurs (Z), arrondies & déprimées, d'une couleur rougeâtre.

RACINE fibreufe, pivotante, garnie de fibres latérales, chevelues.

TIGE, cylindrique, fimple ou branchue, noueufe, articulée, un peu fiftuleufe, foible, feuillée.

FEUILLES, élancées, feffiles, velues, entières, marquées d'une nervure qui en occupe le milieu.

SUPPORTS.
{
Armes,
Stipules, } aucune.

Braétées, petites feuilles ovoïdes, concaves, garnies d'un bord membraneux, & placées tant à la bafe des péduncules communs, qu'à la bafe de quelques péduncules particuliers.

Pétioles, aucun.

Péduncules dichotomes, terminant la tige, communs & particuliers; les communs font longs, les particuliers font très-courts avant la défloraifon, très-longs à la maturité du fruit.

Vrilles, aucune.

PORT. D'une racine fort une touffe de tiges foibles, décombantes, dichotomes. Branches inférieures traçantes, ftériles; branches fupérieures redreffées, florifères & fertiles. Feuilles oppofées; fleurs en bouquets ombelliformes; fruits en pannicules, ramifiés.

G g

VÉGÉTATION. Sort de terre en mars, fleurit & fructifie jusqu'aux gelées ; les tiges périssent dans l'année, & les racines vivent plusieurs années.

LIEU. Terrains incultes, sablonneux & arides.

PROPRIÉTÉS. $\left\{\begin{array}{l} Odeur, \\ Saveur, \end{array}\right\}$ herbacée.

ANALYSE,
VERTUS,
USAGE,
DOSE, $\left.\begin{array}{l} \\ \\ \\ \\ \end{array}\right\}$ inconnnes.

ETYMOLOGIE. *Cerastium*, de κερἁτων, *Corniculum*, Cornicule ou petite Corne ; diminutif de κὲρας, une Corne, à cause que cette plante rapporte des fruits (fig. Q.) faits en forme de petite Corne. *Vulgatum*, parce qu'on le trouve par-tout.

NOM GÉNÉRIQUE PHYTONOMATOTECHNIQUE.

J Y P S Y A S I A J U Q L E Z.

SYNONYMIE.

CERASTIUM (*vulgatum*) *foliis ovatis, petalis calyci æqualibus, caulibus diffusis. L. sp. pl. 627. n°. 2. id. Syst. pl. 2. 398. n°. 2. Mur. Reig. Veget. 362. n°. 2. Buch. Dict. tom. 5. pag. 135.*

MYOSOTIS *foliis ovato-lanceolatis, petalis calycis longitudine. Hal. Helv. n°. 893.*

——— *arvensis hirsuta, parvo flore. T. Elem. 211. id. Inst. 245. id. Herbor. 1. 205. Vail. Bot. par. 142. n°. 3. tab. 30. fig. 1.*

AURICULA *muris quorumdam flore parvo vasculo tenui longo. Bauh. hist. 3. p. 359.*

CERAISTE commun. *Lam. 3. 57. Lestib. 85.*

——— vulgaire. *Dub. 2. 143. n°. 4.*

MIOSOTIQUE ou Oreille de Souris commum. *Buch. Dict. 5. 135.*

NIQHYAFOAJIAZ

LAMIUM Purpureum. *L.*

L A M I U M

P U R P U R E U M.

L A M I U M *P U R P U R I N.*

ORDRES SYSTÉMATIQUES.

DE TOURNEFORT.	VON LINNÉ.	DE JUSSIEU.
Claſſe IV. Section 2. Genre 1.	Claſſe XIV. Ordre 2.	Claſſe 7. Ordre 4. les Labiées.

DESCRIPTION.

ENVELOPPE, aucune ; à moins qu'on ne donne ce nom à de très-petites feuilles qu'on trouve aux verticilles.

CALICE. *Périanthe* (J) monophylle, campaniforme, fendu en cinq découpures (I) droites, pointues, ſubulées, inégales, perſiſtantes.

COROLLE. *Un pétale* (N) caduc, fendu à un tiers de profondeur ; en deux lèvres inégales, de deux formes, ſavoir, la lèvre ſupérieure (2) entière, recourbée en deſſous, & creuſée en forme de cuilleron ; la lèvre inférieure (3, 4.) dentée en deux lobes arrondis, & quelquefois un peu crénelés. On y voit de plus une eſpèce de feuillet qui règne d'une lèvre à l'autre de chaque côté, & au bord duquel, auſſi de chaque côté, on apperçoit une petite dent. Le *tube* eſt cylindrique, plus long que le calice, & inſéré ſous les germes : ce tube, dans ſa partie inférieure & interne, ſe trouve garni d'un bord qu'on pourroit regarder comme un nectar. Cette corolle tombe de bonne heure.

ETAMINES. *Quatre filets* blancs (H), cylindriques, filiformes, inégaux, recourbés, cachés ſous la lèvre ſupérieure de la corolle, & attachés au milieu du tube. *Quatre anthères* poilues, de couleur puce, attachées en béquilles ſur les filets, & qui s'ouvrent par le côté (Y). *Pouſſière fécondante* jaunâtre.

PISTIL. *Quatre germes* (A) triangulaires, égaux. Un ſtyle (F) filiforme de la hauteur des étamines, & courbé en bas. Deux ſtigmates (O) terminés en pointe.

NECTARS, aucun ; à moins qu'on ne donne ce nom au cercle membraneux, ſitué dans le tube de la corolle, preſqu'à ſon inſertion.

PÉRICARPE, aucun.

RÉCEPTACLE, aucun ; le calice en tient lieu.

SEMENCES. Quatre graines (Z) ovoïdes à trois faces : une des faces, l'externe, eſt arrondie ; les deux autres faces ſont internes, plus petites & applaties ; une quatrième facette, beaucoup plus petite & triangulaire, placée à l'extrémité ſupérieure de chaque graine.

RACINE, fibreuſe, chevelue.

TRONC. *Tige* ſimple, herbacée, creuſe, molle, quadrangulaire, quadrilatère, glabre, nouée, feuillée.

FEUILLES, ovoïdes, arrondies, obtuſes, dentées à dents arrondies ſur les bords, entières du côté du pétiole ; ſurfaces un peu velues, veinées ; veines nerviformes, partant, au nombre de cinq, du pétiole, ſur le diſque de la feuille, pour s'y épanouir en patte d'oie.

SUPPORTS.
{
Armes,
Stipules, } aucune.

Bractées, quelques petites écailles foyeufes, placées à chaque verticille, & au deffous des fleurs.

Pétioles applatis, plus larges que la tige à leur origine, & fe rétréciffent en approchant de la feuille ; leur longueur, dans les feuilles fupérieures, eft moindre que la feuille.

Péduncules, aucun.

Vrilles, aucune.
}

PORT. De la racine fortent *trois tiges* qui, dès leur naiffance, fe courbent & pouffent quelques feuilles ; ces tiges, au deffus de ces feuilles, font dans à peu près la moitié de leur longueur, nues. Enfuite s'apperçoit un verticille de fleurs, & deux feuilles affez écartées des autres verticilles : les verticilles qui fuivent font très-rapprochés. *Feuilles oppofées,* diminuent de grandeur à mefure qu'on approche du fommet de la plante. *Fleurs feffiles,* attachées aux aiffelles des feuilles, & penchées en verticille complet formé de quinze à vingt fleurs pour chaque anneau.

VÉGÉTATION. Sort de terre en mars, fleurit en avril-mai, fa graine eft mûre en mai ; la plante n'exifte plus à la mi-juin, & ne fe reproduit plus de fa racine : fa durée totale eft à-peu-près de trois à quatre mois.

LIEU. Les foffés, les haies, dans les jardins, fur-tout dans les terres graffes.

PROPRIÉTÉS.
{
Odeur défagréable, étant froiffée nauféabonde.
Saveur falée, herbacée.
}

ANALYSE.
{
Pyrotechnique, fournit du flegme, & une huile empyreumatique très-abondante.
Hygrotechnique, inconnue.
}

VERTUS. On l'eftime vulnéraire, réfolutive, adouciffante, déterfive, cicatrifante.

USAGE. On s'en fert, en infufion & décoction, dans les dyffenteries ; en cataplafme, pour réfoudre les tumeurs dures, enflammées ; pour déterger & cicatrifer les vieux ulcères.

DOSE. Par demi-poignées dans une pinte d'eau ; par poignées, pilée & appliquée en cataplafme.

ETYMOLOGIE. *Lamium,* du mot grec λαμια, *Lutin* ou *Lutine,* à caufe de la prétendue reffemblance de la figure des fleurs de cette plante avec la bouche des prétendus Lutins dont on faifoit peur aux enfans.

NOM GÉNÉRIQUE PHYTONOMATOTECHNIQUE.

N I Q H Y A F O A J I Ȧ Z.

SYNONIMIE.

LAMIUM (*purpureum*) *foliis cordatis obtufis petiolatis.* L. *fp. pl.* 809. *n°.* 6. *id. Syft. pl.* 3. 50. *n°.* 6. *Œd. Dan.* 523. *Dalib. par* 179. *n°.* 2. *Gouan. Flor. Monfp.* 90. *n°.* 2. *id. Hort. Monfp.* 281. *n°.* 2. *Sauv. Met. fol.* 150. *n°.* 115. *Buch. hift.*

————— *foliis cordatis obtufis, in fummo ramo congeftis.* Hal. Helv. *n°.* 272.

————— *foliis cordatis, petiolatis ; corollæ galea integerrima, tubo breviore.* Scop. carn. *pag.* 466. *n°.* 1.

————— *purpureum fœtidum folio fubrotundo.* B. pin. 231. *Tour. Elem.* 152. *id. Inft.* 183.

————— *annuum vulgare rubrum.* Vail. Bot. par. 112. *n°.* 1.

GALEOPSIS *five urtica iners, folio & flore minore.* J. B. 3. 323.

LAMION pourpré. Lam. 2. 371. Leftib. 132.

————— puant. Dub. 2. 222. *n°.* 2.

ORTIE rouge. Lem. Dict. drog. 473.

Fig.2.

Fig.1.

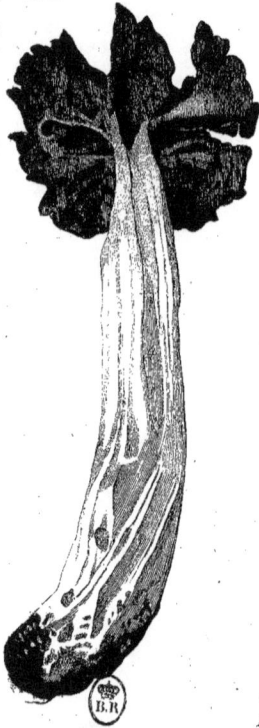

HELVELLA Mitra *L.*

HELVELLA

MITRA.

HELVELLE *MITRÉE.*

ORDRES SYSTÉMATIQUES.

DE TOURNEFORT.	VON LINNÉ.	DE JUSSIEU.
Claſſe XVII.	Claſſe XXIV. Ordre 4. *Fungi.*	Cl. I. Ord. 1. les Champignons.

DESCRIPTION.

ENVELOPPE,
CALICE, } aucune apparence.
COROLLE,

ETAMINES. *Aucun filet* ni *aucune anthère* que l'œil puiſſe appercevoir ; mais on voit dans certains temps s'élancer avec élaſticité, de deſſous le chapeau (I), une pouſſière d'un blanc griſâtre. Cette pouſſière reſſemble beaucoup à celle dont nous avons parlé à la page 105 de ce volume, au mot Etamines, en parlant de la pouſſière fécondante de la Clavaire cornue. Cette pouſſière eſt jettée au loin, & forme autour de la plante une eſpèce de brouillard ou de fumée très-viſible. *Voyez* le mot Réceptacle.

PISTIL, aucune apparence.

NECTAR, } aucun.
PÉRICARPE,

RÉCEPTACLE. *Chapeau* (I) nud en deſſous, aſſez liſſe ; ou tout au plus garni de rides & de plis. Le deſſous du chapeau lance au loin, comme nous l'avons déja dit au mot Etamines, une pouſſière que nous regarderons, avec M. Adanſon, comme les graines. Peut-être cette plante porte-t-elle des ſemences en outre de cette pouſſière, ainſi que nous l'avons déja obſervé ſur d'autres plantes de la même famille ; mais le temps n'a pas favoriſé nos recherches ſur celle-ci, & nous n'avancerons rien que nous ne l'ayons vu.

SEMENCES. Pluſieurs très-fines, & d'une figure très-difficile à déterminer, à cauſe de leur extrême petiteſſe.

RACINES. Aucune apparence de fibrilles. Cette plante prend naiſſance ſur un corps ligneux.

TIGE. *Colonne* pleine, cylindrique, crevaſſée extérieurement ; autrement dite, garnie de pluſieurs excavations (2, 3, 4,) longitudinales & irrégulières. Ces excavations ſont naturelles à la plante, & ne ſont point le produit de quelque accident.

FEUILLES, aucune.

SUPPORTS. { *Armes,* *Stipules,* *Bractées,* } aucune.
{ *Pétioles,* *Péduncules,* } aucun.
{ *Vrilles,* aucune.

H h

Port. D'une racine d'arbre, ou autre partie ligneuse, se développe cette espèce de fongosité d'abord formée d'une petite colonne droite, verticale, dure, blanche & crevassée. Cette colonne est plus grosse en bas qu'en haut, & soutient, sur sa partie supérieure, un chapeau applati latéralement, & rabattu de manière à former la figure d'une Mitre d'Evêque. *Voyez* la figure 1. Ce chapeau, dans cet état, est très-blanc. Il s'épanouit peu-à-peu, & devient presque horizontal : dans cet état il est supérieurement (fig. 2.) ondulé très-irrégulièrement. Ses bords sont sinués & dentelés aussi très-irrégu-lièrement. La couleur en devient rousse ou fauve, & sa substance est comme du chamois mouillé : c'est alors qu'on voit s'élancer de cette partie, en forme de fumée, les semences dont nous avons parlé. La substance de toutes les autres parties de cette plante, est ferme, coriace, & assez semblable à du chamois ou du cuir mouillé. L'intérieur du péduncule est plein, blanc, & ne donne aucun suc lorsqu'on le coupe.

Végétation. Sort de terre ou d'un bois pourri, après de longues pluies, en automne; elle emploie quelques jours à se développer, ainsi qu'à se dessécher.

Lieu. Les forêts, par terre ou sur les racines des arbres, sur le bois pourri; aux Bois de Saint-Cloud & de Vincennes près de Paris.

Propriétés. { *Odeur* semblable à celle de l'*Agaric de chêne*, mais plus forte, sur-tout la racine.
{ *Saveur* point désagréable, mais semblable aux Bolets ordinaires.

Analyse,
Vertus, } inconnues.
Usage,
Dose,

Étymologie. *Helvella*, *Helvellæ*, est un mot latin employé par les Auteurs, pour exprimer des herbes bonnes à manger. J'ignore la raison qui a déterminé Linnæus à donner ce nom à cette plante. *Mitra*, Mitrée, à cause que le chapeau ressemble à une Mitre d'Evêque.

NOM GÉNÉRIQUE PHYTONOMATOTECHNIQUE.

Ā I Z.

S Y N O N Y M I E.

Helvella (*Mitra*) *pileo deflexo adnato lobato difformi.* L. *sp. pl. 1649. id. syst. pl. 4. 615. Mur. Reg. Veget. 822. Œd. Dan. tab. 116. Scheuf. Fung. 154. 159. 162.*

Boletus *capitulo explanato laciniato. Hal. Helv. n°. 2246.*

Fungoïdes *fungiforme crispum laciniatum & varié complanatum. Mich. Nov. Gener. Plant. 204. tab. 86. fig. 7.*

Helvelle en mitre. *Lam. 1. 123. gen. 1286.*

———— Mitrée.

Fig. 4.

Fig.2.

Fig.5.

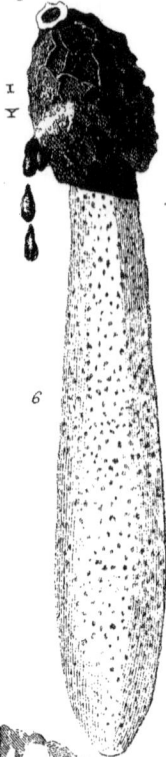

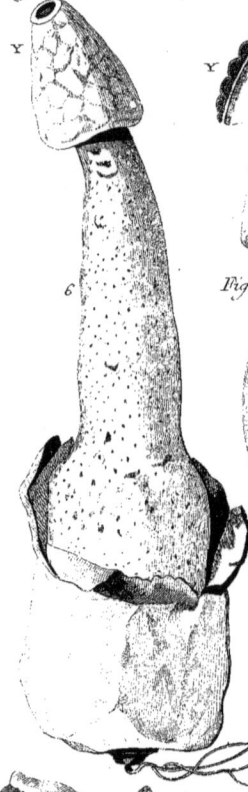

Fig.1.

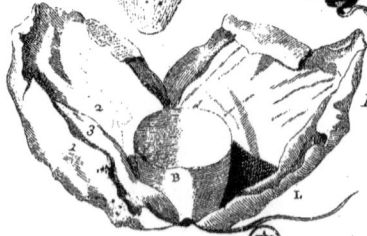

Fig. 3.

PHALLUS Fœtidus. L.

PHALLUS

FŒTIDUS.

MORILLE *FÉTIDE.*

ORDRES SYSTÉMATIQUES

DE TOURNEFORT.	VON LINNÉ.	DE JUSSIEU.
Cl. XVII. Sect. 1. Genre 4. *Boleti.*	Classe XXIV. Ordre 4. *Fungi.*	Cl. I. Ord. 1. les Champignons.

DESCRIPTION.

ENVELOPPE. *Deux bourses* inégales, savoir, une extérieure (L) d'une seule pièce ouverte par le haut, pour laisser passer le pédicule de ce champignon. Cette enveloppe est composée de deux membranes blanches semblables à des pellicules d'œuf, savoir, une externe (1), & l'autre interne (2). Ces deux membranes sont écartées l'une de l'autre, & renferment entre elles, sans y adhérer, une substance (3) glaireuse, gélatineuse, transparente, semblable à une belle gelée de viande. La seconde enveloppe ou l'interne (B), est mince, blanche, & formée d'une seule pellicule. Ces deux enveloppes couvrent en totalité le champignon avant son développement.

CALICE,
COROLLE,
ETAMINES, } aucune apparence.
PISTIL,
NECTAR,

PÉRICARPE. Collection de cellules (Y) inégales, rassemblées à côté les unes des autres sur une membrane qui a la figure d'un bonnet de nuit. Toutes ces cellules s'ouvrent par l'extérieur, pour laisser tomber un liquide d'un vert noir, d'une puanteur de charogne insupportable.

RÉCEPTACLE. Cavités inégales placées sur le chapeau ou bonnet (1), & visibles après l'ouverture des cellules.

SEMENCES. Espèce de poussière très-fine contenue dans une humeur noire, verdâtre, très-puante, dont nous avons parlé, qui découle (Z) de dessus le chapeau. Cette humeur, jettée dans l'eau, laisse déposer les semences.

RACINES. Espèce de filet simple ou ramifié, qu'on trouve au bas de la bulbe ou bourse; lequel fil s'enfonce dans une terre sablonneuse.

TRONC. *Colonne* (6) blanche, molle, spongieuse, celluleuse, droite, cylindrique, fistuleuse, diminuant à mesure qu'elle monte, & quelquefois plus grosse en bas qu'au milieu. *Voyez* la fig. 2. Cette colonne est lisse (fig. 5.) & unie en dedans.

FEUILLES, aucune.

SUPPORTS. {
Armes,
Stipules, } aucune.
Bractées,
Pétioles,
Péduncules, } aucun.
Vrilles, aucune.
}

Port. D'une *bulbe* oviforme, liſſe, blanche, molle & membraneuſe (fig. 1.), ſe développe une *colonne* blanche, droite, verticale (fig. 2 & 4, n° 6.), laquelle ſoutient une eſpèce de bonnet (Y) d'abord liſſe, marqué de taches (fig. 2), enſuite crevaſſé (fig. 4). Cette partie, nommée par les Botaniſtes le chapeau, eſt liſſe en deſſous (fig. 5), & contient dans ſon épaiſſeur, des cellules dont nous avons parlé au mot Péricarpe. Ce chapeau eſt percé, ainſi que le pédicule, dans toute ſa longueur d'un trou aſſez large.

Végétation. Prend ſur terre la forme d'un œuf, après de grandes pluies en été; peu de jours après ſe développe le pédicule; le chapeau enſuite ſe crevaſſe, & laiſſe appercevoir une humeur noire, verte : alors la plante eſt à ſa maturité; elle ſe pourrit enſuite promptement, en infectant les environs par ſon odeur.

Lieu. Les forêts, ſur-tout celles de Bondi & Saint Cloud, où on la trouve pendant l'été & l'automne après d'abondantes pluies.

Propriétés. { *Odeur* de charogne très-infecte, nauſéabonde.
Saveur ; l'odeur de cette plante eſt ſi déſagréable, que je n'ai pas eu le courage de la goûter.

Analyse, inconnue.

Vertus, inconnues; nous le croyons très-dangereux.

Usage, }
Dose, } aucun.

Etymologie. *Phallus*, de φαλλος, *Penis*, Verge humaine, à cauſe de ſa reſſemblance avec cette partie. *Fœtidus*, fétide, puant, à raiſon de ſa mauvaiſe odeur.

NOM GÉNÉRIQUE PHYTONOMATOTECHNIQUE.

ÅLÅYSIZ.

SYNONYMIE.

Phallus (*impudicus*) *volvatus ſtipitatus pileo celluloſo. L. ſp. pl. 1648. n°. 2. id. Syſt. pl. 4. 614. Mur. Reg. Veget. 822. Schœf. Fung. tab. 196. 198. Flor. Dan. tab. 175. Gouan. Hort. 542. id. Flor. Monſp. 462.*
——— *volva exceptus capituli apice pervio. Hort. Clif. 478. Guett. Stamp. 1. pag. 17.*
——— *volva exceptus capituli apice patulo. Hal. Helv. n°. 2248.*
——— *volvatus pileo celluloſo utrinque pervio. Scop. Carn. 1. pag. 48. n°. 1.*
——— *vulgaris totus albus volva rotunda, pileo cellulato ac ſumma parte umbilico pervio ornato. Mich. gen. 201. tab. 83.*
——— *Hollandicus ſeu Batavicus. Dalec. hiſt. 1398. id. edit. Gal.*
Fungus *fœtidus penis imaginem referens. C. B. pin. 374.*
Boletus *phalloides. T. inſt. 562. Herbor. 2. 274. id. Vail. Bot. par. 22. id. Fabreg. 2. 300. n°. 6.*
Morille *de Priape. Dub. 2. 496.*
——— *fétide. Lam. 1. 121. gen. 1284. Leſtib. 307.*
Le Membre Viril. *Gouan. Hort. 542.*

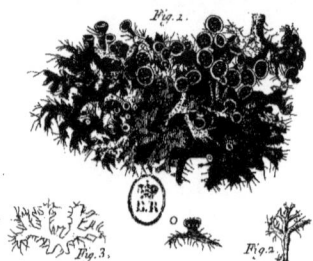

2. 10
ABAOZ

Fig. 1.

Fig. 3.   *Fig. 2.*

LYCHEN Ciliaris. *L.*

LICHEN

CILIARIS.

LICHEN *CILIÉ.*

ORDRES SYSTÉMATIQUES.

DE TOURNEFORT.	VON LINNÉ.	DE JUSSIEU.
Cl. XVI. Section 2. Genre 3.	Claffe XXIV. Ordre 3. *Algæ.*	Claffe I. Ordre 1. les Algues.

DESCRIPTION.

ENVELOPPE, ⎫
CALICE, ⎬ aucune apparence.
COROLLE, ⎭

ETAMINES. Aucun *filet*, aucune *anthère.* On trouve fur le feuillage de cette plante , dans certains temps de l'année, une pouffière grifâtre en forme de farine. Nous croyons que cette pouffière eft la pouffière fécondante. *Voyez* ce que nous en avons déja dit en parlant du *Lichen de frêne,* page 27.

PISTIL, ⎫
NECTAR, ⎬ aucun.
PÉRICARPE, ⎭

RÉCEPTACLE. *Petites écuelles* (O) placées fur différentes parties de la plante ; c'eft-à-dire, tantôt à l'extrémité , tantôt fur le corps du feuillage. Ces écuelles , auxquelles les Botaniftes donnent le nom de *cupules*, font, dans cette efpèce, peu creufes, applaties dans leur fond, & relevées d'un bord par les côtés. Ce rebord eft très-fouvent dentelé par de petites dents. La couleur de la cavité des *cupules* varie : fi on les examine lorfqu'elles font mouillées, elles font noires, ou d'un roux-brun ; & lorfqu'elles font fèches, elles font grifâtres & comme farineufes. Le deffous de ces écuelles eft liffe, arrondi ou lenticulaire , & foutenu par un col cylindrique & auffi liffe.

SEMENCES. Petite *pouffière* peu vifible à l'œil fimple , contenue dans les réceptacles.

RACINES. *Petites fibres* très-déliées , fituées en forme de cils au bord du feuillage. Ces fibres s'incruftent dans l'écorce des arbres , d'une manière très-folide.

TRONC, aucun ; à moins qu'on ne donne ce nom au feuillage même.

FEUILLES , aucune. On pourroit pourtant accorder ce nom aux expanfions feuillacées de ces plantes ; mais l'ufage veut qu'on les nomme feuillages. *Voyez* Port.

SUPPORTS. ⎧ *Armes,* ⎫
⎪ *Stipules,* ⎬ aucune.
⎪ *Bractées,* ⎭
⎨ *Pétioles,* aucun.
⎪ *Péduncules* cylindriques, liffes & de différentes longueurs, placés fous les récep-
⎪ tacles dont nous avons parlé.
⎩ *Vrilles,* aucune.

I i

Port. D'une expansion de cette plante (fig. 3.) se développent un grand nombre de feuilles absolument semblables à cette première. Toutes les branches & rameaux qui résultent d'une pareille végétation, s'entrelacent & forment une touffe très-irrégulière, inégale, appliquée & attachée à l'écorce des arbres. (*Voyez* la fig. 1). Si on veut les détacher, on apperçoit qu'elles n'y adhèrent que par des fils qui partent des parties latérales du feuillage. Ce feuillage, pris par portions, est applati & découpé profondément des deux côtés en forme de branches, qui elles-mêmes sont surcoupées. La face supérieure (fig. 3.) de ces espèces de feuilles est lisse & cendrée lorsqu'elle est sèche, & un peu verdâtre lorsqu'elle est humide. Le dessous (fig. 2.) en est blanc, un peu concave, & comme tomenteux. Ces deux faces ne sont marquées d'aucune veine ni nervure. Les bords de ce feuillage sont garnis d'un grand nombre de petites expansions filiformes, crochues, & rangées en forme de cils : ce sont ces barbes ou cils que nous avons décrites au mot Racine. Sur la surface supérieure de ce feuillage. On voit, d'espace en espace, les cupules dont nous avons parlé au mot Réceptacle.

Végétation. Sort de l'écorce des arbres dans toutes les saisons : sa fructification se fait en automne.

Lieu. Les bois, les forêts, & sur-tout les arbres ; elle est très-commune dans le Bois de Boulogne, près de Paris.

Propriétés. $\left\{ \begin{array}{l} Odeur, \\ Saveur, \end{array} \right\}$ nulle.

Analyse,
Vertus,
Usage,
Dose, $\left. \begin{array}{l} \\ \\ \\ \\ \end{array} \right\}$ inconnues.

Etymologie. *Lichen*, de *Lichene. Voyez* la page 28 de ce volume. *Ciliaris*, Cilié ; à cause des cils ou espèce de poils qui se voient à la bordure des feuilles.

NOM GÉNÉRIQUE PHYTONOMATOTECHNIQUE.

Á B Á O Z.

SYNONYMIE.

Lichen (*ciliaris*) *foliaceus erectiusculis, laciniis linearibus ciliatis, scutellis pedunculatis crenatis. L. sp. pl.* 1611. n°. 28. id. *Syst. pl.* 4. 535. n°. 40. *Mur. Reg. Veget.* 807. n°. 28. *Gouan. Flor. Monsp.* 454. n°. 3. *Dalib. par.* 351. n°. 13.
———— *corniculatus, planus, ramulis capillaribus, scutellis petiolatis. Hal. Helv.* n°. 1980.
———— *foliaceus, laciniatus, cinereus ; laciniis erectiusculis acutis, pilosis ; scutellis pedunculatis. Scop. carn.* 1. pag. 110. n°. 52.
———— *cinereus latifolius aculeatus, umbilicis nigricantibus. T. Inst.* 549.
———— *cinereus arboreus, marginibus pilosis, major. Vail. par.* 115. tab. 20. fig. 4.
———— *lichenoides hispidum majus & rigidius. Dil. Musc.* 150. tab. 20. fig. 45.
Lichen cilié. *Lam.* 1. 80. gen. 1274. *Leslib.* 287.
Pulmonette ciliaire. *Dub.* 2. 454. n°. 2.

ABAOZ

LICHEN Pyxidatus. L.

LICHEN

PYXIDATUS.

LICHEN *PIXIDE.*

ORDRES SYSTÉMATIQUES.

DE TOURNEFORT.	VON LINNÉ.	DE JUSSIEU.
Cl. XVI. Section 2. Genre 2.	Classe XXIV. Ordre 3. *Algæ*.	Classe I. Ordre 2. les Algues.

DESCRIPTION.

ENVELOPPE ,
CALICE , } aucune apparence.
COROLLE ,

ETAMINES. Aucun *filet*, aucune *anthère*. On trouve sur le feuillage (B), & sur les pédicules des cupules (O), une poussière grisâtre, ou verdâtre, ou jaunâtre, en forme de farine, que nous croyons être la poussière fécondante. *Linnæus* & les autres Botanistes, au contraire, la croient être les graines.

PISTIL ,
NECTAR , } aucune apparence.
PÉRICARPE ,

RÉCEPTACLE. *Cupules* (O) pédiculées , infundibuliformes , placées sur le feuillage. Chacune est formée d'un pédicule cylindrique, mou, coriace, creux (Z) & blanc. Ce pédicule est plus ou moins grêle à son origine ordinairement, grossit en montant, & enfin est terminé par une espèce de coquetier peu profond, coriace, blanc & un peu dentelé au bord. L'extérieur en est lisse & en pyramide renversée.

SEMENCES , très-fines , placées dans les coquetiers , & ressemblant à une farine verdâtre ou jaunâtre.

RACINE. *Petites fibrilles* très-fines , noirâtres , attachées ordinairement d'une manière très-solide sur des débris d'autres végétaux.

FEUILLES, aucune. Les parties de cette plante, qui pourroient porter ce nom, seront décrites à l'article Port, sous le nom de Feuillage.

SUPPORTS. {
Armes ,
Stipules , } aucune.
Bractées ,
Pétioles , aucun.
Péduncules cylindriques , creux , fistuleux , de différentes longueurs ; les moindres sont de quatre lignes , placés sous les coquetiers.
Vrilles , aucune.

PORT. D'une racine d'arbres ou de dessus d'anciennes mousses (fig. 3.) sort une couche grisâtre d'un *feuillage* imbriqué, irrégulier & très-découpé. Si l'on considère une portion de ce feuillage (B), on trouve sa surface supérieure garnie de plusieurs prolongemens orbiculaires en forme d'écailles. Ces prolongemens ou espèces de feuilles sont placés les uns sur les autres en forme d'imbrications. La surface inférieure (fig. 2.) est blanche, unie & glabre. Les bords sont très-irréguliers & crenelés. Dessus ce feuillage s'apperçoivent des pédicules verticaux simples, mous, & qui soutiennent chacun une espèce de pavillon d'entonnoir souvent crenelé.

Végétation. Sort de terre ou des racines des arbres, en automne & en hiver ; les pédicules font couverts de pouffière en février : le tout perfifte & fe conferve plufieurs années, on le trouve par conféquent en tout temps.

Lieu. Les bois des environs de Paris, fur-tout celui de Boulogne.

Propriétés. { Odeur, nulle.
{ Saveur ; les cupules mâchés ont une légère faveur falée, acidulée, mais peu fenfible.

Analyse, inconnue.

Vertus. On lui a connu, depuis long-temps, une vertu fingulière pour les toux convulfives, & les coqueluches.

Usage. On s'en fert avec fuccès dans ces maladies, en décoction aqueufe; ainfi que dans les toux opiniâtres.

Dose. On prend trois gros de ce Lichen, on le fait bouillir dans feize onces d'eau, qu'on réduit à douze ; on édulcore cette décoction avec une once & demie de firop de myrte on fait prendre cette potion au malade, dans l'efpace de vingt-quatre heures, par cuillerées.

Etymologie. Lichen, de Lichene, Dartre. Voyez la page 28 de ce volume. Pyxidatus, du mot grec Πυξὶς, Pyxis, Boîte ; à caufe de la reffemblance des cupules de cette plante avec le bas dune boîte.

NOM GÉNÉRIQUE PHYTONOMATOTECHNIQUE.

Á B Ä O Z.

SYNONYMIE.

Lichen (pixidatus) fcyphifer fimplex crenulatus tuberculis fufcis. L. fp. 1619. n°. 60. id Syft. pl. 4. 551. n°. 77. Mur. Reg. Veget. 809. n°. 60. Gouan. Hort. 534. n°. 3. id. Flor. Monfp. 455.

————— Scypho infundibuliformi fimplici. Hal. Helv. n°. 1912.

————— pixidatus major. T. Inft. 549. tab. 325. fig. D. Vail. Bot. par. 115. tab. 21. fig. 5. 9. Mich. gen. 82. tab. 41. fig. 2. 4.

Coralloïdes fcyphiforme tuberculis fufcis. Mufc. tab. 14. fig. 6.

————— mufcus pixioides terreftris. C. B. pin. 361. n°. 13.

Lichen pixide Lam. 1. 87. Leftib. 289.

Pixide crénelée. Dub. 2. 459.

ÅTBETABEA

Fig. 3. *Fig. 2.*

Fig. 1. *BRYUM* Pulvinatum.

BRYUM

PULVINATUM.

BRY *COUSSINET.*

ORDRES SYSTÉMATIQUES

DE TOURNEFORT.	VON LINNÉ.	DE JUSSIEU.
Cl. XVII. Section 1. Genre 1.	Claffe XXIV. Ordre 2. *Mufci.*	Claffe I. Ordre 3. les Mouffes.

DESCRIPTION.

ENVELOPPE , aucune.

CALICE. *Coëffe* (B) membraneufe, conique, rouffâtre, liffe, unie, glabre; terminée fupérieurement par une pointe très-fine, très-déliée ; & inférieurement par un pavillon évafé & denté de dents égales. Ce pavillon eft deftiné à recevoir le haut de l'anthère. Cette coëffe tombe de bonne heure.

COROLLE , aucune.

ÉTAMINES. *Un filet* (F) perfiftant , placé ordinairement à l'extrémité de la tige , fur-tout lorfqu'on confidère cette plante dans fa jeuneffe : mais, fi l'on attend que l'anthère foit mûre, alors le filet paroît axillaire, à caufe des branches que cette plante pouffe des extrémités de fes tiges. Ce filet eft cylindrique, liffe, purpurin & recourbé en arc ; de manière que fon infertion eft auffi élevée que l'anthère. *Anthère* (2, 3.) oviforme, liffe, terminée par un opercule (3) liffe, pyramidal , & qui ne tombe que tard, pour laiffer élancer la pouffière fécondante ou les femences , fi cette partie eft le fruit de ces efpèces de plantes *.

PISTIL , aucun.

NECTAR. Tubercule cylindrique, pyramidal (T), placé au bas du filet.

PÉRICARPE, } aucun.
RÉCEPTACLE, }

SEMENCES, aucune. On voit feulement au haut des branches de petits boutons qui deviennent autant de rameaux, & qu'on prendroit pour autant de fleurs femelles.

RACINES. *Petites fibres* chevelues, très-déliées & courtes, fixées fur des pierres.

TRONC. *Tiges* très-grêles, courtes, cylindriques, feuillées, branchues & quelquefois ramifiées.

FEUILLES , très-fimples, (4) perfiftantes, ovoïdes-élancées, feffiles. Surfaces liffes & garnies d'une nervure très-vifible ; la furface fupérieure eft un peu creufée en bateau ; l'extrémité inférieure ou l'infertion , eft tronquée ; la fupérieure eft terminée par un poil lanugineux , blanc & très-long. (*Voyez* figure 5), une feuille groffie à la loupe.

---

* Nous avons déja avancé, à la note de la page 109 de ce volume , que nous avions obfervé d'autres anthères au BRYUM SCOPARIUM. Nous ne fommes pas les feuls qui ayons fait cette remarque. On les apperçoit fur un affez grand nombre de Mouffes , felon M. Hedwig , qui vient de publier un Ouvrage fur cette famille ; nous ne connoiffons cet Ouvrage que par l'extrait qu'on vient d'en inférer dans le Journal de Médecine, août 1783. Nous nous propofons de répéter les Obfervations de cet Auteur, cet hiver.

SUPPORTS.
$\left\{\begin{array}{l}\textit{Armes ,} \\ \textit{Stipules ,} \\ \textit{Bractées ,}\end{array}\right\}$ aucune.
$\left.\begin{array}{l}\textit{Pétioles ,} \\ \textit{Péduncules ,}\end{array}\right\}$ aucun.
$\textit{Vrilles ,}$ aucune.

PORT. D'une racine en commun fortent un grand nombre de tiges qui toutes ont leurs racines particulières. L'enfemble de ces tiges forme un gazon très-touffu, douillet, orbiculaire & fémi-fphérique (fig. 1), d'un vert blanchâtre, & comme lanugineux, à caufe des poils qui terminent chaque feuille, defquels nous avons déja parlé au mot Feuilles. Si l'on confidère une feule tige (figures 2 & 3), on voit que ces tiges s'élèvent verticalement, & produifent des branches alternes & auffi verticales, à caufe de la preffion qu'elles éprouvent du côté des tiges voifines. Ces tiges & branches font garnies de petites feuilles obliques, alternes & comme imbriquées. Les filets des urnes font d'abord au haut des branches ; mais ils deviennent axillaires, à caufe de la conti-nuation de la végétation des branches. Ces filets font courbés en demi-arc, & foutiennent des capfules enterrées dans le gazon.

VÉGÉTATION Plante toujours verte-brune, & comme lanugineufe. Les filets & urnes fe développent pendant l'hiver, & mûriffent au printemps. La plante vit plufieurs années.

LIEU. Sur les vieux murs d'appui, fur les pierres horizontales, fur les toits, par touffes demi-fphériques.

PROPRIÉTÉS. $\left\{\begin{array}{l}\textit{Odeur ,} \\ \textit{Saveur ,}\end{array}\right\}$ nullement fenfibles.

ANALYSE,
VERTUS,
USAGE,
DOSE, $\left.\begin{array}{c}\\ \\ \\ \\\end{array}\right\}$ inconnues.

ETYMOLOGIE. *Bryum*, de βρυω, *Germino*, je pouffe abondamment. *Pulvinatum*, Couffinet; à caufe de la forme des gazons & de leur molleffe.

NOM GÉNÉRIQUE PHYTONOMATOTECHNIQUE.

$\overset{2}{A}FBET\overset{3}{A}BE\overset{4}{A}.$

SYNONYMIE.

BRYUM (*pulvinatum*) *antheris fubrotundis, pediculis reflexis, foliis piliferis. Dal. par. 321. n°. 1b. L. fp. pl. 1586. n°. 28. id. Syft. pl. 4. 480. n°. 30. Mur. Reg. Veget. 798. n°. 27. Gouan. Flor. Monfp. 448. n°. 10.*
—— *orbiculare pulvinatum hirfute canefcens, capfulis immerfis. Dil. Mufc. 395. tab. 50. fig. 63.*
—— *foliis lanceolatis piloterminatis, capfulis pendulis ovatis ariftatis. Hal. Helv. n°. 1822.*
MUSCUS *capillaceus lanuginofus minimus. T. Inft. 552. Vail. Bot. par. 133. tab. 29. fig. 2. Fabreg. 5. 230. n°. 49.*
BRY *couffinet. Dub. Bot. Franc. 2. 447. n°. 18. Lam. 1. 50. gen. 1265. Leftib. 266.*

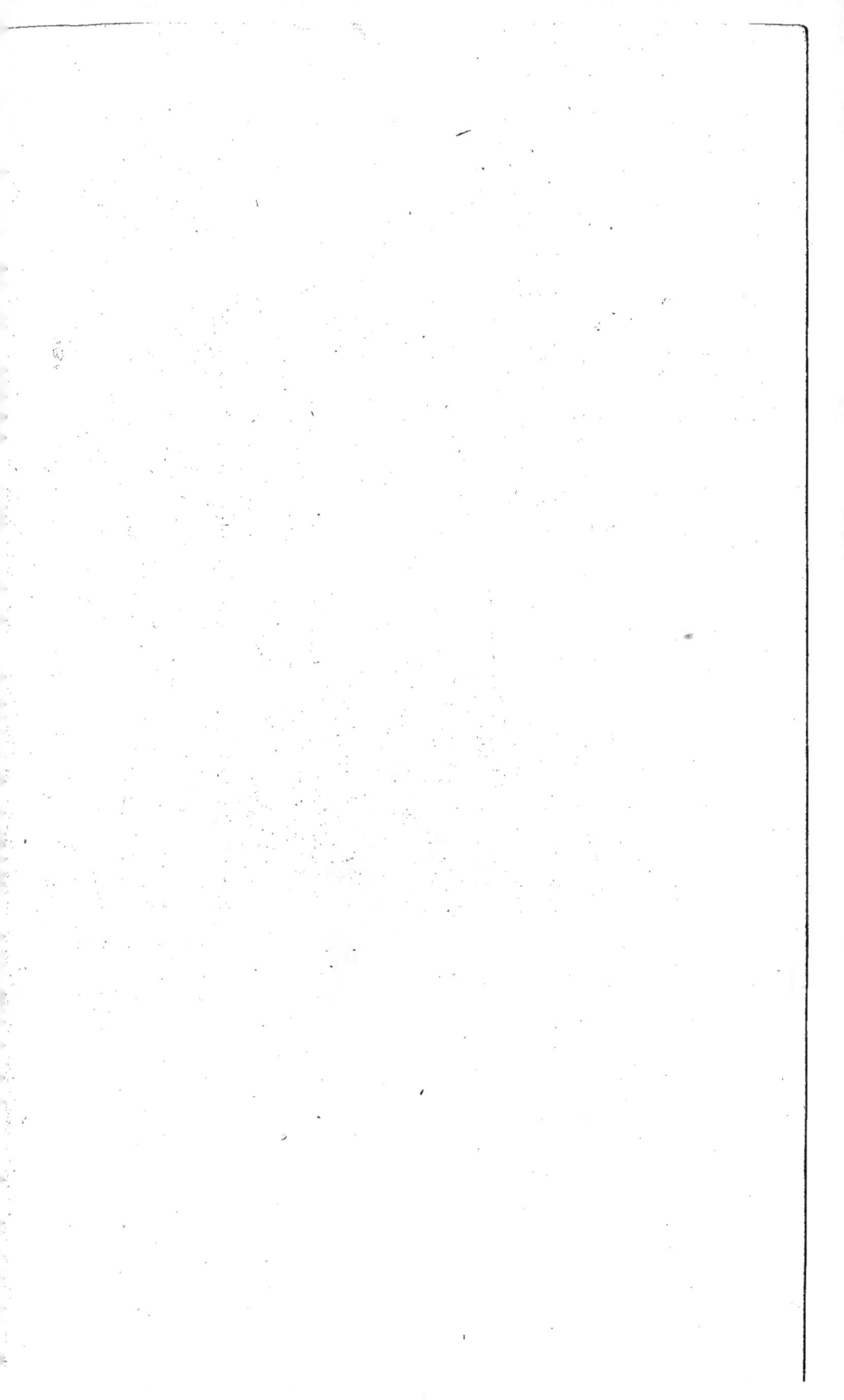

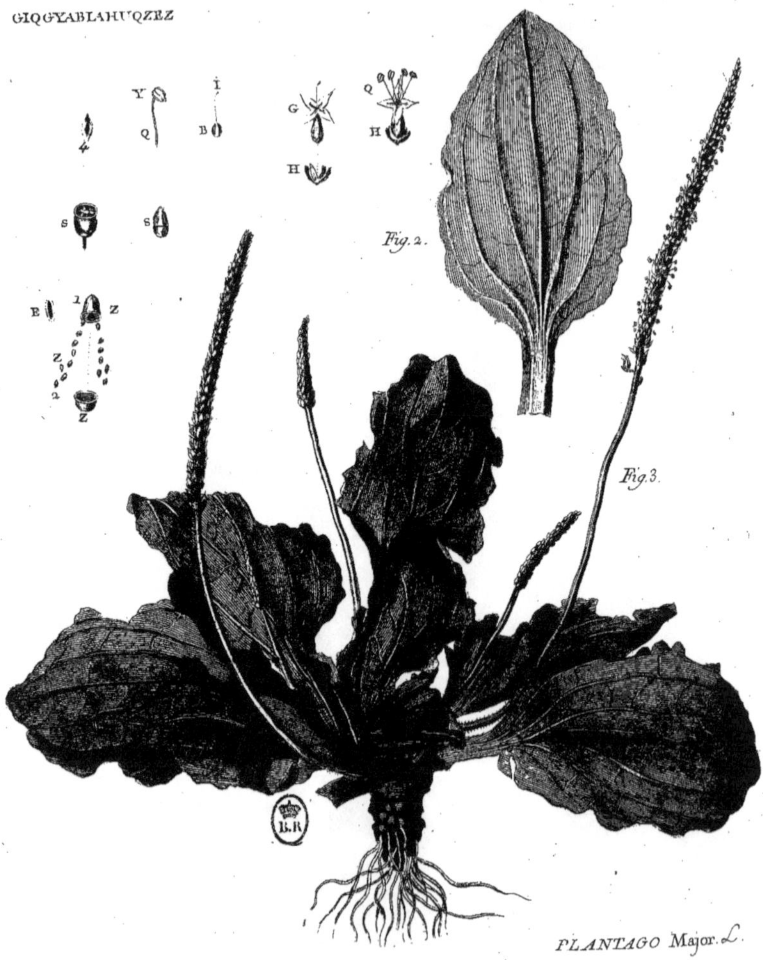

GIQGYABLAHUQZEZ

Fig. 2.

Fig. 3.

PLANTAGO Major. L

PLANTAGO

MAJOR.

PLANTAIN *MAJEUR.*

ORDRES SYSTÉMATIQUES

DE TOURNEFORT. Claſſe II. Section 2. Genre 3.	VON LINNÉ. Claſſe IV. Ordre 1.	DE JUSSIEU. Cl. VI. Ordre 5. les Plantains.

DESCRIPTION.

ENVELOPPE , aucune.

CALICE. *Un périanthe* (H) de quatre feuilles égales, uniformes, moins longues que la corolle, & perſiſtantes. Chaque feuille eſt ovoïde, renverſée, entière, obtuſe, concave, bordée d'un cercle membraneux, blanc, & garni au milieu d'une nervure.

COROLLE. *Un pétale* (G) infundibuliforme, perſiſtant & fendu en quatre. Ce pétale eſt formé d'un limbe & d'un tube. Le *limbe* eſt compoſé de quatre découpures. *Lobes* pétaliformes, évaſés, ovoïdes & aigus. Le *tube* eſt cylindrique, liſſe & renflé à ſa baſe, pour recevoir le germe ſous lequel il s'attache.

ÉTAMINES. *Quatre filets* (Q) filiformes , égaux , cylindriques & plus longs que la corolle, attachés à ſon tube. *Quatre anthères* arrondies, cordiformes, jaunâtres & brandillantes : ces anthères (Y) s'ouvrent par les côtés, pour laiſſer tomber une pouſſière fécondante blanche.

PISTIL. *Un germe* (B) arrondi, liſſe & glabre. *Un ſtyle* filiforme, auſſi long que les étamines. *Un ſtigmate* (I) un peu en tête.

NECTAR , aucun.

PÉRICARPE. *Capſule* oviforme (S) uni-loculaire, polyſperme ; ſurface liſſe , membraneuſe & un peu tranſparente. Cette capſule s'ouvre en travers en deux valves , ſavoir , une ſupérieure (Z1) plus grande en cloche, & une inférieure (Z2) en forme d'écuelle. Dans cette capſule ſe trouve un réceptacle (E) qui ſemble diviſer le fruit en deux loges , ſans le diviſer parfaitement.

RÉCEPTACLE. Corps (E) elliptique, renflé & alvéolé à ſon milieu, contenu dans la capſule, ſans adhérer aux bords.

SEMENCES. Pluſieurs (Z), ordinairement au nombre de ſeize, ovoïdes & applaties ſur une ſurface, de couleur rouſſe.

RACINE , fibreuſe , tantôt pivotante garnie de fibrilles , tantôt capillacée.

TRONC. *Hampe* (3) cylindrique , pleine, liſſe, un peu velue & droite : cette hampe eſt terminée par un épi de fleurs imbriquées.

FEUILLES , très-ſimples, ovoïdes, toutes radicales & pétiolées ; ſa face ſupérieure liſſe, glabre ; ſurface inférieure (fig. 2.) glabre , & garnie de cinq à ſept nervures très-ſaillantes ; bords ſinués , dentés ; extrémité ou ſommet entier & obtus ; baſe entière.

SUPPORTS.

Armes, } aucune.
Stipules, }

Bractées ; petites feuilles (4) ovoïdes , très-entières , situées une à une sous chaque fleur.

Pétioles applatis , plus larges près des racines qu'auprès de la feuille , & moins longs que la feuille.

Péduncules , aucun ; les fleurs font sessiles.

Vrilles , aucune.

PORT. D'une racine sortent plusieurs feuilles couchées sur terre. Plus , plusieurs hampes droites , verticales & un peu velues. Les fleurs sont sessiles , & disposées en épis cylindriques , linéaires.

VÉGÉTATION. Sort de terre dans tous les temps de l'année ; fleurit & graine tout l'été ; les feuilles persistent quelquefois pendant les gelées ; les racines sont vivaces.

LIEU. Les prés , les bords des chemins , presque par-tout.

PROPRIÉTÉS. { *Odeur* herbacée , peu sensible.
{ *Saveur* salée , herbacée , un peu acerbe.

ANALYSE , inconnue.

VERTUS. Cette plante est placée parmi les plantes vulnéraires astringentes ; elle est desséchante , cicatrisante.

USAGE. On s'en sert intérieurement & extérieurement , dans tous les cas où il convient de resserrer : en tisanne , on en fait usage contre l'hémophthisie , après avoir détruit la pléthore ; contre les diarrhées inodores & rebelles ; contre les flux dysentériques exempts d'inflammation ; & généralement contre toutes les pertes entretenues par le relâchement & la foiblesse des parties.

DOSE. Par poignées , en décoction dans l'eau. L'eau distillée s'emploie par cuillerées dans des potions ; mais elle n'a pas plus de vertu que l'eau de rivière distillée.

ETYMOLOGIE. *Plantago* vient , dit-on , du mot latin *Planta* , Plante par excellence , ou de ce qu'on foule aux pieds les espèces de ce genre.

NOM GÉNÉRIQUE PHYTONOMATOTECHNIQUE.

GIQGYABIAHUQZEZ.

SYNONYMIE.

PLANTAGO (*major*) *foliis ovatis glabris , scapo tereti , spica , flosculis imbricatis.* L. Mat. Med. 51. id sp. 163. n°. 1. id. Syst. pl. 1. 319. n°. 1. Mur. Reg. Veget. 131. n°. 1. Gouan. Flor. Monsp. 9. id. Hort. 69. Œd. Dan. tab. 461. Scop. Car. 2. 161. Com. Epit. 261.

———— *foliis petiolatis ovatis glabris , spica tereti.* Hal. Helv. n°. 660. Dalib. Paris. 50.

———— *latifolia sinuata.* C. B. pin. 186. T. Inst. 126. id. Herbor. 1. 376. Vail. Bot. par. 160. Fabreg. 6. p. 55.

———— *latifolia glabra.* C. B. pin. 189. Tour. Inst. 126.

PLANTAIN majeur. Lam. 2. 309. Lestib. 114.

———— large. Dub. 2. 297.

Grand PLANTAIN.

GIQGYABIAHUSZEL

PLANTAGO Lanceolata. L.

PLANTAGO

LANCEOLATA.

PLANTAIN *LANCÉOLÉ.*

ORDRES SYSTÉMATIQUES.

DE TOURNEFORT.	VON LINNÉ.	DE JUSSIEU.
Claſſe II. Section 2. Genre 3.	Claſſe IV. Ordre 1.	Cl. VI. Ordre 5. les Plantains.

DESCRIPTION.

ENVELOPPE, aucune. On ne peut pas donner ce nom aux bractées qu'on trouve ſous les fleurs inférieures.

CALICE. *Un périanthe* (H) de quatre feuilles entières, égales, uniformes & perſiſtantes. Chaque feuille eſt membraneuſe, concave, carinée, c'eſt-à-dire, en forme de bateau, & garnie à ſon milieu d'une nervure verte. Si l'on applatiſſoit cette feuille, elle ſeroit orbiculaire.

COROLLE. *Un pétale* (G) inférieur, perſiſtant, infundibuliforme, fendu en quatre portions égales, uniformes. Ces quatre découpures, qui forment le limbe, ſont évaſées, droites, aiguës & ovoïdes. Le *tube* qui les ſoutient eſt cylindrique, & renflé à ſa baſe pour contenir le germe.

ETAMINES. *Quatre filets* égaux (Q) cylindriques, filiformes, près de deux fois plus longs que la corolle, & fixés à ſon tube. *Quatre anthères* applaties, cordiformes & brandillantes. Ces anthères (Y) s'ouvrent par les côtés, pour laiſſer tomber la pouſſière fécondante.

PISTIL. *Un germe* (B) ſphérique, ſupérieur, liſſe, glabre, uni. *Un ſtyle* filiforme, auſſi long que les étamines. *Un ſtigmate* (I) peu diſtinct du ſtyle, quoique un peu en tête.

NECTAR, aucun.

PÉRICARPE. *Capſule* oviforme, liſſe, unie, ſèche, renfermant deux ſemences ſéparées par une cloiſon qui n'adhère point à la capſule ; de ſorte qu'elle ne conſtitue pas eſſentiellement deux loges. Mais, comme cette cloiſon touche les deux parois de cette capſule, on pourroit regarder ce fruit comme bi-loculaire. Cette capſule eſt formée par deux valves, ſavoir, une ſupérieure (1) campaniforme, & une inférieure (2) en forme d'écuelle ou de cupule de gland de chêne. Ces deux portions s'uniſſent enſemble comme une boîte à ſavonnette eſt unie à ſon couvercle.

RÉCEPTACLE. Cloiſon (E) herbacée, placée entre les deux graines.

SEMENCES. Deux graines (L) elliptiques, oblongues, applaties & creuſées ſur une face, arrondies & liſſes ſur l'autre ; chacune eſt ſolitaire & ſéparée de ſa jumelle par le réceptacle.

RACINE, fibreuſe, pivotante, garnie de fibrilles.

TRONC. *Hampe* très-ſimple, à cinq angles (3), un peu velue, pleine, & plus longue que les feuilles.

L l

Feuilles, très-simples, lancéolées, aiguës & pétiolées; surfaces glabres, & marquées de cinq nervures très-visibles en dessous; bords un peu dentés de dents très-peu sensibles.

Supports.
{
Armes, } aucune.
Stipules, }
Bractées; petites écailles (4) ovoïdes ou elliptiques, placées une à une au dessous de chaque fleur.
Pétioles bien moins longs que les feuilles, cylindriques, striés en dessous, concaves ou garnis d'une gouttière en dessus.
Péduncules, aucun.
Vrilles, aucune.
}

Port. D'une racine sortent plusieurs *feuilles*, partie obliques, partie verticales. Du milieu de ces feuilles sortent plusieurs *hampes* aussi verticales, un peu flexueuses; terminées par un épi oviforme de *fleurs* sessiles & très-rapprochées.

Végétation. Sort de terre au printemps, fleurit & graine l'été; ses fruits mûrissent à fur & à mesure; les feuilles persistent souvent pendant l'hiver; la racine est vivace.

Lieu. Les prés, les bords des chemins, presque par-tout.

Propriétés. { *Odeur* herbacée.
Saveur; toute la plante, mais sur-tout les feuilles, ont un goût salé, un peu acerbe. }

Analyse, inconnue.

Vertus, Usage, Dose, { Les mêmes que le grand Plantain décrit page 131. De plus, on a reconnu à cette espèce une propriété fébrifuge, propre à détruire la fièvre tierce & quarte. Pour cela on fait prendre au malade deux à quatre onces du suc de cette plante, au moment du frisson; & on continue de même pendant trois accès de suite. }

Etymologie. *Voyez* l'espèce précédente, page 132.

NOM GÉNÉRIQUE PHYTONOMATOTECHNIQUE.

GIQGYABIAHUSZEL.

SYNONYMIE.

Plantago (*lanceolata*) *foliis lanceolatis, spicâ subovatâ nudâ, scapo angulato. L. sp. 164. n°. 6. id. Syst. pl. 1. 321. n°. 6. Mur. Reg. Veget. 131. n°. 6. Dalib. par. 50. Œd. Dan. tab. 437. Gouan. Flor. Monsp. 10. n°. 3. id. Hort. 69.*
———— *foliis lanceolatis quinquenerviis, scapo nudo, spicâ ovatâ. Hal. Helv. n°. 656.*
———— *angustifolia major. B. pin. 189. T. Inst. 127. id. Herbor. 1. 377. Vail. Bot. par. 160.*
———— *minor. Dod. Pent. 102. Dalec. hist. 1255.*
———— *longa. Cam. Epit. 263.*
Plantain lancéolé. *Lam. 2. 311. Lestib. 114.*
———— élancé. *Dub. 2. 297. n°. 3.*
Petit-Plantain.
Le Plantain étroit.
———— à cinq nerfs.
Par les Béarnois, Coste-Catbat.

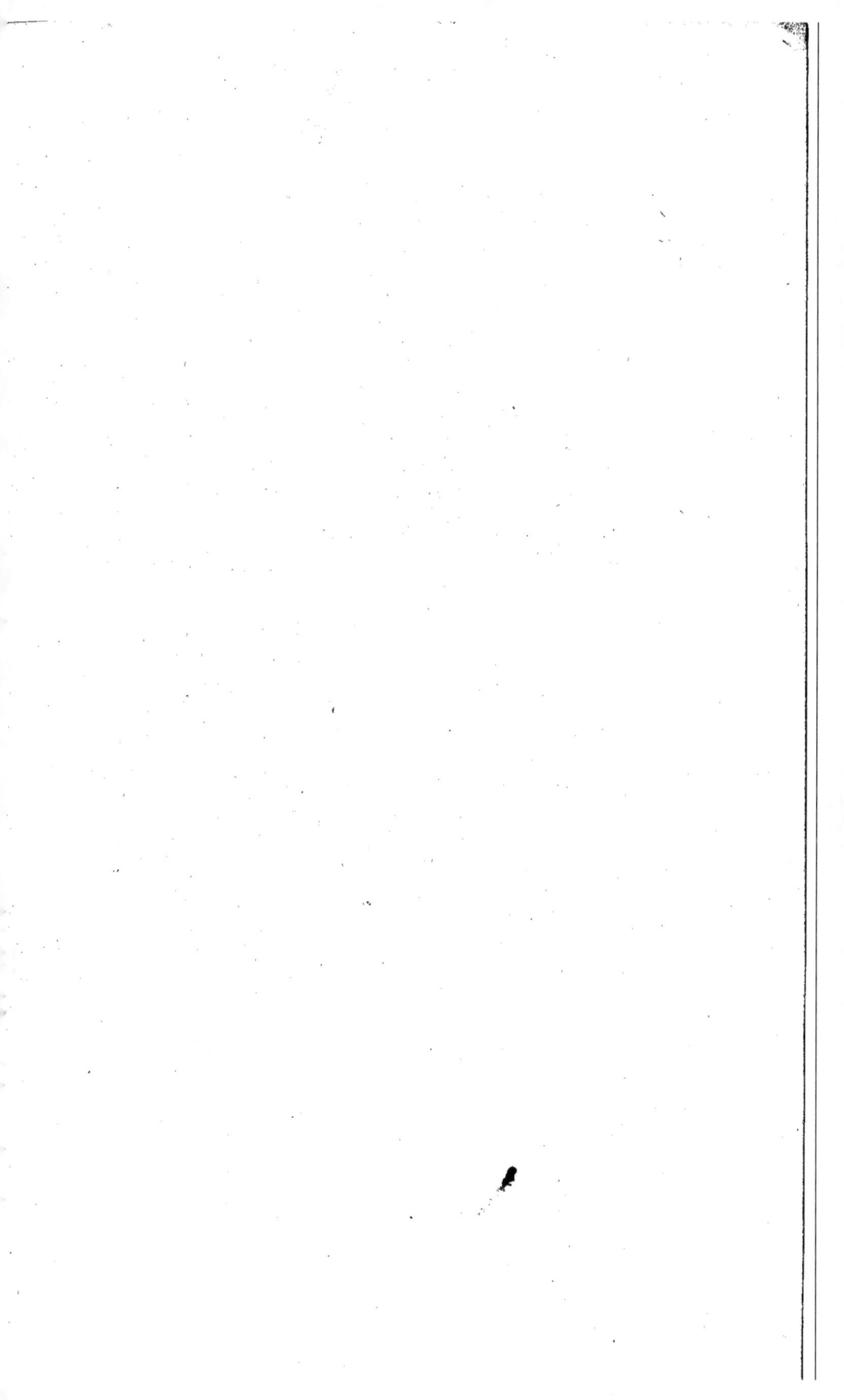

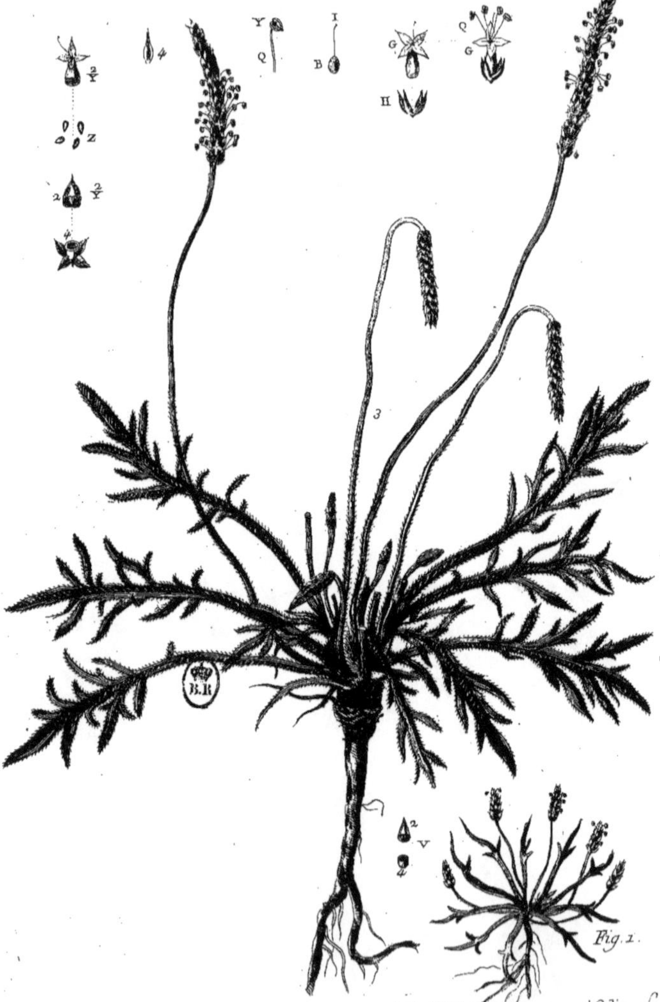

GIQGYABIAHUVZEL

Fig. 1.

PLANTAGO Coronopifolia. L.

PLANTAGO

CORONOPIFOLIA.

PLANTAIN CORNE DE CERF.

ORDRES SYSTÉMATIQUES.

DE TOURNEFORT.	VON LINNÉ.	DE JUSSIEU.
Cl. II. Sect. 2. Gen. 4. *Coronopus*.	Classe IV. Ordre 1.	Cl. VI. Ordre 5. les Plantains.

DESCRIPTION.

ENVELOPPE, aucune.

CALICE. *Un périanthe* (H) de quatre feuilles égales, uniformes, moins longues que la corolle, & persistantes. Chaque feuille est ovoïde, entière, creusée en bateau, & bordée d'un cercle membraneux, blanc, & garni au milieu d'une nervure verte.

COROLLE. *Un pétale* (G) infundibuliforme, persistant, formé d'un limbe & d'un tube. Le *limbe* est composé de quatre découpures ou *lobes* pétaliformes, évasés, ovoïdes & aigus. Le *tube* est cylindrique, lisse & renflé à sa base, pour recevoir le germe sous lequel il s'attache.

ÉTAMINES. *Quatre filets* (Q) filiformes, égaux, cylindriques, & deux à trois fois plus longs que la corolle, attachés à son tube. *Quatre anthères* cordiformes, jaunâtres & brandillantes. Ces anthères (Y) s'ouvrent par les côtés, pour laisser tomber une poussière fécondante blanche.

PISTIL. *Un germe* (B) arrondi, lisse & glabre. *Un style* filiforme aussi long que les étamines. *Un stigmate* (I) un peu en tête.

NECTAR, aucun.

PÉRICARPE. *Capsule* oviforme (Ÿ), quadriloculaire, tétrasperme; surface lisse, membraneuse & un peu transparente. Cette capsule s'ouvre en travers en deux valves, savoir, une supérieure (2) plus grande, en cloche; & une inférieure (4, 2) en forme d'écuelle. Dans cette capsule se trouve un réceptacle qui divise le fruit en trois loges dans les espèces non-cultivées (V), & en quatre dans les domestiques.

RÉCEPTACLE. Corps (E) à trois ou quatre angles, contenu dans la capsule.

SEMENCES. Quatre graines (Z), une dans chaque loge, oviformes, un peu lenticulaires, lisses, de couleur rousse.

RACINE, fibreuse, pivotante, garnie de fibrilles latérales.

TRONC. *Hampe* (3) cylindrique, pleine, lisse, un peu velue, courbée inférieurement, droite supérieurement. Cette hampe est terminée par un épi de fleurs imbriquées.

FEUILLES, linéaires, une ou deux fois pinnées ou pinnatifides, sessiles & toutes radicales; surface supérieure, lisse; surface inférieure, épaisse, arrondie en demi-cylindre, garnie d'une nervure souvent peu visible; bords sinués & découpés en forme d'aile; découpures linéaires, opposées, quelques-unes alternes, souvent même branchues.

$$\text{SUPPORTS.} \begin{cases} \textit{Armes ,} \\ \textit{Stipules ,} \end{cases} \text{aucune.}$$

Bractées ; petites feuilles (4) ovoïdes, très-entières, situées une à une sous chaque fleur.

$$\begin{cases} \textit{Péduncules ,} \\ \textit{Pétioles ,} \end{cases} \text{aucun.}$$

Vrilles , aucune.

PORT. D'une racine sortent plusieurs feuilles couchées sur terre. Plus , plusieurs hampes d'abord réfléchies , ensuite droites , verticales & un peu velues. Les fleurs sont sessiles & disposées en épis cylindriques , linéaires.

VÉGÉTATION. Sort de terre dans tous les temps de l'année ; fleurit & graine tout l'été ; les feuilles persistent quelquefois pendant les gelées ; les racines sont vivaces.

LIEU. Les bords des chemins , les terrains sablonneux.

PROPRIÉTÉS. $\begin{cases} \textit{Odeur} \text{ herbacée , peu sensible.} \\ \textit{Saveur} \text{ salée , herbacée.} \end{cases}$

ANALYSE , inconnue.

VERTUS. Cette plante a les mêmes vertus que les Plantains.

USAGE , $\Big\}$ On ne l'emploie presque point en Médecine.
DOSE ,

ETYMOLOGIE. *Plantago,* de *Planta.* Voyez la page 132. *Coronopus,* des mots grecs κορωνη, *Cornix,* Corneille ; & πᾶς, *Pes,* Pieds : comme qui diroit, Pieds de Corneille, à cause de la forme des feuilles.

N. B. On a fait représenter , à la figure première , une petite Corne de Cerf des campagnes. La grande figure représente celle des jardins.

NOM GÉNÉRIQUE PHYTONOMATOTECHNIQUE.

GIQGYABIAHUVZEL ou *GIQGYABIAHUYZEL.*

SYNONIMIE.

PLANTAGO (*coronopifolia*) *foliis linearibus dentatis , scapo tereti.* L. *sp.* 166. *n°.* 14. *id. Syst. pl.* 1. 323. *n°.* 16. *Mur. Reg. Veget.* 132. *n°.* 14. *Gouan. Flor.* 10. *n°.* 9. *id. Hort.* 70. *n°.* 9. *Œd. Dan. tab.* 272.

——————— *foliis linearibus pinnato-dentatis. Dalib. par.* 5. *Sauv. Met. fol.* 275. *n°.* 45.

——————— *foliis subhirsutis , semipinnatis , pinnis ramis lanceolatis. Hal. Helv. n°.* 658.

CORONOPUS *sylvestris hirsutior.* B. *pin.* 190.

——————— *hortensis.* B. *pin.* 190. T. *Inst.* 128. *id. Herbor.* 2. 152. *Vail. Bot. par.* 4. *Fabreg.* 4. *pag.* 9.

PLANTAIN Corne de Cerf. *Lam.* 2. 355. *Lestib.* 144.

CORNOPE. *Dub.* 2. 298.

LA CORNE DE CERF.

JUPJYAGIÁL

Fig.1

Fig.2

CHENOPODIUM Murale. L.

CHENOPODIUM

MURALE.

PATTE-D'OIE *DES MURS.*

ORDRES SYSTÉMATIQUES

DE TOURNEFORT.	VON LINNÉ.	DE JUSSIEU.
Claffe XV. Section 2. Genre 4.	Claffe V. Ordre 2.	Claffe VI. Ordre 1. les Arroches.

DESCRIPTION.

ENVELOPPE, aucune.

CALICE, aucun ; à moins que l'on ne donne ce nom à la corolle.

COROLLE. *Cinq pétales* (J) égaux, uniformes, difpofés régulièrement en forme de roue autour d'un centre commun. Chaque pétale eft ovoïde, concave, entier, feffile & marqué extérieurement d'une nervure. Tous s'inferent fous le germe, & perfiftent jufqu'à la maturité de la graine qu'ils entourent, & à laquelle ils fervent de calice.

ÉTAMINES. *Cinq filets* droits, cylindriques, filiformes, égaux, plus longs que les pétales, couchés fur les mêmes pétales, & inférés fous le germe. *Cinq anthères* arrondies, & qui s'ouvrent par les côtés (Y).

PISTIL. *Un germe* fphérique, glabre, liffe & fupérieur. *Deux ftyles* (I) cylindriques, filiformes, glabres, égaux, moins longs que les étamines, & réfléchis. Chaque ftyle eft terminé par *un feul ftigmate.*

NECTAR,
PÉRICARPE, } aucun.
RÉCEPTACLE,

SEMENCES, une feule (L) pour chaque fleur. Cette femence eft lenticulaire, noire, dure, & pleine d'une fubftance farineufe.

RACINE, (fig. 1,) fibreufe, pivotante, chevelue & ligneufe. Fibres garnies de petites fibrilles.

TRONC. *Tige* (fig. 2.) rarement ramifiée, herbacée, pleine, remplie d'une moëlle blanche ; furface anguleufe, cannelée, & parfemée de petits points blancs formés par une pouffière blanche femblable à de la poudre à poudrer, fi on la confidère à la vue fimple. Cette poudre fe trouve ordinairement fur les jeunes branches & fur les nouvelles feuilles. Il paroît qu'elle eft formée, fi l'on la confidère à travers une loupe, d'un affemblage de petits glaçons très-luifans.

FEUILLES, très-fimples, pétiolées, rhomboïdes ou ovoïdes-anguleufes ; furface fupérieure liffe, glabre ; furface inférieure parfemée de petits points luifans, & garnie de trois veines qui fe ramifient ; bords très-entiers du côté du pétiole, & dentés de grandes dents dans le refte de leur étendue ; extrémités terminées en pointes.

M m

SUPPORTS.
$\left\{\begin{array}{l}Armes, \\ Stipules, \\ Bractées,\end{array}\right\}$ aucune.

Pétioles moins longs que les feuilles, cylindriques inférieurement, & garnis d'une gouttière supérieurement.

Pédoncules ramifiés en grappe; les ramifications soutiennent des fleurs globulées & sessiles.

Vrilles, aucune.

PORT. D'une racine s'élève verticalement une tige flexueuse, feuillée. Branches alternes, axillaires, formant des angles aigus avec la tige. Feuilles aussi alternes & obliques. Fleurs axillaires ou terminales. Les grappes axillaires sont simples ou branchues. Les grappes terminales sont très-ramifiées & écartées. Chaque fleur en particulier est sessile.

LIEU. Les terrains incultes, les bords des fossés, des jardins & sur-tout dans les terres grasses, auprès des maisons.

VÉGÉTATION. Sort de terre en juin, fleurit de juillet à novembre; ses graines mûrissent à fur & à mesure; la plante périt aux premières gelées: sa durée totale est de quatre à cinq mois.

PROPRIÉTÉS. $\left\{\begin{array}{l}Odeur, \\ Saveur,\end{array}\right\}$ herbacée, assez forte, mais point désagréable.

ANALYSE, inconnue.

VERTUS, inconnues. Quelques Auteurs croient cette plante vénéneuse.

USAGE, aucun.

ETYMOLOGIE. *Chenopodium*, des mots grecs χὴν, *Anser*, Oie; & πᾶς, *Pes*, Pied: comme qui diroit, Pied d'Oie; parce que les feuilles de cette plante, regardées par dessous, ont la forme d'un pied d'oie. C'est à cause de cette forme qu'en françois on la nomme patte d'oie.

NOM GÉNÉRIQUE PHYTONOMATOTECHNIQUE.

JUPJYAGIÅL.

SYNONYMIE.

CHENOPODIUM (*murale*) *foliis ovatis nitidis acutis dentatis, racemis ramosis nudis. L. sp. 318. n°. 4. id. Syst. pl. 1. 618. n°. 4. Mur. Reg. Veget. 216. n°. 4. Dalib. par. 79. n°. 8. Buch. Dict. Reg. Veget. T. 5. 164.*

——————— *pes anserinus. 1. Tabern. Icon. 427. Tourn. Inst. 506. id. Herbor. 1. 30. Vaill. Bot. par. 36. n°. 7. Fabrec. 3. 159.*

ATRIPLEX *sylvestris latifolia. C. B. pin. 119. n°. 3.*

——————— *dicta pes anserinus. Bauh. hist. 2. pag. 975.*

PATTE D'OUE des murs. *Dub. 2. 348.*

PATTE D'OIE des murs. *Lam. 3. 248. Lestib. 205.*

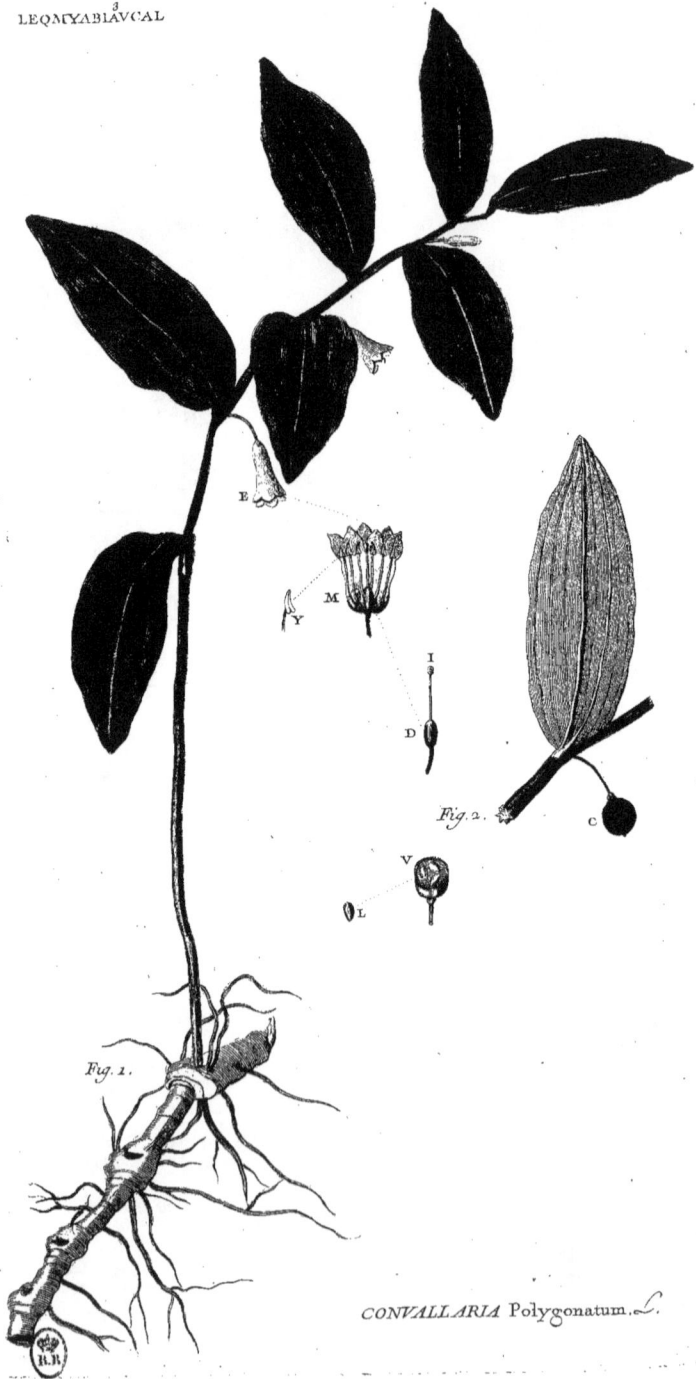

LEQMYABIÁVCAL

E

M

Y

I

D

Fig. 2.

C

V

L

Fig. 1.

R.R.

CONVALLARIA Polygonatum. *L.*

CONVALLARIA

POLYGONATUM.

SCEAU DE SALOMON *UNIFLORE.*

ORDRES SYSTÉMATIQUES.

DE TOURNEFORT.	VON LINNÉ.	DE JUSSIEU.
Cl. I. Sect. 2. G. 2. *Polygonatum.*	Claffe VI. Ordre 1.	Claffe III. Ordre 2. les Lis-

DESCRIPTION.

ENVELOPPE, aucune.

CALICE, aucun.

COROLLE. *Un pétale* (E) campaniforme, tubulé, liffe & glabre. *Limbe* peu évafé, denté de fix dents égales, entières, uniformes & difpofées fur deux rangs, favoir, trois forment une rangée interne, & les trois autres la rangée externe. *Tube* cylindrique, marqué de fix nervures longitudinales, peu vifibles, & qui partent du milieu de chaque dent. Cette corolle fe deffèche fur la plante.

ETAMINES. *Six filets* (M) égaux, fixés dans le tube de la corolle, & prefque auffi longs que lui. *Six anthères* en forme de fer de flèche, fixées par leur milieu & par la face qui répond à la corolle, aux extrémités des filets : ces anthères font blanches, s'ouvrent par les côtés (Y), & laiffent tomber une *pouffière fécondante* blanchâtre.

PISTIL. *Un germe* (B) fupérieur, liffe, arrondi, glabre, & marqué de trois ftries longitudinales. *Un ftyle* cylindrique, de la hauteur des filets des étamines. *Un ftigmate* (I) velu & en tête.

NECTAR, aucun.

PÉRICARPE. *Baie* (C) molle, pulpeufe, liffe, arrondie, triloculaire (V), & qui tombe fans s'ouvrir.

RÉCEPTACLE, aucun bien diftinct. Les femences (L) font nourries par la partie pulpeufe.

SEMENCES ; au nombre de trois dans chaque fruit, une dans chaque loge ; chacune eft oviforme, liffe.

RACINE, (fig. 1.) fibreufe, traçante, articulée, marquée, d'efpace en efpace, d'une empreinte provenant de la deftruction des tiges des années précédentes, & garnie de fibrilles.

TRONC. *Tige* très-fimple, pleine, liffe, glabre & multi-angulaire. (fig. 2.)

FEUILLES, très-fimples, glabres, feffiles, très-entières, nerveufes.

SUPPORTS.
{ *Armes,* }
{ *Stipules,* } aucune.
{ *Bractées,* }
{ *Pétioles,* aucun. }
{ *Péduncules* cylindriques, très-fimples, folitaires & uniflores ; chaque péduncule eft rabattu inférieurement. }
{ *Vrilles,* aucune. }

PORT. D'une racine fort une *tige* entourée, à fa naiffance, d'une membrane fpathiforme de peu de durée. Cette tige s'élève verticalement dans fa moitié inférieure ; la moitié fupérieure forme une courbure en manière de demi-arc. Les *feuilles* font alternes & difpofées fur deux rangs oppofés de manière à donner à la tige une forme aîlée. Les *péduncules* fortent un à un , ou tout au plus deux à deux , des aiffelles des feuilles, & font tous penchés en deffous du demi-arc que forme la tige. Chaque péduncule ne foutient qu'une feule fleur.

LIEU. Les bois , les endroits couverts & ombragés.

VÉGÉTATION. Cette plante fort de terre à la fin d'avril ; fleurit en mai ; fon fruit eft mûr en août-feptembre ; la tige périt en novembre ; la racine perfifte & pouffe de nouvelles tiges toutes les années.

PROPRIÉTÉS.
{ *Odeur ;* la racine a une légère odeur d'empois aigri ; la tige & les feuilles font inodores.
Saveur ; la racine eft très-mucilagineufe, fucrée, & légérement acidulée ; la tige & les feuilles font de même, mais plus foibles.

ANALYSE.
{ *Pyrotechnique ;* cette plante ne fournit à l'analyfe que des liqueurs acides, & de l'huile.
Hygrotechnique , inconnue.

VERTUS. On l'eftime vulnéraire, aftringente, fortifiante, réfolutive, cofmétique & nourriffante.

USAGE. On preferit la racine de cette plante, en infufion dans le vin, pour les hernies des enfans ; & la même racine s'applique, extérieurement, en cataplafme : ces deux remèdes ont fouvent eu du fuccès. L'infufion aqueufe guérit, dit-on, la gale ; fon eau diftillée décraffe la peau ; la racine en cataplafme diffipe les contufions.

DOSE. Pour les defcentes, fix gros de racine infufée dans demi-feptier de vin blanc, pour prendre dans la journée. Le marc fur la hernie réduite, ce remède doit être continué long-temps. Pour les contufions, la racine par poignées, rapée & appliquée en cataplafme.

B. B. Nous avons décrit, page 89 de ce volume, un autre SCEAU DE SALOMON, qui a les mêmes vertus que celui-ci , mais plus foibles. C'eft fur-tout de l'efpèce que nous venons de décrire , qu'on fait ufage en Médecine.

ETYMOLOGIE. *Convallaria* , de *Convallium* , Vallée ; parce que les efpèces de ce genre croiffent dans les vallées. *Polygonatum* , à πολὺ , *multum* , plufieurs ; & γόιυ , *genu* , genoux : comme qui diroit, Plante qui a plufieurs genoux, à caufe des nœuds de la racine.

NOM GÉNÉRIQUE PHYTONOMATOTECHNIQUE.

LEQMYABIÀVCAL.

SYNONYMIE.

CONVALLARIA (*polygonatum*) *foliis alternis amplexicaulibus , caule ancipiti , pedunculis axillaribus fubunifloris.* L. *fp.* 451. *n°.* 3. *id. Mur. Reg. Veget.* 275. *n°.* 3. *id. Syft. Plant.* 2. 74. *n°.* 3. *id. Mat. Med.* 99. *Gouan. Hort.* 177. *n°.* 4. *id. Flor. Monfp.* 39. *n°.* 3. *Flor. Dan. tab.* 377. *Buch. Dic. Reg. Veget.* 6. 154. *n°.* 2.

———— *foliis alternis , pedunculis pendulis unifloris. Sauv. Met. fol.* 42. *n°.* 133.

POLYGONATUM *caule fimplici angulofo cernuo , foliis ovato-lanceolatis rigidis , alis unifloris. Hal. Helv. n°.* 1242.

———— *floribus ex fingularibus pedunculis. J. B.* 3. 529.

———— *latifolium vulgare. C. B. pin.* 303. *T. Elem.* 69. *id. Inft.* 78. *id. Herbor.* 2. 189. *Vail. Bot. par.* 162. *n°.* 1. *Fabreg.* 6. *pag.* 62.

SIGNET genouillet. *Dub.* 2. 325. *n°.* 1.

MUGUET anguleux. *Lam.* 3. 268. *n°.* 3. *Leftib.* 180.

SCEAU DE SALOMON anguleux.

———— uniflore.

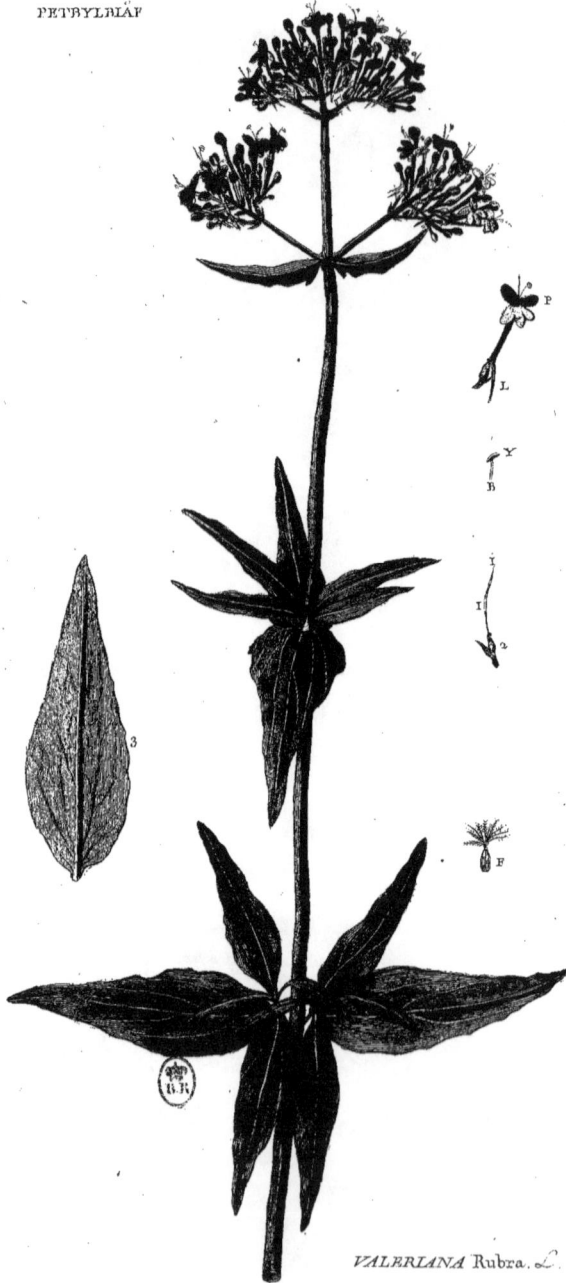

PETRYLBIAF

VALERIANA Rubra. L.

VALERIANA

RUBRA.

VALÉRIANE *ROUGE.*

ORDRES SYSTÉMATIQUES.

DE TOURNEFORT.	VON LINNÉ.	DE JUSSIEU.
Cleffe II. Section 3. Genre 5.	Claffe III. Ordre 1.	Cl. X. Ordre 1. les Dipfacée.

DESCRIPTION.

ENVELOPPE, aucune.

CALICE, aucun. On voit feulement, à l'extrémité fupérieure de la graine, un bourrelet en forme de couronne, formé par l'aigrette non développée, que nous ne nommerons pas calice.

COROLLE. *Un pétale* (P) irrégulier, tubulé & fendu à un tiers de fa profondeur. Cinq lobes prefque égaux, applatis, évafés, obtus & difpofés irrégulièrement en deux lèvres. Une de ces lèvres eft formée par un feul lobe; la feconde lèvre eft compofée des quatre autres lobes : ces cinq découpures forment le *limbe.* Sous ce limbe fe voit un tube cylindrique, fubulé, tronqué, & terminé latéralement & inférieurement par un appendice fubulé en forme de corne, & de la longueur du tiers de la corolle. C'eft à cet appendice que les Botaniftes françois donnent le nom d'éperon, & que nous nommerons, avec Linnæus, nectar.

ÉTAMINES. *Un filet* (B) cylindrique collé, intérieurement & fupérieurement, tout le long du tube de la corolle, reffortant de beaucoup au dehors de la corolle. Ce filet forme un conduit dans la corolle, au travers duquel paffe le piftil comme à travers d'une gaîne. *Une anthère* (Y) elliptique, échancrée par une de fes extrémités, & formée de deux corps prefque cylindriques. Cette anthère s'attache au filet par fon milieu, & s'ouvre par fes côtés pour laiffer tomber la pouffière fécondante.

PISTIL. *Un germe* (2) inférieur, ovoïde, ftrié, feffile. *Un ftyle* (1) filiforme, de la longueur de la corolle, & terminé par *un ftigmate* (I) fimple, obtus.

NECTAR. *Un appendice* (L) fubulé, placé au bas du tube de la corolle.

PÉRICARPE, } aucun.
RÉCEPTACLE, }

SEMENCES. *Une graine* (F) pour chaque fleur. Cette graine eft ovoïde, oblongue, un peu comprimée, ftriée & terminée par une aigrette feffile de plumes, c'eft-à-dire, de poils ramifiés.

RACINE, fibreufe, ramifiée, très-groffe.

TRONC. *Tige* cylindrique, un peu fiftuleufe, branchue & fouvent ramifiée, verticale, liffe, glabre, feuillée. Branches & rameaux cylindriques, droits, obliques, liffes & fans poils.

FEUILLES, très-fimples (3) très-entières, ovoïdes-élancées, feffiles; furfaces très-liffes, très-unies, garnies de nervures ou veines enfoncées & non-faillantes.

N n

Armes, } aucune.
Stipules, }

Bractées Deux petites feuilles fessiles, subulées, placées au bas de chaque ramification des péduncules (5).

SUPPORTS. { *Pétioles*, aucun.

Péduncules tous généraux, point de particuliers : chaque premier péduncule général se divise en deux autres péduncules aussi généraux ; ceux-ci se subdivisent en deux autres, lesquels soutiennent des fleurs sessiles.

Vrilles, aucune.

PORT. D'une racine commune sortent plusieurs *tiges* verticales ; de ces tiges sortent des branches opposées obliques. *Feuilles* aussi opposées. *Péduncules* disposés au haut des tiges par touffes. *Fleurs* terminales en corymbe ou en forme de tête.

VÉGÉTATION. Sort de terre au printemps, fleurit & graine depuis juin jusqu'à novembre ; les tiges périssent aux gelées ; la racine vit plusieurs années.

LIEU. Nos jardins où on la cultive, à cause de la beauté & de la durée de ses fleurs.

PROPRIÉTÉS. { *Odeur* herbacée, tirant sur une légère odeur d'ail ; la racine est odorante.
{ *Saveur* herbacée, un peu salée & amère.

ANALYSE,
VERTUS, } inconnues.
USAGE,
DOSE,

ETYMOLOGIE. *Valeriana*, de *Valerianus*, nom de l'Auteur qui le premier mit, dit-on, la VALÉRIANE en usage ; ou bien du verbe latin *Valere*, se bien porter, à cause des grandes vertus de quelques espèces de ce genre.

NOM GÉNÉRIQUE PHYTONOMATOTECHNIQUE.

P E L B Y L B I A F. [6]

S Y N O N Y M I E.

VALERIANA (*rubra*) *floribus monandris, caudatis, foliis lanceolatis integerrimis. L. sp. pl. 44. id Syst. pl. 1. 84. n°. 1. Val. Reg. Veget. 72. Gouan. Hort. 21. id. Flor. Monsp. 61. Dalib. par. 12. Sauv. Met. fol. 131.*

———— *foliis glaberrimis, floribus calcaratis. Hal. Helv. n°. 213.*

———— *rubra. B. pin. 165. Dod. 91. T. Inst. 131. id. Herbor. 2. 523. Vail. Bot. par. 199.*

PHU *peregrinum. Cam. Epit. 24.*

VALÉRIANE *des fleuristes. Dub. 2. 309.*

———— *rouge. Lam. 3. 354. Lestib. 120.*

QIQ GYAFOASIAZ

TYMUS Serpillum. L.

Fig. 1

THYMUS

SERPILLUM.

THYM SERPOLET.

ORDRES SYSTÉMATIQUES.

DE TOURNEFORT.	VON LINNÉ.	DE JUSSIEU.
Cl.IV.Sect.3.Gen.7.*Serpillum.*	Cl.XIV.Ord.1.*Gymnospermia.*	Classe VII. Ordre 4. les Labiées.

DESCRIPTION.

ENVELOPPE, aucune.

CALICE. *Périanthe* (S) persistant, monophylle, fendu jusqu'au milieu en deux lèvres inégales, écartées; la lèvre supérieure (1) est découpée par trois dents égales; l'inférieure est (2) fendue en deux parties égales, uniformes, subulées. Le tube de ce calice est cylindrique, canelé, velu; l'intérieur est garni d'un cercle de poils qui en ferment l'entrée.

COROLLE. *Un pétale* (Q) fendu jusqu'au milieu, en deux lèvres inégales, & de deux formes; la lèvre supérieure (3) est redressée & échancrée en cœur; l'inférieure (4) est plus grande, rabattue & découpée en trois lobes uniformes, arrondis, entiers. Le tube est cylindrique & de la longueur du calice. Insertion sous les germes.

ETAMINES. *Quatre filets* (G) cylindriques, droits, inégaux; deux plus longs que les découpures de la corolle, & ressortent dehors de son tube; deux plus courts qui se montrent aussi extérieurement. Quatre anthères arrondies en croissant, & qui s'ouvrent par les côtés (Y).

PISTIL. *Quatre germes* (F) peu élevés, arrondis, placés au fond du calice. *Un style* filiforme, fendu à son extrémité, ou terminé par *deux stigmates* (O) aigus.

NECTAR, aucun; à moins qu'on ne nommât ainsi le cercle de poils qu'on voit dans le calice, sur lequel M. Linnæus fonde son caractère pour ce genre. Si on l'indiquoit pour un nectar, la sixième lettre du nom Phytonomatotechnique de cette plante, seroit un *Z* au lieu d'un *A*.

PÉRICARPE,
RÉCEPTACLE, } aucun; le calice en fait les fonctions.

SEMENCES. Quatre graines triangulaires, oviformes, renfermées dans le fond du calice: ces graines avortent souvent.

RACINE, fibreuse, traçante, noueuse, stolonifère; radicules capillacées.

TRONC. *Tige* branchue, quelquefois ramifiée, un peu creuse, presque ligneuse, quadrangulaire, quadrilatère, noueuse, glabre, lisse. Les entre-nœuds sont plus écartés que la longueur des feuilles. (La figure 6 représente un morceau de la tige grossie.

FEUILLES, très-simples, pétiolées, elliptiques ou ovoïdes (5), obtuses; surface supérieure lisse, glabre, marquée d'une nervure mitoyenne; surface inférieure garnie de veines, & ponctuée d'une infinité de petits points bruns.

SUPPORTS. {

Armes, aucune.

Stipules,
Bractées, { Aux aisselles des feuilles s'apperçoivent deux autres petites feuilles qu'on prendroit pour des bractées ou des stipules; ces petites feuilles sont le rudiment des branches axillaires.

Pétioles applatis, moins longs que les feuilles; ils sont très-visibles aux feuilles inférieures; peu sensibles, quelquefois même nuls, aux feuilles supérieures.

Péduncules très-simples, de la longueur des calices, & fixés plusieurs ensemble à l'aisselle des feuilles.

Vrilles, aucune.

PORT. D'une racine commune fortent plufieurs tiges couchées par terre. Ces tiges pouffent d'efpace en efpace, des *feuilles* oppofées, & quelquefois des radicules. Des aiffelles des feuilles inférieures fortent fouvent des branches qui fe ramifient. Les fleurs font difpofées par anneaux aux extrémités des tiges & aux aiffelles des feuilles ; chaque étage de fleurs en contient depuis fix jufqu'à dix-huit. Les fleurs font ordinairement purpurines.

VÉGÉTATION. Sort de terre ou pouffe fes feuilles en avril-mai, fleurit de juillet à octobre; les femences mûriffent à fur & à mefure; les feuilles quelquefois périffent aux gelées, fouvent elles perfiftent; la racine eft vivace.

LIEU. Nos prés, nos bois, fur-tout aux terrains arides, fablonneux; fur les côteaux & autres lieux incultes.

PROPRIÉTÉS. { *Odeur* très-aromatique, agréable, variant de celle du thym à celle du citron.
{ *Saveur* ; les racines font prefque infipides ; les tiges, feuilles & fleurs font très-aromatiques.

ANALYSE. { *Pyrotechnique* ; demi-livre de cette plante, diftillée à fec au bain-marie, fournit une eau de végétation très-odorante. La même plante, mife dans l'eau bouillante d'un alambic, fournit près d'un gros & demi d'huile effentielle d'une couleur jaunâtre, plus ou moins belle. Dans cette huile effentielle fe criftallife une affez grande quantité de camphre.

Hygrotechnique ; cette plante feche fournit, à l'efprit-de-vin, une teinture verte, noirâtre, d'une odeur légèrement balfamique, d'un goût âcre-amer. L'extrait fpiritueux a une foible odeur de la plante. L'infufion aqueufe eft jaunâtre, & a une odeur de ferpolet très-agréable. L'extrait aqueux eft d'un rouge-brun, & prefque fans odeur. Une once de la plante fournit un peu plus de deux gros d'extrait. La même dofe de la plante ne fournit, par l'efprit-de-vin, qu'environ un gros & demi d'extrait réfineux.

VERTUS,
USAGE, } les mêmes que le POULIOT, pages 93 & 94.
DOSE,

ETYMOLOGIE. *Thymus*, du mot grec Θυμὸς, *Animus*, Ame, Courage ; parce qu'on a regardé le thym comme capable de ranimer les forces. *Serpillum*, en grec ἕρπιλλος, du mot ἕρπω, *repo*, je rampe, parce que cette plante rampe par terre.

NOM GÉNÉRIQUE PHYTONOMATOTECHNIQUE.

QIQGYAFOASIẢZ.

SYNONYMIE.

THYMUS (*ferpillum*) *floribus capitatis, caulibus decumbentibus, foliis planis obtufis bafi ciliatis.* L. *fp. pl.* 825. *id. Syft. pl.* 3. 79. *id. Mat. Med.* 153. *Mur. Reg. Veget.* 452. *Gouan. Hort. Reg.* 289. *Flor. Monfp.* 79. *Scop. Car. edit.* 2. 736. *Dalib. par.* 173.

———— *foliis ovatis bafi ciliatis. Hal. Helv. n°.* 235.

———— *verticillis in fummis ramis congeftis, foliis ovatis bafi ciliatis. Sauv. Met. fol.* 148.

SERPILLUM *vulgare. C. B. pin.* 220. *T. Inft.* 197. *id. Herbor.* 1. 255. *Vail. Bot. par.* 183. *n°.* 2. 3. *Dod. pent.* 277.

THYM-SERPOLET *Lam.* 2. 392. *Leftib.* 139.

SERPOLET commun. *Dub.* 2. 234.

Le SERPOLET.

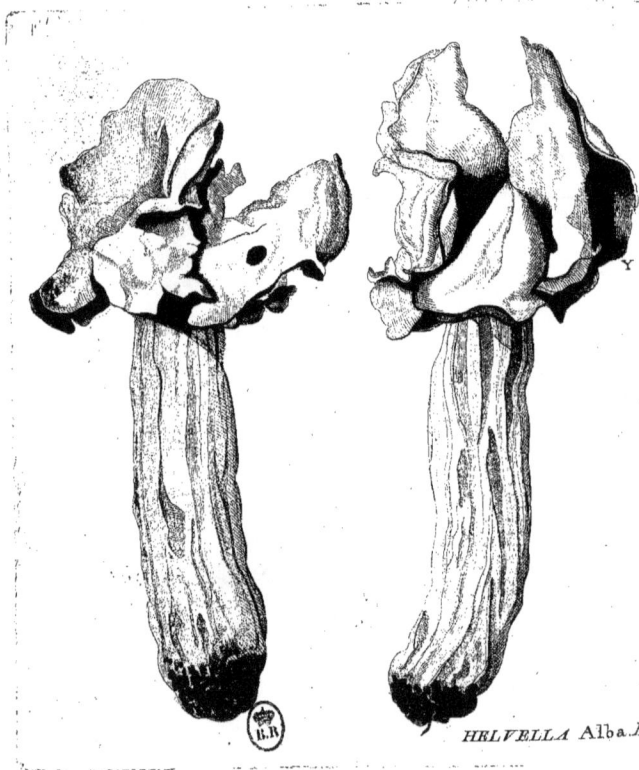

HELVELLA Alba.B.

HELVELLA

ALBA.

HELVELLE *BLANCHE.*

ORDRES SYSTÉMATIQUES

DE TOURNEFORT.	VON LINNÉ.	DE JUSSIEU.
Cl. XVII. Section o. Genre o.	Claffe XXIV. Ordre 4. *Fungi.*	Cl. I. Ord. 1. les Champignons.

DESCRIPTION.

ENVELOPPE,
CALICE, } aucune apparence.
COROLLE,

ETAMINES. Aucun filet, aucune anthère qui foient vifibles à l'œil ; mais on voit dans certains inftans, & fur-tout après avoir légérement foufflé fur la furface de cette plante, s'élancer une pouffière très-fine & très-abondante, qui forme autour de la tête un brouillard très-fenfible. J'ai cherché, mais inutilement, à m'affurer, tant avec la loupe qu'avec le microfcope, du lieu & de la caufe de l'explofion de cette pouffière, fans avoir encore pu y parvenir : cette pouffière eft-elle la graine de la plante, ou bien n'en eft-elle que la pouffière fécondanre ? C'eft à l'expérience à nous l'apprendre. *Voyez* Réceptacle.

PISTIL, aucune apparence.

NECTAR, } aucun.
PÉRICARPE,

RÉCEPTACLE. *Chapeau* (Y) nu en deffous, blanc d'abord, puis roux, liffe, ou tout au plus garni de rides & de plis ; ce deffous lance au loin une pouffière blanche, très-fine, & qui forme, comme nous l'avons dit au mot Etamines, une efpèce de brouillard autour du chapeau, mais fur-tout après avoir légérement foufflé fur la plante : cette pouffière fera la femence de cette plante, felon l'opinion de plufieurs Botaniftes, jufqu'à ce que d'autres femences foient découvertes. *Voyez* l'efpèce fuivante, dans laquelle nous rendons compte d'une obfervation faite par M. DE BEAUVOIS fur notre *Peziza coccinea.*

SEMENCES. *Plufieurs graines* très-fines, & d'une figure très-difficile à déterminer.

RACINE. Aucune apparence de fibres ; la partie inférieure eft en forme de tubercule.

TRONC. *Colonne* pleine, felon nous, creufe, felon quelques Botaniftes ; crevaffée, ou cou-verte extérieurement d'enfoncemens irréguliers en forme de crevaffes ou d'excavations (1, 2, 3) longitudinales & irrégulières.

FEUILLES, aucune.

SUPPORTS, aucun.

PORT. De terre, dans les forêts, en automne, s'élève & fe développe cette fongofité en forme de *colonne* droite, verticale, moyennement dure, blanche & très-gercée ; cette colonne eft plus groffe par le bas que par le haut, & porte à fa partie fupérieure un

Tome I.   O o

chapeau applati latéralement, rabattu au milieu, relevé aux deux côtés, de manière à imiter la figure d'une mitre d'évêque ; ce chapeau, dans cette fituation, n'adhère nullement au pédicule par fes côtés, ce qui diftingue bien cette plante de la fuivante ; le chapeau, de blanc qu'il eft d'abord, devient d'une couleur rouffe plus ou moins foncée ; c'eft alors que cette partie lance les femences. *

VÉGÉTATION. Sort de terre & parvient à fa perfection en feptembre ou octobre.

LIEU. Les forêts, mais particulièrement la forêt de Vincennes près de Paris.

PROPRIÉTÉS. { *Odeur* femblable à celle du Bolet de chêne, *Boletus ignarius.* { *Saveur* femblable à celle de Champignon.

ANALYSE, }
VERTUS, { inconnues. M. PAULET (Gazette de Santé, n°. 27, année 1783) affure
USAGE, { que ce Champignon eft très-bon à manger.
DOSE, }

ETYMOLOGIE. *Helvella* eft un mot latin employé par les Auteurs, pour exprimer des herbes bonnes à manger ; *alba*, parce que cette efpèce eft blanche dans toutes fes parties.

NOM GÉNÉRIQUE PHYTONOMATOTECHNIQUE.

Á Y Z.

SYNONYMIE.

HELVELLA (*alba*).
———— *mitra. Linn. Syft. Plant. 4. 615.*
FUNGOÏDES *fungiformi crifpum laciniatum & variè complicatum, pediculo craffo ftriato rimofo ac fiftulofo. Mich. Nov. Gener. Plant. 204. tab. 86. fig. 7.*
FUNGUS *pro capitulo laminas aliquot laciniatas folia querna imitantes emittens color hinc albicans. Ray Hift. Plant. 3. pag. 25.*
BOLETO *Lichen vulgaris. Juff.* Mémoires de l'Académie royale des Sciences, année 1728, page 268—272, avec figure.
BOLETUS *capitulo explanato laciniato. Hal. Helv. n°. 2246.*
HELVELLE blanche.

N. B. On doit rapporter à cette efpèce l'*Helvella nigricans* de Schoef. *Icon. Fung. tab. 154.*

---

* C'eft dans cet état que nous avons déja fait repréfenter cette même plante, page 120, fous le nom d'Helvelle mitrée, *Helvella mitra* L. Un Médecin de la Faculté, en rendant compte de notre Ouvrage, en parla de la manière fuivante dans fa Gazette de Santé, n°. 27, année 1783 :

» L'Auteur paroît s'être trompé au fujet de la plante qu'il nomme Helvelle mitrée ; celle qu'il a fait repréfenter fous » ce nom, & qui eft en général mal rendue & mal coloriée, eft un Champignon qu'on trouve au bois de Vincennes, ··· » & que feu M. DE JUSSIEU a fait repréfenter dans un des Mémoires de l'Académie des Sciences, année 1728, & auquel » il a donné le nom de *Boleto Lichen* ; RAY l'avoit déja obfervé en Angleterre. Son chapeau (continue le Rédacteur) » reffemble à des feuilles de Chêne différemment contournées ; .... celui dont LINNÉ a voulu parler, d'après MENZEL & » RAPP. eft une Morille qui a conftamment la figure d'une mitre d'évêque «.

Si le Rédacteur avoit bien voulu confronter la fynonymie de LINNÉ, il n'auroit pas auffi légérement affuré que notre Helvelle n'étoit pas l'Helvelle mitrée de cet Auteur : cette précipitation l'a mis dans une pofition dont il ne fe doute pas, c'eft celle de fe rendre garant, que nous avions raifon en nommant ainfi notre Helvelle, quoiqu'il femble vouloir dire le contraire. Ouvrez LINNÉ, *Spec. Plant.* pag. 1649, & vous trouverez, fous fa phrafe, la phrafe de MICHELIUS : donc que la Fungoïde de MICHELIUS eft l'Helvelle de LINNÉ. Ouvrez MICHELIUS, & fous fa phrafe de cet Auteur, vous trouverez la phrafe de RAY : donc que le Fungus de RAY eft l'Helvelle de LINNÉ. M. PAULET nous affure que notre Helvelle eft celle de RAY : donc que notre Helvelle eft celle de LINNÉ, puifque le Fungus de RAY eft la Fungoïde de MICHELIUS, & que celle-ci eft adoptée par LINNÉ pour être fon Helvelle mitrée. M. PAULET veut-il favoir la raifon qui nous a déterminé à faire mal repréfenter notre Helvelle ? qu'il life dans notre Ouvrage le mot Port, page 141, ou bien ce que dit M. DE JUSSIEU, dans les Mémoires de l'Académie royale des Sciences, année 1728, page 271, cet Auteur lui apprendra qu'il n'exifte point de plante qui varie autant en figure & en couleur.

Fig. 2. Fig. 1.

HELVELLA Nigra. B.

HELVELLA

NIGRA.

HELVELLE *NOIRE.*

ORDRES SYSTÉMATIQUES

DE TOURNEFORT.	VON LINNÉ.	DE JUSSIEU.
Cl. XVII. Section o. Genre o.	Classe XXIV. Ordre 4. *Fungi.*	Cl. I. Ord, 1. les Champignons.

DESCRIPTION.

ENVELOPPE,
CALICE,   } aucune apparence.
COROLLE,

ÉTAMINES. Aucun filet, aucune anthère. On voit dans certains temps, & sur-tout lorsque cette plante est dans tout son accroissement, s'élancer de toute sa surface des explosions pulvérulentes, grises, qui forment autour de cette plante un tourbillon de brouillard, mais sur-tout quand on souffle sur sa surface.

PISTIL,
NECTAR,   } aucun.
PÉRICARPE,

RÉCEPTACLE. *Chapeau* (Y) nu en dessous, garni de quelques gerçures & de quelques plis ; ce chapeau lance au loin, comme nous l'avons dit au mot Étamines, une poussière grise que les Auteurs croient être la graine ; cette explosion se fait observer sur plusieurs plantes, telles que la Clavaire digitée, la Clavaire hypoxyle, & sur-tout à la Pezize écarlate, décrite au tome II, page 49. M. DE BEAUVOIS nous a rapporté des observations sur cette dernière plante, qui ne laissent rien à desirer : l'ayant trouvée, nous a-t-il dit, à Meudon dans un fossé, il observa qu'à chaque coup de vent il s'élançoit un brouillard de poussière qui alloit se coller au côté opposé dans le même fossé ; peu de jours après il vit lever des Pezizes semblables aux premières, sur toute la terre où s'étoit déposée la poussière ; celles-ci, parvenues à une certaine grandeur, lanceront leur poussière. M. DE BEAUVOIS observa qu'elle se déposoit sur la terre à quelques pas de la plante-mère, & il eut le plaisir de voir végéter de nouvelles plantes de cette semaille. Si cette observation, faite dans des temps favorables, se confirme par quelque nouvelle expérience, je crois que l'on sera en droit de conclure que cette poussière est la graine dans toutes les plantes cryptogames.

SEMENCES : plusieurs très-fines, & d'une figure très-difficile à déterminer.

RACINE. *Tubercule* inégal, sans fibres latérales.

TRONC. *Colonne* pleine, solide, d'un noir grisâtre, cannelée irrégulièrement par des cannelures profondes, irrégulières, inégales.

FEUILLES, aucune.

SUPPORTS, aucun.

Port. D'une *racine* d'arbre , ou de quelque partie de corps ligneux en putréfaction, se développe cette espèce de *Champignon* ; sa forme est d'abord de deux ou trois *cornes* ; ces cornes s'élèvent, s'écartent, & offrent au Botaniste la forme d'une *mitre d'évêque* (fig. 1), ou d'un *chapeau* à trois cornes (fig. 2), ou enfin d'un *chapeau* irrégulier, horizontal (fig. Y), mais plus ordinairement d'une *mitre* , dure, lisse, unie, & de couleur noire ; sous ce chapeau on apperçoit une *colonne* gercée par des excavations irrégulières , & de couleur grise-noire ; les bords du chapeau sont entiers, le dessous est souvent collé avec la colonne, ce dessous est moins brun que le dessus : c'est dans cet état que la plante jette au loin ses graines.

Végétation. Sort de terre ou d'un bois pourri en septembre-octobre, après d'abondantes pluies ; elle emploie quelques jours à se développer, & quelques autres à se dessécher.

Lieu. Les forêts de Meudon & de Vincennes près Paris.

Propriétés. { *Odeur* foible de Champignons.
{ *Saveur* de Champignon, un peu piquante au goût.

Analyse,
Vertus,   { inconnues.
Usage,
Dose,

Etymologie. *Helvella* (voyez la page 147) *nigra* , noire ; parce que toutes les parties en sont noires.

NOM GÉNÉRIQUE PHYTONOMATOTECHNIQUE.

Á Y Z.
(10)

SYNONYMIE.

Helvella (*nigra*).
————— (*monocella*). *Schof. pag. 106. tab. 162.*
Fungoïdes *fungiforme crispum, & laciniatum, ex obscuro fuscum, pediculo striato, rimoso, ac fistuloso tenuiori. Mich. Nov. Gener. Plant. 204. n°. 4.*
Helvella (*atra*) ; *pileo lobis difformibus non clausis, atra parva. Œd. Flor. Dan. tab. 534.*
Fungus *automnalis bisulcus, vel ut apex flaminis. Mentzel. Pugil. Plant. tab. 6.*
Helvelle noire.

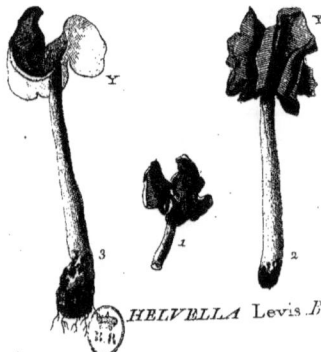

HELVELLA Levis *B.*

HELVELLA

LEVIS.

HELVELLE *LISSE.*

ORDRES SYSTÉMATIQUES

DE TOURNEFORT.	VON LINNÉ.	DE JUSSIEU.
Cl. XVII. Section o. Genre o.	Claffe XXIV. Ordre 4. *Fungi.*	Cl. I. Ordre 1. les Champignons.

DESCRIPTION.

ENVELOPPE,
CALICE, } aucune apparence.
COROLLE,

ÉTAMINES. Aucun filet, aucune anthère; *pouffière* fécondante; élastique, dardée de deffous la tête par des explofions fréquentes, fur tout après la légère fecouffe d'un fouffle. *Voyez* Semences.

PISTIL,
NECTAR, } aucune apparence.
PÉRICARPE,

RÉCEPTACLE. *Chapeau* très-liffe en deffous, concave, ondulé, très-blanc, non adhérent au pédicule par fes bords; c'eft de ce deffous que s'élancent les graines ou la pouffière fécondante, dont nous avons parlé aux mots Etamines & Semences. *Voyez* Port.

SEMENCES. *Plufieurs graines* très-fines, & qui s'élancent de deffous le chapeau par des explofions fréquentes, qui forment un atmofphère d'un brouillard grifâtre autour de la plante; ces graines font d'une ténuité fi grande, qu'on ne peut en déterminer la figure.

RACINE. *Tubercule* plus ou moins gros, inégal, dur, & enfoncé dans terre, ou adhérent à des débris de végétaux; ce tubercule eft plein, mais fouvent il manque.

TRONC. *Colonne* très-liffe, très-blanche, cylindrique, pleine, plus grêle en haut qu'en bas, de deux à trois pouces de long, & droite; cette colonne s'épanouit, dans fa partie fupérieure, en un chapeau irrégulier, qui tantôt reffemble à un croiffant, tantôt à deux coquilles, quelquefois à un chapeau rabattu en deux cornes. *Voyez* Port.

FEUILLES, aucune.

SUPPORTS, aucun.

PORT. De terre ou d'un fragment de végétal en putréfaction, fe développe cette fungofité; d'abord on apperçoit une *tête* inégale, pliffée, qui, en groffiffant, prend la figure d'un *chapeau* à trois cornes & à côtés rabattus, ou bien la figure d'un *chapeau* à deux côtés rabattus, & à deux cornes retrouffées en forme de croiffant, ou enfin de différentes autres formes, mais toujours liffe & rabattu plus ou moins (c'eft même en quoi nous faifons confifter le véritable caractère des Helvelles); à mefure que le chapeau s'éloigne de terre, le *pédicule* ou *colonne* s'alonge de manière à acquérir deux à trois pouces de haut fur deux à quatre lignes de diamètre; dans cet état, le pédicule est d'un beau blanc, le dessous du chapeau est de la même couleur, le dessus est lisse, & d'un noir rougeâtre.

LIEU. Le bois de Vincenne près Paris.

VÉGÉTATION. Sort de terre en octobre, après d'abondantes pluies ; elle dure quelques jours, puis se dessèche si le temps est sec, ou se pourrit si le temps est humide.

PROPRIÉTÉS. { *Odeur,* { analogues à celles de Champignons, mais plus foible.
{ *Saveur,* {

ANALYSE,
VERTUS, } inconnues.
USAGE,
DOSE,

ETYMOLOGIE. *Helvella* (voyez la page 147) *levis,* parce que le pédicule de cette espèce est lisse, & non gercé comme le pédicule des précédentes.

NOM GÉNÉRIQUE PHYTONOMATOTECHNIQUE.

Á Y Z.

SYNONYMIE.

HELVELLA (*levis*).
————— (*fuliginosa*). Schoef. Icon. Fung. tab. 320.
FUNGOÏDES *fungiforme, pullum, crispum, & variè complicatum, pediculo tenuiori, non fistuloso.* Mich. Nov. Gener. Plant. 204. tab. 86. fig. 9.
BOLETUS *mitram Pontificis referens, nigricans.* Rupp. Flor. jen. 302.
HELVELLE brune & blanche.
————— lisse.

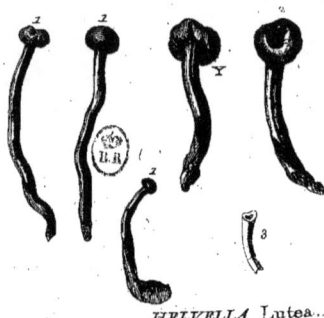

HELVELLA Lutea. *B*.

HELVELLA

LUTEA.

HELVELLE *JAUNE.*

ORDRES SYSTÉMATIQUES

DE TOURNEFORT.	VON LINNÉ.	DE JUSSIEU.
Cl. XVII. Section o. Genre o.	Claffe XXIV. Ordre 4. *Fungi.*	Cl. I. Ord. 1. les Champignons.

DESCRIPTION.

ENVELOPPE,
CALICE,   } aucune apparence.
COROLLE,

ETAMINES, aucune apparence ; cette plante eft différente des efpèces précédentes, & rien même ne décèle la préfence ni des graines, ni de la pouffière fécondante ; elle eft feulement couverte, dans toutes fes parties, d'une efpèce de mucilage qui la rend toujours humide.

PISTIL,
NECTAR,   } aucune apparence.
PÉRICARPE,

RÉCEPTACLE. *Chapeau* très-liffe en deffous (Y), uni, concave, de couleur jaune-bleuâtre, mais qui, dans cette efpèce, ne darde point de femences, ou du moins les circonf- tances ne nous ont pas favorifé pour nous affurer fi la fécondation reffemble à celle des trois efpèces précédentes ; la forme de la plante, fon chapeau liffe & recoquillé en deffous, & l'abfence du valve, nous ont déterminé de la placer dans le genre des Helvelles, feul genre auquel cette plante puiffe fe rapporter.

SEMENCES, inconnues ; nous les foupçonnons femblables aux autres efpèces d'Helvelles.

RACINE. *Tubercule* tors, réfléchi, plein, fans fibrilles.

TRONC. *Colonne* cylindrique, liffe, luifante, enduite d'une humidité glaireufe, formée de cette couche glaireufe, d'un cylindre affez folide, & d'une cavité fouvent remplie de vifcofité ; cette colonne fouvent diminue, mais plus fouvent elle augmente de diamètre en s'élevant, elle fe dirige rarement droite ; fa partie fupérieure s'épanouit en un chapeau orbiculaire, quelquefois triangulaire, lobé, ou de plufieurs autre formes. *Voyez* Port.

FEUILLES, aucune.

SUPPORTS, aucun.

PORT. Dans le trou d'un lapin ou de taupe, ou bien dans l'excavation d'un arbre à demi- pourri, s'apperçoit cette végétation, qui fe développe en forme de Clavaire, par un pédicule ordinairement en portion d'arc, muni fouvent d'une cannelure (3) longitu- dinale ; ce pédicule eft terminé dans cet état par une petite *tête* fphérique (1) ; mais à mefure que la plante groffit, cette tête s'applatit ; le deffous s'écarte du pédicule, & enfin laiffe appercevoir le milieu qui eft concave, à caufe des bords du *chapeau* qui font recoquillés (Y) vers ce côté, c'eft-à-dire en deffous; le deffus du chapeau qui d'abord étoit fphérique, s'applatit, comme nous l'avons déja dit, enfuite il devient légèrement concave au centre (2); c'eft fans doute-là l'état de perfection de la plante, l'état où l'on peut obferver la fructification; mais parmi les individus qui nous font tombés dans les mains, nous n'avons rien apperçu de fatisfaifant.

VÉGÉTATION. Sort de terre en octobre, après des pluies abondantes; fa durée eft de quelques femaines, enfuite elle pourrit, & fe change en gelée d'une couleur verdâtre, mais par une marche lente. *Voyez* Port.

LIEU. Nos forêts des environs de Paris, dans les trous, & fur-tout entre les racines des arbres.

PROPRIÉTÉS. { *Odeur* femblable à celle de Champignon.
{ *Saveur* fade, mucilagineufe, prefque infipide.

ANALYSE,
VERTUS,
USAGE, } inconnues.
DOSE,

ETYMOLOGIE. *Helvella*. Voyez la page 146.

NOM GÉNÉRIQUE PHYTONOMATOTECHNIQUE.

Á Y Z.

SYNONYMIE.

HELVELLA (*lutea*).
——————— (*tubœformis*). *Schoef. Fung. tab.* 157.
PHALLUS (*lubricus*) *gelatinofus, flavus; pilei margine inflexo, lobato.* Œd. Flor. Dan. tab. 719.
FUNGOÏDASTER *parvus, gelatinofus, lubricus; pileolo fubviridi, oris fubtus repandis; pediculo aureo, fiftulofo. Mich. Nov. Gener. Plant.* 201. tab. 82. fig. 2.
FUNGUS *gelatinus, flavus. Vail. Bot. Parif.* 58. tab. 3. fig. 7, 8, 9.
GELATIN jaune. *Dub. Bot. Franc.* 2. 497.
HELVELLE trompette. *Lam.* 3. pag. 123. genr. 1286. efp. 2.
——————— jaune.

RIBES Nigrum. *L.*

RIBES

NIGRUM.

GROSEILLER *NOIR.*

ORDRES SYSTÉMATIQUES

DE TOURNEFORT.	VON LINNÉ.	DE JUSSIEU.
Cl. XXI. S. 8. G. 8. *Groffularia.*	Claffe V. Ordre 1.	Cl. XIII. Ord. 3. les Grofeillers.

DESCRIPTION.

ENVELOPPE, aucune ; à moins qu'on ne donne ce nom aux écailles qu'on voit à la bafe de la grappe : nous les confidérons comme des braƈtées générales.

CALICE. *Périanthe* (J) monophylle, fupérieur, campaniforme, évafé, reffemblant à une corolle, découpé en cinq fentes égales ; lobes arrondis, uniformes, entiers, qui fe roulent en dehors (2), & fe deffèchent.

COROLLE. *Cinq pétales* (U) ovoïdes, entiers, égaux, uniformes, placés & attachés dans le calice, vis-à-vis des fentes, & qui fe deffèchent.

ETAMINES. *Cinq filets* (G) égaux, cylindriques, moins longs que les divifions du calice, mais auffi élevés que les pétales inférés par le calice fur le germe ; *cinq anthères* (Y) arrondies.

PISTIL. *Un germe* (B) inférieur, arrondi, tacheté, glandulé, jaunâtre & glabre ; *un ftyle* de la longueur des étamines, cylindrique, droit ; *un ftigmate* (F) applati ou évafé par le haut.

NECTAR, aucun.

PÉRICARPE. *Baie* (Q) ronde, liffe, fucculente, noire, odorante, monoloculaire (3), contenant plufieurs graines, & qui tombent fans s'ouvrir.

RÉCEPTACLE. *Réfeau* ou *fil*, dans le fuc du péricarpe, où vont s'attacher les graines.

SEMENCES. *Plufieurs pepins* oviformes (V).

RACINE fibreufe, ligneufe, ramifiée.

TRONC. *Tige* cylindrique, ligneufe, pleine, branchue, ramifiée, couverte, ainfi que les branches, d'une écorce rouffe-brune ; les derniers rameaux ont une peau blanchâtre.

FEUILLES pétiolées, fimples, veinées, glabres ; bord de chaque feuille fendu en cinq ou fept lobes dentés de dents aiguës, & terminées chacune par une petite glande ; face fupérieure liffe, veinée ; face inférieure veinée de veines faillantes, & parfemées de plufieurs ponƈtuations jaunes, odorantes, & reffemblantes à des piquures de camions.

SUPPORTS.

Armes, aucune.

Stipules, aucune à l'infertion des feuilles ; mais on trouve fur les pétioles (H) un affez grand nombre de filamens en forme de barbes.

Braƈtées : trois à quatre écailles à la bafe & infertion de la grappe, une au bas de chaque péduncule particulier (4) ; ces braƈtées font élancées, feffiles.

Pétioles auffi longs ou moins longs que les feuilles ; ces pétioles font élargis & barbus à leur infertion avec la tige, plus grêle à mefure qu'ils approchent des feuilles, & marqués d'une gouttière fupérieurement & longitudinalement.

Péduncules ; un général, cylindrique, qui en porte plufieurs autres courts auffi cylindriques, & difpofés en grappe le long du grand péduncule.

Vrilles, aucune.

PORT. D'une même *racine* s'élèvent plusieurs *tiges* droites, verticales & rapprochées ; chacune de ces tiges pousse des *branches* alternes, obliques, ascendantes ; *rameaux* & *ramifications* aussi alternes ; *feuilles* solitaires, obliques ; *fleurs* disposées en grappe simple : ces fleurs, considérées entre elles, sont alternes ; chaque grappe est enveloppée, à sa naissance, d'une touffe de feuilles particulières (*voyez* Bractées) ; les *pétioles* des feuilles, à leur insertion avec les rameaux, sont garnis de poils. *Voyez* Stipules.

VÉGÉTATION. De l'extrémité des tiges & branches se développe, en mars, une continuation de ces mêmes tiges ou branches, qui porte les feuilles ; les nœuds des branches de l'année précédente, produisent, en avril, des bractées dont nous avons parlé, & les grappes des fleurs ; les fruits sont mûrs en mai-juin ; les feuilles tombent aux premières gelées, les tiges persistent.

LIEU. Cet arbrisseau croît naturellement en Poitou, en Touraine ; on le cultive dans nos jardins.

PROPRIÉTÉS. { *Odeur* ; les feuilles & fleurs ont une forte odeur, désagréable pour quelques personnes, agréable pour d'autres.
Saveur ; les feuilles sont salées, herbacées ; les fruits mûrs sont fades & désagréables.

ANALYSE, inconnue.

VERTUS. Le Cassis a été prodigieusement vanté contre toutes sortes de maladies, dans un petit Ouvrage imprimé à Orléans en 1752 ; cet Ouvrage a pour titre : *Les propriétés & vertus du Cassis, avec un Remède pour guérir la Goutte, la Pleurésie ou fausse Pleurésie ; & la manière de faire le Ratafia de Cassis.* De toutes les belles promesses qu'on nous fait dans le petit Traité du Cassis, on ne doit en croire que celles que l'expérience a confirmées depuis ; je ne vois pas que l'on s'en soit beaucoup occupé : les Auteurs lui accordent une propriété anti-vénéneuse, anti-hydrophobe, & ils le regardent comme anti-hydropique.

USAGE, presque aucun ; on s'en est servi dans les piquures & morsures d'animaux venimeux ; dans l'hydropisie, en infusion vineuse, ou même le suc alongé de vin ; les feuilles fraîches s'appliquent sur les plaies.

DOSE. Deux à quatre onces de suc étendu dans autant de vin, trois fois le jour, pour les morsures de la vipère & du chien enragé.

ETYMOLOGIE. *Ribes* vient du mot arabe *Ribas*. Voyez la page 68.

NOM GÉNÉRIQUE PHYTONOMATOTECHNIQUE.

JUVJYABOAJIQBEZ.

SYNONYMIE.

RIBES (*nigrum*), *racemis pilosis, floribus oblongis.* Linn. Hort. Clif. *269.* id. Spec. Plant. *291.* id. Syst. Plant. *1. 565.* id. Mat. Med. *69.* Œd. Flor. Dan. tab. *556.* Dalib. Paris, *74.* Mur. Syst. Veget. ed. *13. 201.* id. ed. *14. 243.* Gouan. Hort. *114.* id. Flor. Monsp. *212.* Sauv. Met. fol. *210. n°. 107.*

—— *inerme, olidum, calice oblongo, petalis ovatis.* Hal. Helv. *n°. 819.*

—— *nigrum vulgò dictum, folio olente.* B. Hist. *2. 98.*

GROSSULARIA *non spinosa, fructu nigro.* C. B. Pin. *455.* Tourn. Inst. *640.*

GROSEILLER noir. Lam. *3. 471.*

Le CASSIS.

RIBES Uva crispa. *L.*

RIBES

UVA CRISPA.

GROSEILLER *ÉPINEUX.*

ORDRES SYSTÉMATIQUES.

DE TOURNEFORT.	VON LINNÉ.	DE JUSSIEU.
Cl.XXI.Sect.8.G.8.*Groſſularia.*	Claſſe V. Ordre 1.	Cl.XIII. Ordre 3.les Groſeillers.

DESCRIPTION.

ENVELOPPE, aucune.

CALICE. *Périanthe* monophylle, ſupérieur, campaniforme, évaſé, reſſemblant à une corolle, fendu en cinq lobes égaux, arrondis, uniformes, entiers, & qui ſe deſſèchent; extérieur velu, & terminé inférieurement par un gonflement.

COROLLE. *Cinq pétales* ovoïdes, entiers, moins longs que les découpures du calice, arrondis & uniformes; chaque pétale eſt inféré ſur le corps du calice, vis-à-vis des échancrures du calice, où ils ſe deſſèchent.

ETAMINES. *Cinq filets* cylindriques, de la longueur des découpures du calice, plus longs que les pétales; chacun eſt droit, & ſe deſſèche ſur le calice. *Cinq anthères* arrondies, égales, uniformes.

PISTIL. *Un germe* arrondi, velu, inférieur; *un ſtyle* cylindrique, de la longueur du calice; *deux ſtigmates* arrondis, écartés.

NECTAR, aucun.

PÉRICARPE. *Baie* (B) ſphérique, velue, dure, vert-pâle, ſucculente, uniloculaire, polyſperme; l'extérieur eſt garni de nervures verdâtres, diſpoſées en long, en forme de méridiens; le ſommet eſt couronné par les débris de la fleur, qui y forme une eſpèce de nombril.

SEMENCES. *Pluſieurs graines* applaties, unies, liſſes (R), & attachées à une partie mucilagineuſe, tranſparente qui ſemble les border : c'eſt cette bordure, formée par le mucilage, que nous avons fait repréſenter autour des autres graines qui accompagnent la graine (R).

RACINE fibreuſe, ligneuſe.

TRONC. *Tige* ligneuſe, cylindrique, branchue, ramifiée, feuillée; écorce des tiges brune; celle des branches eſt blanchâtre; branches & rameaux épineux, bois jaunâtre, couleur de buis.

FEUILLES très-ſimples, pétiolées, lobées, & échancrées tant à la baſe qu'aux côtés; la forme de ces feuilles, conſidérées ſans avoir égard aux ſinus, eſt arrondie; la ſurface ſupérieure eſt liſſe, unie, d'un vert-brun, & luiſante; la face inférieure eſt blanchâtre, veinée de veines ſaillantes; les bords ſont découpés en cinq lobes arrondis, chaque lobe eſt denté de dents inégales & arrondies; la baſe eſt échancrée en cœur, les bords de la baſe ne ſont point dentés.

SUPPORTS. {

Armes ; deux à trois épines fe font obferver à la bafe des feuilles, & y font l'office de ftipules ; chaque épine eft fubulée, & prefque horizontale.

Stipules : voyez *Armes.*

Bractées ; deux petites écailles arrondies, feffiles, accompagnent chaque pédun-cule des fleurs & des fruits.

Pétioles femi-cylindriques, de la longueur ou prefque auffi longs que les feuilles.

Pédoncules cylindriques, fimples, folitaires, droits lors de la floraifon, penchés lors de la fruĉtification.

Vrilles , aucune.

PORT. D'une *racine* commune fortent plufieurs *tiges* couvertes d'une écorce rougeâtre-brune; ces tiges pouffent des *branches* alternes ; ces branches produifent des *rameaux* auffi cylindriques, obliques & feuillés ; les *feuilles* fortent fouvent deux à trois enfemble, mais plus communément elles font alternes; les *fleurs* & *fruits* font axillaires; chaque *pédoncule* eft accompagné de deux *bractées.*

LIEU. Les haies, dans les provinces méridionales de la France ; cultivée dans nos jardins, où le fruit devient plus gros & glabre.

VÉGÉTATION. *Arbriffeau* dont la tige perfifte plufieurs années : les feuilles fe montrent en mars , les fleurs fe montrent en avril , les fruits font mûrs en juin-juillet , les feuilles tombent aux gelées.

PROPRIÉTÉS. {

Odeur ; toute la plante eft inodore , les fleurs font odorantes , les fruits mûrs font médiocrement odorans.

Saveur : les feuilles font acidules : les fruits, avant leur maturité , font acidules ; lorfqu'ils font mûrs ils font fades.

ANALYSE {

pyrotechnique. Cinq livres de Grofeilles à maquereaux, diftillées à la cornue à feu nu, donnent une livre cinq onces d'une eau de végétation limpide, d'une odeur & d'une faveur agréable, prefque point acide, ou très-obfcu-rément ; plus , trois livres trois onces trois gros d'une liqueur légèrement acide d'abord , puis très-acide ; plus, une once & demie d'une liqueur rouffâtre qui fent un peu le brûlé ; plus, fept gros dix-huit grains d'huile en confiftance de graiffe ; enfin la maffe reftée dans la cornue cinérée, a donné un gros & demi de fel alkali fixe.

hygrotechnique , inconnue.

VERTUS. Les Grofeilles , avant d'être mûres , font acidules , aftringentes ; lorfqu'elles font mûres , elles font humeĉtantes.

USAGE. On met les Grofeilles non mûres dans les fauces ; on n'en fait aucun ufage en Médecine ; le petit peuple mange ces Grofeilles lorfqu'elles font mûres.

DOSE, indéterminée.

ETYMOLOGIE. *Ribes ,* du mot arabe *Ribas.* Voyez la page 164.

NOM GÉNÉRIQUE PHYTONOMATOTECHNIQUE.

JUVJYABOAJIQBEZ.

SYNONYMIE.

RIBES (*uva crifpa*) ; *ramis aculeatis ; baccis glabris, pedicellis ; bractea monophylla.* Linn. *Spec. Plant.* 292. id. *Syft. Plant* 1. 566. Mur. *Syft. Veget.* ed. 13. 201. id. ed. 14. 243. *Flor. Dan. tab.* 546.

—— *ramis aculeatis , foliis rotundè lobatis.* Hal. Helv. 820.

GROSSULARIA *fimplici acino , vel fpinofa , vel fpinofa fylveftris.* C. B. Pin. 455. Tourn. Inft. 639.

GROSEILLER épineux. Lam. 2. 470. GROSEILLES à maquereaux.

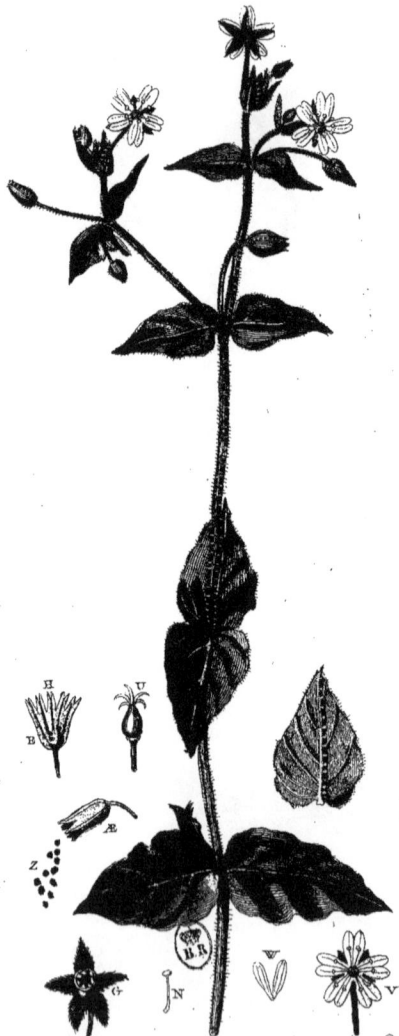

CERASTIUM Aquaticum. *L.*

CERASTIUM

AQUATICUM.

CÉRAIST *AQUATIQUE.*

ORDRES SYSTÉMATIQUES

DE TOURNEFORT.	VON LINNÉ.	DE JUSSIEU.
Cl. VI. Sect. 2. Genre 8. *Alfine.*	Claffe X. Ordre 5.	Cl. XII. Ordre 18. les Œillets.

DESCRIPTION.

ENVELOPPE , aucune.

CALICE. *Périanthe* (G) de cinq feuilles écartées , égales , uniformes, feffiles , entières, ovoïdes, pointues, fixées fous le germe, & perfiftantes.

COROLLE. *Cinq pétales* (V) inférés fous le germe, égaux, uniformes, difpofés en roue , très-rapprochés ; chaque pétale (W) eft divifé très-profondément en deux parties obtufes, en œuf renverfé, oblongues, & qui fe deffèchent fur la plante.

ETAMINES. *Dix filets* égaux, uniformes, fixés fous le germe, moins longs que les pétales ; chaque filet (N) eft cylindrique, & fe deffèche fur la plante.

PISTIL. *Un germe* oviforme, liffe ; *cinq ftyles* fubulés; *cinq ftigmates* (U) aigus & réfléchis.

NECTAR, aucun.

PÉRICARPE. *Capfule* (Æ) monoloculaire (G), oviforme, liffe, fèche, & qui s'ouvre par l'extrémité en cinq dents ; mais chaque valve fe fubdivife enfuite en deux (H) , ce qui forme cinq grandes dents, découpées chacune en deux autres plus petites.

RÉCEPTACLE cylindrique, inégal (E), placé au milieu du péricarpe.

RACINE fibreufe, herbacée, molle & traçante.

TRONC. *Tige* foible, très-longue, herbacée, creufe, flexueufe, dichotôme, branchue & très-ramifiée, feuillée, noueufe & un peu velue.

FEUILLES très-fimples, feffiles, très-entières, ovoïdes, légèrement cordées ; bords entiers ; furface fupérieure glabre, ondulée ; furface inférieure un peu velue, & veinée ; bords entiers, ciliés.

SUPPORTS.
{
Armes,
Stipules, } aucune.
Bractées,
Pétioles, aucun.
Péduncules cylindriques, un peu velus, plus longs que les calices.
Vrilles, aucune.
}

PORT. D'une *racine* commune fortent plufieurs *tiges* flexueufes, foibles, noueufes, & un peu rougeâtres auprès des nœuds ; à peine fortie de terre, chaque tige fe divife en deux *branches*, chaque branche fe fubdivife en deux *rameaux*, chaque rameau en deux ; les divifions fe font de deux en deux, & toujours de même tant que la plante fubfifte ; à chaque divifion de la tige ou des branches fe voit une *fleur,* laquelle donne son *fruit* pendant que la tige continue sa végétation ; chaque enfourchement est accompagné de deux feuilles opposées & sessiles ; d'autres feuilles se voient sur les branches & rameaux, aux nœuds de ces parties, dans les espaces que parcourent les tiges & branches, sans s'enfourcher ; les fleurs sont toujours terminales, & disposées comme en corymbe ; mais à mesure que la tige monte, on s'apperçoit que les fleurs épanouies sont axillaires & solitaires, une à une à chaque division de la plante ; les fruits sont solitaires, un à chaque division de la plante.

LIEU. Les bords des fossés, des petits ruisseaux ; commune aux environs de Paris.

VÉGÉTATION. Sort de terre en mai, fleurit tout l'été, les gelées font périr toute la plante après sa floraison, on la dit bisannuelle.

PROPRIÉTÉS. $\left\{ \begin{array}{l} \textit{Odeur,} \\ \textit{Saveur,} \end{array} \right\}$ herbacée, ressemblante à l'odeur & saveur de la Morgeline.

ANALYSE, inconnue.

VERTUS. Les mêmes que celles de la Morgeline.

USAGE, aucun en Médecine.

DOSE, inconnue.

ETYMOLOGIE. *Cerastium,* du mot grec Κεράτιον, *corniculum* (voyez la page 70) *aquaticum,* aquatique, parce qu'il croît au bord des eaux.

NOM GÉNÉRIQUE PHYTONOMATOTECHNIQUE.

J Y P S Y A S I A J U Q L E Z.

SYNONYMIE.

CERASTIUM (*aquaticum*); *foliis cordatis sessilibus, floribus solitariis, fructibus pendulis.* Linn. Spec. Plant. 629. Syst. Plant. 2. 402. Mur. Syst. Veget. ed. 13. 363. id. ed. 14. 436.

ALSINE ; *foliis ovato-cordatis, imis petiolatis, tubis quinis.* Hal. Helv. n°. 885.
—————— major. C. B. Pin. 250. Cam. Epit. 851. Tabert Mont. 713. Dalech. gall. 2. 127.
—————— maxima, *solanifolia.* Mentz. Pug. tab. 2. Tourn. Inst. 242. Vail. Paris. 9.

CÉRAIST aquatique. Lam. 3. 58. genr. 692. Dub. Bot. Franc. 2. 143.

La grande MORGELINE.

CERASTIUM Vulgare. *B.*

CERASTIUM

ARVENSE.

CÉRAIST *DES CHAMPS.*

ORDRES SYSTÉMATIQUES

DE TOURNEFORT.	VON LINNÉ.	DE JUSSIEU,
Cl. VI. Sect. 2. Gen. 9. *Myosotis.*	Classe X. Ordre 5.	Classe XII. Ordre 19. les Œillets.

DESCRIPTION.

ENVELOPPE , aucune.

CALICE. *Périanthe* (U) de cinq feuilles égales , uniformes , élancées , entières , concaves , bordées d'une membrane blanche, transparentes , & qui persistent.

COROLLE. *Cinq pétales* (J) égaux, uniformes, au moins deux fois plus longs que le calice ; chaque pétale (Y) est fendu en cœur par son limbe , & forme deux lobes égaux , arrondis ; l'onglet s'insère dans le calice , sous le germe : tous les pétales se dessèchent.

ETAMINES. *Dix filets* égaux , de la longueur du calice , attachés alternativement sur les pétales & sous le germe ; chaque filet est droit, cylindrique & persistant. *Dix anthères* oblongues , fixées par leur milieu au haut des filets , & qui leur sont perpendiculaires avant la floraison , & en béquille après la chûte de la poussière fécondante : chaque anthère (2) s'ouvre longitudinalement par ses côtés.

PISTIL. *Un germe* (S) arrondi, lisse, glabre, placé dans le calice ; *cinq styles* simples, de la longueur du germe ; chacun est cylindrique, filiforme & courbé; *cinq stigmates* en tête (3).

NECTAR, aucun.

PÉRICARPE. *Capsule* lisse , monoloculaire , cylindrique , s'ouvrant supérieurement par huit à dix dents, deux fois plus longue que le calice ; la partie antérieure est recourbée en corne de bœuf (H).

RÉCEPTACLE cylindrique, alvéolé, occupe le centre de la capsule.

SEMENCES. Plusieurs arrondies , lisses , & un peu réniformes (V).

RACINE fibreuse , traçante ; *fibres* garnies de *fibrilles.*

TRONC. *Tige* grêle , cylindrique , branchue, glabre dans sa partie inférieure , un peu velue supérieurement, partie traçante, partie droite, & garnie de nœuds, à l'insertion des feuilles.

FEUILLES très-simples, entières, sessiles, connées, arrondies, linéaires, glabres, & garnies d'une seule nervure ; bords entiers, & un peu ciliés à la base ; extrémité terminée en pointe.

SUPPORTS.
Armes , *Stipules ,* } aucune.

Bractées , deux à deux au bas de la division des pédoncules ; chacune de ces bractées est ovoïde, concave, bordée & entière.

Pétioles , aucun.

Pédoncules , plusieurs plus ou moins longs, cylindriques, droits, & qui sortent ordinairement deux à deux, savoir, un général qui en produit d'autres , & un particulier.

Vrilles , aucune.

PORT. D'une même *racine* sortent plusieurs *tiges* moitié couchées & moitié droites ; la partie de la plante qui est couchée n'a point de feuilles , la partie droite est très-feuillée ; cette tige pousse des *branches* axillaires , stériles ; la branche inférieure est souvent seule , sans opposition ; celles au dessus sont opposées , formant un angle aigu avec la tige ; jamais ou presque jamais cette plante n'a de rameaux ; les *feuilles* sont opposées , sessiles , connées ; les *bractées* sont opposées , connées & appliquées contre les péduncules ; le haut de la tige se divise en deux *péduncules* communs ; d'entre ces péduncules sort quelquefois une fleur ; les péduncules communs suivent la même division que la tige, c'est-à-dire, produisent deux autres péduncules & une fleur intermédiaire ; les *fleurs* sont grandes , blanches , terminales , & disposées en corymbe : toute la plante est glabre , excepté sa partie supérieure , & la base des feuilles, qui sont un peu velues.

VÉGÉTATION. Sort de terre en mars, fleurit en mai, le fruit est mûr en juin-juillet, la plante disparoît, les racines sont vivaces.

LIEU. Les terrains sablonneux, incultes, comme aux environs de Paris.

PROPRIÉTÉS. { *Odeur,* toute la plante est inodore. { *Saveur,* toutes les parties en sont insipides.

ANALYSE,
VERTUS,
USAGE,   } inconnues.
DOSE,

ETYMOLOGIE. *Voyez* la page 70.

NOM GÉNÉRIQUE PHYTONOMATOTECHNIQUE.

JYPSYASIAJUQLEZ.

SYNONYMIE.

CERASTIUM (*arvense*) ; *foliis lineari-lanceolatis, obtusis, glabris ; corollis calice majoribus. Linn. Spec. Plant. 626. id. Syst. Plant. 2. 400. Mur. Syst. Veget. ed. 13. pag. 363. id. ed. 14. 436. Gouan. Hort. Monsp. 224. id. Flor. Monsp. 246.*
MYOSOTIS ; *foliis linearibus lanceolatis, petalis calice duplo longioribus. Hal. Helv. n°. 889.*
——————— *arvensis subhirsuta, flore majore. Tourn. 245. Vail. Parif. 141. tab. 30. fig. 4.*
——————— *arvensis polygoni folio. Vail. Parif. 141. tab. 3. fig. 5.*
CÉRAIST des champs. *Lam. 3. 57. genr. 692. Dub. Bot. Franc. 143.*

LAMIUM Album. &c.

LAMIUM

ALBUM.

LAMIER *BLANC.*

ORDRES SYSTÉMATIQUES

DE TOURNEFORT.	VON LINNÉ.	DE JUSSIEU.
Claſſe IV. Section 2. Genre 1.	Claſſe XIV. Ordre 1.	Claſſe VII. Ordre 4. les Laliées.

DESCRIPTION.

ENVELOPPE, aucune; à moins qu'on ne donne ce nom à quelques petites écailles bifides qu'on trouve au deſſous du verticille des fleurs.

CALICE. *Périanthe* (J) monophylle, inférieur, campaniforme, cylindrique, découpé juſqu'au milieu (I) en cinq fentes égales, uniformes, droites, ſubulées, entières, & qui perſiſtent.

COROLLE. *Un pétale* (N) caduc, blanc, fendu à moitié de profondeur en deux lèvres inégales de deux formes, ſavoir, la lèvre ſupérieure (2) eſt concave, velue, un peu échancrée en deux dents, ou au moins elle eſt tronquée; la lèvre inférieure (3, 3) eſt découpée en deux lobes arrondis, égaux, ordinairement entiers & rabattus entre les deux lèvres; on voit un feuillet qui va d'une lèvre à l'autre de chaque côté de la corolle; chacun de ces feuillets eſt garni d'une ou deux petites dents (4) aiguës, & qui ſont ſéparées du corps de la corolle, & forment une petite éminence en dehors; le tube (5) eſt cylindrique, courbé, aigu, & s'attache ſous les germes.

ÉTAMINES. *Quatre filets* (H) inégaux, cylindriques, fixés au tube de la corolle, & cachés ſous la lèvre ſupérieure; *quatre anthères* (Y) poiluës, blanches, ayant chacune la forme d'un 8 de chiffre; elles s'ouvrent par les côtés, & verſent une *pouſſière fécondante* d'un blanc-jaunâtre.

PISTIL. *Quatre germes* (Z) arrondis, fixés à nu au fond du calice; *un ſtyle* cylindrique, filiforme, droit, de la longueur des étamines; *deux ſtigmates* (Æ) aigus.

NECTAR,
PÉRICARPE, } aucun.
RÉCEPTACLE,

SEMENCES *Quatre graines* cunéiformes, à trois angles & à trois faces, liſſes & unies.

RACINE fibreuſe, traçante, ramifiée.

TRONC. *Tige* herbacée, concave, quadrangulaire, quadrilatère, liſſe, très-ſouvent ſimple, ſans branches, quelquefois mais rarement branchue, toujours feuillée & florifère; la partie qui approche de terre eſt plus grêle que la partie moyenne.

FEUILLES très-ſimples, cordées, cerſvolées, pétiolées; ſurface ſupérieure un peu velue, veinée de veines enfoncées; ſurface inférieure auſſi un peu velue, mais veinée de veines ramifiées & très-ſaillantes; bords dentés à dents de ſcie inégales & arrondies; dent terminale, beaucoup plus longue.

$$\left\{\begin{array}{l}\end{array}\right.$$

Supports.

Armes, aucune ; la plante est légèrement velue.

Stipules, aucune.

Bractées ; très-petites écailles placées aux verticilles des fleurs, au bas des calices.

Pétioles moins longs que les feuilles, grêles, cylindriques en dessous, marqués d'une gouttière à la face supérieure.

Péduncules, aucun ; les fleurs font sessiles.

Vrilles, aucune.

Port. D'une *racine* commune sortent plusieurs *tiges*, qui, en sortant de terre, se couchent, & puis se redressent ; les *feuilles* sont disposées par étages, deux à deux, opposées, mais de manière que les feuilles supérieures sont croix avec les feuilles de l'étage qui lui est inférieur ; les *fleurs* sont sessiles, axillaires, & disposées en verticilles incomplets ; chaque *verticille* est formé par douze à vingt fleurs.

Lieu. Les haies, les fossés, les terres grasses & non-cultivées, mais ombragées.

Végétation. Sort de terre en mai-juin, fleurit de juillet à l'hiver, les graines mûrissent à fur & à mesure, les tiges périssent aux gelées, la racine persiste plusieurs années.

Propriétés. $\left\{\begin{array}{l}\end{array}\right.$ *Odeur* herbacée, désagréable, & particulière à ce genre. *Saveur* salée, herbacée.

Analyse $\left\{\begin{array}{l}\end{array}\right.$

pyrotechnique. Cinq livres de cette plante fleurie ont donné dix onces & demie d'une eau de végétation herbacée, insipide ; plus, une livre douze onces d'une eau qui devenoit de plus en plus acide au goût ; plus, une livre six onces d'un autre liquide de plus en plus acide, même austère ; plus, cinq onces d'une liqueur un peu rousse, & légèrement empyreumatique ; & enfin, trois onces & demie d'une liqueur très-empyreumatique, & deux onces & un gros d'huile épaisse comme de la graisse ; le *caput mortuum*, cinéré, a donné une once un gros d'alkali fixe.

hygrotechnique, inconnue.

Vertus. On accorde à cette plante la vertu vulnéraire, fortifiante, détersive & cicatrisante.

Usage. On se sert ordinairement de ses fleurs en infusion, pour les fleurs-blanches, pour les gonorrhées simples, pour les hémorragies de la matrice, pour la phthisie pulmonaire.

Dose. Une bonne pincée de fleurs dans une tasse d'eau, pour les fleurs blanches ; une poignée de la plante en décoction, pour les pertes rouges.

Etymologie. *Lamium* : voyez la page 120.

NOM GÉNÉRIQUE PHYTONOMATOTECHNIQUE.

N I Q H Y A F O A J I Å Z.

SYNONYMIE.

Lamium (*album*); *foliis cordatis acuminatis petiolatis, verticillis vigentifloris.* Linn. Spec. Plant. 809. Syst. Plant. 3. 50. Dalib. Parif. 178. Œd. Dan. 594. Gouan. Hort. 280. id. Flor. Monsp. 90. Sauv. Met. fol. 150. Mur. Syst. Veget. edit. 14. 534.

———— *foliis cordatis lanceolatis serratis, verticillis multifloris.* Hal. Helv. n°. 271.

———— *foliis cordatis petiolatis ; corollæ galea crenulata tubi longitudine.* Scop. Carn. 1. pag. 466. id. 2. n°. 700.

———— *album non fœtens, folio oblongo.* C. B. Pin. 231.

———— *vulgare album, sive Archangelica flore albo.* Tourn. Inst. 183.

Galeopsis. Cam. Epit. 865.

Lamier blanc. Lam. 2. 371. Lestib. Bot. Belg. 132. L'Ortie blanche. L'Archangélique.

LAMIUM Amplexicaule. L.

LAMIUM

AMPLEXICAULE.

LAMIER *AMPLEXICAULE.*

ORDRES SYSTÉMATIQUES

DE TOURNEFORT.	VON LINNÉ.	DE JUSSIEU.
Claffe IV. Section 2. Genre 1.	Claffe XIV. Ordre 1.	Claffe VII. Ordre 4. les Labiées.

DESCRIPTION.

ENVELOPPE, aucune.

CALICE. *Périanthe* (G) monophylle fendu en cinq parties inégales, velues & perfiftantes.

COROLLE. *Un pétale* purpurin (5), caduc, fendu, tout au plus à un tiers de profondeur, en deux lèvres inégales de deux formes ; la lèvre fupérieure (2) eft voutée, entière, & creufée en cuilleron ; la lèvre inférieure (3) eft plus grande, & eft découpée en deux lobes égaux, arrondis ; il règne d'une lèvre à l'autre, de chaque côté, un feuillet (4) comme aux autres Lamiers ; mais dans celui-ci, ce feuillet n'eft point garni à fon bord des petites dents dont nous avons fait mention à l'efpèce précédente ; le tube eft trois fois plus long que le calice, & courbé en portion d'arc ; de plus, il eft cylindrique, grêle, & va s'inférer fous les germes.

ETAMINES. *Quatre filets* (F) inégaux, courbés, filiformes, cylindriques, fixés au tube de la corolle, & qui tombent avec elle ; *quatre anthères* (1,1) en 8 de chiffre ; *pouffière fécondante*, jaunâtre.

PISTIL. *Quatre germes* arrondis ; *un ftyle* cylindrique, de la longueur des étamines ; *deux ftigmates* (Æ) aigus, un peu courbés.

NECTAR,
PÉRICARPE, } aucun.
RÉCEPTACLE,

SEMENCES. *Quatre graines* (V) en œuf renverfé, liffes, triangulaires.

RACINE fibreufe ; *fibre* principale, un peu traçante, garnie de fibres latérales.

TRONC. *Tige* très-fimple, décombante, feuillée, florifère, quadrangulaire, quadrilatère, creufe & herbacée.

FEUILLES très-fimples ; les inférieures font pétiolées, réniformes, coudées ; les fupérieures font réniformes, feffiles, lobées ; toutes font légèrement velues & veinées ; de plus, les inférieures font fimplement dentées à dents de fcie obtufes ; les fupérieures au contraire font incifées plus profondément.

SUPPORTS. {
Armes,
Stipules, } aucune.

Bractées ; on peut donner ce nom aux feuilles fupérieures ; mais de plus, on découvre quelques petites écailles parmi les calices des fleurs.

Pétioles aux feuilles inférieures, beaucoup plus longs que les feuilles, grêles, fémi-cylindriques, garnis d'une gouttière fupérieurement ; aucun aux feuilles fupérieures.

Péduncules, aucun.

Vrilles, aucune.
}

Port, D'une *racine* commune fortent *plufieurs feuilles* portées par de longs pétioles ; plus, *plufieurs tiges* grêles à leur naiffance, un peu plus groffes à deux pouces de la racine, foibles, tombantes à terre, & formant un pli dans ce trajet ; ces tiges fe redreffent enfuite, & pouffent des feuilles oppofées ; les inférieures font portées par de longs pétioles ; les fupérieures font feffiles, amplexicaules ; les *fleurs* font axillaires, verti-cillées & feffiles ; quelques-unes fembleroient être terminales.

Végétation. Sort de terre tout l'été, fe trouve en fleur depuis mai jufqu'en janvier, la racine périt de bonne heure ; chaque individu de cette plante ne dure pas plus de quatre mois.

Lieu. Les terrains arides, les foffés, les haies, les jardins, enfin prefque partout.

Propriétés. $\left\{ \begin{array}{l} \textit{Odeur} \text{ herbacée, puante, analogue à celle du Lamier rouge, page 119.} \\ \textit{Saveur} \text{ herbacée, falée.} \end{array} \right.$

Analyse, inconnue.

Vertus,
Usage, $\left.\begin{array}{l} \\ \\ \end{array}\right\}$ femblables en tout à celles du Lamier rouge, page 119.
Dose,

Etymologie. *Lamium* (voyez la page 120) *amplexicaule*, du verbe latin *amplexare*, embraffer étroitement, & *caulis*, tige ; parce que cette efpèce a fa tige très-étroitement embraffée par les feuilles fupérieures.

NOM GÉNÉRIQUE PHYTONOMATOTECHNIQUE.

NIQHYAFOAJEÁZ.

SYNONYMIE.

Lamium (*amplexicaule*) ; *foliis floralibus feffilibus amplexicaulibus obtufis. Linn. Spec. Plant. 809. id. Syft. Plant. 3. 51. Mur. Syft. Veget. ed. 14. pag. 534. Gouan. Hort. 281. For. Monfp. 90. Dalib. Parif. 179. Flor. Dan. 752.*

———— *foliis radicalibus petiolatis lobatis, fuperioribus rotundis, amplexicaulibus, incifis. Hal. Helv. n°. 273.*

———— *foliis imis petiolatis ; fuperioribus feffilibus, amplexicaulibus. Scop. Carn. ed. 1. pag. 467. n°. 3. ed. 2. n°. 702.*

———— *folio caulem ambiente. C. B. Pin. 231. Tourn. Inft. 184.*

Morsus *gallinæ, folio hederulæ, alterum. Lob. Icon. 463.*

Lamier amplexicaule. *Lam. 2. 370. Leftib. Bot. Belg. 132.*

Lamion embraffant. *Dub. 223.*

Le petit Pied de poule.

La petite Ortie rouge.

La petite Ortie grièche.

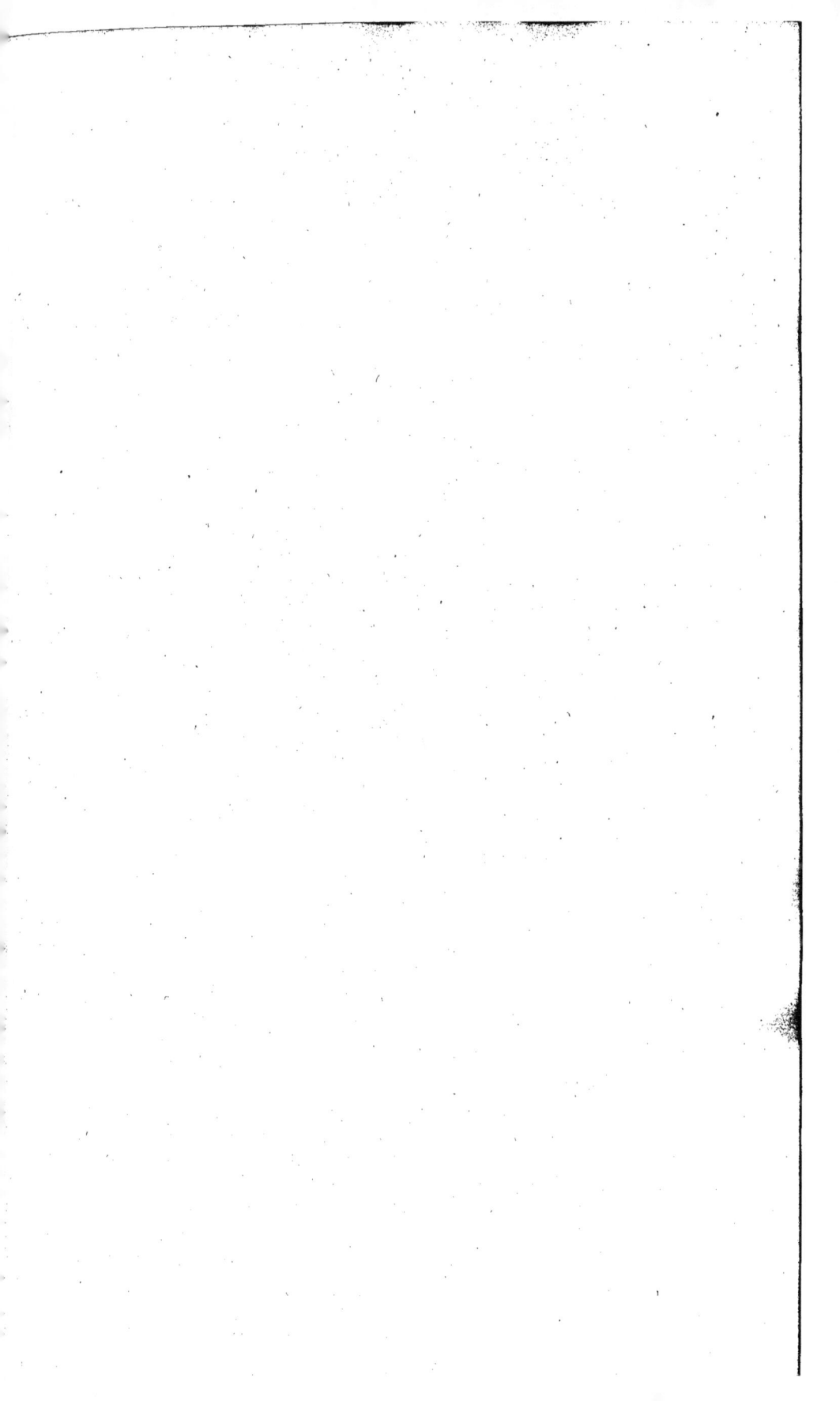

Fig. 2.   *Fig. 1.*

Fig. 3.

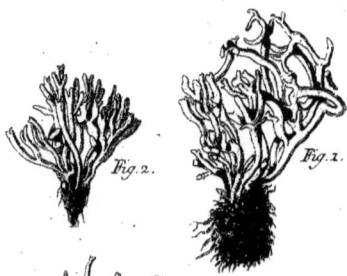

CLAVARIA Muscoides. L.

CLAVARIA

MUSCOÏDES.

CLAVAIRE *MUSCOÏDE.*

ORDRES SYSTÉMATIQUES

DE TOURNEFORT.	VON LINNÉ.	DE JUSSIEU.
Cl. XVII. S. 1. G. 7. *Coralloïdes.*	Claſſe XXIV. Ordre 4. *Fungi.*	Cl. I. Ordre 1. les Champignons.

DESCRIPTION.

ENVELOPPE,
CALICE , } aucune apparence.
COROLLE ,

ETAMINES. Aucun filet, aucune anthère ; *pouſſière fécondante*, d'un blanc-jaunâtre, parſemée ſur toutes les branches de cette plante , & que l'on rend viſible en eſſuyant ſes parties avec un papier blanc ou noir ; ſouvent cette pouſſière n'exiſte point ſur la plante. *Voyez* Semences.

PISTIL ,
NECTAR , } aucune apparence.
PÉRICARPE ,

SEMENCES. *Graines* très-fines, pulvérulentes, d'une figure très-difficile à déterminer, à cauſe de leur grande ténuité ; peut-être que ce que nous nommons ici ſemences n'eſt qu'une pouſſière fécondante, comme nous l'avons dit au mot Etamines ; peut-être encore , dans des temps plus favorables , appercevra-t-on de vrais péricarpes dans la ſubſtance de cette plante, comme nous en avons apperçu aux Clavaires déja décrites pages 75 & 105 ; peut-être auſſi la couleur de cette plante eſt-elle un obſtacle à la démonſtration des parties de la fructification. *Voyez* Port.

RACINE. *Tubercule* inégal, ſans fibriles.

TRONC. *Tige* inégale, cylindrique, pleine (B), flexueuſe, dichotome, jaune ; branches & rameaux auſſi cylindriques, jaunes & dichotomes.

FEUILLES , aucune.

SUPPORTS. { *Armes ,* *Stipules ,* *Bractées ,* } aucune. { *Pétioles ,* *Péduncules ,* } aucun. { *Vrilles ,* aucune.

PORT. D'un *tubercule* commun ſortent pluſieurs *tiges* verticales ; ces tiges, peu après leur ſortie du tubercule , ſe diviſent en deux *branches* preſque verticales (fig. 3) ; ces branches ſe ſubdiviſent en deux *rameaux ,* ceux-ci chacun en deux *ramifications ,* pour ſe terminer tantôt en deux pointes obtuſes (fig. 2), ou bien par des pointes aiguës

Tome I. T t

(fig. 1, 3) ; l'enſemble de toutes ces branches & rameaux forme un buiſſon aſſez touffu (fig. 1).

LIEU. Les prés humides, le bord des forêts ; à Meudon, aux bords des étangs, en octobre, parmi les mouſſes.

VÉGÉTATION. Sort de terre en automne, dure environ quinze jours.

PROPRIÉTÉS. $\left.{Odeur, \atop Saveur,}\right\}$ ſemblables à celles des Champignons.

ANALYSE,
VERTUS, $\left.\right\}$ inconnues.
USAGE,
DOSE,

ETYMOLOGIE. *Clavaria*, de *Clava*. Voyez la page 168.

NOM GÉNÉRIQUE PHYTONOMATOTECHNIQUE.

À BÁ I Z.

SYNONYMIE.

CLAVARIA (*muſcoïdes*) ; *ramis ramoſis acuminatis inæqualibus luteis. Linn. Spec. 1652. id. Syſt. Plant. 4. 622. Mur. Syſt. Veget. ed. 14. 980. Flor. Dan. tab. 775. fig. 3.*
———— *caule ramoſo, ramis flexuoſis acutis. Hal. Helv. n°. 2199.*
———— *corniculata. Schoef. Icon. Fung. tab. 173.*
CLAVAIRE dichotome.
———— muſcoïde.

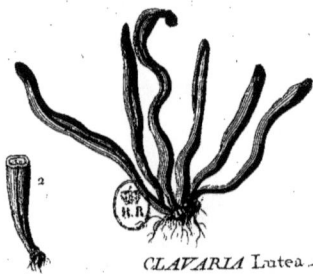

CLAVARIA Lutea *B.*

CLAVARIA

LUTEA.

CLAVAIRE *JAUNE.*

ORDRES SYSTÉMATIQUES

DE TOURNEFORT.	VON LINNÉ.	DE JUSSIEU.
Claffe XVII. Section 1. Genre 0.	Claffe XXIV. Ordre 4. *Fungi.*	Cl. I. Ordre 1. les Champignons.

DESCRIPTION.

ENVELOPPE,)
CALICE, } aucune apparence.
COROLLE,)

ÉTAMINES. Aucun filet, aucune anthère ; *pouffière fécondante*, parfemée, fur toute la partie fupérieute de la plante, de couleur d'un gris-jaunâtre, mais qu'on apperçoit mieux lorfqu'on effuie la plante avec un papier noir.

PISTIL, aucune apparence. Si nous n'avons pas apperçu la fructification dans ces deux Clavaires d'une manière auffi frappante qu'aux deux Clavaires décrites pages 75 & 105, c'eft peut-être moins parce que la nature fuit une autre marche que parce que la fructification n'étoit pas affez avancée, ou parce que la fructification eft de la même couleur que la plante : ce qui doit rendre ces parties moins faciles à appercevoir.

PISTIL,)
NECTAR, } aucune apparence.
PÉRICARPE,)

SEMENCES. En attendant que l'on découvre les véritables graines, nous donnerons ce nom à la pouffière jaunâtre qui couvre la furface de la plante ; les parties de cette pouffière font fi atténuées, qu'on n'en peut reconnoître la véritable forme.

RACINE, aucune bien diftincte ; cette plante prend naiffance fur un corps ligneux.

TRONC. *Colonne* en forme de maffue, plus grêle par le bas que par le haut, très-fimple, fans branches ni rameaux, un peu applatie, quelquefois même fillonnée par un côté, légèrement concave en dedans (2), & d'une couleur un peu moins jaune que le deffus.

FEUILLES, aucune.

SUPPORTS. { *Armes,*)
{ *Stipules,* } aucune.
{ *Bractées,*)
{ *Pétioles,*)
{ *Péduncules,* } aucun.
{ *Vrilles,* aucune.

PORT. D'un morceau de *bois* en putréfaction, fe développe cette Fungofité ; elle commence par un petit *mammelon* jaunâtre ; ce mammelon s'élève bientôt du bois qui le nourrit, pour prendre la figure d'une *maffue* : c'eft dans cet état qu'elle a acquis fa perfection, & qu'elle donne fa pouffière & fes graines.

Lieu. Les bois couverts, fur des débris de branches à demi-pourries, fur des feuilles pourries, & fur la terre formée par des végétaux pourris.

Végétation. Sort de terre ou de végétaux à demi-pourris, en automne, après d'abondantes pluies, dure environ quinze jours, puis fe pourrit.

Propriétés. $\left\{ \begin{array}{l} \textit{Odeur,} \\ \textit{Saveur,} \end{array} \right\}$ femblables à celles du Champignon.

Analyse, $\left. \begin{array}{l} \\ \end{array} \right\}$
Vertus,
Usage, $\Big\}$ inconnues.
Dose,

Etymologie. *Clavaria*, du mot latin *clava*, maffue; parce que cette efpèce, & quelques autres dont nous aurons occafion de parler, font faites en forme de maffue.

NOM GÉNÉRIQUE PHYTONOMATOTECHNIQUE.

À BÁIZ.

SYNONYMIE.

Clavaria (*lutea*). *Lam. Flor. Franc. tom. 1. pag. 126. genr. 1288. efp. 4. Leftib. Bot. Belg. 308.*

———— *lutea minima. Mich. Nov. Gener. Plant. 208. tab. 87. fig. 5.*

Fungi *parvi lutei ad aphiogloffoïdes nigrum accedentes. Ray. Cal. Plant. Ang. & Synopf. ed. 2. 16. n°. 13.*

Fungoïdes *clavatum, minimum. Dill. Cat. Hift. 189. Ray. Synopf. ed. 3. 14.*

Clavaire jaune. *Lam. 1. genr. 1288. Leftib. Bot. Belg. 308.*

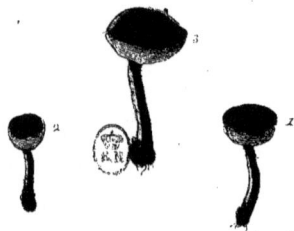

PEZIZA Hypocrateriformis *B.*

PEZIZA

HYPOCRATERIFORMIS.

PEZIZE *HYPOCRATÉRIFORME.*

ORDRES SYSTÉMATIQUES.

DE TOURNEFORT.	VON LINNÉ.	DE JUSSIEU.
Cl.XVII.Sect.1.G.3.*Fungoïdes.*	Classe XXIV. Ordre 4. *Fungi.*	Cl.I. Ordre 1. les Champignons.

DESCRIPTION.

ENVELOPPE,
CALICE, } aucune apparence.
COROLLE,

ÉTAMINES. Aucun filet, aucune anthère; *poussière fécondante* ou *semences* très-fines parsemées sur tout l'extérieur de la plante, & qui s'élancent avec élasticité de dessus sa surface dans certains instans, mais sur-tout lorsqu'un léger souffle vient agiter la plante. *Voyez* Semences & Port.

PISTIL,
NECTAR, } aucune apparence.
PÉRICARPE,

RÉCEPTACLE. Nous avons donné le nom de réceptacle à la cavité que l'on voit sur la Pezize écarlate décrite dans le tome II, page 49; mais les observations de M. DE BEAUVOIS, & les difficultés qu'on éprouve à découvrir d'autres parties de la fructification que celles que nous avons déja décrites au mot Étamines, nous déterminent aujourd'hui à donner le nom de réceptacle à la partie convexe, c'est-à-dire, à la partie inférieure du chapeau : cette partie est lisse, unie; & lance les graines.

SEMENCES. *Graines* très-fines, & dont la figure ne peut être déterminée.

RACINE. Petit *tubercule* arrondi, rarement garni de fibrilles.

TRONC. *Colonne* cylindrique, ordinairement plus longue que le diamètre du chapeau, lisse, unie, pleine, égale en grosseur dans toute sa longueur, & qui vient s'épanouir dans sa partie supérieure en un chapeau concave. *Voyez* Port.

FEUILLES, aucune.

SUPPORTS. { *Armes,* aucune; quelquefois, mais rarement, l'extérieur de la plante est légèrement velu.
Stipules,
Bractées, } aucune.
Pétioles,
Péduncules, } aucun.
Vrilles, aucune.

PORT. De *terre* s'élève un *pédicule* en forme de *clou*; la partie supérieure, c'est-à-dire, la tête, d'abord presque sphérique, s'entr'ouvre par le haut, & présente une cavité très-lisse (1, 2, 3), rousse, pâle ou grise; cette cavité, d'abord profonde, s'applatit peu

Tome I.   V v

à peu, à caufe de l'augmentation du *chapeau*, & de l'affaiffement de fes bords ; enfin ce chapeau, de concave qu'il étoit, devient prefque horizontal ; le deffous en eft liffe, d'un roux pâle ou grifâtre ; c'eft de cette partie que s'élancent les femences ; le pédicule, plus ou moins brun, felon l'âge de la plante, eft très-cylindrique, ordinairement droit, quelquefois un peu velu (3).

VÉGÉTATION. Sort de terre en automne, après d'abondantes pluies ; fa durée eft de quelques jours, puis elle pourrit.

LIEU. Les bois couverts, aux environs de Paris.

PROPRIÉTÉS. $\left\{\begin{array}{l}\textit{Odeur,}\\\textit{Saveur,}\end{array}\right\}$ femblables à celles de Champignon.

ANALYSE,
VERTUS,
USAGE, $\Big\}$ inconnues.
DOSE,

ETYMOLOGIE. *Peziza* (voyez la page 50 de ce volume) *hypocrateriformis*, parce que cette efpèce reffemble à la figure d'une corolle de ce nom.

NOM GÉNÉRIQUE PHYTONOMATOTECHNIQUE.

Á B Ä I Z.

SYNONYMIE.

PEZIZA (*hypocrateriformis*), *flipitata hypocrateriformis levis.*
HELVELLA *hypocrateriformis. Schœf. Icon. Fung. tab. 152. 3. pag. 102.*
———— *a. hifpida. Schœf. Icon. Fung. tab. 167 & 3. pag. 108.*
FUNGOÏDES *parvum, pyxidatum ; externè ex obfcuro grifeum, internè nigrum & pellucidum. Mich. Nov. Gener. Plant. 205. tab. 86. fig. 11.*
PEZIZE hypocratériforme.
———— en foucoupe.

PEZIZA Cupularis. *L.*

PEZIZA

CUPULARIS.

PEZIZE *CUPULAIRE.*

ORDRES SYSTÉMATIQUES

DE TOURNEFORT.	VON LINNÉ.	DE JUSSIEU.
Cl. XVII. S. 1. G. 3. *Fungoïdes.*	Claffe XXIV. Ordre 4. *Fungi.*	Cl. I. Ord. 1. les Champignons.

DESCRIPTION.

ENVELOPPE,
CALICE, } aucune apparence.
COROLLE,

ETAMINES. Aucun filet, aucune anthère ; *pouffière fécondante* ou *femences* très-fines, très-atténuées, difperfées fur toute la furface extérieure de la plante, de couleur grife, & qui fe montrent par des explofions lors de la maturité de la plante. *Voyez* Port.

PISTIL,
NECTAR, } aucune apparence.
PÉRICARPE,

RÉCEPTACLE. Nous avons donné ce nom à la partie concave des efpèces de ce genre, d'après l'infpection du *Peziza lentifera*, décrit à la page 49 ; mais de nouvelles obfer-vations nous forcent à donner le nom de réceptacle à l'extérieur de ces plantes (I), qui toujours eft convexe. *Voyez* Port.

SEMENCES très-fines, très-atténuées, & d'une figure très-difficile à déterminer, placées à l'extérieur de cette végétation. *Voyez* Port.

RACINE. Petit *tubercule* raboteux, inégal, prefque arrondi, fans fibres, quelquefois garni de petites fibrilles très-courtes. *Voyez* Port.

TRONC. *Colonne* cylindrique, pleine, moins longue que la capfule, & qui fouvent manque.

FEUILLES, aucune.

SUPPORTS. {
Armes,
Stipules, } aucune.
Braćlées,
Pétioles, } aucun.
Péduncules,
Vrilles, aucune.
}

PORT. De terre, ou de deffus un peu de fumier (*voyez* le tome II, page 49, *Peziza ocro leuca,* B. où eft repréfentée la plante que nous décrivons), fort cette *fongofité* fous une forme fphérique, prefque fermée par fon extrémité, non-dentée, mais feulement ponctuée, de couleur blanche-terne, & comme tranfparente ; l'ouverture s'élargit & fe feftonne (2,3) par un nombre affez confidérable de petites dents affez aiguës ; le dedans en eft liffe, uni, blanc, tirant plus ou moins fur le roux ; dans cet état, le cupule fe voit ifolé de terre par un *pédicule* court, cylindrique & liffe ; l'extérieur de ce cupule fe charge d'une pouffière nommée femences, qui ne s'élance point avec élafticité.

Végétation. Sort de terre en septembre-octobre, & tout l'automne, après d'abondantes pluies ; sa durée est d'une à deux semaines, & ensuite se pourrit.

Lieu. Les terres ombragées, dans les forêts ; dans les cours, contre des murs, sur des fragmens de fumier.

Propriétés. { *Odeur,* } peu sensibles, tirant sur l'odeur & la saveur de Champignon { *Saveur,* } de couche.

Analyse,
Vertus, } inconnues.
Usage,
Dose,

Etymologie. *Peziza* (voyez la page 50) *cupularis,* parce que cette espèce ressemble dans sa jeunesse à un cupule de gland de Chêne.

NOM GÉNÉRIQUE PHYTONOMATOTECHNIQUE.

Á B Á I Z.

SYNONYMIE.

Peziza (*cupularis*) ; *globoso-campanulato, margine crenato. Linn. Syst. Plant. 4. 618. id. Spec. Plant. 1651. Dalib. Parif. 388. Flor. Dan. tab. 469. fig. 3. Mur. Syst. Veget. id. 13. 823. id. ed. 14. 979.*
———— *petiolata, hemisphærica ore dentata. Hal. Helv. n°. 2228.*
Fungoïdes *glandis cupulam referens, margine dentato. Vail. Parif. 57. tab. 11. fig. 1, 2 & 3.*
Pezize en cupule. *Lam. 1. 124. genr. 1287.*
———— cupule. *Dub. Bot. Franc. 2. 498.*
———— cupulaire.

PEZIZA Auricula. L.

PEZIZA

AURICULA.

PÉZIZE OREILLÉE.

ORDRES SYSTÉMATIQUES

DE TOURNEFORT.	VON LINNÉ.	DE JUSSIEU.
Cl. XVII. S. 1. G. 3. *Agaricus.*	Claffe XXIV. Ordre 4. *Fungi.*	Cl. I. Ordre 1. les Champignons.

DESCRIPTION.

ENVELOPPE,
CALICE, } aucune apparence.
COROLLE,

ETAMINES. Aucun filet, aucune anthère ; *pouffière fécondante,* ou *femences* très-fines, qui quelquefois couvrent toute la furface de la plante, mais qui rarement fe font appercevoir.

PISTIL,
NECTAR, } aucune apparence.
PÉRICARPE,

RÉCEPTACLE. Partie inférieure de la plante (fig. 1 & 2) très-liffe, unie, & couverte d'abord d'une pouffière blanchâtre, mais qui devient noire à mefure que la plante vieillit.

SEMENCES très-fines, très-atténuées, & dont la forme eft très-difficile à déterminer ; ces graines s'apperçoivent particulièrement à la furface inférieure de la plante, d'où on les peut détacher dans certains temps comme de la farine noire. *Voyez* Port.

RACINE, aucune ; cette plante croît ordinairement fur des débris de végétaux qui reçoivent fes racines, & ne les laiffent point appercevoir.

TRONC. Quelquefois, mais rarement, cette plante eft foutenue par une petite colonne cylindrique, très-courte & liffe.

FEUILLES, aucune.

SUPPORTS. { *Armes,*
Stipules, } aucune.
Bractées,
Pétioles, } aucun.
Péduncules,
Vrilles, aucune.

PORT. De terre, des débris de végétaux à moitié putréfiés, fe développe cette *fungofité,* qui d'abord fe montre en forme de mammelon ; en s'alongeant elle s'applatit, s'ondule, & affecte fouvent la forme d'une oreille d'homme (fig. 3), ou bien cette plante prend la figure d'un cornet (fig. 1 & 2) ; les furfaces tant fupérieure qu'inférieure font liffes, unies ; la fupérieure eft ordinairement d'une couleur brune, luifante ; l'inférieure eft rouffe & liffe ; les bords font ondulés, entiers ; la furface inférieure eft de plus couverte d'une farine d'abord rouffe ; cette farine devient noire ; les particules détachées avec un papier blanc, & confidérées à la loupe, font noires, fphériques, & très-luifantes.

Tome I. X x

VÉGÉTATION. Sort de terre, ou des débris de végétaux, en septembre ; dure un mois ou environ ; dans cet intervalle, cette plante prend quelquefois un diamètre considérable, puis elle se dessèche ou se pourrit, selon que le temps est sec ou humide.

LIEU. Par terre dans les forêts, sur des portions de branches d'arbres à moitié pourries, mais particulièrement sur le Sureau.

PROPRIÉTÉS. { *Odeur* de Champignon, mais moins agréable.
{ *Saveur* presque nulle.

ANALYSE, inconnue.

VERTUS. On la dit astringente, dessicative, purgative, hydragogue & ophthalmique.

USAGE. On s'en sert en gargarisme pour l'angine, dans les inflammations des yeux, de la bouche, du palais & de la gorge. SIMON PAULI dit que cette plante purge abondamment les eaux des hydropiques. CLUSIUS la range dans les Champignons pernicieux.

DOSE. Deux ou trois de ces plantes en décoction dans du lait, pour les maux de gorge ; la dose comme purgatif, est inconnue ; la même plante infusée dans l'eau de Plantain, pour un collyre.

ETYMOLOGIE. *Peziza* : voyez la page 176.

NOM GÉNÉRIQUE PHYTONOMATOTECHNIQUE.

Á B Ã I Z.

SYNONYMIE.

PEZIZA (*auricula*) *concava rugosa auriformis.* Linn. Syst. Plant. 4. 619. id. Mat. Med. 230. Mur. Syst. Veget. ed. 14. 979.

——— *bracteata cespitosa plana sericea.* Hal. Helv. n°. 2220.

TREMELLA (*auricula*) *sessilis membranacea auriformis cinerea.* Linn. Spec. 2625.

AGARICUS *auriculæ forma.* Mich. Nov. gen. 124. tab. 66. fig. 1. Tourn. Inst. 562.

FUNGUS *membranaceus auriculam referens, sive sambucinus.* C. B. Pin. 372.

FUNGORUM *perniciosorum genus primum.* Clus. Hist. 2. pag. 276.

PÉZIZE oreillée.

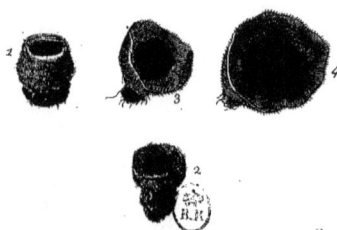

PEZIZA Sub-tomentosa. *B.*

PEZIZA

SUB-TOMENTOSA.

PÉZIZE *SOUS-DRAPÉE.*

ORDRES SYSTÉMATIQUES

DE TOURNEFORT.	VON LINNÉ.	DE JUSSIEU.
Cl. XVII. S. 1. G. 3. *Fungoïdes.*	Claſſe XXIV. Ordre 4. *Fungi.*	Cl. I. Ordre 1. les Champignons.

DESCRIPTION.

ENVELOPPE,
CALICE, } aucune apparence.
COROLLE,

ÉTAMINES. Aucun filet, aucune anthère ; *pouſſière fécondante* ou *ſemences* parſemées ſur toute la ſurface de la plante & d'une ténuité ſi grande, que l'on ne peut en déterminer la forme.

PISTIL,
NECTAR, } aucune apparence.
PÉRICARPE,

RÉCEPTACLE. Le deſſous de la plante eſt velu, rugueux, inégal, convexe, couvert de petites graines que l'on n'apperçoit qu'en eſſuyant la plante. *Voyez* Semences.

SEMENCES. *Graines* très-fines, très-atténuées, d'une couleur noire ou brune, d'une figure très-difficile à déterminer, & fixées au deſſous de la plante ſur la convexité que nous avons appelé réceptacle. *Voyez* Port.

RACINE. Quelquefois on y apperçoit de petites fibriles cylindriques, chevelues, de couleur brune, très-ſimples, ſans rameaux.

TRONC. Aucune tige, ou du moins il eſt très-rare d'en appercevoir la moindre trace.

FEUILLES, aucune.

SUPPORTS. {
Armes, aucune ; le deſſous & le bord de cette eſpèce de Champignon, ſont velus.
Stipules,
Braĉtées, } aucune.
Pétioles,
Péduncules, } aucun.
Vrilles, aucune.
}

PORT. De terre ſort cette *fungoſité* d'abord en forme de cupule de gland, un peu fermée (1); peu de temps après elle s'épanouit, & prend la forme d'une écuelle, ou d'une ſoucoupe de taſſe à café ; le dedans ou la partie concave, eſt brune, plombée au centre, & luiſante ; les côtés ſont d'un blanc ſale ; les bords de l'écuelle ſont velus, le deſſous de cette écuelle eſt d'un roux-brun tomenteux ou ratiné (2, 3).

VÉGÉTATION. Sort de terre en ſeptembre-oĉtobre, dure tout au plus douze jours.

LIEU. Nos forêts, ſur des feuilles d'arbres qui ſont en putréfaĉtion.

PROPRIÉTÉS. { *Odeur*, } semblables à celles des Champignons.
{ *Saveur*, }

ANALYSE,
VERTUS, } inconnues.
USAGE,
DOSE,

ÉTYMOLOGIE. *Peziza*, du mot grec πεζικὸν, Champignon sessile, nom propre donné par les Grecs à toutes les espèces de Champignons qui n'ont point de pédicule ; *sub-tomentosa*, sous-drapé, de *subtus*, au dessous, & *tomentosus*, tomenteux, drapé, terme de Botanique. *Voyez* notre Vocabulaire.

NOM GÉNÉRIQUE PHYTONOMATOTECHNIQUE.

Â B Â W Z.

SYNONYMIE.

PEZIZA (*sub-tomentosa*) *acaulis scutellata subtomentosa.* B.
FUNGOÏDES *scutellatum, internè album, externè obscurum,* & *sub-hirsutum.* Mich. Nov. Gener. Plant. 206. n°. 8. tab. 86. fig. 4.
PÉZIZE sous-tomenteuse.
———— sous-drapée.

COLCHICUM Autumnale. L.

COLCHICUM

AUTUMNALE.

COLCHIQUE AUTOMNAL.

ORDRES SYSTÉMATIQUES

DE TOURNEFORT.	VON LINNÉ.	DE JUSSIEU.
Claſſe IX. Section 1. Genre 5.	Claſſe VI. Ordre 3.	Claſſe III. Ordre 1. les Joncs.

DESCRIPTION.

ENVELOPPE. *Deux hyvernacles,* un extérieur, fec, fragile, qui enveloppe l'oignon & les tubes des corolles ; un interne (B) mou, qui n'enveloppe que les tubes des corolles : celui-ci eſt découpé à ſa partie ſupérieure en forme de bec de flûte ; ſous cette enveloppe on trouve trois à quatre écailles obtuſes, qui font les fonctions d'une autre enveloppe, mais qui en grandiſſant deviennent les feuilles de la plante, comme on l'apperçoit à la première figure.

CALICE, aucun ; à moins que l'on ne donne ce nom à la corolle.

COROLLE. *Un pétale* infundibuliforme, inférieur, tubulé, découpé à un ſixième de ſa longueur, & compoſé d'un limbe & d'un tube très-diſtincts ; le limbe (H) eſt diviſé en ſix parties oblongues, ovoïdes, renverſées & pétaliformes ; trois de ces eſpèces de pétales ſont extérieurs & plus grands, trois ſont internes & plus petits ; ce limbe s'évaſe ou s'épanouit ; le tube (I) eſt cylindrique, déprimé, ou preſque triangulaire, cinq ou ſix fois plus long que le limbe.

ETAMINES. *Six filets* (6) applatis, ſubulés, moitié moins longs que les découpures de la corolle, inégaux ; trois ſont plus courts ; *ſix anthères* (Y) oblongues, elliptiques, attachées par le milieu au haut des filets ; ces étamines ſont attachées au haut du tube de la corolle.

PISTIL. *Un germe* (3) triangulaire, oblong ; *trois ſtyles* (2,2,2) filiformes, plus longs que le tube de la corolle ; *trois ſtigmates* (4,4,4) tronqués, & un peu velus.

NECTAR, aucun.

PÉRICARPE. *Une capſule* ovoïde, triangulaire, triloculaire, & qui s'ouvre à moitié de ſa longueur en trois valves (D).

RÉCEPTACLE : la cloiſon triangulaire en fait les fonctions.

SEMENCES. *Pluſieurs ſemences* (V) arrondies, liſſes, & un peu plus groſſes que des grains de Millet.

RACINE. Une touffe de *fibres* capillacées, ſimples ; plus, une *bulbe* ſolide, pleine, marquée d'une forte gouttière.

TRONC, aucun à proprement parler ; une *gaîne,* formée par la réunion des feuilles (fig. 2), en a la forme ; mais ſi l'on dépouille cette gaîne, on voit qu'elle ſe décompoſe en totalité.

FEUILLES très-ſimples, très-entières, liſſes, glabres, porriformes, linéaires, engaînées par la baſe, ſeſſiles & radicales ; extrémité terminée en pointe.

Tome I. Y y

$$\text{SUPPORTS.} \begin{cases} \textit{Armes,} \\ \textit{Stipules,} \\ \textit{Bractées,} \end{cases} \text{aucune.}$$

Pétioles, aucun.

Péduncules très-courts, uniflores.

Vrilles, aucune.

PORT. D'une *racine* commune fortent dans une faifon plufieurs *feuilles* fans fleurs ; ces feuilles font verticales , amples , droites ; dans le milieu de ces feuilles on trouve la *capfule,* que nous avons décrite au mot Péricarpe. Dans d'autres faifons, il fort de la racine un bouquet de *fleurs* verticales, inégales. *Voyez* Végétation.

LIEU. Les prés humides, cultivée dans quelques jardins.

VÉGÉTATION. En feptembre, on voit fortir de terre plufieurs fleurs d'une couleur gris de lin, fans tiges ni feuilles ; ces fleurs s'épanouiffent & fe paffent ; tout l'hiver s'écoule fans que l'on voie aucune apparence de cette plante ; en avril ou mai de l'année fuivante, fortent de terre plufieurs feuilles qui s'épanouiffent & périffent en juin, pour ne plus reparoître ; les racines vivent plufieurs années.

$$\text{PROPRIÉTÉS.} \begin{cases} \textit{Odeur ;} \text{ la racine coupée a une odeur forte, nauféabonde ; les fleurs font} \\ \text{inodores, les feuilles ont une odeur herbacée.} \\ \textit{Saveur ;} \text{ la racine eft amère , ftiptique, femble deffécher & rendre rude} \\ \text{la langue lorfqu'on la mâche : cette rudeffe n'eft cependant pas de durée ;} \\ \text{les fleurs font falées, & moins ftiptiques.} \end{cases}$$

ANALYSE, inconnue.

VERTUS. Toute la plante eft regardée comme un violent poifon. La Médecine moderne a tiré de cette racine, depuis quelque temps, de très-grands avantages ; on lui a reconnu une vertu très-apéritive , incifive, expectorante ; on en prépare un oxymel que l'on prefcrit avec fuccès dans les oppreffions humides.

USAGE. La plante crue & écrafée, appliquée fur les poireaux, les fait tomber ; cette même plante a été employée en amulette, pour fe préferver de la pefte & autre contagion ; l'oxymel qu'on en prépare fe prefcrit avec fuccès dans les hydropifies & l'afthme fuffocant.

DOSE. L'oxymel fe prefcrit depuis deux gros jufqu'à demi-once , dans une eau appropriée.

ETYMOLOGIE. *Colchicum,* de *Colchis,* la Colchide, province du Levant, que l'on nomme aujourd'hui la Mingrélie. Ce nom fut donné au Colchique, parce qu'on prétend qu'il y étoit fort commun.

NOM GÉNÉRIQUE PHYTONOMATOTECHNIQUE.

SOHEÂDŒVE.

SYNONYMIE.

COLCHICUM (*autumnale*) *; foliis planis lanceolatis erectis. Linn. Spec. Plant. 485. id. Syft. Plant. 2. 129. id. Mat. Med. 100. id. Mur. Reg. Veget. Sauv. Monfp. 18, 19. Scop. Carn. 2. n°. 448. Dalib. Parif. 112. Gouan. Hort. 189. id. Flor. Monfp. 313.*

———— *flore folia longè præcedente, petalis ovatis. Hal. Helv. 1255.*

———— commune. *C. B. Pin. 67. Cam. Epit. 845. Dod. Pur. 371. Tourn. Elem. 288. id. Inft. 348. Vail. Bot. Parif. 39.*

COLCHIQUE d'automne. *Lam. 3. 298.*

———— des prés. *Dub. 2. 323.*

TUE-CHIEN.

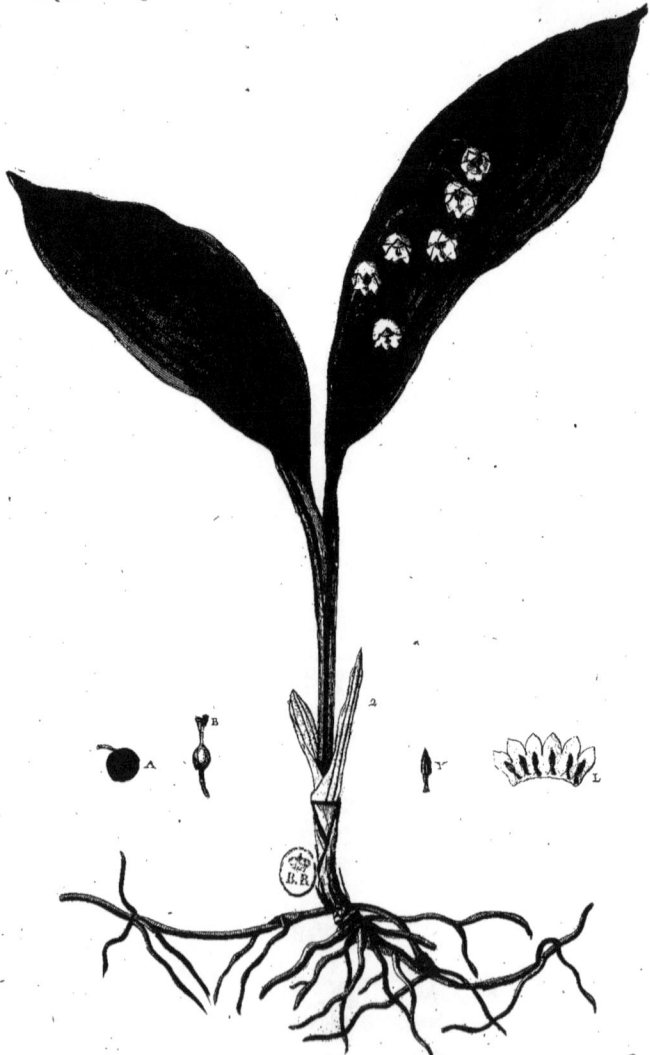

LIQMYABIAQBAZ

CONVALLARIA Majalis. L.

CONVALLARIA

MAJALIS.

MUGUET *DE MAI.*

ORDRES SYSTÉMATIQUES

DE TOURNEFORT.	VON LINNÉ.	DE JUSSIEU.
Cl.I.S.2.G.3.*Lilium convallium.*	Claſſe VI. Ordre 1.	Claſſe III. Ordre 2. les Lis.

DESCRIPTION.

ENVELOPPE, } aucune apparence.
CALICE,

COROLLE. *Un pétale* campaniforme, inférieur, régulier, fendu juſqu'au milieu en ſix feſtons obtus, reployés en dehors, & qui ſe deſſechent ſur la plante.

ETAMINES. *Six filets* (L) inſérés au bas de la corolle, égaux, uniformes, pyramidaux, applatis, & qui ſe fanent; *ſix anthères* (Y) ovoïdes, crenelées, adhérentes une à une à chaque filet par leur baſe.

PISTIL. *Un germe* ſphérique; *un ſtyle* un peu plus élevé que les étamines, & un peu triangulaire, angles obtus; *un ſtigmate* (B) triangulaire.

NECTAR, aucun.

PÉRICARPE. *Baie* (A) ſphérique, molle, pulpeuſe, diviſée en trois loges, & qui contient trois graines.

RÉCEPTACLE, aucun; les ſemences ſont contenues dans la pulpe.

SEMENCES. *Trois graines* liſſes & arrondies.

RACINE fibreuſe, traçante, cylindrique, noueuſe & ſtolonifère.

TRONC. *Hampe* très-ſimple, triangulaire, liſſe, moins longue que les feuilles, qui ſoutient pluſieurs fleurs.

FEUILLES très-ſimples, radicales, pétiolées, nerveuſes, très-entières; chacune eſt oblongue, élancée.

SUPPORTS. {
Armes, aucune.

Stipules; écailles (2) feuilliformes, nerveuſes, entières, placées à la racine, & qui engaînent les pétioles des feuilles & la hampe.

Bractées; petites écailles placées une à une au bas de chaque péduncule, elles ſont ſeſſiles, ſubulées, très-entières, & moins longues que les péduncules.

Pétioles preſque auſſi longs que les feuilles; chacun eſt large, un peu membraneux, & engaîne ſon ſemblable.

Péduncules très-ſimples, ſolitaires, réfléchis, plus longs que la corolle.

Vrilles, aucune.
}

PORT. D'une *racine* commune ſortent pluſieurs *hampes* couvertes par une *gaîne* fournie par deux ou trois *ſtipules*; plus, deux à trois *feuilles* qui ſe recouvrent réciproquement par leurs *pétioles*; la hampe ſortie de terre s'élève en portion d'arc; les *fleurs* ſont le long de cet arc, elles penchent toutes du côté de la courbure de la hampe; chaque fleur eſt ſoutenue par un *péduncule* qui eſt alterne avec ſon voiſin; de plus, au bas de chaque péduncule, ſur la hampe ſe fait remarquer une *bractée*.

LIEU. Les bois ; les lieux ombragés, bas & humides.

VÉGÉTATION. Sort de terre en avril-mai, fleurit en mai-juin, les fruits mûrs sont rouges en septembre, la plante périt aux gelées, la racine vit plusieurs années.

PROPRIÉTÉS.
  Odeur ; la fleur a une odeur très-suave, les racines & les feuilles sont presque inodores.
  Saveur : la racine est mucilagineuse, âcre ; les feuilles sont herbacées ; les fleurs sont amères, légèrement âcres au goût ; le fruit est fade.

ANALYSE
  pyrotechnique. Cinq livres de fleurs fraîches de Muguet, distillées à la cornue, ont fourni une livre treize onces d'une eau de végétation très-limpide, qui a l'odeur de la fleur de cette plante, d'un goût légèrement acide ; plus, deux livres six onces & demie d'une seconde liqueur très-limpide, & sensiblement acide au goût ; plus, deux onces d'une liqueur empyreumatique, très-acide ou austère ; plus, une once d'une liqueur rousse, empyreumatique ; plus, un gros de sel volatil concret ; enfin, deux onces trois gros d'huile empyreumatique, de consistance de graisse : le résidu calciné, a donné cinq gros d'alkali fixe.

  hygrotechnique. L'eau où l'on a fait infuser des fleurs de Muguet, prend une teinture fauve, douce, balsamique & agréable ; en ajoutant à cette infusion de l'huile de tartre, il se précipite un sel cristallisé, qui est un composé de l'alkali fixe & de l'acide de la plante ; cette eau non-alkalisée évaporée, donne un extrait noirâtre, balsamique, non-gracieux, & d'un goût amer ; la teinture spiritueuse est de couleur d'or, d'une odeur agréable, d'un goût amer & âcre ; l'extrait spiritueux est d'un jaune fauve, ayant une odeur de cire, miellée.

VERTUS. Les fleurs de Muguet sont discussives, nervines, céphaliques, stimulantes, détersives, laxatives, apéritives, anti-épileptiques, anti-apoplectiques, anti-mélancoliques, anti-asthmatiques, anti-hypochondriaques, anti-cachectiques, fébrifuges, errines, sternutatoires.

USAGE. En infusion aqueuse pour la céphalalgie, pour l'apoplexie, pour fortifier la mémoire, pour faire uriner, pour l'épilepsie ; en infusion vineuse dans la mélancolie, dans l'asthme pituiteux, dans l'hypochondrie, dans la cachexie ; dans les fièvres intermittentes, en substance ; en poudre, prise par les narines, pour faire éternuer.

DOSE. Par pincées infusées dans deux tasses d'eau ; ou dans le vin, par pincées ; en poudre comme du tabac, pour faire éternuer.

ETYMOLOGIE. *Convallaria.* Voyez la page 140.

NOM GÉNÉRIQUE PHYTONOMATOTECHNIQUE.

LIQMYABIÅQBAZ.

SYNONYMIE.

CONVALLARIA (*majalis*) *scapo nudo.* Linn. Spec. Plant. 451. id. Syst. Plant. 2. 73. Mur. Syst. Veget. ed. 13. 275. Gouan. Flor. Monsp. 39.
————— *acaulis bifolia scapo nudo.* Scop. Carn. 1. pag. 232. n°. 1.
POLYGONATUM *scapo diphyllo, floribus spicatis nutantibus campaniformibus.* Hal. Helv. n°. 1241.
LILIUM *convallium album.* C. B. Pin. 304. Tourn. Inst. 77. Vail. Paris. 116.
MUGUET de mai. Lam. 3. 269.
LIS des vallées.

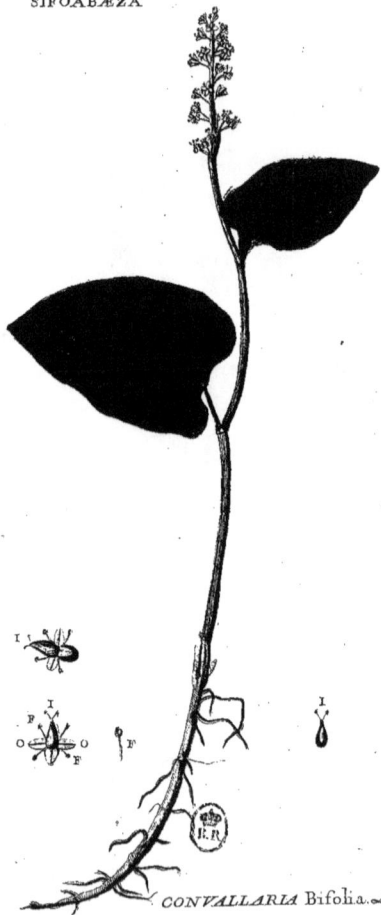

SIFOABÆZA

CONVALLARIA Bifolia. L.

CONVALLARIA

BIFOLIA.

MUGUET *BIFEUILLE.*

ORDRES SYSTÉMATIQUES

DE TOURNEFORT.	VON LINNÉ.	DE JUSSIEU.
C.I.S.I.G.2. *Smilax.*Voy.*Appendix.*	Claſſe VI. Ordre 1.	Claſſe III. Ordre 2. les Lis.

DESCRIPTION.

ENVELOPPE, CALICE, } aucune apparence.

COROLLE. *Un pétale* inférieur (O), divifé en quatre, & prefque polypétale ; chaque découpure de la corolle eſt entière, elliptique, liſſe, évaſée, inférée fous le germe, & fe deſſèche fur la plante.

ETAMINES. *Quatre filets* (F) égaux, uniformes, cylindriques, de la longueur des pétales, & inférés fous le germe, par le moyen de la corolle, fi la corolle eſt monopétale, ou d'eux-mêmes fi la corolle eſt polypétale ; *quatre anthères* arrondies, formées chacune de deux bourſes adoſſées l'une à l'autre.

PISTIL. *Un germe* oviforme, liſſe, glabre, inféré fur la corolle ; *un ſtyle* qui fe divife en deux ſtigmates (1).

NECTAR, aucun.

PÉRICARPE. *Une baie* molle, uniloculaire ou triloculaire, & qui tombe fans s'ouvrir.

RÉCEPTACLE, aucun ; les femences mûriſſent dans la pulpe du fruit.

SEMENCES ; une à trois graines arrondies.

RACINE. *Une fibre* principale, traçante, cylindrique, dure, pleine, garnie de fibrilles latérales, chevelues, fimples.

TRONC. *Tige* très-fimple, anguleuſe, glabre, flexueuſe, verticale, feuillée & floriſère.

FEUILLES. Deux à trois fimples, cordiformes, entières, très-liſſes, nerveuſes ; bords très-entiers, extrémité aiguë.

SUPPORTS. {
Armes, aucune.
Stipules ; deux écailles oppoſées, placées au bas de la tige, fur la racine.
Braĉtées ; une très-petite écaille au bas des péduncules.
Pétioles fémi-cylindriques, à la feuille inférieure, & moins longs que les feuilles ; celui de la feuille fupérieure eſt applati, nerveux & amplexicaule.
Péduncules cylindriques, ou très-rapprochés.
Vrilles, aucune.

PORT. D'une *racine* traçante fort d'abord une *feuille* roulée fur elle-même ; de cette feuille fort une *tige* verticale ; cette tige pouſſe une feconde feuille alterne à la première, rarement deux ; les *fleurs* font difpoſées en épi, elles fortent par petits faiſceaux.

Tome I. Z z

VÉGÉTATION. Sort de terre en avril ; fleurit en mai, juin, juillet ; le fruit eft mûr en automne, les feuilles perfiftent quelquefois pendant les hivers ; les racines perfiftent.

LIEU. Dans les forêts, aux lieux ombragés.

PROPRIÉTÉS. { *Odeur ;* les feuilles font inodores, les fleurs font un peu odorantes. { *Saveur ;* toute la plante eft prefque infipide, les fruits font amers.

ANALYSE, inconnue.

VERTUS. Cette plante a été placée dans les plantes anti-peftilentielles.

USAGE, aucun préfentement en Médecine ; on en faifoit ufage anciennement en poudre.

DOSE. En poudre, à la dofe d'un gros.

ETYMOLOGIE. *Convallaria* (voyez la page 180) *bifolia,* parce que cette plante n'a que deux feuilles ; *monophyllon,* à caufe que fouvent elle n'a qu'une feuille.

NOM GÉNÉRIQUE PHYTONOMATOTECHNIQUE.

GOQGYAGIÁVBAZ.

SYNONYMIE.

CONVALLARIA (*bifolia*) ; *foliis cordatis, floribus tetrandris. Linn. Syft. Plant.* 2. 75. *id. Spec.* 452. *Mur. Syft. Veget. ed.* 14. 335. *Œd. Dan. tab.* 291. *Scop. Carn. ed.* 2. *n°.* 422. *Gouan. Flor. Monfp.* 15. *id. Hort. Monfp.* 177. *Sauv. Met. fol.* 113.

UNIFOLIUM. *Hal. Helv. n°.* 1240. *Dod. Dal. gall.* 2. 153.

LILIUM *convallium minus. C. B. Pin.* 304. *Bar. Icon.* 1212. *J. B. Hift.* 3. 934.

GRAMEN *Parnaffi. Cam. Epit.* 744.

SMILAX *unifolia humillima. Tourn.* 654.

MUGUET bifeuille.

———— quadrifide. *Lam.* 3. 269.

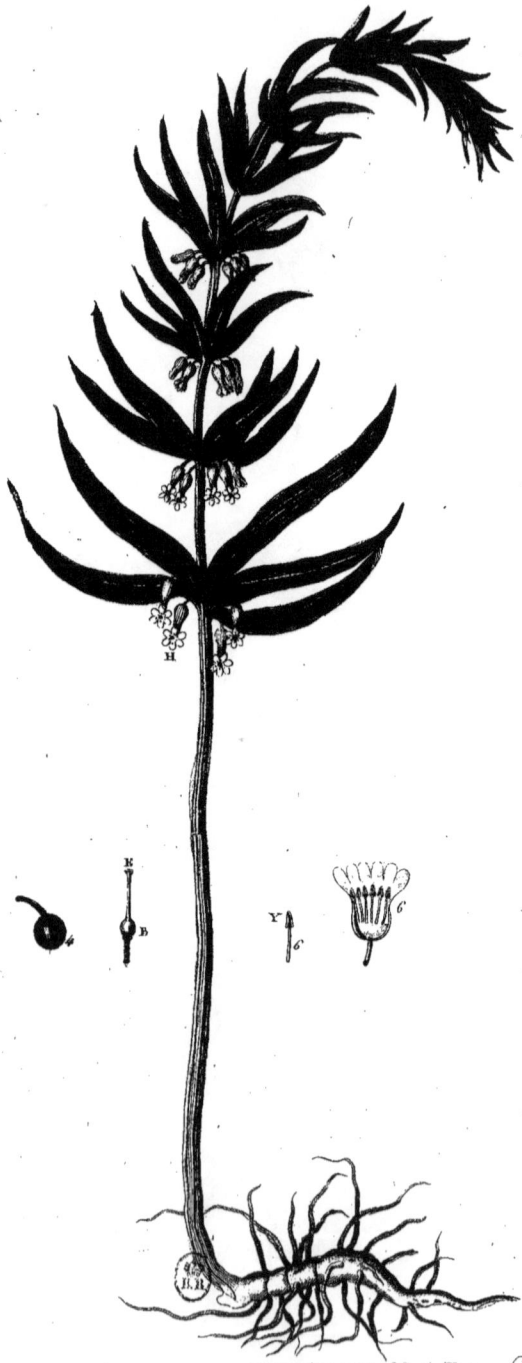

CONVALLARIA Verticillata . *L.*

CONVALLARIA

VERTICILLATA.

MUGUET *VERTICILLÉ.*

ORDRES SYSTÉMATIQUES

DE **TOURNEFORT.**	VON **LINNÉ.**	DE **JUSSIEU.**
Cl.I.Sect.2.G.2.*Polygonatum.*	Claffe VI. Ordre 1.	Claffe III. Ordre 2. les Lis.

DESCRIPTION.

ENVELOPPE, } aucune apparence.
CALICE, }

COROLLE. *Un pétale* (H) campaniforme, tubulé, liffe, glabre, renflé à fa bafe, & inférieur ; *limbe* peu évafé, denté de fix dents égales, entières, uniformes, & difpofées
fur deux rangs, trois internes & trois externes ; *tube* cylindrique, renflé à fa bafe,
& marqué de ftries longitudinales.

ETAMINES. *Six filets* (6) égaux, uniformes, fixés au tube de la corolle, prefque auffi
longs que la corolle, cylindriques, fubulés ; *fix anthères* (Y) en fer de flèche.

PISTIL. *Un germe* (B) fupérieur, liffe, arrondi, triloculaire, marqué de trois ftries longitudinales ; *un ftyle* triangulaire ; *un ftigmate* à trois angles (E).

NECTAR, aucun.

PÉRICARPE. *Baie* (4) molle, fucculente, de couleur violette lorfqu'elle eft mûre, divifée
ordinairement en trois loges contenant trois femences, mais qui tombe fans s'ouvrir.

RÉCEPTACLE, aucun bien diftinct ; les femences font interpofées dans la pulpe.

SEMENCES au nombre de trois, arrondies, folitaires, une dans chaque loge.

RACINE fibreufe, traçante, liffe, garnie de fibres latérales, cylindriques, fimples.

TRONC. *Tige* ordinairement fimple, fiftuleufe, glabre, anguleufe, verticale, feuillée & florifère.

FEUILLES très-fimples, nerveufes, feffiles, très-entières, lancéolées, linéaires, aiguës, marquées
de nervures ; furfaces très-liffes, très-glabres. *Voyez* PORT.

SUPPORTS. {
Armes, aucune, pas même de poils ; toute la plante eft glabre.
Stipules, } aucune.
Bractées, }
Pétioles, aucun.
Péduncules, de fimples & de ramifiés ; tous font cylindriques, les partiels font
uniflores.
Vrilles, aucune.
}

PORT. D'une *racine* traçante s'élève une *tige* verticale, anguleufe, creufe, & très-fimple
pour l'ordinaire, branchue dans une variété ; d'efpace en efpace, le long de cette tige,
on voit un anneau de feuilles lancéolées, feffiles, ordinairement quatre à fix à chaque
verticille ; ces feuilles font plus longues que les entrenœuds ; les *fleurs* font axillaires,
tantôt folitaires ; une à une fur chaque péduncule, quelquefois plufieurs fur un pédun-

cule commun ; toutes font penchées vers la terre ; l'extrémité de la tige eft auffi penchée vers la terre , & a fes feuilles très-rapprochées ; la hauteur de la plante eft d'un à deux pieds.

VÉGÉTATION. Sort de terre à la fin d'avril , fleurit en mai , le fruit eft mûr en août , les tiges fe deffèchent par la chaleur de l'été , la plante périt , les racines perfiftent plufieurs années.

PROPRIÉTÉS.
$\begin{cases} Odeur \text{ ; toute la plante eft inodore.} \\ Saveur \text{ ; la racine eft vifqueufe, aigrelette , farineufe ; la tige eft herbacée.} \end{cases}$

VERTUS,
USAGE, } inconnus ; nous croyons qu'on pourroit le fubftituer au Sceau de Salomon, page 139.
DOSE,

ETYMOLOGIE. *Convallaria* , à *convallium*, vallée (*voyez* la page 140) ; *verticillata*, verticillée , parce que les fleurs & les feuilles de cette efpèce font verticillées.

NOM GÉNÉRIQUE PHYTONOMATOTECHNIQUE.

L E Q M Y A B I Ă V C A L.

SYNONYMIE.

CONVALLARIA (*verticillata*) ; *foliis verticillatis. Linn. Syft. Plant.* 2. 73. *id. Spec. Plant.* 451. *Mur. Syft. Plant. ed.* 13. 275. *n°. 2. Œd. Dan. tab.* 86.

POLYGONATUM *caule fimplici erecto , foliis ellipticis & verticillatis. Hal. Helv. n°. 1244.*
—————— *anguftifolium non ramofum. C. B. Pin.* 303. *Fufci. Hift.* 586. *Cluf. Parif. Plant. Hift.* 277. *Tourn. Inft.* 78. *J. B.* 3. 531.
—————— *alterum. Dod. Pempt.* 345.

MUGUET verticillé. *Lam.* 3. 269.

SCEAU DE SALOMON verticillé.

LIGUSTRUM Vulgare

LIGUSTRUM

VULGARE.

TROÈNE *VULGAIRE.*

ORDRES SYSTÉMATIQUES

DE TOURNEFORT.	VON LINNÉ.	DE JUSSIEU.
Claſſe XX. Section 1. Genre 5.	Claſſe II. Ordre 1.	Claſſe VII. Ordre 7. les Jaſmins.

DESCRIPTION.

ENVELOPPE , aucune.

CALICE. *Un périanthe* monophylle , campaniforme , inférieur , très-petit (E) , découpé par le bord en quatre petites dents à peine viſibles.

COROLLE. *Un pétale* (F) infundibuliforme , inférieur , caduc , fendu juſqu'au milieu (S) en quatre lobes égaux , uniformes entiers , elliptiques & liſſes ; tube cylindrique , de la longueur du limbe , inféré ſous le germe.

ÉTAMINES. *Deux filets* (C) égaux , uniformes , cylindriques , attachés au haut du tube de la corolle , & qui excèdent la gorge du tube ; *deux anthères* arrondies , formées de deux bourſes adoſſées l'une contre l'autre.

PISTIL. *Un germe* ſphérique , liſſe , placé dans le fond du calice ; *un ſtyle* cylindrique , de la longueur des étamines ; *deux ſtigmates* (Æ) aigus , ou , pour nous conformer au langage des Botaniſtes , *un ſtigmate* fendu (Æ).

NECTAR , aucun.

PÉRICARPE. *Une baie* (B) qui d'abord eſt molle , pulpeuſe , & devient ſucculente , mono-loculaire ; elle renferme depuis une juſqu'à quatre ſemences ; écorce noire , pulpe jaune.

SEMENCES. *Une à quatre graines* (4) oviformes , liſſes , ſans bordures ni couronnes , applaties d'un côté , convexes de l'autre.

RÉCEPTACLE , aucun.

RACINE fibreuſe , ligneuſe , très-branchue.

TRONC. *Tige* ligneuſe , verticale , cylindrique , branchue , ramifiée , feuillée , florifère ; branches & rameaux obliques & cylindriques ; écorce griſâtre ; bois blanc , dur & élaſtique.

FEUILLES très-ſimples , pétiolées , très-entières , très-glabres , ovoïdes , élancées , ou ſimplement élancées ; ſurfaces veinées , bords très-entiers.

SUPPORTS.
{
Armes , aucune , pas même de poils.
Stipules , aucune.
Bractées ; petites écailles ſeſſiles , placées au bas de chaque péduncule particulier.
Pétioles très-courts , applatis ſupérieurement , cylindriques inférieurement.
Péduncules très-courts , ſimples , diſpoſés le long d'une branche ou rameau.
Vrilles , aucune.
}

PORT. D'une *racine* commune ſortent pluſieurs *tiges* grêles , hautes de cinq à ſix pieds ſi la racine eſt placée dans une haie , & très-ſimples , ſans feuilles ni branches dans toute

Tome I.   A a a

cette longueur ; mais si la racine est en pleine terre, alors les tiges sont très-branchues & très-ramifiées ; les *branches* & *rameaux* sont opposés ; les *feuilles* sont aussi opposées ; les *fleurs* sont disposées en thyrse, ou bien en petites grappes redressées en épis lâches aux extrémités les plus élevées des branches & rameaux ; l'écorce est grisâtre, la tranche du bois est blanchâtre.

Lieu. Les haies, très-commun aux environs de Paris.

Végétation. Les feuilles de cet arbrisseau se montrent en avril-mai, ls fleurs en mai-juin, les fruit sont mûrs en août-septembre, les feuilles tombent aux premières gelées.

Propriétés.
> *Odeur ;* les fleurs ont une odeur très-agréable & douce, les feuilles froissées sont herbacées.
>
> *Saveur ;* les feuilles sont un peu âcres-amères au goût, & astringentes ; les baies mûres ont un suc amer désagréable.

Analyse
> *pyrotechnique.* Cinq livres de sommités de troëne, fleuries & garnies de feuilles, ont donné, par la distillation à la cornue, une livre quatorze onces d'eau de végétation limpide, insipide, & presque inodore ; plus, une livre huit onces d'une eau rousse, empyreumatique, austère ; plus, douze onces d'une liqueur rousse, empyreumatique, très-austère ; enfin, trois onces & demie d'huile épaisse, plus pesante que l'eau ; le résidu cinéré & lessivé, a donné quarante-trois grains d'alkali fixe.
>
> *hygrotechnique,* inconnue.

Vertus. Le Troëne est vulnéraire, astringent, détersif, anti-scorbutique, anti-scrophuleux.

Usage. Intérieurement, l'infusion des feuilles & le suc de la plante, pour le crachement de sang ; les mêmes feuilles en gargarisme, pour relever la luette relâchée, pour les ulcères scorbutiques, pour les aphthes & chancres vénériens de la bouche ; l'huile dans laquelle on a mis infuser les fleurs de cette plante, s'emploie sur les écrouelles, & les ulcères putrides, qu'elles guérissent.

Dose. Intérieurement, en infusion par pincées ; le suc jusqu'à quatre onces, dans les crachemens de sang ; extérieurement, à volonté.

Etymologie. *Ligustrum,* selon M. Lémeri, vient de *ligando,* parce qu'on se sert des branches de cet arbrisseau pour lier des fardeaux. Troëne vient du mot grec θρῖον, *flos pigmentum,* fleur fardée, c'est-à-dire, fleur très-blanche.

NOM GÉNÉRIQUE PHYTONOMATOTECHNIQUE.

GIQCYABOAHEQBAZ.

SYNONYMIE.

Ligustrum (*vulgare*). *Linn. Spec. Plant. 10. id. Syst. Plant. 1. 18. Mur. Syst. Veget. ed. 13. 18. Dalib. Paris. Gouan. Flor. Monsp. 6. id. Hort. Monsp. 6. Tourn. Inst. 596. Sauv. Met. fol. 130.*

——— (*vulgare*) ; *foliis lanceolatis acutis, paniculæ pediculis oppositis. Mur. Syst. Veget. ed. 14. 56.*

——— *germanicum. C. B. Pin. 472. J. B. 1. 528. Vail. Bot. Paris. 116.*

Phyllirea. *Dod. Pempt. 775.*

Troëne vulgaire.

——— commun. *Lam. 2. 348.*

HELLEBORUS Foetidus. L.

HELLEBORUS

F Œ T I D U S.

HELLÉBORE *PUANT.*

ORDRES SYSTÉMATIQUES

DE TOURNEFORT.	VON LINNÉ.	DE JUSSIEU.
Claſſe VI. Section 6. Genre 11.	Claſſe XIII. Ordre 6.	Cl. XII. Ord. 1. les Renoncules.

DESCRIPTION.

ENVELOPPE, aucune.

CALICE. En nous conformant aux principes de notre méthode, nous donnerons le nom de Périanthe aux cinq phylles (V) rangées en roue autour d'un centre commun ; chacune (G) eſt en œuf renverſé, ſans onglet, entières & verdâtres ; cette partie ſe nomme corolle, dans les méthodes de MM. DE TOURNEFORT & VON LINNÉ.

COROLLE. *Six* à *dix pétales* (W) concaves, en portion de tuyau conique renverſé, courbé ; l'ouverture eſt ordinairement découpée en deux lèvres ; quelquefois au contraire cette ouverture eſt entière (H) ; ces pétales, dans le ſyſtême de VON LINNÉ, ſont nommés Nectars ; ils s'attachent ſous les germes, entre les étamines & les feuilles du calice. *Voyez* ce mot.

ETAMINES. *Vingt filets* (S) cylindriques, inférés ſous les germes égaux, uniformes ; *vingt anthères* arrondies, formées de deux bourſes qui s'ouvrent par les côtés (Y), & répandent une pouſſière fécondante jaunâtre.

PISTIL. Ordinairement *trois germes* ovoïdes, aigus, liſſes ; *trois ſtyles* (2) ſubulés, légèrement courbés ; *trois ſtigmates* aigus (O).

NECTAR, aucun ; les parties que nous avons décrites au mot Corolle, ſont regardées par les Auteurs comme des nectars.

PÉRICARPE. *Trois capſules* ou *gouſſes*, rapprochées par le bas, écartées par le haut ; chacune de ces gouſſes eſt monoloculaire, marquée de deux ſutures, mais qui s'ouvrent longitudinalement par la ſuture interne.

RÉCEPTACLE. *Médiaſtin* (E) incomplet, cylindrique, attaché à la ſuture interne du péricarpe, & qui donne attache à pluſieurs ſemences.

SEMENCES. Pluſieurs *graines* (V) ſphériques, chagrinées.

RACINE fibreuſe, horizontale, très-prolongée.

TRONC. *Tige* pleine, verticale, feuillée, branchue, herbacée, cylindrique, roide.

FEUILLES compoſées, pédiaires (4), c'eſt-à-dire, formées de cinq à ſept folioles, dont les deux à trois premières de chaque côté s'attachent à une branche d'un enfourchement fourni par le pétiole général ; la foliole impaire, quelquefois même les trois folioles du milieu, ſont attachées entre les deux autres ſolitairement ſur le pétiole général, & non ſur les deux branches que ce pétiole produit ; chaque foliole, priſe ſéparément, eſt lancéolée, dentée à dents de ſcie, & aiguë.

SUPPORTS.

Armes, } aucune.
Stipules, }

Bractées ; feuilles fessiles, tantôt entières (6), tantôt découpées en trois par l'extrémité (5) ; celles qui forment l'aiffelle des péduncules, ont ordinairement la dernière forme, pendant que les bractées qui partent des péduncules (6) font très-entières, ovoïdes.

Pétioles ; aux véritables feuilles (4), de très-longs, applatis à leur naiffance, & embraffant la tige, cylindriques, uni-angulaires, & garnis d'une gouttière dans le refte de l'étendue ; l'extrémité fe fourche, & forme deux branches pour donner attache aux folioles.

Péduncules, de communs, cylindriques, multiflores, & qui foutiennent fans ordre des péduncules particuliers.

Vrilles, aucune.

PORT. D'une *racine* générale, garnie de beaucoup de *fibres,* fort une *tige* verticale, plus ou moins branchue, qui s'élève à la hauteur d'un pied ; les *feuilles* inférieures font prefque oppofées ; les *bractées* & les *péduncules* font alternes.

VÉGÉTATION. Sort de terre pendant l'hiver, fleurit de janvier à avril, les fruits mûriffent en mai, la plante périt en août-feptembre, les racines font vivaces, quelquefois les tiges perfiftent tout l'été.

LIEU. Les bords des chemins fablonneux, les bords des rivières.

PROPRIÉTÉS. { *Odeur* herbacée, un peu nauféabonde.
{ *Saveur ;* les feuilles & la racine font très-âcres au goût.

ANALYSE, inconnue.

VERTUS. La racine de cette plante eft très-âcre, vomitive, très-purgative, cauftique, irritante extérieurement..

USAGE, prefque aucun. Souvent on le fubftitue à l'Hellébore noir (tome II, page 21); mais fes propriétés font bien inférieures. On fait avec fa racine des fetons qui procurent la fortie d'une férofité très-abondante, qui fouvent guérit les fluxions ; pour cela on perce les oreilles ou la peau, & on y introduit un peu de racine de cette plante.

DOSE, inconnue.

ETYMOLOGIE. *Helleborus,* du mot grec ἐλλέβορος. *Voyez* la page 92.

NOM GÉNÉRIQUE PHYTONOMATOTECHNIQUE.

L Y P X Y A N I A J U H Q E Z.

SYNONYMIE.

HELLEBORUS (*fœtidus*) ; *caule multiflora, foliis pedatis.* Linn. Syft. Plant. 2. 672. id. Spec. Plant. 788. Mur. Reg. Veget. ed. 13. 431. Dalib. Parif. 169. Sauv. Monfp. 180.

———— *ramofus multiflorus ; foliis multipartitis, ferratis ; ftipulis ovato-lanceolatis, coloratis.* Hal. Helv. n°. 1193.

———— *niger fœtidus.* C. B. Pin. 135. Tourn. Inft. 272.

HELLÉBORE fœtide.

———— puant.

Le PIED-DE-GRIFFON.

LICHEN Byſſoides. L.

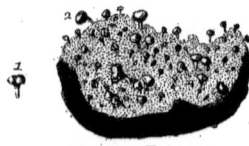

LICHEN Ericetorum. L.

LICHEN

BYSSOÏDES.

LICHEN *BYSSOÏDE.*

ORDRES SYSTÉMATIQUES

DE TOURNEFORT.	VON LINNÉ.	DE JUSSIEU.
Claffe XVI. Section 2. Genre 3.	Claffe XXIV. Ordre 3. *Algæ.*	Claffe I. Ordre 2. les Algues.

DESCRIPTION.

ENVELOPPE,
CALICE, } aucune apparence.
COROLLE,

ETAMINES. Aucun filet, aucune anthère; *pouffière fécondante* très-fine, verdoyante, & qui couvre toute la croute dartreufe. *Voyez* Port.

PISTIL. Aucun germe, aucun ftyle, aucun ftigmate; les femences font portées fur le réceptacle. *Voyez* ce mot.

RÉCEPTACLE. *Tubercule* (1, 3) très-liffe, ordinairement convexe, fouvent un peu creufé en nombril au milieu, ordinairement orbiculaire, quelquefois irrégulier dans fes formes, mais toujours légèrement pédiculé; fa couleur eft rouffe, mais jamais carnée.

SEMENCES. Très-petites *graines* à peine vifibles à la loupe, & qui couvrent la furface du réceptacle.

RACINE. *Fibres* fi petites, que l'on pourroit mettre en doute fi cette plante a des racines.

TRONC, aucun. *Voyez Péduncule* au mot Supports.

FEUILLES, aucune; une croute dartreufe, verte, compofe tout le feuillage de cette plante. *Voyez* Port.

SUPPORTS, aucun.

PORT. Sur terre on apperçoit une *tache* verdâtre, farineufe, inégale, ondulée, & qui fuit toutes les formes du fol; cette tache qui, à l'œil fimple, femble le produit d'une afpergion, d'une poudre verte, confidérée à la loupe, paroît formée de l'enfemble d'une grande quantité de petites *éminences* convexes, liffes, pulvérulentes & vertes; d'entre ces éminences fort, d'efpaces en efpaces, un petit *tubercule* en forme de petite *verrue,* foutenue d'un petit *pédicule;* ce tubercule a le diamètre d'une tête d'épingle, eft de couleur rouffe, & s'élève au deffus du feuillage vert.

VÉGÉTATION. Se montre en automne, & fur-tout après quelques pluies.

LIEU. Nos forêts, parmi les bruyères, au bord des fentiers.

PROPRIÉTÉS. { *Odeur,*
{ *Saveur,* } aucune.

ANALYSE,
VERTUS,
USAGE, } inconnues.
DOSE,

Etymologie. *Lichen*, de *lichene*, dartre ; ce nom a été donné à ce genre, parce que plusieurs espèces ont la figure d'une croûte dartreuse. *Byssoïdes*, diminutif de *byssus*, genre de plante dont la végétation consiste en un assemblage de poudre très-fine, soit verte, ou de toute autre couleur. Ce Lichen a reçu ce nom à cause de la ressemblance de son feuillage avec la Bysse-Botrioïde, *Byssus-Botrioïdes*, L.

NOM GÉNÉRIQUE PHYTONOMATOTECHNIQUE.

Á BÄIZ.

SYNONYMIE.

LICHEN *(byssoïdes) leproso-farinaceus, peltis stipitatis sub-globosis.* Mur. Syst. Veget. ed. 13. 805. id. ed. 14. 957. Linn. Syst. Plant. 4. 523. id. Ment. 133.
CORALLOÏDES *fungiforme ex ungula equina, lividè rubescens.* Dil. Musc. 78. tab. 14. fig. 5.
———————— *fungiforme saxatile palidè fuscum.* Dil. 78. tab. 14. fig. 4 ?
LICHEN byssoïde.
———— *fungiforme.* Lam. 1. 76. n°. 1274.

LICHEN *ERICETORUM.*

LICHEN *DES LANDES.*

DESCRIPTION.

Les caractères génériques de cette plante sont absolument semblables aux caractères de l'espèce précédente, & elle n'en diffère essentiellement que par sa couleur. La croute dartreuse qui constitue le feuillage, est cendrée, blanche, pulvérulente ; au lieu que le Lichen byssoïde a son feuillage d'un vert-cendré. Les réceptacles du Lichen des landes (1, 2) sont d'une belle couleur de chair, c'est-à-dire, d'un blanc carminé, au lieu que les réceptacles du Lichen byssoïde sont de couleur rousseâtre-terne (1, 3).

SYNONYMIE.

LICHEN *(ericetorum) leprosus candidus, tuberculis incarnatis.* Linn. Syst. Plant. 4527. id. Spec. Plant. 1608. Mur. Syst. Veget. ed. 13. 805. id. ed. 14. 957. Flor. Dan. tab. 472. fol. 2.
———— *crusta tenace verrucosa albida, fungis incarnatis.* Hal. Helv. n°. 2042.
———— *crustaceus albicans ; tuberculis stipitatis, carneis.* Scop. Carn. ed. 1. 176. n°. 8. id. ed. 2. n°. 1363.
———— *crustaceus terrestris, crusta granulosa, ex albo sub-cinerea, receptaculis florum rotundis, carneis pediculo insidentibus.* Mich. Gener. 100. tab. 57.
CORALLOÏDES *fungiforme carneum, basi leprosa.* Dil. Musc. tab. 14. fig. 1.
LICHEN des landes. Lam. 176. genr. 1274.
———— des bruyères.

Fig. 1.

Fig. 2.

LICHEN Pyxoïdes. B.

LICHEN

PYXOÏDES.

LICHEN *PYXOÏDE.*

ORDRES SYSTÉMATIQUES

DE TOURNEFORT.	VON LINNÉ.	DE JUSSIEU.
Classe XVI. Section 2. Genre 3.	Classe XXIV. Ordre 3. *Algœ.*	Classe I. Ordre 2. les Algues.

DESCRIPTION.

ENVELOPPE,
CALICE, } aucune apparence.
COROLLE,

ETAMINES. Aucun filet, aucune anthère ; le feuillage est couvert d'une poussière grisâtre en forme de farine, c'est la poussière fécondante.

PISTIL, aucun ; la fructification est très-obscure ; les tubercules, que nous nommons réceptacles, soutiennent les semences. *Voyez* ce mot.

NECTAR,
PÉRICARPE, } aucun.

RÉCEPTACLE *Tubercule* (Y) lisse, souvent géminé, pédiculé, sphérique, chargé des graines ; le pédicule est cylindrique, mou. *Voyez* Supports.

SEMENCES très-fines, d'une figure très-difficile à déterminer, à cause de leur extrême petitesse ; elles sont placées sur les réceptacles (Y).

RACINE. Petites *fibres* très-déliées, attachées d'une manière très-solide contre terre.

TRONC. Aucune tige ; de petits *pédicules* soutiennent les réceptacles. *Voyez* ce mot, & *Péduncules* au mot Supports.

FEUILLES, aucune à proprement parler ; les parties de cette plante qui peuvent porter ce nom, seront décrites au mot Port sous le nom *feuillage*.

SUPPORTS.
Armes,
Stipules, } aucune.
Bractées,
Pétioles, aucun,
Péduncules cylindriques, lisses, de différentes longueurs ; les moindres ont deux à trois lignes de long (fig. 2) ; les plus longs ont jusqu'à six lignes (fig. 1).
Vrilles, aucune.

PORT. De terre sort un *feuillage* formé d'une couche d'*écailles* très-rapprochées, imbriquées, d'une forme irrégulière, vertes en dessus, blanchâtres en dessous, & minces (3) ; l'ensemble de toutes ces écailles ne présente aucune forme régulière ; du milieu de ces écailles s'élèvent des *pédicules* blanchâtres ou roussâtres, cylindriques, tantôt lisses, tantôt garnis d'écailles semblables aux écailles du feuillage ; ces pédicules sont verticaux, & se terminent par une tête arrondie, simple ou géminée, très-lisse, de couleur rouffe (fig. 2), ou d'un rouge vif (fig. 1) ; c'eft cette tête que nous nommons le *réceptacle* des graines.

VÉGÉTATION. Cette plante fe fait principalement obferver dans l'état que nous l'avons fait repréfenter, en octobre-novembre.

LIEU. Nos forêts, à Meudon, fur les terres argileufes, aux bords des chemins.

PROPRIÉTÉS. { *Odeur*, nulle.
{ *Saveur* ; toute la plante mâchée a une légère faveur amère, falée.

ANALYSE, inconnue.

VERTUS, inconnues ; nous croyons qu'elles font les mêmes que celles du Lichen pyxide, décrit page 129.

USAGE, } inconnues.
DOSE, }

ETYMOLOGIE. *Lichen*, de *lichene* (voyez la page 28), *pyxoïdes*, à caufe de la reffemblance de fon feuillage avec le Lichen pyxide, décrit page 127.

NOM GÉNÉRIQUE PHYTONOMATOTECHNIQUE.

À BÄIZ.

SYNONYMIE.

LICHEN (*pyxoïdes*) *imbricatus foliolis lobatis, infernè albis, fupernè virefcentibus, tuberculis petiolatis coccineis vel rufefcentibus. B. fig. 1.*

———— *minimus, lignis adnafcens, foliis eleganter & tenuiter incifis, infernè albis, fupernè è flavo virefcentibus, receptaculis florum coccineis. Mich. Nov. Gen. Pl. 84.*

———— *minimus, lignis adnafcens, foliis latiufculis, eleganter tenuiterve incifis, infernè candidis, fupernè cinereis, receptaculis florum rufefcentibus. Mich. Nov. Gen. Pl. 84.*

———— *minimus, terreftris, foliis perexiguis, receptaculis florum rufefcentibus. Mich. Nov. Gen. Pl. 84. tab. 42. fig. 1.*

———— (*pyxoïdes fufcus*), *tuberculis fufcis. B. fig. 2. variet.*

———— *minimus, terreftris, foliis perexiguis, receptaculis florum fufcis. Mich. Nov. Gen. Pl. 84. tab. 42. fig. 2.*

CORALLOÏDES *fungiforme fufcum, bafi foliacea. Dil. tab. 14. fig. 2.*

LICHEN pyxoïde.

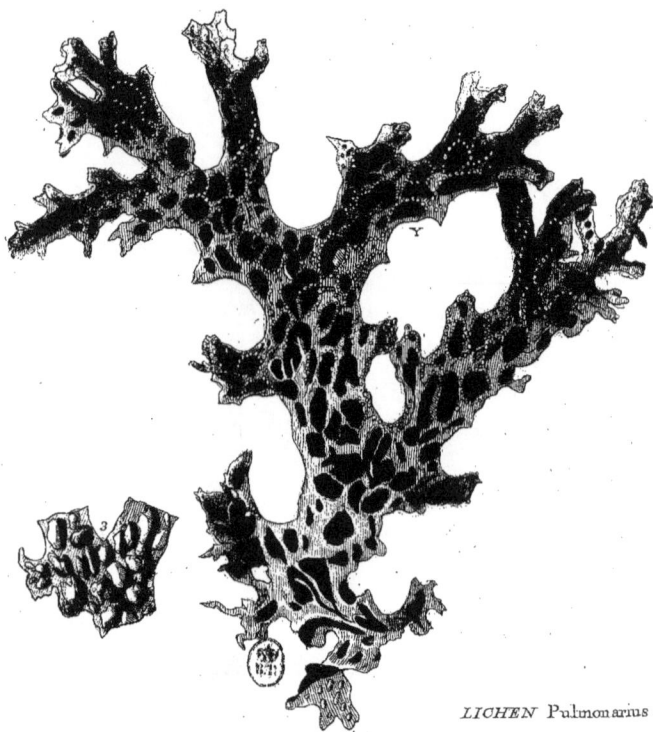

LICHEN Pulmonarius *L.*

LICHEN

PULMONARIUS.

LICHEN *PULMONAIRE.*

ORDRES SYSTÉMATIQUES

DE TOURNEFORT.	VON LINNÉ.	DE JUSSIEU.
Claſſe XVI. Section 2. Genre 3.	Claſſe XXIV. Ordre 3. *Algæ.*	Claſſe I. Ordre 2. les Algues.

DESCRIPTION.

ENVELOPPE,
CALICE, } aucune apparence.
COROLLE,

ETAMINES. Aucun filet, aucune anthère ; *pouſſière fécondante* (Y) griſe, farineuſe, diſpoſée par taches circulaires ſur les veines de la plante, formant la bordure des écuelles, & qui ſe confond avec les ſemences.

PISTIL,
NECTAR, } aucune apparence.
PÉRICARPE,

RÉCEPTACLE. Petites *verrues* concaves, en forme de petites perles très-rapprochées ſur les veines de la plante. *Voyez* Port.

RACINE. Petites *fibres* très-déliées, & qui s'attachent aux écorces des arbres.

TRONC, aucun. *Voyez* Port.

FEUILLES. Toute la plante ne forme qu'une ſeule feuille, que nous décrirons au mot Port; l'uſage veut que l'on la nomme feuillage. *Voyez* Port.

SUPPORTS.
Armes,
Stipules, } aucune.
Bractées,
Pétioles, } aucun.
Péduncules,
Vrilles, aucune.

PORT. Sur un arbre, quelquefois par terre, ſe fait appercevoir une *expanſion* plus ou moins conſidérable, mais toujours applatie, coriace, irrégulièrement ſinuée par les bords, veinée ſupérieurement, & pleine d'excavations ou d'enfoncemens arrondis ; les bords de ces excavations ſont autant de veines garnies de petites *verrues* farineuſes ; cette farine tombée, les *réceptacles* qui la ſoutenoient paroiſſent concaves (2) ; cette ſurface ſupérieure eſt ordinairement verdâtre ou jaunâtre ; la face inférieure eſt pleine de groſſeurs arrondies, blanches, convexes, liſſes, velues & drapées ; *poils* rouſſâtres ou blancs ; bords découpés par de grands ſinus arrondis, & garnis de quelques angles ſaillans ; extrémités du *feuillage* terminés par des angles ordinairement obtus.

VÉGÉTATION. Se trouve en tout temps ſur les arbres & ſur terre ; la fructification ne ſe fait appercevoir qu'à la fin de l'hiver.

Tome I. Ccc

LIEU. Sur les arbres, attachée à leur écorce ; & par terre, fur la racine des arbres.

PROPRIÉTÉS. { *Odeur* foible de Champignon ou de moififfure.
{ *Saveur* fade d'abord, puis un peu amère, mêlée de quelque aftriction.

ANALYSE {

pyrotechnique. Cinq livres de cette plante diftillée au bain de vapeur, ont fourni douze onces d'une liqueur limpide, qui avoit le goût & l'odeur défagréable de Champignon, obfcurément falée ; la maffe reftée, diftillée à la cornue, a fourni dix onces un gros d'une liqueur rouffâtre, empyreumatique, obfcurément acide & auftère ; plus, quatorze onces d'une liqueur empyreumatique, urineufe, imprégnée d'une grande quantité de fel volatil ; enfin, fept onces deux gros d'une huile fluide ; la maffe reftée dans la cornue reffembloit à de l'amadou, & pefoit une livre cinq onces fept gros ; cette partie brûlée, puis calcinée, enfuite leffivée, a fourni un gros quarante grains d'un fel fixe, falé.

hygrotechnique, inconnue.

VERTUS. Cette plante eft mife au rang des béchiques, des defficatifs, des aftringens, des remèdes propres à cicatrifer les ulcères du poumon.

USAGE. On s'en fert dans la phthifie pulmonaire, dans l'émoptyfie, dans les toux rebelles.

DOSE. Depuis demi-gros jufqu'à un gros & demi, en fubftance réduite en poudre ; & depuis un gros jufqu'à demi-once, en infufion aqueufe.

ETYMOLOGIE. *Lichen,* de *lichene* (voyez la page 10) ; *pulmonarius,* à *pulmone,* foit à caufe de la reffemblance de cette plante avec le vifcère que l'on nomme poumon, ou bien foit parce qu'on l'a crue propre aux maladies de ce vifcère.

NOM GÉNÉRIQUE PHYTONOMATOTECHNIQUE.

Á B Á I Z.

SYNONYMIE.

LICHEN (*pulmonarius*) ; *foliaceus laciniatus obtufus glaber ; fupra lacunofus, fubtus tomentofus.* Linn. Mat. Med. 228. id. Syft. Plant. 4. 537. id. Spec. Plant. 1612. Mur. Syft. Veget. ed. 13. 807. id. ed. 14. 960.

———— *lacunofus, infernè gibbofus reticulato-farinofus, fcutellis lateralibus.* Hal. Helv. n°. 1986.

———— *foliaceus, laciniatus, repens, fupra reticulato-lacunofus ; fcutellis fparfis.* Scop. Carn. 1. pag. 101. n°. 2. ed. 2. n°. 1392.

LICHENOÏDES *pulmonum reticulatum vulgare, marginibus peltiferis.* Dil. Mufc. tab. 29. fig. 118.

MUSCUS *pulmonarius.* C. B. Pin. 361.

PULMONARIA. Fufch. Hift. 631. Can. Epit. 783.

LICHEN pulmonaire. Lam. 1. genr. 1274. pag. 82.

PULMONAIRE de Chêne.

LICHEN Caninus. L.

LICHEN
CANINUS.
LICHEN *CANIN.*

ORDRES SYSTÉMATIQUES

DE TOURNEFORT.	VON LINNÉ.	DE JUSSIEU.
Claffe XVI. Section 2. Genre 3.	Claffe XXIV. Ordre 3. *Algœ.*	Claffe I. Ordre 2. les Algues.

DESCRIPTION.

ENVELOPPE,
CALICE, } aucune apparence.
COROLLE,

ÉTAMINES. Aucun filet, aucune anthère. Les Auteurs, mais particulièrement VON LINNÉ, donnent le nom de parties mâles à des élévations (1) fungiformes, à têtes liffes, brunes & luifantes : *voyez* Réceptacles. Sur le pédicule de ces réceptacles, & particulièrement au bord de la tache brune, on apperçoit une poudre grife, que l'on rend fenfible en effuyant cette partie avec un taffetas ou un fatin noir ; alors cette pouffière fe dépofe fur l'étoffe, & s'y fait appercevoir en forme de farine très-fine : cette pouffière eft la *pouffière fécondante.*

PISTIL. Aucun germe, aucun ftyle, aucun ftigmate que l'œil puiffe appercevoir. *Voyez* Réceptacle & Semences.

NECTAR, } aucun.
PÉRICARPE,

RÉCEPTACLE. Petite *truelle* (1) brune, très-liffe, luifante, pédiculée, placée aux extrémités & aux bords du feuillage. *Voyez* Port.

SEMENCES, aucune que l'œil puiffe appercevoir fur le réceptacle. Si l'on confidère cette partie à la loupe ou au microfcope, on y apperçoit de petits enfoncemens, de petites excavations comme des petites piquures de pointes d'épingle, mais jamais d'autres parties que l'on puiffe nommer femences.

RACINE. Un grand nombre de petites *fibres* blanches, fimples, & qui couvrent tout le deffous du feuillage.

TRONC. Aucune tige. *Voyez* Port.

FEUILLES. Toute la plante eft une véritable *feuille* ; mais il eft d'ufage en Botanique de refufer ce nom aux expanfions des Algues, & de nommer leur végétation *feuillage.* Voyez Port.

SUPPORTS. {
Armes, aucune ; le deffous du feuillage eft garni d'un fi grand nombre de petites racines, qu'on les prendroit pour de longs poils.

Stipules,
Bractées, } aucune.

Pétioles, aucun.

Péduncules ; chaque réceptacle eft foutenu par une lanière qui fe détache du feuillage général. *Voyez* Port.

Vrilles, aucune.
}

PORT. Sur terre on apperçoit une très-grande rosette d'un *feuillage* de couleur gris-ardoisé ou rougeâtre lorsqu'il est mouillé, beaucoup plus pâle lorsqu'il n'est plus humide ; cette expansion est très-coriace, horizontale, & très-intimement collée sur terre ; les bords sont autant de lobes arrondis, entiers lorsqu'ils sont humides ; mais lorsqu'ils sont desséchés, ces bords se rebroussent en dessus, & laissent appercevoir une bordure blanchâtre & comme laciniée, c'est le dessous ; les bords des lobes sont souvent terminés par des élévations verticales (1) en forme de petite *truelle* arrondie, entière & reployée en crochet ; la partie qui paroît alors supérieure fait voir le dessous, pendant que la partie que l'on croiroit inférieure, & qui présente une tache brune & lisse, que nous nommons réceptacle, est fournie par le dessus du feuillage ; ces parties n'affectent pas toujours cette direction ; souvent on les trouve absolument verticales, & non crochues ; mais toujours une des faces du pédicule des réceptacles (2) est lisse, & de couleur gris-ardoisé, convexe d'un de ses côtés, & terminé de ce même côté par une tache d'un rouge-brun, & très-lisse ; l'autre côté est d'un cendré-blanc, & garni de ramifications veineuses, très-visibles (3) ; tout le dessous du feuillage est garni de ces mêmes ramifications, mais de plus, d'un très-grand nombre de petites racines qui s'implantent à terre ; ce côté de la plante ne change presque point sa couleur en le mouillant, elle reste toujours blanche ; au lieu que le dessus se fonce en couleur prodigieusement, & devient presque de couleur d'ardoise.

VÉGÉTATION. } Se trouve en tout temps dans nos forêts, dans l'état que nous venons de
LIEU. } le décrire.

PROPRIÉTÉS. { *Odeur* absolument semblable à celle des Agarics, & particulièrement à celle du *Boletus versicolor*, décrit à la page 5 du tome II de cet Ouvrage. *Saveur* vineuse, salée, mais peu sapide.

ANALYSE, inconnue.

VERTUS. On avoit attribué à cette plante la vertu de guérir la rage ; mais il faut de nouvelles expériences qui constatent cette vertu.

USAGE. On s'en est servi dans le traitement de la rage, deux fois par jour pendant un mois consécutif, en substance dans cinq onces d'eau.

DOSE. Depuis deux gros jusqu'à quatre, en poudre fine délayée dans de l'eau, deux fois le jour matin & soir : quelques Praticiens y joignent le poivre.

ETYMOLOGIE. *Lichen*, de *lichene* (voyez la page 10) ; *caninus*, canin, parce qu'on lui a attribué la propriété de guérir la rage, qui est si commune aux chiens.

NOM GÉNÉRIQUE PHYTONOMATOTECHNIQUE.

À B Ä I Z.

SYNONYMIE.

LICHEN (*caninus*) ; *coriaceus repens lobatus obtusus planus subtus venosus villosus, pelta marginali ascendente.* Linn. Mat. Med. 229. id. Syst. Plant. 4. 545. id. Spec. Plant. 1616. Mur. Syst. Plant. ed. 13. 808. id. ed. 14. 961. Œd. Flor. Dan. tab. 767. fig. 2.

———— *fronde subrotundè lobata, infernè reticulata peltis convexo-concavis.* Hal. Helv. n°.1988.

———— *foliaceus, repens, subtus reticulato-venosus, peltis marginibus sub-erectis.* Scop. Carn. ed. 1. pag. 99. id. ed. 2. n°. 1389.

———— *digitatum cinereum lactucæ foliis sinuosis.* Dil. Musc. 200. tab. 27. fig. 102.

———— *pulmonarius saxatilis digitatus.* Vail. Paris. 116. tab. 21. fig. 16. T. Inst. 549.

LICHEN canin.

———— terrestre. Lam. 1. 84. genr. 1274.

PULMONETTE canine. Dub. 2. 454. La MOUSSE-DE-CHIEN.

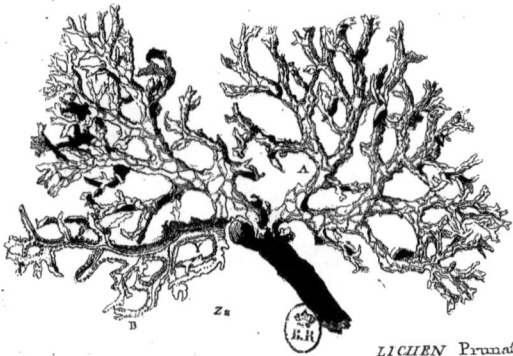

LICHEN Prunastri. L.

LICHEN

PRUNASTRI.

LICHEN *PRUNELLIER.*

ORDRES SYSTÉMATIQUES

DE TOURNEFORT.	VON LINNÉ.	DE JUSSIEU.
Claſſe XVI. Section 2. Genre 3.	Claſſe XXIV. Ordre 3. *Algæ.*	Claſſe I. Ordre 2. les Algues.

DESCRIPTION.

ENVELOPPE,
CALICE, } aucune apparence.
COROLLE,

ETAMINES. Aucun filet, aucune anthère; *pouſſière fécondante* (B) blanche, verdâtre, très-fine, poudreuſe, parſemée par petits paquets au bord du feuillage, & autour des réceptacles. *Voyez* Port.

PISTIL,
NECTAR, } aucune apparence.
PÉRICARPE,

RÉCEPTACLE. Petites *facettes* (Y) applaties, blanches, orbiculaires, placées au bord du feuillage, très-rapprochées, mais non-confondues. *Voyez* Port.

SEMENCES. petites *graines* (Z) très-fines, très-blanches, poſées ſur le réceptacle (B), & d'une figure très-difficile à déterminer.

RACINE, aucune que l'œil puiſſe appercevoir: il eſt à croire que les fibres qui la compoſent ſont très-fines, & qu'elles ſe confondent avec l'écorce des arbres qui donnent la nourriture à cette végétation.

TRONC. La plante forme des ramifications, qui ſeront décrites ſous le nom *feuillage.* Voyez Pott.

FEUILLES. Toute la plante reſſemble à une feuille déchiquetée: ſa forme ſera décrite au mot Port.

SUPPORTS. {
  Armes; la plante eſt blanchâtre, & comme tomenteuſe en deſſous.
  Stipules, } aucune.
  Bractées,
  Pétioles, } aucun.
  Péduncules,
  Vrilles, aucune.

PORT. D'une branche d'*arbre* ou de ſon *tronc*, ſort un *feuillage* en lanières (A) applaties, droites, découpées en de plus petites, ordinairement en trois auſſi applaties; celles-ci ſe ſubdiviſent en de plus petites encore, pour ſe terminer par des enfourchemens applatis & étroits; le bord de ce feuillage eſt entier, arrondi lorſqu'on le conſidère ſupérieurement, mais verruqueux & poudreux lorſqu'on le conſidère inférieurement: ces verrues, à l'œil ſimple, ſont poudreuſes & griſâtres; mais à la loupe, chaque verrue offre deux parties, ſavoir, un circuit poudreux, d'un blanc verdâtre, & un centre applati, poudreux & blanc; la furface fupérieure eſt un peu convexe, glabre, pleine de lacunes, d'un vert-griſâtre lorſque la plante eſt ſeche, d'un vert moins griſâtre lorſqu'on l'humeɛte; la face inférieure eſt un peu concave, blanche, lacuneuſe, & comme tomenteuſe.

VÉGÉTATION. Sort des troncs & des branches d'arbres en automne; ſa fruɛtification ſe montre au printemps & tout l'été, même l'hiver ſuivant; cette plante perſiſte pluſieurs années.

LIEU. Sur l'écorce des arbres, dans les forêts des environs de Paris.

PROPRIÉTÉS. { *Odeur*, nulle.
{ *Saveur* un peu ſalée, ſentant le moiſi.

ANALYSE,
VERTUS, } inconnues.
USAGE,
DOSE,

ETYMOLOGIE. *Lichen*, de *lichene* (voyez la page 28); *prunaſtri*, parce qu'on avoit cru que cette plante ſe généroit plus particulièrement ſur le Prunellier que ſur les autres arbres.

NOM GÉNÉRIQUE PHYTONOMATOTECHNIQUE.

A B A I Z.

SYNONYMIE.

LICHEN (*prunaſtri*); *foliaceus erectiuſculus lacunoſus, ſubtus tomentoſus albus. Linn. Syſt. Plant. 4. 541. id. Spec. Plant. 1614. Mur. Syſt. Veget. ed. 13. 807. id. ed. 14. 960. Gerard. Flor. Gall. Prov. 30. Gouan. Flor. Monſp. 454.*

———— *complanatus, utrinque lacunatus, undique farinoſus. Hal. Helv. n°. 1984.*

———— *foliaceus, ſub-erectus, laciniatus; laciniis furfuraceis, ſubtus lacunoſis. Scop. Carn. 1. pag. 97. n°. 28. id. ed. 2. n°. 1384.*

———— *fronde verrucifera, molliuſcula, tomentoſa, ſcutellifera, cartilaginea, glaberrima; ſcutellis terminalibus utrinque planis. Neck. Met. 103.*

———— *cinereus vulgatiſſimus, cornua damœ referens. Vail. Bot. Par. 115. tab. 20. fig. 11. 12.*

———— *cinereus, cornua damœ referens. Tourn. Inſt. 549.*

———— *cornua damœ referens, anguſtifolius. Vail. Pariſ. tab. 20. fig. 7.*

———— *pulmonarius mollior dichotomus, ſupernè cinereus. Mich. Nov. Gener. Plant. 75. tab. 36. fol. 3.*

LICHENOÏDES *cornutum bronchiale molle, ſubtus incanum. Dil. Muſc. 160. tab. 21. fig. 55.*

———— *corniculatum candidum molle, ſegmentis anguſtis. Dil. Muſc. 159. tab. 21. fig. 54.*

LICHEN prunellier. *Lam. genr. 1274. tom. 1. pag. 83.*

ORSEILLE prunellière. *Dub. Bot. Franc. 2. 455.*

PLANTAGO Media.

PLANTAGO

MEDIA.

PLANTAIN *MOYEN.*

ORDRES SYSTÉMATIQUES

DE TOURNEFORT.	VON LINNÉ.	DE JUSSIEU.
Claffe II. Section 2. Genre 3.	Claffe IV. Ordre 1.	Claffe VI. Ordre 5. les Plantains.

DESCRIPTION.

ENVELOPPE, aucune.

CALICE. *Périanthe* (F) de quatre feuilles inférieures, perfiftantes, lancéolées, entières, aiguës, & un peu moins longues que le tube de la corolle ; chaque écaille eft bordée d'un petit feuillet membraneux.

COROLLE. *Un pétale* infundibuliforme, perfiftant, inférieur, fendu jufqu'au milieu en quatre parties ; limbe (V) évafé, horizontal, formé de quatre angles pétaliformes, ovoïdes, aigus, égaux & très-entiers ; tube cylindrique, renflé à fa bafe, étranglé à fon entrée, très-liffe, & qui fe deffèche fans tomber.

ETAMINES. *Quatre filets* (6) filiformes, égaux, cylindriques, & plus longs que les lobes de la corolle, attachés à fon tube ; *quatre anthères* (1, 2, 3, 4) arrondies, cordiformes, jaunâtres & brandillantes ; chacune s'ouvre par les côtés, & eft formé de deux facs oblongs, blanchâtres.

PISTIL. *Un germe* fupérieur, arrondi, liffe ; *un ftyle* filiforme, cylindrique auffi long que les étamines ; *un ftigmate* (E) aigu, peu diftinct du ftyle.

NECTAR, aucun.

PÉRICARPE. *Capfule* oviforme, à une feule loge, liffe, unie, découpée en travers en deux valves (C, C) concaves, unies, liffes, & un peu tranfparentes ; dans cette capfule fe voit un réceptacle qui femble divifer le péricarpe en deux loges, fans le divifer parfaitement.

RÉCEPTACLE. *Écaille* (5) membraneufe, très-applatie, & qui femble divifer le fruit en deux loges.

SEMENCES : plufieurs (R), ordinairement cinq à fix elliptiques, liffes, cylindriques.

RACINE fibreufe, pivotante ; *fibre* générale, garnie de fibres fecondaires qui fe ramifient.

TRONC. *Hampe* cylindrique, incane, verticale, & terminée fupérieurement par un épi de fleurs imbriquées.

FEUILLES très-fimples, radicales, pétiolées, incanes, velues, blanchâtres, très-entières, elliptiques, oblongues, nervées de cinq nerfs.

SUPPORTS.
{
Armes ; poils très-fins, blanchâtres, parfemés fur toute la plante, ce qui la rend prefque incane.

Stipules, aucune.

Bractées ; petites écailles feffiles, ovoïdes, concaves, perfiftantes, placées une à une au deffous de chaque fleur.

Pétioles applatis, moins longs que la feuille, nerveux, entiers, & qui partent de la racine.

Péduncules, aucun ; à moins qu'ou ne donne ce nom à la hampe. *Voyez* Tronc.

Vrilles, aucune.
}

Port. D'une *racine* verticale fortent plufieurs *feuilles* couchées par terre ; plus, plufieurs *hampes* droites, verticales, cylindriques, très-velues, & plus longues que les feuilles ; les *fleurs* font feffiles, & difpofées en épis très-cylindriques, fubulés.

Végétation. Sort de terre dans tous les temps de l'année, fleurit & graine à fur & à mefure ; les feuilles perfiftent fouvent les hivers, la racine eft vivace.

Lieu. Les prés, les bords des chemins, commune par toute la France.

Propriétés. { *Odeur* herbacée, peu fenfible.
{ *Saveur* herbacée, un peu acerbe.

Analyse, inconnue.

Vertus,
Usage,
Dose,   } les mêmes que le grand Plantain décrit à la page 131.
Etymologie, }

NOM GÉNÉRIQUE PHYTONOMATOTECHNIQUE.

J I Q G Y A B I A H U Q Z E Z.

SYNONYMIE.

Plantago (*media*) ; *foliis ovato-lanceolatis pubefcentibus, fpica cylindrica, fcapo tereti.* Linn. Syft. Plant. 1. 319. id. Spec. Plant. 163. Mur. Syft. Veget. ed. 13. 131. id. ed. 14. 155. Dalib. Parif. 50. Œd. Dan. tab. 581. Gerard. Flor. Gall. Prov. 333. Gouan. Hort. 69. id. Flor. Monf. 9.

———— *foliis fub-hirfutis ellipticis, fpica cylindrica denfa.* Hal. Helv. n°. 659.

———— *latifolia incana.* C. B. Pin. 189. Tourn. Inft. 126. Garid. 366. Vail. Parif. 160. Fabreg. 6. 55.

———— *major hirfuta, media à nonnullis cognominata.* J. B. Hift. 3. pag. 504.

———— *major incana.* Cluf. Hift. 2. pag. 109.

———— *media.* Cam. Epit. 262.

Plantain moyen. Lam. 2. 209. Leftib. Bot. Belg. 114.

———— *cotoneux.* Dub. 2. 297.

Moyen Plantain.

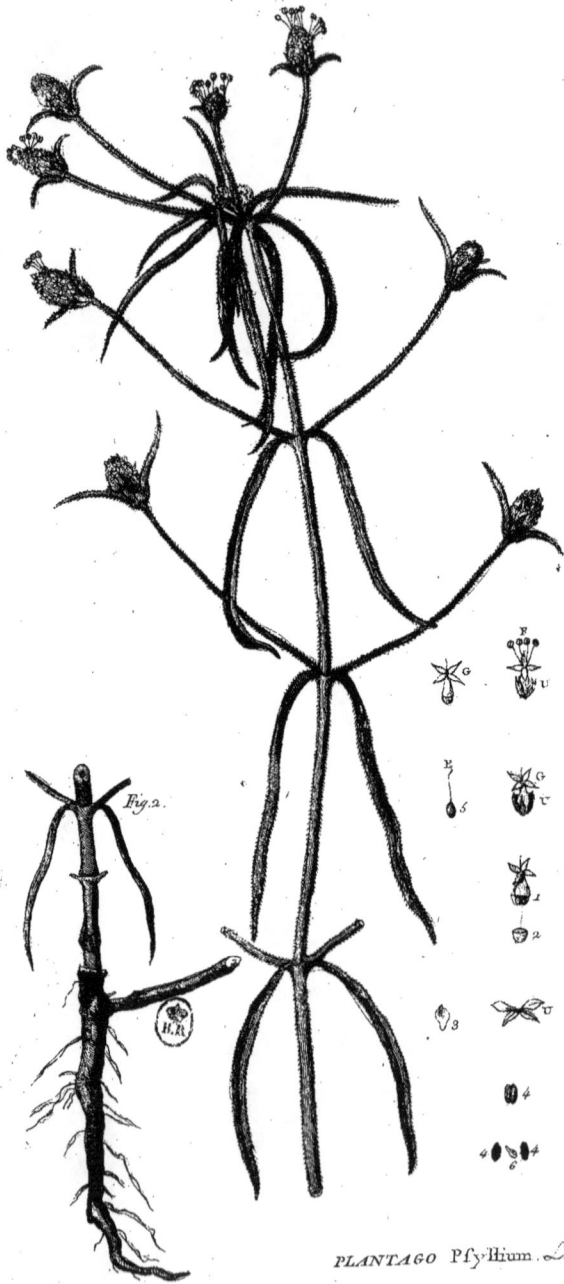

Fig. 2.

PLANTAGO Pfyllium. *L.*

PLANTAGO

PSYLLIUM.

PLANTAIN *HERBE-AUX-PUCES.*

ORDRES SYSTÉMATIQUES

DE **TOURNEFORT.**	VON **LINNÉ.**	DE **JUSSIEU.**
Cl. II. Sect. 2. Genre 5. *Psyllium.*	Classe IV. Ordre 1.	Classe VI. Ordre 5. les Plantains.

DESCRIPTION.

ENVELOPPE. *Collerette* de plusieurs écailles de différentes formes, les plus grandes sont presque réniformes à leur base, & terminées à leur pointe par un prolongement subulé ; d'autres un peu plus internes sont tout-à-fait membraneuses & ovoïdes.

CALICE. *Périanthe* (U) inférieur, de quatre feuilles inégales ; deux sont oblongues, entières, un peu velues ; les deux autres sont plus petites, ovoïdes, marquées d'une veine.

COROLLE. *Un pétale* (G) inférieur, infundibuliforme, persistant, membraneux ; limbe divisé en quatre parties ovoïdes, aiguës, horizontales, & égales au tube ; tube oviforme, renflé à la base, retréci par le haut, & appliqué très-intimement sur la capsule.

ETAMINES. *Quatre filets* filiformes, brandillans, très-grêles, plus élevés que les découpures de la corolle, égaux entre eux, & insérés au haut du tube ; *quatre anthères* (F) arrondies, égales, uniformes, & d'un jaune-pâle ; *poussière fécondante* blanchâtre.

PISTIL. *Un germe* (5) sphérique, lisse, glabre, placé dans la corolle, au dessus de l'insertion de cette partie ; *un style* filiforme, de la longueur des étamines ; *un stigmate* (E) aigu.

NECTAR, aucun.

PÉRICARPE. *Une capsule* biloculaire, oviforme, lisse, divisée en travers en deux valves, une supérieure (1) concave, aiguë ; une inférieure (2) arrondie, semi-sphérique, lisse & concave.

RÉCEPTACLE. *Cloison* (6) membraneuse, intermédiaire, dans la capsule.

SEMENCES. *Deux graines* (4) une dans chaque loge du péricarpe, oblongues, ou en ellipse alongé, convexes sur un côté, applaties sur l'autre, de couleur puce & très-luisantes.

RACINE. Longue *fibre* (fig. 2) pivotante, perpendiculaire, fusiforme, garnie de fibrilles.

TRONC. *Tige* ordinairement très-simple, cylindrique, herbacée, un peu velue, verticale, feuillée & florifère.

FEUILLES très-simples, sessiles, linéaires, velues, quelquefois dentées aux bords par des dents très-écartées, inégales ; surface supérieure un peu concave, garnie d'une nervure en enfoncement ; surface inférieure garnie de la même nervure, saillante ; les deux surfaces & les bords sont velus ; l'extrémité est aiguë, la base est sessile.

SUPPORTS.
{
Armes ; poils très-fins, hérissés, & qui garnissent toutes les surfaces de cette plante.

Stipules, aucune.

Bractées ; petites écailles (3) en œuf renversé, placées une à une sous chaque petit calice ; ces écailles sont membraneuses, & presque transparentes.

Pétioles, aucun.

Péduncules, de communs, axillaires, cylindriques, obliques & multiflores. *Voyez* Port. Aucun péduncule particulier.

Vrilles, aucune.
}

Tome I.   E e e

PORT. D'une *racine* fufiforme fort une *tige* verticale, noueufe; à chaque nœud font placées deux *feuilles* oppofées, réfléchies vers terre; de chacune des aiffelles des feuilles fort un *péduncule* commun, oblique, formant avec la tige un angle de quarante à foixante degrés; ce péduncule fe termine par une tête cylindrique, oviforme de *fleurs*; cette tête eft foutenue par quelques écailles que nous avons décrites au mot Enveloppe; le deffus de cette enveloppe eft occupé par des braftées (3) & par les fleurs. *Voyez* Calice & Corolle.

VÉGÉTATION. Sort de terre en mai, fleurit & graine depuis juillet jufqu'à feptembre, périt aux gelées pour ne plus reparoître; cette plante eft annuelle.

LIEU. Les terrains fablonneux, très-commune à Belleville près Paris.

PROPRIÉTÉS. { *Odeur* herbacée.
{ *Saveur* légérement amère.

ANALYSE, inconnue.

VERTUS. La femence d'Herbe aux puces eft mucilagineufe, & poffede toutes les vertus de la graine de Lin, mais elle eft feulement plus facile à digérer; en conféquence elle convient aux dyfuries, à la gravelle, moins comme lithontriptique, que comme mucilagineux, & comme médicament propre à adoucir, humefter & fournir à la nature cet enduit glaireux qui tapiffe tous les conduits vafculeux, & qui eft fi néceffaire pour éviter l'agacement & les douleurs que le paffage des humeurs âcres eft capable d'y caufer: cette plante a les mêmes vertus que les Plantains.

USAGE. On s'en fert en collyre, pour l'inflammation des yeux; en mucilage pour les ardeurs d'urine, pour les coliques; en lavement, dans les dyfenteries & les hémorrhoïdes. Les blanchiffeufes de bas de foie & les ravaudeufes, font un grand fecret de l'avantage qu'elles tirent de cette graine pour luftrer les bas de foie noirs: pour cela, elles font infufer dans un verre d'eau bouillante, plein un dé à coudre de cette graine, & de cette eau elles mouillent les bas noirs avec une broffe, dans la direftion des mailles, lorfqu'ils font fur la forme; quand les bas font fecs, ils ont le même luftre que s'ils étoient neufs.

DOSE. La graine par pincées, la plante par poignées.

ETYMOLOGIE. *Plantago* (voyez la page 132) *Pfyllium*, de Ψυλλα, *pulex*, puce, parce que les femences de cette plante reffemblent à des puces tant par la forme que par la couleur.

NOM GÉNÉRIQUE PHYTONOMATOTECHNIQUE.

G I Q G Y A B I J H U S Z E L.

SYNONYMIE.

PLANTAGO (*pfyllium*) *caule ramofo herbaceo, foliis fub-dentatis recurvatis, capitulis, aphyllis.* Linn. Mat. Med. 51. id. Syft. Plant. 1. 324. id. Spec. Plant. 167. Mur. Syft. Veget. ed. 13. 132. id. ed. 14. 156. Gouan. Flor. Monfp. 10. id, Hort. Monfp. 71.

———— *caule erefto, ramofo, foliis linearibus integris, fpicis foliofis.* Gerard. Flor. Gal. Prov. 335.

———— *caulibus erectis, herbaceis foliis linearibus patulis, capitulis ovatis hirfutis.* Hal. Helv. n°. 661.

PSYLLIUM *major, erectum.* C. B. Pin. 191. J. B. Hift. 3. pag. 513. Tourn. Inft. 128. Garid. 381. Vail. Parif. 165. Fufc. Hift. 888.

PLANTAIN-PUCIER. Lam. 2. 312.

HERBE-AUX-PUCES.

PLANTAGO Cynopl. α.

PLANTAGO

CYNOPS.

PLANTAIN *SOUS-LIGNEUX.*

ORDRES SYSTÉMATIQUES

DE TOURNEFORT.	VON LINNÉ.	DE JUSSIEU.
Cl.II.Sect.2.Genre 5. *Pfyllium.*	Claffe IV. Ordre 1.	Claffe VI. Ordre 1. les Plantains.

DESCRIPTION.

ENVELOPPE. *Collerette* de plufieurs écailles inégales, ovoïdes, concaves, perfiftantes.

CALICE. *Périanthe* (U) de quatre feuilles prefque égales, entières, ovoïdes, bordées d'une membrane blanche, perfiftante, & inférées fous le germe ; deux de ces écailles font plus petites & égales, deux font un peu plus grandes, & auffi égales entre elles.

COROLLE. *Un pétale* (G) inférieur, perfiftant, fendu jufqu'au milieu en quatre parties égales, ovoïdes, aigues & horizontales; ces quatre découpures conftituent le limbe de la corolle ; le deffous eft un tube cylindrique, renflé à fa bafe, un peu plus long que le limbe, & étranglé à la gorge ; cette corolle perfifte fur la plante, & fe deffèche fans changer de forme.

ÉTAMINES. *Quatre filets* uniformes, fixés au haut du tube de la corolle, égaux entre eux, plus élevés que le limbe du pétale, & brandillans ; *quatre anthères* (F) arrondies, fixées aux filets par leurs extrémités, & formées de deux bourfes ; *pouffière fécondante* blanchâtre.

PISTIL. *Un germe* (5) pyramidal, liffe ; *un ftyle* filiforme, de la hauteur des étamines, & perfiftant ; *un ftigmate* (E) non-diftinct du ftyle.

NECTAR, aucun.

PÉRICARPE. *Capfule* oviforme, liffe, membraneufe, biloculaire, découpée en travers en deux valves ; la valve fupérieure s'enlève avec la corolle (1), & entraîne avec elle les deux graines & la cloifon, elle eft pyramidale ; la valve inférieure (2) eft femi-fphérique, concave & très-liffe, elle refte fur la plante.

RÉCEPTACLE. *Cloifon* membraneufe, elliptique, placée entre les deux graines.

SEMENCES. *Deux graines* (4) liffes, brunes, convexes d'un côté, applaties de l'autre, moins luifantes qu'à l'efpèce précédente.

RACINE. *Fibres* traçantes, cylindriques, ramifiées.

TRONC. *Tige* ligneufe, perfiftante, branchue, rude, inégale, nue ; nouvelles pouffes, celles de l'année, herbacées, cylindriques, liffes, glabres, feuillées & florifères.

FEUILLES très-fimples, feffiles, connées, linéaires, filiformes, applaties, & garnies d'une nervure ; bords très-fouvent entiers, quelquefois garnis de quelques poils.

SUPPORTS.
{
Armes ; quelques poils, de diftance en diftance, fur la furface de la plante.
Stipules, aucune.
Bractées ; petites écailles ovoïdes, aiguës (3) placées une à une fous chaque fleur.
Pétioles, aucun.
Péduncules ; de généraux, axillaires, plus longs que les feuilles, & multiflores.
Vrilles, aucune.
}

PORT. D'une *racine* commune fortent plufieurs *tiges* dures, ligneufes ou prefque ligneufes, flexueufes, obliques, fouvent même couchées par terre ; de ces tiges fortent d'autres fuites de tiges, & des *branches* herbacées, feuillées ; les *feuilles* font oppofées, deux à deux, feffiles, connées & redreffées obliquement ; des aiffelles des feuilles inférieures fort des *branches* ou *rameaux ;* les *fleurs* font portées au haut de longs péduncules qui portent des feuilles fupérieures ; ces fleurs font raffemblées en forme de têtes prefque rondes, écailleufes.

VÉGÉTATION. Les anciennes tiges pouffent en avril-mai, des branches & rameaux, ceux-ci des feuilles & des fleurs en juin-juillet, les femences font mûres en octobre-novembre ; les nouvelles pouffes périffent fouvent par les gelées, la première tige perfifte & vit plufieurs années.

LIEU. Les terrains arides & fablonneux des Provinces méridionales.

PROPRIÉTÉS. { *Odeur* herbacée, prefque inodore.
{ *Saveur* falée.

ANALYSE, inconnue.

VERTUS, les mêmes qu'à l'efpèce précédente.

USAGE, aucun ou prefque aucun ; on peut la fubftituer à l'efpèce précédente.

ETYMOLOGIE. *Plantago* (voyez la page 132) *cynops*, des mots grecs κυνὸς, génitif de κύων, chien, & ὄψις, œil de chien : j'ignore la raifon de ce nom.

NOM GÉNÉRIQUE PHYTONOMATOTECHNIQUE.

GIQGYABIJHUSZEL.

SYNONYMIE.

PLANTAGO (cynops) ; *caule ramofo fuffruticofo, foliis integerrimis filiformibus ftrictis, capitulis fub-foliatis.* Linn. Syft. Plant. 1. 325. id. Spec. Plant. 167. Mur. Syft. Veget. ed. 13. 132. id. ed. 14. 157. Gouan. Flor. Monfp. 10. id. Hort. Monfp. 71.

——————— *caule procumbente fub-fruticofo, foliis linearibus integris, fpicis foliofis.* Gerard. Flor. Gal. Prov. 335.

——————— *caule lignofo proftrato, foliis linearibus erectis, capitulis fub-hirfutis.* Hal. Helv. n°. 662.

PSYLLIUM *femper virens.* Mor. Hift. 3. pag. 262. fect. 8. tab. 17. fig. 1. Cam. Epit. 811. A.

——————— *majus fupinum.* C. B. Pin. 191. J. B. Hift. 3. pag. 513. Tourn. Inft. 128. Garid. 381.

PLANTAIN fous-ligneux. Lam. 2. 313.

Le PSYLLIUM vivace.

HERBE-AUX-PUCES vivace.

VERONICA Teucrium.

VERONICA

TEUCRIUM.

VÉRONIQUE *TEUCRIETTE.*

ORDRES SYSTÉMATIQUES

DE TOURNEFORT.	VON LINNÉ.	DE JUSSIEU.
Claſſe II. Section 6. Genre 4.	Claſſe II. Ordre 1.	Cl. VII. Ord. 2. les Véroniques.

DESCRIPTION.

ENVELOPPE, aucune.

CALICE. *Périanthe* inférieur (U), de cinq feuilles élancées, inégales, entières, uniformes, moins longues que les lobes de la corolle, & perſiſtantes ; deux ſont plus grandes, à côté l'une de l'autre, & égales ; deux ſont moyennes, auſſi égales ; une cinquième très-petite ſe trouve placée entre les deux moyennes.

COROLLE. *Un pétale* caduc (H), diviſé en roſette, en quatre lobes inégaux, entiers évaſés ; l'inférieur eſt le plus petit, & eſt elliptique ; les trois autres ſont ovoïdes, & à peu près égaux ; le ſupérieur eſt le plus grand ; inſertion ſous le germe.

ETAMINES. *Deux filets* égaux, auſſi longs que les lobes de la corolle, & attachés à ſon fond ; leur forme eſt cylindrique, un peu arquée, & égale en groſſeur dans toute leur étendue ; *deux anthères* bleues, oblongues, & qui s'ouvrent par les côtés ; *pouſſière fécondante* blanche.

PISTIL. *Un germe* arrondi, placé au fond du calice ; *un ſtyle* très-fin, de la longueur des étamines ; *un ſtigmate* arrondi en tête (E).

PÉRICARPE. *Capſule* (C) en cœur renverſé, biloculaire, comprimée, liſſe, & qui s'ouvre longitudinalement en deux valves principales ; mais, à cauſe de l'échancrure & de la cloiſon qui eſt oppoſée à la largeur des valves, ce fruit s'ouvre en quatre, ou prend la forme de deux valves échancrées.

RÉCEPTACLE. *Une cloiſon* dans la capſule.

SEMENCES (Z) : deux à trois, même plus, dans chaque loge ; chaque ſemence eſt cordiforme & rouſſe.

RACINE fibreuſe, chevelue, traçante.

TRONC. *Tige* ſimple, quelquefois branchue, jamais ramifiée, foible, noueuſe, cylindrique, garnie de poils diſpoſés ſans ordre.

FEUILLES très-ſimples, ſeſſiles ou pétiolées, élancées, dentées, crénelées, un peu velues, veinées ; la dent terminale eſt toujours la plus large.

SUPPORTS.
{
Armes, } aucune.
Stipules, }

Bractées ; petites (3) feuilles ſubulées, ſeſſiles, entières, placées à la naiſſance de chaque péduncule ; chaque bractée eſt de la longueur du péduncule.

Pétioles, aucun ; excepté aux feuilles du bas des tiges, où l'on en apperçoit de très-courts.

Péduncules cylindriques, de deux ſortes : de très-longs & multiflores, qui ſortent des aiſſelles des feuilles (V) ; c'eſt de ces péduncules que naiſſent de plus petits péduncules cylindriques, uniformes & ſolitaires (2).

Vrilles, aucune.

Port. D'une même *racine* fortent plufieurs *tiges* fimples, quelquefois branchues, foibles, & comme réfléchies vers terre par un pli qu'elles forment à leur partie inférieure; les *feuilles* font folitaires, oppofées, horizontales, & difpofées de manière que les inférieures forment une croix avec celles qui font au deffus; *pédoncules* généraux, axillaires, oppofés; *fleurs* folitaires, alternes, formant des grappes peu évafées; chaque pédoncule particulier eft accompagné d'une bractée auffi longue que ce même pédoncule.

Végétation. Sort de terre en mars, fleurit en mai, le fruit eft mûr en juin-juillet, les tiges périffent en automne, les racines perfiftent plufieurs années.

Lieu. Les forêts, & autres lieux ombragés & incultes.

Propriétés. { *Odeur*; toute la plante eft inodore. { *Saveur* amère, âcre au goût.

Analyse, }
Vertus, } inconnues.
Usage, }
Dose, }

Etymologie. *Veronica* (voyez la page 10) *Teucrium*, foit parce que les Anciens l'avoient placée parmi les Germandrées, ou bien parce que cette plante a des feuilles qui reffemblent à celles du *Teucrium*.

NOM GÉNÉRIQUE PHYTONOMATOTECHNIQUE.

HOQCYABIAJUCHEZ.

SYNONYMIE.

Veronica (*Teucrium*); *racemis lateralibus longiffimis, foliis ovatis rugofis dentatis obtu-fiufculis, caule erecto.* Linn. Spec. Plant. *16.*

———— (*Teucrium*); *racemis lateralibus longiffimis, foliis ovatis rugofis dentatis obtu-fiufculis, caulibus procumbentibus.* Linn. Syft. Plant. *1. 31.* Syft. Veget. ed. *13. pag. 57. id. ed. 14. 59.*

———— *fpuria, facie Teucri pratenfis.* Lob. Icon. *473.* Tourn. Inft. *144.* Mor. Hift. 2. *319. fect. 3. tab. 23. fig. 11.*

———— *major frutefcens altera.* Mor. Hift. 2. *318. tab. 23. fect. 3. fig. 10.* Tourn. Inft. *144.*

Teucrium IV. *tertia fpecies.* Cluf. Hift. *1. 349.*

———— *primum Matthioli.* Dalech. ed. lat. *1165.* id. gall. *2. 65.*

Chamædris *fpuria anguftifolia.* J. B. Hift. *3. 285.* Ray. Hift. *1. 849.*

———— *fpuria major anguftifolia.* C. B. Pin. *249.*

———— *vulgaris mas.* Fufch. Hift. *871.*

Groffe Germandrée, ou Teucrium premier de Matthiol. Dalech. Franc. 2. *65.*

Véronique Teucriette. Lam. 2. *442.*

VERONICA Scutellata. *L.*

VERONICA

SCUTELLATA.

VÉRONIQUE A ÉCUSSONS.

ORDRES SYSTÉMATIQUES

DE TOURNEFORT.	VON LINNÉ.	DE JUSSIEU.
Claſſe II. Section 6. Genre 8.	Claſſe II. Ordre 1.	Cl. VII. Ord. 2. les Véroniques.

DESCRIPTION.

ENVELOPPE, aucune.

CALICE. *Un périanthe* (F) de quatre feuilles inférieures, uniformes, égales, ovoïdes, oblongues, aiguës, très-entières, & perſiſtantes.

COROLLE. *Un pétale* caduc, diviſé en quatre lobes inégaux, & inſérés ſous le germe ; le lobe ſupérieur (1) eſt le plus large ; les deux lobes latéraux (2, 3) ſont égaux entre eux, & ſont un peu plus petits que le lobe ſupérieur ; le lobe inférieur (4) eſt le plus petit de tous, celui-ci eſt elliptique, pendant que les trois autres lobes ſont en œuf renverſé : la réunion de ces quatre lobes forme un trou rond, qui ſert à livrer paſſage au piſtil.

ETAMINES. *Deux filets* égaux, inſérés ſur la corolle, au bord du trou formé par la réunion des quatre lobes ; ces deux filets ſont cylindriques, droits, & de la longueur des lobes de la corolle ; *deux anthères* (C, C) arrondies, formées chacune de deux bourſes adoſſées l'une à l'autre, & qui s'ouvrent par les côtés (Y).

PISTIL. *Un germe* en cœur, applati ; *un ſtyle* filiforme, perſiſtant ; *un ſtigmate* obtus (E).

NECTAR, aucun.

PÉRICARPE. *Une capſule* (5) biloculaire, applatie, orbiculaire, cordée, marquée d'un ſillon longitudinal dans le milieu, & qui indique le médiaſtin ; cette capſule ſe diviſe en deux valves (6), & laiſſe tomber les graines.

RÉCEPTACLE. *Cloiſon* mitoyenne, longitudinale, & qui diviſe le péricarpe en deux loges.

SEMENCES. Pluſieurs *graines* (V) arrondies, liſſes, dans chaque loge du péricarpe.

RACINE fibreuſe, traçante, cylindrique, garnie de fibres latérales, ramifiées.

TRONC. *Tige* cylindrique, ordinairement ſimple, quelquefois branchue, jamais ou preſque jamais ramifiée, feuillée.

FEUILLES très-ſimples, ſeſſiles, élancées, preſque linéaires, très-glabres ; milieu garni d'une nervure ; bords très-entiers, ou dentés de très-petites dents très-écartées ; extrémités terminées en pointe.

SUPPORTS.
{
Armes, }
Stipules, } aucune.
Bractées ; petites feuilles oblongues, élancées, placées une à une au bas de chaque péduncule.
Pétioles, aucun.
Péduncules ; de communs très-longs, cylindriques & axillaires ; de particuliers axillaires, aux bractées, & deux fois plus longs que les bractées.
Vrilles, aucune.

Port. D'une *racine* commune fortent deux à trois *tiges* flexueufes, foibles, fouvent fimples ; les *feuilles* font oppofées, & forment toujours croix avec l'étage qui fuit ; les *fleurs* font difpofées en grappes lâches, le long d'un péduncule commun, axillaire ; chaque fleur eft portée par un *péduncule* particulier, grêle.

Végétation. Sort de terre en mai-juin, fleurit tout l'été, fes fruits mûriffent à fur & à mefure, les tiges périffent aux premiers froids, la racine perfifte plufieurs années.

Lieu. Les terres marécageufes, à côté des étangs, & autres lieux humides.

Propriétés. { *Odeur* herbacée, prefque inodore.
{ *Saveur* herbacée, peu fapide.

Analyse,
Vertus, } inconnues.
Usage,
Dose,

Etymologie. *Veronica* : voyez la page 10.

NOM GÉNÉRIQUE PHYTONOMATOTECHNIQUE.

HOQCYABIAHUCHEZ.

SYNONYMIE.

Veronica (*fcutellata*), *racemis lateralibus, pedicellis pendulis, foliis linearibus integerrimis.* Linn. Spec. Plant. 16. id. Syft. Plant. 1. 30. Dalib. Parif. 7. Mur. Syft. Veget. ed. 13. 57. id. ed. 14. pag. 59. Œd. Dan. 209.

———— *foliis lineari-lanceolatis, racemis ex aliis paucifloris.* Hal. Helv. n°. 532.

———— *aquatica, anguftiore folio.* Tourn. Inft. 145.

Anagallis *aquatica angustifolia fcutellata.* C. B. Pin. 252. id. Prod. 119.

———— *aquatica angustifolia* J. B. Hift. 3. pag. 791.

Véronique à écuffons. Lam. 2. 440.

VERONICA Anagallis. *L.*

VERONICA

ANAGALLIS.

VÉRONIQUE *MOURONNÉE.*

ORDRES SYSTÉMATIQUES

DE TOURNEFORT.	VON LINNÉ.	DE JUSSIEU.
Claffe II. Section 6. Genre 4.	Claffe II. Ordre 1.	Cl. VII. Ord. 2. les Véroniques.

DESCRIPTION.

ENVELOPPE, aucune.

CALICE. *Un périanthe* (4) de quatre feuilles inférieures, perfiftantes, égales, uniformes, difpofées en croix ; chacune eft fubulée & très-entières.

COROLLE. *Un pétale* (F) irrégulièrement découpé, inférieur, caduc, divifé en quatre lobes inégaux, arrondis & acuminés ; un de ces quatre lobes, le fupérieur, eft le plus grand ; les deux latéraux font moyens ; & le quatrième, l'inférieur, eft le plus petit : chaque lobe eft ovoïde & terminé en pointe ; la réunion des quatre lobes forme un trou rond pour le paffage du piftil.

ETAMINES. *Deux filets* (C) égaux, cylindriques, uniformes, moins longs que les découpures de la corolle, & fixés au bord du trou, dans la face interne du pétale ; *deux anthères* (1, 2) égales, arrondies, formées chacune de deux facs qui s'ouvrent par les côtés.

PISTIL. *Un germe* cordé, liffe ; *un ftyle* cylindrique, perfiftant ; *un ftigmate* (E) arrondi, entier & en tête.

NECTAR, aucun.

PÉRICARPE. *Une capfule* (3) applatie, & comme formée par deux élipfes unis par les bords, cette capfule eft divifée intérieurement en deux loges, elle s'ouvre en deux valves (5,6), chacune eft échancrée en cœur.

RÉCEPTACLE. *Cloifon* fongueufe, inégale.

SEMENCES. Plufieurs *graines* (Z) arrondies, rouffes.

RACINE fibreufe, traçante, cylindrique, herbacée, noueufe, creufe, & qui pouffe des racines latérales à chaque nœud.

TRONC. *Tige* cylindrique, feuillée, flexueufe, herbacée, fucculente, branchue ; quelquefois, mais rarement, ramifiée, & très-glabre.

FEUILLES très-fimples, feffiles, ovoïdes, élancées, dentées à dents de fcie ; furfaces liffes, glabres & veinées ; extrémité terminée en pointe.

SUPPORTS.
Armes, aucune, pas même de poils ; toute la plante eft très-glabre.
Stipules, aucune.
Bractées ; petites feuilles (7) linéaires, fubulées, feffiles, très-entières, folitaires, une à une au bas de chaque péduncule.
Pétioles, aucun.
Péduncules cylindriques ; de communs (8) très-longs, axillaires ; de particuliers rangés en grappe le long du péduncule général, nus, cylindriques, de la longueur des feuilles du calice, & placés aux aiffelles des bractées.
Vrilles, aucune.

Tome I.

PORT. D'une *racine* fort une, quelquefois deux *tiges* ; ces tiges, en fortant de la racine, fe divifent en deux *branches* horizontales, fouvent couchées par terre ; ces branches quelquefois pouffent deux *rameaux*, mais rarement ; les *feuilles* font oppofées ; les péduncules généraux des fleurs font auffi oppofés, & placés aux aiffelles des feuilles ; les péduncules particuliers font alternes, & aux aiffelles des bractées ; les *fleurs* varient en couleur du bleu au blanc, en paffant par le rouge.

VÉGÉTATION. Sort de terre en mai-juin, fleurit tout l'été, les tiges & racines périffent aux premières gelées.

LIEU. Les marais, les prairies marécageufes, les foffés, les bords des étangs ; très-commune à l'étang de Saint-Gratien près Montmorenci.

PROPRIÉTÉS. { *Odeur* herbacée, inodore.
{ *Saveur* herbacée, un peu creffonnée.

ANALYSE, inconnue.

VERTUS. Les mêmes que celles de l'efpèce fuivante.

USAGE, aucun ou prefque aucun ; on peut l'employer au défaut du Bécabunga.

DOSE. Aux mêmes dofes & de la même manière que le Bécabunga. *Voyez* la page 212.

ETYMOLOGIE. *Veronica*, de ver (voyez la page 10) *Anagallis*, Mouron, d'un mot grec : *voyez* la page 116.

NOM GÉNÉRIQUE PHYTONOMATOTECHNIQUE.

HOQCYABIAHUCHEZ.

SYNONYMIE.

VERONICA (*Anagallis*) ; *racemis lateralibus, foliis lanceolatis ferratis, caule erecto.* Dalib. Parif. 7. Linn. Syft. Plant. 1. pag. 30. id. Spec. Plant. 16. Mur. Syft. Veget. ed. 13. 57. id. ed. 14. 59. Gerard. Flor. Gall. Prov. 323. Scop. Carn. ed. 2. n°. 12. Gouan. Hort. Monfp. 10. id. Flor. Monfp. 64.

———— *foliis lanceolatis ferratis glabris, ex aliis racemofa.* Hal. Helv. n°. 533.

———— *aquatica major & minor, folio oblongo.* Tourn. Inft. 145. Garid. 184. Mor. Hift. Exon. part. 2. 323. Vail. Bot. Parif. 202.

ANAGALLIS *aquatica major & minor, folio oblongo.* C. B. Pin. 252.

———— *aquatica flore purpurafcente & cœruleo, folio oblongo, major & minor.* J. B. Hift. 3. pag. 791.

VÉRONIQUE mouronnée. Lam. 2. 440.

BECABUNGA berulet. Dub. Bot. Franc. 2. 306.

VERONICA Beccabunga.

VERONICA

BECABUNGA.

VÉRONIQUE *BECABUNGA.*

ORDRES SYSTÉMATIQUES

DE TOURNEFORT.	VON LINNÉ.	DE JUSSIEU.
Claffe II. Section 6. Genre 4.	Claffe II. Ordre 1.	Cl. VII. Ord. 2. les Véroniques.

DESCRIPTION.

ENVELOPPE, aucune.

CALICE. *Périanthe* (F) de quatre feuilles égales, inférieures, perfiftantes ; chacune eft ovoïde, pointue, très-entière & très-glabre.

COROLLE. *Un pétale* (S) caduc, inférieur, divifé en quatre lobes inégaux, elliptiques, arrondis ; le fupérieur eft le plus grand, les deux latéraux font moyens, l'inférieur eft le plus petit ; au centre de la fleur on apperçoit un trou qui eft bordé par un cercle blanc, c'eft à travers ce trou que paffe le piftil ; cette partie de plus donne atttache aux étamines.

ETAMINES. *Deux filets* (2) égaux, de la longueur des lobes de la corolle, cylindriques, fixés au bord du trou du centre du pétale ; *deux anthères* (C,C) arrondies, formées chacune de deux bourfes qui s'ouvrent par les côtés, & de couleur bleuâtre (Y).

PISTIL. *Un germe* cordé, liffe ; *un ftyle* cylindrique, de la hauteur des étamines ; *un ftigmate* arrondi en tête (E).

NECTAR, aucun.

PÉRICARPE. *Capfule* cordiforme, liffe, divifée en deux loges, & qui s'ouvre en deux valves pour laiffer tomber plufieurs graines.

SEMENCES. Plufieurs *graines* arrondies, liffes.

RACINE traçante, molle, cylindrique, & qui jette des fibres à chaque nœud ; *fibres* particuliers, fimples.

TRONC. *Tige* fimple, flexueufe, verticale, cylindrique, herbacée, molle, fucculente, feuillée, florifère.

FEUILLES très-fimples, elliptiques, non-finuées ; bords dentés à dents de fcie, égales, uniformes ; extrémité obtufe, bafe entière ; furfaces très-liffes, luifantes, & veinées de veines ramifiées.

SUPPORTS.
{ *Armes*, aucune, pas même de poils ; toute la plante eft glabre.
{ *Stipules*, aucune.
{ *Bractées* ; petites feuilles (4) feffiles, fubulées, entières, placées au bas de chaque péduncule particulier.
{ *Pétioles* femi-cylindriques, beaucoup plus courts que les feuilles.
{ *Péduncules*, de communs (7) cylindriques, axillaires ; de partiels (5) auffi cylindriques, de la longueur des bractées.
{ *Vrilles*, aucune.

PORT. D'une *racine* commune fortent fouvent plufieurs *tiges* très-fimples, flexueufes, verticales ou traçantes, glabres ; les *feuilles* font oppofées, pétiolées ; les *fleurs* font portées
fur des péduncules communs ; ces *péduncules* (7) font axillaires , & produifent des
péduncules particuliers alternes (2) , folitaires & uniflores ; chaque péduncule particulier
eft garni à fa bafe d'une bractée ; les corolles font ordinairement bleues.

VÉGÉTATION. Sort de terre au printemps, fleurit & graine tout l'été, les tiges périffent aux
gelées ; de nouvelles feuilles pouffent en automne, & perfiftent tout l'hiver ; la racine
eft vivace.

LIEU. Les marais, les ruiffeaux, le bord des rivières, & autres lieux humides.

PROPRIÉTÉS. { *Odeur* herbacée, prefque inodore.
{ *Saveur* amère, herbacée.

ANALYSE { *pyrotechnique.* Cinq livres de Bécabunga fleuri ont fourni une livre une once &
demi d'eau de végétation inodore, très-limpide, prefque infipide, ou obfcu-
tément acide ; plus, trois livres cinq onces d'une liqueur d'abord limpide,
enfuite rouffâtre, d'abord manifeftement acide , enfuite auftère ; plus, une
once cinq gros d'une liqueur empyreumatique ; la maffe noire cinérée &
leffivée , a donné cinq gros & demi d'alkali fixe.
hygrotechnique , inconnue.

VERTUS. Le Becabunga eft rangé parmi les plantes anti-fcorbutiques ; on la croit apéritive,
emménagogue ; quelques Auteurs au contraire lui accordent la propriété d'arrêter les
règles trop abondantes, ils le difent aftringent, rafraîchiffant , anti-arthritique.

USAGE. On fe fert de cette plante dans le traitement du fcorbut, foit en tifane, en falade,
même le fuc feul ou uni avec les autres plantes anti-fcorbutiques.

DOSE. Le fuc à la dofe de quatre onces.

ETYMOLOGIE. *Veronica ,* de *ver* (voyez la page 10) ; *becabunga* eft un mot allemand.

NOM GÉNÉRIQUE PHYTONOMATOTECHNIQUE.

HOQCYABIAHUCHEZ.

SYNONYMIE.

VERONICA (*becabunga*) ; *racemis lateralibus , foliis ovatis planis , eaule repente. Dalib.
Parif. 7. Œd. Dan. 511. Linn. Spec. 16. id. Syft. Plant. 1. 30. Gouan.
Hort. 10. id. Flor. Monfp. 64. Gerard. Flor. Gal. Prov. 323.*

————— *foliis ovatis ferratis glabris , ex aliis racemofa. Hal. Helv. 534.*

————— *racemis lateralibus oppofitis laxis , foliis planis glabris. Scop. Carn. ed. 1. 305.
id. 2. n°. 11.*

————— *aquatica major & minor folio fubrotundo. Tourn. Inft. 145. Garid. 484. Vail.
Bot. Parif. 201.*

ANAGALLIS *aquatica major & minor , folio fubrotundo. C. B. Pin. 252.*

————— *aquatica , folio rotundiore major & minor. J. B. Hift. 3. 790. id. 791.*

VÉRONIQUE creffonnée. *Lam. 2. 440.*

BÉCABUNGA rampant. *Dub. Bot. Franc. 2. 306.*

Le BÉCABUNGA.

VERONICA Arvenfis. L.

VERONICA

ARVENSIS.

VÉRONIQUE *DES CHAMPS.*

ORDRES SYSTÉMATIQUES

DE TOURNEFORT.	VON LINNÉ.	DE JUSSIEU.
Claffe II. Section 6. Genre 4.	Claffe II. Ordre 1.	Cl. VII. Ord. 2. les Véroniques.

DESCRIPTION.

ENVELOPPE, aucune.

CALICE. *Périanthe* (U) inférieur, de quatre feuilles ovoïdes, inégales, uniformes; les deux extérieures font plus plus grandes & égales ; les deux internes ou du côté de la tige, font plus petites, & auffi égales entre elles : toutes perfiftent.

COROLLE. *Un pétale* caduc (H), rarement épanoui, inféré fous le germe ; *limbe* divifé en quatre lobes inégaux, arrondis, entiers; trois de ces lobes font à peu près égaux ; le quatrième eft plus petit, & forme le bord inférieur de la corolle; aucun tube.

ETAMINES. *Deux filets* égaux, écartés, filiformes, droits, moins longs que les découpures de la corolle, & attachés à fon fond; *deux anthères* arrondies (Y); *pouffière fécondante* blanche.

PISTIL. *Un germe* (1) fupérieur, cordiforme, ou formé de deux corps lenticulaires, réunis par le tranchant; *un ftyle* filiforme, de la longueur des étamines ; *un ftigmate* en tête.

NECTAR, aucun.

PÉRICARPE. *Capfule* (E) comprimée, en cœur renverfé, biloculaire (S), polyfperme; cette capfule fe fend par le haut en deux valves, mais nous les confidérons comme ouvertes en quatre, à caufe de l'échancrure cordiforme qu'on apperçoit au haut de chaque valve.

RÉCEPTACLE. Petite *cloifon* placée dans le péricarpe.

SEMENCES, plufieurs elliptiques, déprimées, liffes (Z).

RACINE fibreufe, cylindrique, traçante ; *fibre* générale, garnie de fibrilles latérales, capillaires.

TRONC. *Tige* cylindrique, pleine, fimple, quelquefois branchue ; branches & tiges velues.

FEUILLES fimples, ovoïdes, un peu cordiformes, feffiles, obtufes, dentées à dents de fcie, écartées, arrondies ; furface fupérieure marquée de trois à cinq nervures, & verte ; furface inférieure rougeâtre, & garnie de cinq nervures faillantes.

SUPPORTS.
{ *Armes,* } aucune.
{ *Stipules,* }
Bractées ; petites feuilles feffiles, linéacées, entières, obtufes, folitaires, placées une à une à la bafe des péduncules, & deux fois plus longues.
Pétioles, aucun.
Péduncules cylindriques, folitaires, uniflores, plus courts que les bractées; les fleurs & les fruits font prefque feffiles.
Vrilles, aucune.

Tome I. Hhh

PORT. De la *racine* s'élève une *tige* qui, dès sa naissance, pousse souvent deux *branches* opposées, verticales, droites ; plus, deux autres *tiges* simples, aussi droites ; *feuilles* opposées ; *bractées* alternes, égales, à la hauteur des capsules ; *fleurs* rassemblées comme par têtes ; *fruits* solitaires, axillaires aux bractées, & rangées alternativement le long de la tige en épi ; *capsules* de la hauteur des petites folioles du calice.

LIEU. Dans les champs, les jardins, aux bords des fossés.

VÉGÉTATION La graine germe & pousse deux cotyledons de janvier à février, fleurit depuis mai jusqu'à juin, les graines mûrissent à fur & à mesure, toute la plante périt en juillet ; il en repousse quelques pieds en automne, qui périssent l'hiver ; la durée est de trois à quatre mois.

PROPRIÉTÉS. $\left\{\begin{array}{l}\textit{Odeur ;} \text{ racine, tige, feuilles \& fleurs inodores.} \\ \textit{Saveur ;} \text{ tige, feuilles \& fleurs herbacées, un peu salées.}\end{array}\right.$

ANALYSE,
VERTUS, $\left.\right\}$ inconnues.
USAGE,
DOSE,

ETYMOLOGIE. *Veronica* vient, selon LEMERY, de *ver*. Voyez la page 10.

NOM GÉNÉRIQUE PHYTONOMATOTECHNIQUE.

HOQCYABIAHUSHEZ.

SYNONYMIE.

VERONICA (*arvensis*) ; *floribus solitariis, foliis cordatis incisis pedunculo longioribus.* Linn. *Syst. Plant. 1. 36. id. Spec. Plant. 18. Dalib. Parif. 5. Œd. Dan. tab. 515. Mur. Syst. Veget. ed. 13. pag. 57. id. ed. 14. pag. 60.*

———— (*arvensis*) ; *floribus axillaribus, foliolis calicinis lanceolatis inæqualibus.* Gouan. *Hort. 12.*

———— (*arvensis*) ; *floribus axillaribus sub-sessilibus, foliolis calicinis lanceolatis inæqualibus.* Gouan. *Flor. Monsp. 65.*

———— *foliis oppositis, ovatis, crenatis ; floribus solitariis sessilibus.* Sauv. *Met. fol. 135.*

———— *foliis oppositis, ovatis, crenatis ; foliolis calicinis inæqualibus.* Sauv. *Met. fol. 135.*

———— *caule erecto ; foliis ovatis, sub-hirsutis, dentatis ; petiolis brevissimis.* Hal. *Helv. n°. 548.*

———— *flosculis cauliculis adhærentibus.* Tourn. *Inst. 145.* Mor. *Hist. 2. 322.* Pluk. *Almag. Bot. 385.*

ALSINE-VERONICÆ *foliis, flosculis cauliculis adhærentibus.* C. B. Pin. 250.

ELALINE *polyschides.* Dalech. *Hist. 1239. id. gall. 2. 134.*

VÉRONIQUE des champs. Lam. *2. 445.* Bul. *flor. Parif.*

VERONICA Serpillifolia. *L.*

VERONICA

SERPYLLIFOLIA.

VÉRONIQUE *SERPOLINE.*

ORDRES SYSTÉMATIQUES.

DE TOURNEFORT.	VON LINNÉ.	DE JUSSIEU.
Claffe II. Section 6. Genre 4.	Claffe II. Ordre 1.	Cl. VII. Ordre 2. les Véroniques.

DESCRIPTION.

ENVELOPPE, aucune.

CALICE. *Périanthe* de quatre feuilles (H) inégales; deux font un peu plus grandes & égales, deux plus petites & auffi égales entre elles : toutes font entières, glabres, perfiftantes, marquées d'une nervure, & inférées fous le germe.

COROLLE. *Un pétale* caduc (O), divifé profondément en quatre lobes inégaux ; le lobe fupérieur eft le plus grand; les deux latéraux font égaux entre eux, & font de moyenne grandeur ; l'inférieur eft le plus petit : tous les quatre font arrondis ; le fond de la corolle eft percé d'un trou, pour laiffer paffer le germe fous lequel elle s'infère.

ETAMINES. *Deux filets* (C) égaux, moins longs que les lobes de la corolle, cylindriques, & inférés au bord du trou du pétale ; *deux anthères* arrondies, compofées chacune de deux bourfes adoffées par les côtés ; *pouffière fécondante* blanchâtre.

PISTIL. *Un germe* cordiforme (2), liffe, placé au fond du calice fur l'infertion de la corolle; *un ftyle* filiforme, cylindrique ; *un ftigmate* en tête (1).

NECTAR, aucun.

PÉRICARPE. *Capfule* (2) en cœur renverfé, c'eft-à-dire, fixée au pédicule par la pointe, liffe, marqué d'une reinure mitoyenne, qui indique la fituation du médiaftin ; cette capfule eft divifée en deux loges (3, 3), & s'ouvre en deux valves pour laiffer tomber les graines (Z).

RÉCEPTACLE. La cloifon mitoyenne en fait les fonctions.

SEMENCES. Plufieurs *graines* (Z) fphériques, liffes.

RACINE fibreufe, chevelue ; *fibres* principales, garnies de fibriles très-déliées.

TRONC. *Tiges* ordinairement couchées par terre dans leur partie inférieure, relevées par la fupérieure, fimples, quelquefois branchues, jamais ramifiées, cylindriques, herbacées, feuillées & florifères.

FEUILLES très-fimples, prefque feffiles, ovoïdes ; furfaces très-liffes, veinées ; bords légerement dentés à dents inégales & irrégulières ; extrémité obtufe, bafe très-entière.

SUPPORTS. {

Armes, aucune, pas même de poils ; la plante eft glabre dans toutes fes parties.

Stipules, aucun.

Bractées ; petites feuilles lancéolées, très-entières, feffiles, & qui foutiennent chaque péduncule.

Pétioles prefque cylindriques, plus courts que les feuilles feulement aux feuilles inférieures, aucun aux feuilles fupérieures.

Péduncules cylindriques, grêles, folitaires, moins longs que les bractées.

Vrilles, aucune.

Port. D'une touffe de *racines* chevelues fortent plufieurs *tiges* cylindriques, couchées par terre, & qui forment une rofette autour d'un centre commun ; fouvent ces tiges pouffent à leur bafe *deux branches* oppofées, qui fe couchent comme la tige-mère ; plus, quelques racines aux aiffelles des feuilles ; les *feuilles* font oppofées ; les *fleurs* font difpofées en épis redreffés, & non-couchés par terre, placés un à un aux extrémités de chaque tige ; chaque épi eft formé d'un enfemble de fleurs bleuâtres, écartées, difpofées alternativement en épi.

Végétation. Sort de terre en mai-juin, fleurit de juillet à feptembre, les graines mûriffent à fur & à mefure, les tiges périffent aux premières gelées, la racine vit plufieurs années.

Lieu. Les terrains élevés, fablonneux ; à Meudon près Paris.

Propriétés. { *Odeur* herbacée, prefque nulle.
{ *Saveur* herbacée, un peu amère.

Analyse, }
Vertus, } inconnues.
Usage, }
Dose, }

Etymologie. *Veronica*, felon M. Lémeri, vient de *ver*, printemps. *Voyez* la page 10.

NOM GÉNÉRIQUE PHYTONOMATOTECHNIQUE.

HOQCYABIAHUSHEZ.

SYNONYMIE.

Veronica (*ferpyllifolia*) ; *racemo terminali fubfpicato, foliis ovatis glabris crenatis.* Œd. Dan. tab. *492.* Linn. Spec. Plant. *15. id.* Syft. Plant *1. 29.* Mur. Syft. Veget. ed. *13.* pag. *56.* ed. *14.* pag. *59.*

———— *floribus folitariis fubcorymbofis, foliis ovatis glabris crenatis.* Dalib. Parif. *4.*

———— *foliis inferioribus oppofitis ovatis, fuperioribus alternis lanceolatis, floribus folitariis.* Linn. Hort. Clif. *9.*

———— *caule erecto; foliis ovatis, crenatis, glabris; petiolis ex aliis unifloris, breviffimis.* Hal. Helv. n°. *546.*

———— *pratenfis ferpyllifolia.* C. B. Pin. *247.* Tourn. Inft. *144.* Pluk. Almag. *384.* Vail. Bot. Parif. *201.*

———— *fœmina quibufdam.* J. B. Hift. *3. 285.*

———— *pratenfis nummulariæ folio, flore cæruleo.* Pluk. Phytog. tab. *233.* fig. *4.*

Véronique ferpoline. Lam. *2. 438.* Dub. Bot. Franc. *2. 304.*

VERONICA Triphyllos. *L.*

VERONICA

TRIPHYLLOS.

VÉRONIQUE *TRÉFLÉE.*

ORDRES SYSTÉMATIQUES

DE TOURNEFORT.	VON LINNÉ.	DE JUSSIÈU.
Claffe II. Section 6. Genre 4.	Claffe II. Ordre 1.	Cl. VII. Ord. 2. les Véroniques.

DESCRIPTION.

ENVELOPPE , aucune.

CALICE. *Un périanthe* (H) de quatre feuilles inférieures , perfiftantes , égales , uniformes , appliquées contre la corolle , & enfuite contre le péricarpe.

COROLLE. *Un pétale* (F) irrégulier , inférieur , caduc , divifé très-profondément en quatre lobes inégaux , arrondis ; un de ces quatre lobes , le fupérieur , eft le plus grand ; les deux latéraux font égaux & moyens en grandeur ; l'inférieur eft le plus petit ; chacun de ces lobes eft arrondi , & veiné de veines plus foncées en couleur que le refte de la corolle ; la réunion des quatre lobes eft percée d'un trou pour le paffage du piftil.

ÉTAMINES. *Deux filets* (2) égaux , cylindriques , blancs , moins longs que les découpures de la corolle , uniformes , & fixés à l'ouverture poftérieure dans la face interne ; *deux anthères* (C , C) égales , arrondies , & formées chacune de deux facs pleins de pouf-fière fécondante , & qui s'ouvrent par les côtés.

PISTIL. *Un germe* fupérieur , cordé , liffe ; *un ftyle* cylindrique , perfiftant , de la longueur des étamines ; *un ftigmate* (E) arrondi , entier & en tête.

NECTAR , aucun.

PÉRICARPE. *Capfule* (5) applatie , cordée , à bords tranchans , un peu plus grande que les feuilles du calice ; cette capfule eft divifée en deux loges par la préfence d'une cloifon ou médiaftin vertical , annoncé extérieurement par une reinure longitudinale , qui fépare le fruit en deux parties oviformes ; ce péricarpe rouffit , & s'ouvre en deux valves cordées (3 , 4) , & laiffe échapper des graines rouffes.

RÉCEPTACLE. *Cloifon* ou *médiaftin* longitudinal , & qui fépare le péricarpe en deux loges.

SEMENCES : plufieurs arrondies , liffes , rouffes (Z).

RACINE fibreufe , verticale , formée d'une fibre principale , cylindrique , & de plufieurs fibres latérales , capillacées.

TRONC. *Tige* oblique ou couchée à terre , cylindrique , prefque toujours fimple , quelquefois branchue , jamais ramifiée , feuillée & florifère.

FEUILLES : de trois fortes , d'inférieures , roides , pétiolées , quelquefois entières (6) ; d'autres fois légèrement dentées aux bords (7) ; de moyennes divifées profondément en cinq parties comme les doigts d'une main (8) : mais comme toutes ces divifions fe réuniffent à la bafe , elles conftituent une feuille palmée ; la digitation moyenne eft la plus grande ; l'ordre de grandeur va toujours en diminuant en gagnant les bords. Enfin , les fupé-rieures font découpées encore beaucoup plus profondément en trois , quatre ou cinq , mais plus communément en trois parties ou feuilles bien diftinctes , réunies feulement à l'infertion pour former une efpèce de pétiole commun.

Armes ; toute la plante est visiblement velue dans toutes ses parties.

Stipules, aucune.

Bractées, aucune ; à moins que l'on ne donne ce nom aux feuilles ternées que nous avons décrites au mot Feuilles.

SUPPORTS. *Pétioles* ; les feuilles inférieures en sont munies de courts & applatis ; les feuilles supérieures & moyennes au contraire sont toutes sessiles.

Péduncules cylindriques, solitaires, uniflores, droits, & plus longs que les feuilles, sur-tout lors de la maturité du fruit.

Vrilles, aucune.

PORT. D'une *racine* sort *une tige* qui, dès sa naissance, pousse *deux branches*, ou bien il en sort *trois tiges*, toutes trois ordinairement simples, rarement branchues, & jamais ramifiées ; ces trois tiges sont couchées par terre dans leur partie inférieure, & redressées par les parties supérieures ; les *feuilles* inférieures sont opposées, les moyennes & les supérieures sont alternes ; les *fleurs* sont alternes, solitaires & axillaires.

VÉGÉTATION. Sort de terre en février-mars, fleurit en avril-mai, ordinairement on ne la trouve plus en juillet, la racine périt en même temps : la durée de cette plante est tout au plus de six mois.

LIEU. Les champs, les fossés, aux environs de Paris.

PROPRIÉTÉS. *Odeur* herbacée, presque inodore.
Saveur herbacée, salée, un peu acerbe.

ANALYSE,
VERTUS,
USAGE,
DOSE,
inconnues.

ETYMOLOGIE. *Veronica*, de *ver* (voyez la page 10) *triphyllos*, des mots *tri*, trois, & φυλλον, *folium*, feuille, trois feuilles ; nom donné à cette plante à cause de ses feuilles supérieures ternées.

NOM GÉNÉRIQUE PHYTONOMATOTECHNIQUE.

HOQCYABIAHUCHEZ.

SYNONYMIE.

VERONICA (*triphyllos*); *floribus solitariis, foliis digitato-partitis, pedunculis calice longioribus. Œd. Dan. tab. 627. Scop. Carn. ed. 2. n°. 25. Linn. Syst. Plant. 1. 37. id. Spec. Plant. 19. Mur. Syst. Veget. ed. 13. 58. id. ed. 14. pag. 60.*

————— *floribus solitariis, pedunculis axillaribus, foliis inferioribus quinque-partitis; summis tripartitis. Linn. Hort. Cliff. 9. Gouan. Hort. 12. Flor. 65.*

————— *floribus solitariis, foliis digitato-partitis pedunculo brevioribus. Dalib. Paris. 6. Guet. Flor. Gall. Prov. 326.*

————— *foliis ovatis tripartitis & quinquepartitis, petiolis unifloris. Hal. Helv. n°. 551.*

————— *verna, trifido vel quinquefido folio. Tourn. Inst. 115. Garid. 485.*

ALSINE *folio profundè secto. J. B. Hist. 3. pag. 367.*

————— *triphyllos coerulea. C. B. Pin. 8. 250.*

ELATINE *triphyllos. Dalech. Hist. 1240. id. Gall. 2. 135.*

VÉRONIQUE digitée. *Lam. 2. 445.*

————— tréflée. *Dub. 2. 305.*

VERONICA Spuria.L.

VERONICA

SPURIA.

VÉRONIQUE SPURIÉE.

ORDRES SYSTÉMATIQUES

DE TOURNEFORT.	VON LINNÉ.	DE JUSSIEU.
Claffe II. Section 6. Genre 4.	Claffe II. Ordre 1.	Cl. VII. Ord. 2. les Véroniques.

DESCRIPTION.

ENVELOPPE, aucune.

CALICE. *Un périanthe* inférieur, perfiftant (F), de quatre feuilles, ou découpé très-profondément en quatre parties prefque égales, uniformes, fubulées ; une des quatre feuilles eft un peu plus longue.

COROLLE. *Un pétale* (S) fendu jufqu'au milieu en quatre lobes inégaux, oblongs, arrondis ; les trois lobes fupérieurs font égaux ; le lobe inférieur eft plus étroit : tous forment un lymbe au haut d'un tube cylindrique qui va s'inférer fous le germe.

ETAMINES. *Deux filets* (2) égaux, uniformes, moins longs que la corolle, & inférés à fon tube ; chaque filet eft cylindrique & glabre ; *deux anthères* (C, C) égales, uniformes, compofées de deux facs inégaux, qui s'ouvrent par les côtés.

PISTIL. *Un germe* cordé ; *un ftyle* cylindrique, liffe, perfiftant plus long que les étamines ; *un ftigmate* (E) très-entier & en tête.

NECTAR, aucun.

PÉRICARPE. *Une capfule* applatie, échancrée par le haut en cœur, glabre, biloculaire, & qui s'ouvre en deux valves ; chacune eft échancrée en cœur.

RÉCEPTACLE. *Cloifon* mitoyenne, qui divife le péricarpe en deux loges verticalement, & dans une pofition oppofée à la largeur du fruit.

SEMENCES : plufieurs arrondies, très-fines.

RACINE fibreufe, très-chevelue, perfiftante ; *fibres* principales, garnies de fibrilles ramifiées.

TRONC. *Tige* ordinairement très-fimple, verticale, cylindrique, ordinairement glabre, ou très-peu velue, feuillée & florifère.

FEUILLES très-fimples, élancées, glabres ou prefque glabres, pétiolées ; furface fupérieure liffe, luifante, veinée de veines qui n'excèdent point ; furface inférieure veinée de veines qui excèdent cette furface ; bords dentés de dents de fcie aiguës, rarement égales ; extrémité terminée en pointe ; bafe un peu arrondie & entière.

SUPPORTS. {
Armes, aucune ; les différentes parties de la plante font rarement velues.

Stipules, aucune.

Braêtées ; petites feuilles fubulées, feffiles (3), placées fur la tige, au bas des péduncules ; chacune eft plus longue que les péduncules des fleurs.

Pétioles courts, applatis, & accompagnés d'une petite bordure fournie par la feuille.

Péduncules : de communs cylindriques ; de particuliers folitaires, auffi cylindriques, moins longs que les braêtées qui les accompagnent.

Vrilles, aucune.
}

Port. D'une *racine* commune fortent plufieurs *tiges* droites, verticales, d'un à trois pieds de haut, ordinairement fans branches; les *feuilles* font oppofées, trois à trois par étages, & font horizontales; les *fleurs* font alternes, terminales, difpofées fur un à trois épis qui partent des aiffelles des trois feuilles fupérieures; chaque fleur en particulier eft foutenue par une bractée plus longue que le petit péduncule particulier.

Végétation. Sort de terre en mai-juin, fleurit en juillet-août, les graines font mûres en feptembre, les tiges périffent aux premières gelées; les racines perfiftent les hivers, & durent plufieurs années.

Lieu. Les bois, les endroits ombragés, dans nos jardins, & en Alface.

Propriétés. { *Odeur;* toute la plante froiffée eft prefque inodore, les fleurs font un peu odorantes.

{ *Saveur;* toute la plante eft herbacée, un peu falée.

Analyse,
Vertus,
Usage, } inconnues.
Dose,

Etymologie. *Veronica,* de *ver* (voyez la page 10) *fpuria,* illégitime; parce que cette plante, d'abord étrangère, s'eft naturalifée dans nos pays.

NOM GÉNÉRIQUE PHYTONOMATOTECHNIQUE.

HIQCYABIAHUSHEZ.

SYNONYMIE.

Veronica (*fpuria*); *fpicis terminalibus, foliis ternis æqualiter ferratis. Linn. Syft. Plant. 1. 24. id. Spec. Plant. 13. Mur. Syft. Veget. ed. 13. 56. id. ed. 14. 58.*

————— *fpicata anguftifolia. C. B. Pin. 246. Tourn. Inft. 143.*

————— *mas furrecta elatior. Barel. Icon. 891.*

————— *major, anguftifolia caulibus viridibus. J. B. 3. 284. Pluk. Almag. 383.*

————— II, *erectior, anguftifolia. Cluf. Hift. 346.*

Véronique maritime. *Lam. 2. 435.*

————— fpuriée.

VERONICA Spicata. *L.*

VERONICA

SPICATA.

VÉRONIQUE A ÉPI.

ORDRES SYSTÉMATIQUES

DE TOURNEFORT.	VON LINNÉ.	DE JUSSIEU.
Claſſe II. Section 6. Genre 4.	Claſſe II. Ordre 1.	Cl. VII. Ord. 2. les Véroniques.

DESCRIPTION.

ENVELOPPE, aucune.

CALICE. *Un périanthe* de quatre feuilles égales, élancées, inférieures, perſiſtantes, rangées en forme de cloche ſous la corolle, mais qui s'épanouiſſent autour du fruit.

COROLLE. *Un pétale* (S) diviſé profondément en quatre parties ouvertes, preſque égales, lancéolées, aiguës ; la diviſion inférieure eſt la plus petite ; le tube eſt court, cylindrique, de la longueur du calice, & deux fois plus court que le limbe ; cette corolle eſt inſérée ſous le germe, & tombe de bonne heure.

ETAMINES. *Deux filets* (4) ſubulés, égaux, uniformes, droits, écartés, de la longueur des découpures de la corolle, inſérés à ſon tube, & qui tombent avec elle ; *deux anthères* (C, C) oblongues, égales, poſées en béquille ſur les filets, & qui s'ouvrent par les côtés (Y).

PISTIL. *Un germe* ſupérieur, (1) elliptique, liſſe, marqué d'un ſillon longitudinal ; *un ſtyle* filiforme (2), cylindrique, de la longueur des étamines ; *un ſtigmate* (E) arrondi en tête.

NECTAR, aucun.

PÉRICARPE. *Une capſule* applatie, liſſe, biloculaire, qui s'ouvre en deux valves, & qui contient pluſieurs graines.

SEMENCES. *Pluſieurs graines* liſſes, arrondies & très-petites.

RACINE fibreuſe, noueuſe, traçante, garnie de fibrilles chevelues, très-déliées.

TRONC. *Tige* très-ſimple, flexueuſe, velue, feuillée, florifère, ſans rameaux ni branches.

FEUILLES très-ſimples, ſeſſiles, un peu connées, velues, élancées, obtuſes ; ſurface ſupérieure un peu concave, & garnie d'une nervure un peu creuſe ; ſurface inférieure convexe, garnie d'une nervure principale, ſaillante : toutes deux ſont un peu velues ; bords dentés de dents de ſcie arrondies, très-fines ; extrémité ou ſommet obtus ; baſe aiguë, terminée à la tige qu'elle embraſſe.

SUPPORTS. {
Armes ; la plante eſt légèrement velue dans toutes ſes parties.
Stipules, aucune.
Bractées ; petites feuilles (3) linéaires ou ſubulées qui accompagnent les pédoncules particuliers.
Pétioles, aucun.
Pédoncules très-courts, cylindriques, axillaires aux bractées, ſolitaires & uniflores.
Vrilles, aucune.
}

Tome I.   K k k

PORT. D'une *racine* s'élève verticalement *une tige* très-fimple, flexueufe; les *feuilles* font oppofées, horizontales; les *fleurs* font difpofées en un épi terminal, fimple; les feuilles du haut de la tige font alternes, ainfi que les bractées; toutes font chargées d'un léger duvet, qui les rend d'une couleur verte-cendrée.

VÉGÉTATION. Sort de terre en juin, fleurit de juillet à feptembre, les tiges périffent aux gelées, la racine vit plufieurs années.

LIEU. Les bois ombragés, les prairies, très-commune au bois de Boulogne près Paris.

PROPRIÉTÉS. { *Odeur* herbacée, prefque inodore.
{ *Saveur* herbacée, un peu falée, amère; la racine eft ftyptique.

ANALYSE,
VERTUS, } inconnues.
USAGE,
DOSE,

ETYMOLOGIE. *Veronica*, de *ver* (voyez la page 10) *fpicata*, à épi; parce que les fleurs font toujours difpofées au haut des tiges en épi fimple.

NOM GÉNÉRIQUE PHYTONOMATOTECHNIQUE.

HOQCYABIAHUSHEZ.

SYNONYMIE.

VERONICA (*fpicata*); *fpicâ terminali, foliis oppofitis, crenatis, obtufis, caule adfcen-dente fimpliciffimo. Linn. Syft. Plant. 1. 25. id. Spec. Plant. 14. Œd. Dan. tab. 52. Mur. Syft. Veget. ed. 13. pag. 56. id. ed. 14. pag. 58. Gouan. Hort. pag. 9. id. Flor. Monfp. 64.*

——— *floribus fpicatis, foliis oppofitis, caule erecto. Dalib. Parif. 3.*

——— *foliis ellipticis, ferratis conjugatis, floribus fpicatis. Hal. Helv. n°. 542.*

——— *foliis oppofitis lanceolatis, caule fpicâ terminato. Sauv. Met. fol. 130.*

——— *fpicata minor. C. B. Pin. 247. Vail. Parif. 200. tab. 33. fig. 4. Tourn. Inft. 144.*

——— *recta minima. Cluf. Hift. 1. pag. 347.*

VÉRONIQUE à épi. *Dub. 2. 303. Lam. 2. 434. Leftib. Bot. Belg. 151. n°. 337.*

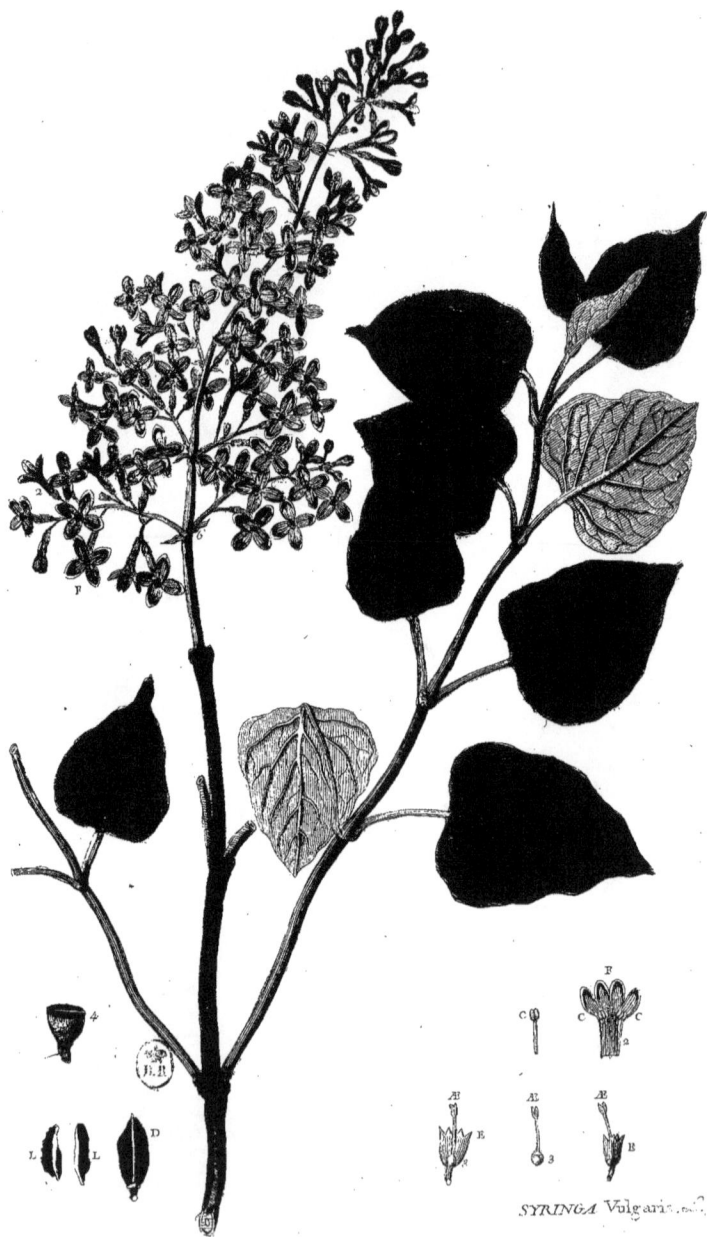

SYRINGA Vulgaris.

SYRINGA

VULGARIS.

LILAS *COMMUN.*

ORDRES SYSTÉMATIQUES.

DE TOURNEFORT.	VON LINNÉ.	DE JUSSIEU.
Claffe XX. Section 4. Genre 1.	Claffe II. Ordre 1.	Claffe VII. Ordre 7. les Jafmins.

DESCRIPTION.

ENVELOPPE, aucune.

CALICE. *Périanthe* (E) monophylle, campaniforme, inférieur, perfiftant, denté de quatre dents égales, uniformes, aiguës, droites.

COROLLE. *Un pétale* caduc, infundibuliforme, compofé d'un tube cylindrique, conique (2), un peu plus long que le limbe, & d'un limbe (F) évafé, découpé en quatre lobes égaux, elliptiques, concaves, & reployés par les bords.

ETAMINES. *Deux filets* très-courts, égaux, uniformes, fixés au haut du tube de la corolle; *deux anthères* (C, C) elliptiques, jaunes, cachées dans la gorge de la corolle, & qui s'ouvrent par les côtés.

PISTIL. *Un germe* (3) pyramidal, liffe; *un ftyle* cylindrique, filiforme, de la longueur du tube de la corolle; *deux ftigmates* (Æ) aigus, écartés.

NECTAR, aucun.

PÉRICARPE. *Capfule* (D) liffe, dure, oblongue, aiguë, un peu moins épaiffe que large, divifée en deux loges (4) par une cloifon longitudinale, pofée dans une fituation contraire à la largeur du fruit; cette capfule s'ouvre en deux valves par fa partie fupérieure.

RÉCEPTACLE. *Cloifon* longitudinale, applatie, & qui fépare le péricarpe en deux loges.

SEMENCES. *Deux graines,* une dans chaque loge (L), comprimées, lancéolées, & bordées d'une membrane.

RACINE fibreufe, ligneufe, très-ramifiée.

TRONC. *Tige* ligneufe, cylindrique, droite, verticale, branchue, feuillée, florifère.

FEUILLES très-fimples, liffes, pétiolées, ovoïdes, un peu cordées; furface fupérieure très-liffe; furface inférieure veinée; bords très-entiers; bafe arrondie, quelquefois très-vifiblement échancrée en cœur; fommet terminé en pointe aiguë.

SUPPORTS.

Armes, aucune, pas même de poils.

Stipules; hyvernacles écailleux, imbriqués (5), entiers, qui tombent après l'épanouiffement des feuilles, fitués à la naiffance des jeunes branches.

Bractées; petites feuilles feffiles (6), ovoïdes, élancées, très-entières, placées aux premières branches du thyrfe; de plus, quelques petites bractées fubulées fe font appercevoir au bas des péduncules communs du haut du thyrfe; les péduncules particuliers ou propres, n'en ont point.

Pétioles femi-cylindriques, moins longs que les feuilles.

Péduncules; de communs qui en foutiennent de propres, & qui fe rangent en forme de pyramide le long d'un péduncule général. *Voyez* Port.

Vrilles, aucune.

PORT. D'une *racine* commune fortent fouvent *plufieurs tiges*, mais plus fouvent une feule *tige* verticale, couverte d'une écorce grife, liffe ; les *branches* & *rameaux* font oppofés ; les *feuilles* font auffi oppofées ; les *fleurs* font terminales, difpofées en forme de pyramide, que les Botaniftes nomment *thyrfe* ; les premiers *péduncules* communs, qui partent du péduncule général, font les plus grands ; ceux qui viennent après font plus petits ; chacun des péduncules que nous avons nommés communs, foutient plufieurs péduncules propres, courts & cylindriques : tous ces péduncules, foit communs ou particuliers, font oppofés ; les péduncules communs font foutenus par de petites bractées fubulées ; les péduncules propres n'en ont point ; le bois eft jaunâtre, plein d'une moëlle blanche, fongueufe.

VÉGÉTATION. Les feuilles & les fleurs de cet arbre ou arbriffeau, fe montrent au printemps ; les fruits font mûrs en automne, les feuilles tombent aux premières gelées, les tiges perfiftent les hivers.

LIEU. Les haies, les jardins ; cultivé dans toute la France, à caufe de la beauté & bonne odeur de fes fleurs.

PROPRIÉTÉS. { *Odeur* ; toute la plante eft peu odorante, les fleurs ont une odeur très-agréable.
{ *Saveur* ; les feuilles font légèrement âcres & amères.

ANALYSE,
VERTUS, } inconnues.
USAGE,
DOSE,

ÉTYMOLOGIE. *Syringa*, du mot grec ουριγξ, *fiftula* ; parce que les branches de cet arbriffeau peuvent fervir à faire des tuyaux, après que la moëlle eft retirée. Lilas eft un mot arabe.

NOM GÉNÉRIQUE PHYTONOMATOTECHNIQUE.

G I Q D Y A B O A H E S F É.

SYNONYMIE.

SYRINGA (*vulgaris*), *foliis ovato-cordatis. Linn. Syft. Plant.* 1. 20. *id. Spec. Plant. Mur. Syft. Veget. ed. 13. id. ed. 14. Dalib. Parif.* 2. *Gouan. Hort.* 8. *id. Flor. Monfp.* 7. *Hal. Helv.* 531. *Sauv. Met. fol.* 136.

———— *cœrulea. C. B. Pin.* 398. *Cluf. Hift.* 58. *Pluk. Almag.* 1. 359.

LILAS. *Duham. Arb.* 2. *tab.* 138. *Tourn.* 601.

———— *Dub.* 2. 277.

———— commun. *Lam.* 2. 305.

SYRINGA Persica. *L.*

SYRINGA

PERSICA.

LILAS DE PERSE.

ORDRES SYSTÉMATIQUES

DE TOURNEFORT.	VON LINNÉ.	DE JUSSIEU.
Cl. XX. Sect. 4. Genre 1. *Lilas.*	Classe II. Ordre 1.	Classe VII. Ordre 7. les Jasmins.

DESCRIPTION.

ENVELOPPE, aucune.

CALICE. *Un périanthe* (E) monophylle, inférieur, campaniforme, perfistant, denté de quatre petites dents égales, aiguës, & quatre fois plus court que le tube de la corolle.

COROLLE. *Un pétale* infundibuliforme, fendu jufqu'à un tiers de profondeur en quatre parties, formé d'un tube (B) cylindrique, liffe, trois à quatre fois plus long que le calice, deux fois plus long que le limbe; & d'un limbe (F) évafé, divifé en quatre lobes égaux, elliptiques, concaves & liffes : cette corolle eft fixée fous le germe, & tombe de bonne heure.

ÉTAMINES. *Deux filets* très-courts, cylindriques, fixés au haut du tube de la corolle; *deux anthères* (C, C) oblongues, liffes, formées de deux bourfes chacune, & qui font cachées dans la gorge du tube de la corolle.

PISTIL. *Un germe* (1) liffe, arrondi, fupérieur, à l'infertion du calice & de la corolle; *un ftyle* (2) filiforme, cylindrique, moins long que le tube de la corolle; *deux ftigmates* (Æ).

NECTAR, aucun.

PÉRICARPE. *Capfule* oblongue, liffe, dure, biloculaire, qui contient deux graines, une dans chaque loge, & qui s'ouvre en deux valves.

RÉCEPTACLE. *Cloifon* mitoyenne, applatie, verticale, & pofée dans une direction contraire à la largeur du fruit.

ÉTAMINES. *Deux graines* applaties, lancéolées, bordées d'une membrane, & fituées une à une dans chaque loge du péricarpe.

RACINE fibreufe, ligneufe, très-ramifiée.

TRONC. *Tige* cylindrique, verticale, ligneufe, couverte d'une écorce grife-brune, branchue, ramifiée; branches & rameaux feuillés, florifères.

FEUILLES très-fimples, ovoïdes, élancées, très-entières; furfaces liffes, unies & veinées; bafe plus large que la pointe, & très-entière; extrémité ou fommet terminé en pointe aiguë.

SUPPORTS. {
Armes, aucune, pas même des poils.

Stipules; hyvernacles écailleux, concaves, entiers, & qui tombent de bonne heure.

Bractées; petites feuilles fubulées, feffiles, placées au bas des péduncules du fecond ordre.

Pétioles femi-cylindriques, fimples & grêles.

Péduncules, de trois fortes; d'abord un péduncule général, qui produit des péduncules latéraux d'un fecond ordre; ceux-ci portent plufieurs fleurs, qui ont leurs péduncules particuliers. *Voyez* Port.

Vrilles, aucune.
}

PORT. D'une *racine* commune fortent *plufieurs tiges* verticales, flexueufes, branchues & ramifiées; les *branches*, les *rameaux* & les *feuilles* font oppofés; les *fleurs* font terminales, & font difpofées en *thyrfe*, c'eft-à-dire, en forme de pyramide, dans l'ordre fuivant: de l'extrémité d'un rameau fort *un péduncule* général; ce péduncule, peu après la fortie du rameau, pouffe deux branches oppofées, longues; plus haut, dans une direction à faire croix avec les branches inférieures, fortent deux autres branches encore oppofées, mais plus courtes que les inférieures, & toujours par étages, jufqu'à ce qu'au lieu de branches, le péduncule général pouffe des péduncules uniflores. Les premiers péduncules qui fortent du péduncule général, portent plufieurs fleurs qui font toutes munies d'un péduncule particulier, & oppofées.

VÉGÉTATION. Cet arbriffeau pouffe fes feuilles en février, fleurit depuis février jufqu'à avril: les feuilles tombent aux gelées; toute la plante perfifte les hivers.

LIEU. Cultivée dans nos jardins.

PROPRIÉTÉS. { *Odeur*; les feuilles froiffées font prefque inodores; les fleurs ont une légère odeur femblable à celles du Lilas ordinaire.
{ *Saveur* herbacée, un peu falée & amère.

ANALYSE,
VERTUS, } inconnues.
USAGE,
DOSE,

ETYMOLOGIE. *Syringa*, du mot grec συριγξ, *fiftula* (voyez la page 224); *Perfica*, parce que cette efpèce nous eft apportée de Perfe.

NOM GÉNÉRIQUE PHYTONOMATOTECHNIQUE.

G I Q D Y A B I A H E S F È.

S Y N O N Y M I E.

SYRINGA (*Perfica*); *foliis lanceolatis integris. Mur. Syft. Veget. ed. 14. 57. Linn. Hort. Clif. 6. Sauv. Met. fol. 130.*

———— *foliis lanceolatis. Linn. Spec. Plant. 11. id. Syft. Plant. 1. 21. Mur. Syft. Veget. ed. 13. 55. Gouan. Hort. 8.*

———— *Babylonica, indivifis, denfioribus, confertis & minùs acutis foliis. Pluk. Almag. 359. id. Phytogr. tab. 227. fig. 8.*

LILAS *liguftri folio. Tourn. Inft. 602. Duham. Arb. 6. R.*

———— *de Perfe. Lam. 2. 305.*

THYMUS Vulgaris *L.*

THYMUS
VULGARIS.
THYM *COMMUN.*

ORDRES SYSTÉMATIQUES

DE TOURNEFORT.	VON LINNÉ.	DE JUSSIEU.
Claſſe IV. Section 3. Genre 7.	Claſſe XIV. Ordre 1.	Claſſe VII. Ordre 9. les Labiées.

DESCRIPTION.

ENVELOPPE, aucune.

CALICE. *Périanthe* monophylle, campanulé, inférieur, perſiſtant, fendu en deux lèvres : une ſupérieure découpée en trois dents aiguës, redreſſées (3), une inférieure fendue en deux parties aiguës, ſubulées & ciliées (2); le corps de ce calice eſt ſtrié de pluſieurs ſtries longitudinales; l'entrée, lorſque la corolle eſt tombée, ſe trouve fermée par un cercle de poils qui cachent les germes.

COROLLE. *Un pétale* (S) caduc, irrégulier, fendu en deux lèvres inégales; la ſupérieure (7) eſt retrouſſée & découpée en deux lobes arrondis; l'inférieur eſt découpée en trois lobes inégaux, arrondis; le lobe intermédiaire eſt le plus long; le tube eſt cylindrique, plus long que le calice.

ETAMINES. *Quatre filets* (4) cylindriques, inégalement élevés, mais auſſi, fixés dans la corolle, & deux différentes hauteurs; deux de ces filets paroiſſent plus longs, & ſont égaux entre eux; les deux autres ſont plus courts, & ſont auſſi égaux entre eux; *quatre anthères* (5) arrondies, & qui s'ouvrent par les côtés.

PISTIL. *Quatre germes* arrondis, liſſes; *un ſtyle* filiforme, de la longueur de la corolle; *deux ſtigmates* aigus & écartés.

NECTAR, aucun; à moins qu'on ne donne ce nom au cercle de poils qui cachent les germes des graines dans le calice. *Voyez* Calice.

PÉRICARPE, aucun.

SEMENCES. *Quatre graines* arrondies, liſſes.

RACINE fibreuſe, ligneuſe, pivotante, garnie de fibrilles.

TRONC. *Tige* ligneuſe, petite, qui pouſſe un grand nombre de branches, de rameaux, de feuilles & de fleurs.

FEUILLES très-ſimples, élancées, très-entières; ſurface ſupérieure liſſe, un peu griſâtre, convexe; ſurface inférieure, concave, veinée, griſâtre, & ponctuée d'une infinité de petits points comme de très-légères piquures de camion; bords entiers, reployés en deſſous; baſe & ſommet un peu obtus.

SUPPORTS. {
Armes; toute la plante eſt couverte d'un très-léger duvet qui la rend griſâtre.

Stipules, aucune.

Bractée; à la naiſſance des péduncules on apperçoit quelques petites feuilles, que l'on ne croit pas devoir nommer bractées, parce qu'on en voit de pareilles aux aiſſelles privées de fleurs.

Pétioles très-courts, ſemi-cylindriques, ſouvent nuls.

Péduncules cylindriques, pluſieurs enſemble, ſimples, moins longs que les feuilles.

Vrilles, aucune.
}

PORT. D'une *racine* fort une ou plufieurs *tiges* ligneufes, à écorce très-brune, gercée; cette tige pouffe plufieurs *branches* oppofées, & à écorce grifâtre; les branches donnent des rameaux auffi oppofés; les *feuilles* font oppofées, les *fleurs* font axillaires, par toupets, mais fi nombreufe, que la réunion des deux aiffelles forme des anneaux de fleurs autour de la tige; ces anneaux fe continuent jufqu'à l'extrémité des rameaux, de manière à conftituer des épis obtus.

VÉGÉTATION. Cette plante eft toujours verte, & garnie de feuilles; les fleurs fe montrent de mai jufqu'à octobre, les graines mûriffent rarement en France, toute la plante perfifte les hivers.

LIEU. Les terrains fecs & arides des provinces méridionales de la France, cultivée dans prefque tous les jardins, à caufe de fa bonne odeur & de fon utilité comme affaifonnement.

PROPRIÉTÉS. { *Odeur*; toute la plante a une odeur aromatique, très-agréable.
{ *Saveur*; toute la plante eft aromatique, piquante, âcre au goût.

ANALYSE { *pyrotechnique*; cette plante donne de l'eau de végétation odorante; plus, de l'huile aromatique, très-agréable, & du camphre.
{ *hygrotechnique*, inconnue.

VERTUS. Le Thym eft échauffant, tonique, fortifiant; ftomachique, fudorifique, emménagogue, propre à l'afthme pituiteux, aux bouffiffures exemptes de fièvre, employé foit intérieurement ou extérieurement.

USAGE. On fe fert de cette plante dans nos cuifines pour affaifonner les alimens; en Médecine, pour fortifier l'eftomac, pour ranimer l'action des folides dans les maladies de foibleffe exemptes de fièvres; on l'emploie dans l'afthme humide pituiteux, & dans la pituite; extérieurement, pour les bouffiffures, on le joint aux fomentations aromatiques.

DOSE. Le Thym en infufion aqueufe, par pincées comme du Thé, dans trois taffes d'eau, pour fortifier l'eftomac; extérieurement, par poignées.

ÉTYMOLOGIE. *Thymus*, du mot grec Θυμὸς, *animus*, ame, courage; parce qu'on a regardé le Thym comme une plante propre à ranimer les forces.

NOM GÉNÉRIQUE PHYTONOMATOTECHNIQUE.

QIQGYAFOASIĂZ.[3]

SYNONYMIE.

THYMUS (*vulgaris*) *erectus; foliis revolutis ovatis, floribus verticillato-fpicatis. Linn. Spec. Plant.* 825. id. *Syft. Plant.* 3. 80. *Mur. Syft. Veget. ed.* 13. 452. id. ed. 14. *Linn. Mat. Med.* 152. *Sauv. Met. fol.* 148. *Gouan. Hort.* 289. *Flor. Monfp.* 79. *Guet. Flor. Gall. Prov.* 262.

————— *vulgaris folio tenuiore & latiore. Tourn. Inft.* 196. *C. B. Pin.* 219. *Garid.* 463.

————— *vulgaris rigidius folio cynereo. J. B.* 3. 263.

THYM vulgaire. *Lam.* 2. 392.

LOU-TIN des Béarnois & de Montpellier.

LA POTE, } à Montpellier. *Gouan. Hort.* 289
LA FRIGOULE, {

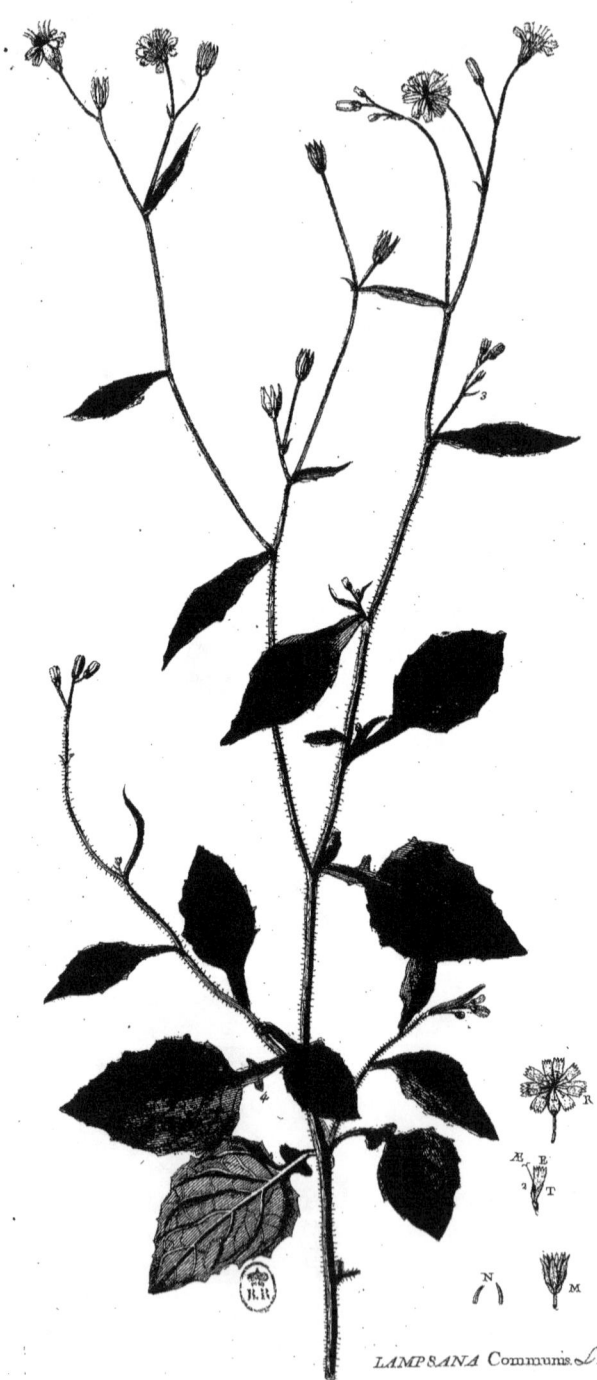

LAMPSANA Communis. L.

LAMPSANA

COMMUNIS.

LAMPSANE *COMMUNE.*

ORDRES SYSTÉMATIQUES

DE TOURNEFORT.	VON LINNÉ.	DE JUSSIEU.
Claffe XIII. Section 2. Genre 4.	Claffe XIX. Ordre 1.	Cl. IX. Ordre 1. les Chicoracées.

DESCRIPTION.

ENVELOPPE. *Squammation* (M) périanthiforme, compofée de deux rangées d'écailles inégales ; la rangée extérieure eft formée de quatre à cinq petites écailles ovoïdes, aiguës, glabres, & plaquées contre les écailles intérieures ; celles-ci, au nombre de huit, font linéaires ou lancéolées : toutes perfiftent jufqu'à la maturité des graines, autour def-quelles elles fe rangent en forme de côtes de melon.

CALICE, aucun.

COROLLE { confidérée dans l'enfemble (R), compofée, femi-flofculeufe ; demi-fleurons au nombre de douze à vingt, rangés en roue autour d'un centre commun & fertiles.

confidérée en particulier (T) ; demi-fleuron en forme de languette ; limbe applati, jaune, & denté de cinq petites dents égales (E), aiguës ; tube très-court, formé par le bas du limbe, qui fe reploie en cornet pour s'inférer fur le germe.

ETAMINES. *Cinq filets* courts, cylindriques, très-fins, attachés au haut du tube de la corolle ; cinq anthères (2) réunies en forme de cylindre, au travers duquel paffe le piftil (Æ).

PISTIL. *Un germe* arrondi, placé fous la corolle (T), liffe & glabre ; *un ftyle* cylindrique, filiforme, de la longueur du pétale, terminé par *deux ftigmates* (Æ) écartés & reployés en crochet.

NECTAR, } aucun.
PÉRICARPE, }

RÉCEPTACLE. *Plan* applati, liffe, nu, fans poils ni écailles, formé par le fond de l'enve-loppe (M), & qui donne attache aux graines (N) : celles-ci portent les demi-fleurons (T).

SEMENCES. *Plufieurs graines* (N), une qui fuccède à chaque demi-fleuron ; elles font fubulées, anguleufes, un peu courbées, obtufes d'un bout, aiguifées de l'autre.

RACINE fibreufe, dure, ramifiée, tantôt pivotante, d'autres fois horizontale.

TRONC. *Tige* verticale, cylindrique, ftriée, velue, creufe, laiteufe, branchue, & fouvent ramifiée.

FEUILLES très-fimples ; les inférieures font ovoïdes, & accompagnées de deux oreillettes (4) à leur pétiole ; les moyennes font ovoïdes, non-oreillées ; les fupérieures font lancéo-lées, feffiles : toutes ont leurs bords entamés de finus qui reffemblent à des morfures ; les furfaces font veinées de veines enfoncées, quand on les confidère par deffus, & de veines en boffe quand on les confidère en deffous.

SUPPORTS.
{
Armes ; toute la plante, mais particulièrement la tige, est couverte de poils solitaires.

Stipules, aucune.

Bractées ; petites feuilles (3) subulées, sessiles, très-entières, placées au bas des pédoncules.

Pétioles applatis, formés d'une nervure & d'un limbe ; aucun aux feuilles supérieures.

Pédoncules cylindriques, uniflores, droits, verticaux, terminant les tiges & les branches.

Vrilles, aucune.
}

PORT. D'une *racine* sort *une tige* verticale, un peu flexueuse, velue, creuse, laiteuse ; les branches sont alternes ; les *feuilles* sont aussi alternes ; les *fleurs* sont terminales, pédonculées, jaunes : toutes les parties de la plante donnent du lait lorsqu'on les coupe.

VÉGÉTATION. Sort de terre en mars-avril ; fleurit depuis juin jusqu'en novembre ; les graines mûrissent à fur & à mesure ; les tiges & les racines périssent aux gelées.

LIEU. Les fossés, autour des maisons, dans les champs, par toute la France.

PROPRIÉTÉS.
{
Odeur ; toute la plante a une odeur herbacée, devient un peu nauseuse lorsqu'elle fleurit.

Saveur ; toute la plante, étant jeune, a un goût de laitue ; étant plus âgée elle est amère.
}

ANALYSE
{
pyrotechnique. Cinq livres de Lampsane fleurie ont donné, par la distillation, une eau de végétation herbacée, obscurément acide, ensuite austère ; plus, une eau empyreumatique, un sel volatil concret, & enfin une once & un gros d'huile en consistance de graisse ; la masse noire calcinée & lessivée, a donné six gros & demi de sel alkali.

hygrotechnique, inconnue.
}

VERTUS. La Lampsane est rafraîchissante, fondante, détersive, émolliente.

USAGE. On emploie la Lampsane extérieurement en fomentation, pour ramollir les duretés, calmer les douleurs ; son suc déterge puissamment les ulcères, guérit les dartres, & les ulcères des mamelles, appliquée à l'extérieur ; on la mange en salade dans plusieurs provinces de la France, en la substituant à la laitue ; elle lâche un peu le ventre.

DOSE. Par poignées à l'extérieur ; on n'en fait presque aucun usage intérieurement.

ETYMOLOGIE. *Lampsana,* du mot grec λαμπαζω, *evacuo,* parce que cette plante étant mangée lâche le ventre ; *papillaris,* & herbe aux mamelles, parce qu'elle guérit les excoriations de ces parties.

NOM GÉNÉRIQUE PHYTONOMATOTECHNIQUE.

XETSYABONÂIL.

SYNONYMIE.

LAMPSANA (*communis*) ; *calicibus fructu angulatis, pedunculis tenuibus ramosissimis.* Linn. *Syst. Plant. 3. 663. id. Spec. Plant. 1141.* Dalib. *Paris. 244.* Scop. *Carn. ed. 2. 988.* Flor. *Dan. tab. 500.* Mur. *Syst. Veget. ed. 13. 602. id. ed. 14.* Gouan. *Hort. 417. id. Flor. Monsp. 354.* Gerard. *Flor. gall. Prov. 173.*
——— *caule brachiato, foliis ovatis, longe petiolatis, petiolis pinnatis.* Hal. *Helv. n° 6.*

SONCHO *affinis Lampsana domestica.* C. B. *Pin. 124.*

SONCHUS *sylvaticus. 1, 2, 3.* Taber. *Mont. 192, 193.*

LAMPSANA. Dodon. *Pempt. 675.* J. B. *2. 1028.* Tourn. *Inst. 479.* Garid. *265.* Vail. *Bot. Paris. 113.* Pluk. *Almag. Bot. 104.*

LAMPSANE commune.

HERBE-AUX-MAMELLES.

Fig. 2.

SOLANUM Tuberosum. L.

SOLANUM

TUBEROSUM.

MORELLE *POMME-DE-TERRE.*

ORDRES SYSTÉMATIQUES

DE TOURNEFORT.	VON LINNÉ.	DE JUSSIEU.
Claffe II. Section 7. Genre 1.	Claffe V. Ordre 1.	Claffe VII. Ordre 6. les Solanées.

DESCRIPTION.

ENVELOPPE, aucune.

CALICE. *Périanthe* (G) monophylle, perfiftant, inférieur, divifé en cinq parties entières, ovoïdes, égales, d'abord campaniformes & appliquées contre la corolle, enfuite ce calice s'applatit en rofette & foutient le péricarpe.

COROLLE. *Un pétale* (S) applati, évafé, à cinq angles, imitant une molette d'éperon, inféré fous le germe par le moyen d'un petit tube (T), & qui tombe de bonne heure.

ÉTAMINES. *Cinq filets* applatis, courts, inférés fur le tube de la corolle (T); *cinq anthères* (1, 2, 3, 4, 5) égales, formées de deux cylindres adoffés enfemble, qui s'ouvrent chacune par deux trous à la partie fupérieure.

PISTIL. *Un germe* (6) arrondi, liffe, fupérieur à l'infertion du calice & de la corolle; *un ftyle* (7) cylindrique, un peu plus long que les étamines; *un ftigmate* (E) arrondi en tête.

NECTAR, aucun.

PÉRICARPE. *Une baie* (B) pulpeufe, biloculaire (I), fphérique, liffe, unie, & qui tombe de bonne heure.

RÉCEPTACLE. *Une cloifon* & un corps fongueux, placés au milieu du péricarpe.

SEMENCES. *Plufieurs graines* arrondies, liffes, placées en cercle autour de chaque loge du péricarpe.

RACINE d'abord tubéreufe, enfuite fibreufe, ramifiée, terminée par des tubercules (fig. 2) folides, marqués de petites impreffions longitudinales; écorce liffe, fouvent rougeâtre.

TRONC. *Tige* verticale, anguleufe, liffe, branchue, ramifiée, feuillée & florifère.

FEUILLES compofées, pinnées par interruption; *folioles* ovoïdes, entières; furfaces veinées de veines ramifiées, très-apparentes en deffous.

SUPPORTS.
- *Armes*, aucune, même prefque point de poils.
- *Stipules,* *Bractées,* aucune.
- *Pétioles*; de généraux (8) femi-cylindriques & communs, à plufieurs folioles feffiles, rangées fans ordre régulier, c'eft-à-dire, tantôt oppofées, tantôt alternes, quelquefois légèrement pétiolées.
- *Péduncules*; de communs cylindriques, de particuliers auffi cylindriques, difpofés en forme de fauffe grappe.
- *Vrilles*, aucune.

Port. D'un *tubercule* folide s'élève verticalement *une tige* cylindrique ; cette tige pouffe latéralement & alternativement des *branches* obliques qui partent des aiffelles des feuilles ; les *feuilles* font auffi alternes , & formées de *cinq* à *treize foliotes* moitié grandes , moitié plus petites , intercalées ; ces folioles , la plupart du temps , font oppofées , la foliole terminale eft la plus grande, toutes font entières ; les *fleurs* font portées fur de longs *péduncules* qui fe ramifient & portent plufieurs fleurs difpofées en grappe irrégulière.

Végétation. Sort de terre en mai, fleurit de juillet à septembre , les fruits font mûrs en octobre , les tiges & les feuilles périffent en hiver , les racines vivent plufieurs années.

Lieu. Nos champs, où on la cultive ; elle eft très-commune en Virginie, d'où on nous l'a apportée.

Propriétés. { *Odeur* ; toute la plante eft herbacée ; la racine crue eft herbacée, farineufe.
{ *Saveur* ; toute la plante eft herbacée, falée ; la racine eft douceâtre, farineufe.

Analyse { *pyrotechnique*, inconnue.
{ *hygrotechnique* ; la racine rapée & lavée fournit beaucoup de parties amilacées.

Vertus. La racine de la Pomme-de-terre eft nourriffante, rafraîchiffante, incraffante ; elle convient, réduite en pulpe, aux poitrinaires & aux eftomacs pareffeux.

Usage. On l'emploie plus dans nos cuifines qu'en Médecine ; les cuifiniers l'apprêtent fous toutes fortes de formes ; elle fait toujours un mets agréable & fain.

Etymologie. *Solanum*, à *folari*, foulager (voyez la page 112) ; *tuberofum*, tubéreux, à caufe de la forme de fes racines.

NOM GÉNÉRIQUE PHYTONOMATOTECHNIQUE.

J E Q J I A B I A J I S B E Z.

SYNONYMIE.

Solanum (*tuberofum*) ; *caule inermi herbaceo, foliis pinnatis integerrimis pedunculis fubdivifis.* Linn. *Syft. Plant.* 1. 513. id. *Spec. Plant.* 265. Mur. *Syft. Veget. ed.* 13. 187. id. *ed.* 14. Dalib. *Parif.* 73. Sauv. *Monfp.* 220.

———— *foliis pinnatis, foliolis integerrimis : impari maximo.* Gouan. *Hort.* 109. id. *Flor. Monfp.* 33.

———— *tuberofum fculentum.* C. B. Pin. 167. Prod. 89. fig. *Vail. Parif.* 188. Tourn. *Inft.* 149.

Papas *Americanum.* J. B. 3. 621.

Morelle patate. *Dub.* 2. 187.

Morelle Pomme-de-terre.

La Pomme-de-terre.

La Patate de Virginie.

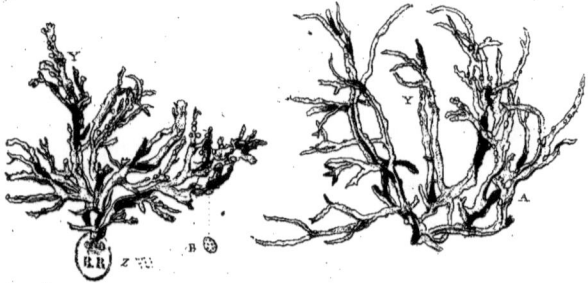

LICHEN Farinaceus. *L.*

LICHEN

FARINACEUS.

LICHEN *FARINEUX.*

ORDRES SYSTÉMATIQUES

DE TOURNEFORT.	VON LINNÉ.	DE JUSSIEU.
Claffe XVI. Section 2. Genre 3.	Claffe XXIV. Ordre 3. *Algœ.*	Claffe I. Ordre 2. les Algues.

DESCRIPTION.

ENVELOPPE,
CALICE, } aucune apparence.
COROLLE,

ETAMINES. Aucun filet, aucune anthère; *pouffière fécondante* (B) blanche, verdâtre, très-fine, poudreufe, parfemée par petits paquets fur le bord du feuillage & autour des réceptacles. *Voyez* Port.

PISTIL,
NECTAR, } aucune apparence.
PÉRICARPE,

RÉCEPTACLE. *Petites facettes* (Y) applaties, branchues, orbiculaires, très-vifibles, placées au bord du feuillage, mais fur-tout au bord des ramifications.

SEMENCES. *Petites graines* (Z) très-fines, très-blanches, pofées fur le réceptacle (B), & d'une figure très-difficile à déterminer.

RACINE, aucune que l'œil puiffe appercevoir : il eft à croire que les fibres qui la compofent font très-fines, & qu'elles fe confondent avec l'écorce des arbres, qui donne nourriture à cette végétation.

TRONC. La plante forme des ramifications, qui feront décrites fous le nom de *feuillage.* Voyez Port.

FEUILLES. Toute la plante reffemble à une feuille déchiquetée : fa forme fera décrite au mot Port.

SUPPORTS. {
Armes, aucune pas même de poils.
Stipules, } aucune.
Bractées,
Pétioles, } aucun.
Péduncules,
Vrilles, aucune.

PORT. D'une *branche d'arbre* ou de fon *tronc,* fort un *feuillage* en lanières (A) applaties, droites, découpées de deux en deux; *branches* auffi applaties, fubdivifées en de plus petites encore, pour fe terminer par des enfourchemens applatis & étroits; le bord de ce feuillage eft entier, arrondi, confidéré des deux côtés; mais il eft garni de petites *verrues* circulaires, poudreufes & grifâtres; confidérées à la loupe, chaque verrue offre deux parties, favoir, un circuit poudreux, d'un blanc verdâtre ou

Tome I.   N n n rougeâtre, & un centre applati, poudreux & blanc ; les deux furfaces du feuillage, tant la fupérieure que l'inférieure, font applaties, élargies à chaque enfourchement, & d'une couleur uniforme, grifâtre lorfque les furfaces font fèches, verdâtre lorfqu'elles font mouillées : ces deux furfaces font de plus très-glabres, les derniers rameaux font très-déliés.

Végétation. Se montre au printemps & tout l'été, même l'hiver fuivant ; cette plante perfifte plufieurs années.

Lieu. Sur l'écorce des arbres, dans les forêts des environs de Paris.

Propriétés. { *Odeur*, nulle.
{ *Saveur* un peu falée, fentant le moifi.

Analyse, }
Vertus, } inconnues.
Usage, }
Dose, }

Etymologie. *Lichen*, du mot grec λειχην, dartre (voyez la page 28) ; *farinaceus*, farineux, parce qu'on a obfervé que cette plante lance une grande quantité de farine lorfqu'on la touche.

NOM GÉNÉRIQUE PHYTONOMATOTECHNIQUE.
Á B Á I Z.

SYNONYMIE.

Lichen (*farinaceus*) *foliaceus, erectus, compreffus, ramofus, farinaceus : lateribus verrucofis.* Linn. Spec. Plant. 1613. id. Gerard. Flor. Gall. Prov. 29. n°. 9.

———— (*farinaceus*) *foliaceus, erectus, compreffus, ramofus ; verrucis marginalibus farinofis.* Linn. Syft. Plant. 4. 539. Mur. Syft. Veget. ed. 13. 807. id. ed. 14. 960.

———— *lacunofus complanatus, ramis acutiffimis, orbiculis farinofis marginalibus frequentiffimis.* Hal. Helv. 1981.

———— *foliaceus, erectus, laciniatus ; laciniis acutis, rugofis, rigidis ; verrucis lateralibus.* Scop. Carn. ed. 1. 97. n°. 27.

———— *cinereus anguftior, fcutis in marginibus fegmentorum.* Vail. Parif. 115. tab. 20. fig. 13, 14 & 15.

Lichenoïdes *fegmentis anguftioribus ad margines, verrucofis & pulverulentis.* Dil. Mufc. 172. tab. 23. fig. 63.

Lichen farineux. Lam. 1. 83. genr. 63.

Orseille farineufe. Dub. 2. 455.

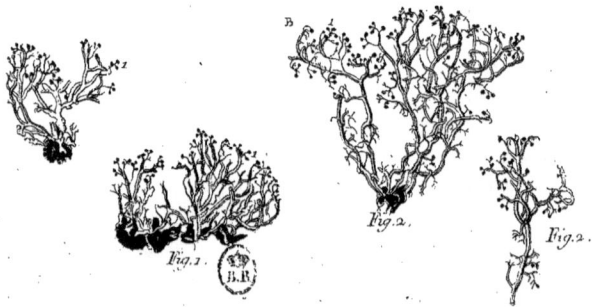

Fig.1

Fig.2

Fig.2

B.R.

LICHEN Rangiferinus. L.

LICHEN

RANGIFERINUS.

LICHEN *DES RENNES.*

ORDRES SYSTÉMATIQUES

DE TOURNEFORT.	VON LINNÉ.	DE JUSSIEU.
Cl. XVII. S. 1. G.7. *Coralloïdes.*	Claffe XXIV. Ordre 3. *Algœ.*	Claffe I. Ordre 2. les Algues.

DESCRIPTION.

ENVELOPPE,
CALICE, } aucune apparence.
COROLLE,

ETAMINES. Aucun filet, aucune anthère ; *pouſſière fécondante* griſâtre, parfemée ſur toutes les parties de la plante.

PISTIL,
NECTAR, } aucune apparence.
PÉRICARPE,

RÉCEPTACLE. *Tubercules* ſphériques (I), liſſes, placés aux extrémités des rameaux de cette plante, & que l'on apperçoit ſur certains individus lorſqu'ils ſont dans leur état de perfection : ces réceptacles ſont d'un rouge-brun, pédiculés, & terminent les petites cornes de cette plante.

SEMENCES. *Pluſieurs graines* très-fines, ſphériques, mais dont la forme eſt difficile à déterminer.

RACINE. *Petites fibres* très-déliées, fixées dans terre.

TRONC. *Tige* cylindrique, verticale, molle & flexible lorſqu'elle eſt mouillée, roide & très-caſſante lorſqu'elle eſt ſèche, creuſe en dedans, fiſtuleuſe, branchue & ramifiée ; branches verticales, peu diſtantes de la tige ; rameaux auſſi verticaux ; les dernières ramifications ſont ſouvent réfléchies.

FEUILLES, aucune.

SUPPORTS. { *Armes*, aucune ; les extrémités des rameaux ſont terminées par de petites ramifications rondes & preſque épineuſes, lorſque la plante eſt ſèche.
Stipules, }
Bractées, } aucune.
Pétioles, aucun.
Péduncules très-grêles (B), cylindriques, portant chacun une petite ſphère, qui eſt le réceptacle.
Vrilles, aucune.

PORT. De terre & par touffes s'élèvent *pluſieurs tiges* creuſes, verticales, blanches, cylindriques, ſouples lorſqu'elles ſont humides, roides & caſſantes lorſqu'elles ſont ſèches ; ces tiges pouſſent des *branches* plus ou moins verticales, quelquefois preſque horizontales, alternes, cylindriques & blanches ; ces branches donnent des *rameaux*, ceux-ci des ramifications, pour enfin finir par des extrémités ſubulées, rougeâtres, droites (fig. 1), ou par des extrémités fubulées, rougeâtres, recourbées (fig. 2), ou enfin par des extrémités droites ou courbées, mais garnies de petites fphères rougeâtres (1 , 1), pédiculées; quelquefois cette végétation femble être dichotome, tant les branches & rameaux font écartés dans leur naiffance.

VÉGÉTATION. Se trouve en tout temps dans les trois états que nous l'avons fait repréfenter ; fa fructification ne fe fait pas appercevoir également fur tous les pieds.

LIEU. Nos bois, nos forêts, parmi les bruyères; fi commun dans quelques cantons du bois de Boulogne, que l'on pourroit l'y faucher.

PROPRIÉTÉS. { *Odeur*, nulle.
{ *Saveur*, nulle ou prefque nulle.

ANALYSE,
VERTUS , } inconnues.
USAGE ,
DOSE ,

ETYMOLOGIE. *Lichen*, du mot grec λειχην (voyez la page 10); *rangiferinus*, de *rangifer*, Renne : cette plante porte ce nom , foit parce qu'elle reffemble par fes ramifications aux cornes de cet animal , ou bien parce qu'elle fait une partie de fa nourriture. *Coralloïdes*, à caufe de la reffemblance de fa végétation avec un petit corail.

NOM GÉNÉRIQUE PHYTONOMATOTECHNIQUE.

Á BÄ I Z.

SYNONYMIE.

LICHEN (*rangiferinus*); *fructiculofus perforatus ramofiffimus*, *ramulis nutantibus. Linn. Syft. Plant. 4. 554. id. Spec. Plant. 1620. Mur. Syft. Veget. ed. 13. id. ed. 14. 963. Gerard. Flor. Gall. Prov. 33. Gouan. Hort. 534. Flor. Monfp. 455. Flor. Dan. tab. 180.*

———— *fructiculofus , farinofus , furculis innumeris nutantibus. Hal. Helv. n°. 1957.*

———— *coralloïdes tubulofus , major , candidus , ramofiffimus , receptaculis florum rufefcentibus perexiguis. Mich. Nov. Gener. Plant. 79. tab. 40. fig. 1.*

CORALLOÏDES *montanum, fructiculi fpecie, ubique candicans. Dil. Mufc. 107. tab. 16. fig. 29.*

———————— *corniculis candidiffimis. Tourn. Inft. 567. Vail. Bot. Parif. 42.*

MUSCO-FUNGUS *coralloïdes montanus, ramofiffimus, cinereus, vulgaris. Mor. Hift. 3. p. 633. fect. 15. tab. 7. fig. 9.*

MUSCUS *coralloïdes , feu cornutus montanus. C. B. Pin. 361.*

———— *corallinus , feu corallina montana. J. B. Hift. 3. 1198.*

LICHEN des rennes. *Lam. 1. 89. genr. 1274.*

CORALLOÏDE des rennes. *Dub. 2. 460.*

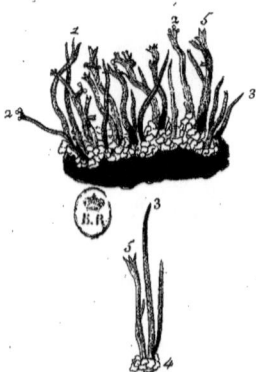

LICHEN Cornutus.

LICHEN

CORNUTUS.

LICHEN *CORNU.*

ORDRES SYSTÉMATIQUES

DE TOURNEFORT.	VON LINNÉ.	DE JUSSIEU.
Claffe XVI. Section 2. Genre 3.	Claffe XXIV. Ordre 3. *Algœ.*	Claffe I. Ordre 2. les Algues.

DESCRIPTION.

ENVELOPPE,
CALICE, } aucune apparence.
COROLLE,

ETAMINES. Aucun filet, aucune anthère ; *pouffière fécondante* parfemée fur toute la furface de la plante, ce qui la rend blanche & farineufe.

PISTIL,
NECTAR, } aucune apparence.

PÉRICARPE. Fructification à l'extrémité des dents des entonnoirs (2), & au haut des branches, fous la forme de petites fphères. *Voyez* Réceptacle.

RÉCEPTACLE. *Tubercules* fphériques (2), pédiculés, liffes, placés aux extrémités des pédicules cylindriques, raffemblés, fouvent plufieurs fur la même extrémité de la branche ou rameau, & qui tombent de bonne heure.

SEMENCES très-fines, fi l'on peut nommer graines une petite pouffière rougeâtre qui fe détache dans certains temps des réceptacles.

RACINE. *Petites fibres* très-déliées, fragiles, qui s'incruftent à terre ou fur les écorces des arbres.

TRONC. *Tiges* tantôt fimples, fouvent branchues, ordinairement cylindriques, quelquefois applaties, toujours verticales & toujours creufes. *Voyez* Port.

FEUILLES. *Imbrication* écailleufe, qui fera décrite au mot Port, fous le nom de *feuillage.*

SUPPORTS. {
Armes, aucune ; les extrémités des tiges & des branches font terminées par des pointes aiguës (3, 2 & 5), qui, lorfque la plante eft fèche, font roides & prefque piquantes ; mais qui, lorfque la plante eft humide, font molles & flexibles.

Stipules,
Bractées, } aucune.

Pétioles, aucun.

Péduncules courts, déliés, cylindriques, foutenant chacun un globule (2) fphérique, rougeâtre.

Vrilles, aucune.
}

PORT. D'une touffe de petites *racines* fibreufes, très-déliées, fort un *feuillage* (4) écailleux, embriqué & très-glabre ; chaque *écaille* eft arrondie, crenelée, lobée, verdâtre en deffus quand elle eft mouillée, grife-cendrée lorfqu'elle eft privée d'humidité, très-blanche en deſſous. Du milieu de ce feuillage s'élèvent des eſpèces de *tiges* verticales, très-ſouvent ſimples (3, 3); quelques-unes ſont branchues ou diviſées en deux cornes (1); d'autres ſont comme tubulées, & terminées par pluſieurs dentelures (5,5); quelques-unes enfin portent à leur extrémité de petits globules arrondis, liſſes (2,2), mais qui tombent de bonne heure; les tiges ſimples ſont faites en manière de corne, c'eſt-à-dire, qu'elles diminuent de volume à meſure qu'elles s'éloignent de terre, & ſe terminent en pointe: toutes ces tiges ſont liſſes, ponĉtuées de petits points farineux, quelquefois, mais très-rarement, écailleuſes.

VÉGÉTATION. Se montre dans tous les temps de l'année dans les différens états que nous l'avons décrite au mot Port.

LIEU. Nos forêts, parmi les bruyères & au pied des arbres.

PROPRIÉTÉS. { *Odeur* preſque nulle, ou tirant un peu ſur le moiſi.
{ *Saveur* ſi légèrement ſalée, qu'elle eſt preſque inſipide.

ANALYSE,
VERTUS, } inconnues.
USAGE,
DOSE,

ETYMOLOGIE. *Lichen*, du mot grec λειχην (voyez la page 10); *cornutus, corne*, qui a des cornes, parce que cette eſpèce affeĉte très-ſouvent la figure d'une corne.

NOM GÉNÉRIQUE PHYTONOMATOTECHNIQUE.

À B Ä I Z.

SYNONYMIE.

LICHEN (*cornutus*) *ſcyphifer ſimpliciuſculus ſubventricoſus, calicibus integris.* Linn. Syſt. Plant. 4. 553. id. Spec. Plant. 1620. Mur. Syſt. Veget. ed. 13. 809. id. ed. 14. Gouan. Flor. Monſp. 455.

——— *tubulatus, cinereus.* Tourn. Inſt. R. Herb. 549.

——— *caule ſimplici ſubulato, rariùs bifido.* Flor. Lapp. 234.

——— *cornubus ſimpliciſſimis, acutis, farinoſis.* Hal. Helv. 1902.

——— *cornubus ſubramoſis, acutis, farinoſis.* Hal. Helv. n°. 1903.

——— *ex albo ſubcinereus, proboſcideus & corniculatus, ut plurimùm non ramoſus.* Mich. Nov. Gener. Plant. pag. 81. n°ʳ. 12, 13, 14.

CORALLOÏDES *non ramoſa, tubuloſa.* Vail. Bot. Pariſ. 42.

——— *ſcyphiforme cornutum.* Dil. Muſc. 92. tab. 15. fig. 16. Var. E.

——— *vix ramoſum, ſcyphis obſcuris.* Dil. Muſc. 90. tab. 15. fig. 14.

MUSCUS *fiſtuloſus corniculatus.* Bar. rar. n°. 1286. tab. 1277. fig. 1. Bocc. Muſ. 2. pag. 149. tab. 107.

LICHEN *cornu.* Lam. 1. 88. genr. 1274.

PIXIDE *cornue.* Dub. Bot. Franc. 2. 460.

LICHEN Iſlandicus. *L.*

LICHEN
ISLANDICUS.
LICHEN D'*ISLANDE.*

ORDRES SYSTÉMATIQUES

DE TOURNEFORT.	VON LINNÉ.	DE JUSSIEU.
Claſſe XVI. Section 2. Genre 3.	Claſſe XXIV. Ordre 3. *Algœ.*	Claſſe I. Ordre 2. les Algues.

DESCRIPTION.

ENVELOPPE,
CALICE, } aucune apparence.
COROLLE,

ETAMINES. Aucun filet, aucune anthère ; *pouſſière fécondante* griſe, diſpoſée par taches rondes (3) ſur tout le dos du feuillage dans des petits enfoncemens : ces parties, conſidérées à la loupe, paroiſſent griſâtres & farineuſes.

PISTIL,
NECTAR, } aucune apparence.
PÉRICARPE,

RÉCEPTACLE. *Boucliers* très-liſſes, peu fréquens, placés à l'extrémité du feuillage (1).

SEMENCES. Très-petites *graines* brunes, placées ſur le réceptacle (1), & d'une figure très-difficile à déterminer.

RACINE inconnue ; il eſt à croire que cette plante a de petites fibres qui s'incruſtent aux écorces des arbres, mais que leur exacte union avec cette partie empêche de ſéparer & de les rendre viſibles.

TRONC. Aucune tige. *Voyez* Port.

FEUILLES. Toute la plante reſſemble à des feuilles roulées ſur elles-mêmes ; mais l'uſage veut que l'on nomme cette végétation *feuillage*. Voyez Port.

SUPPORTS. {
Armes ; une rangée de cils très-fins, roides, preſque piquans lorſque la plante eſt deſſéchée, bordant le feuillage.
Stipules, }
Bractées, } aucune.
Pétioles, aucun. *Voyez* Port.
Péduncules, aucun.
Vrilles, aucune.
}

PORT. Par touffes ſur l'écorce des *arbres,* on voit cette *végétation* d'une couleur verte-olivâtre s'élever verticalement ; ſon *feuillage* conſiſte en expanſions feuillacées, convexes, reployées ſur elles-mêmes par le bas d'un bord à l'autre en rouleau (2), ſouvent même les deux côtés ſont collés entre eux par de petits fils ; le bas du feuillage, dans cet état, paroît preſque cylindrique, liſſe, blanc lorſqu'il eſt mouillé, gris-rouſſâtre lorſqu'il eſt ſec ; cette partie ſe partage en *deux branches* qui ſont auſſi recoquillées ſur elles-mêmes ; les branches ſe diviſent en *deux rameaux,* plus bruns en couleur, même un peu verdâtres & plus applatis ; enfin le haut de ce feuillage eſt en lanières applaties, lobées, ciliées, & ordinairement terminées par deux cornes : la ſurface ſupérieure du feuillage eſt d'un vert-olive, ainſi que le dedans ; quelquefois on apperçoit à l'extrémité du même feuillage des boucliers (1) applatis, ciliés, rougeâtres ou rouillés.

VÉGÉTATION. On trouve cette plante en tout temps en état d'être observée, mais particu- lièrement au printemps.

LIEU. Par terre & sur les souches des vieux arbres, dans différentes provinces de la France, dans les forêts.

PROPRIÉTÉS. { *Odeur*, nulle ou presque inodore.
{ *Saveur* amère, fade, & légèrement austère.

ANALYSE. { pyrotechnique ; le premier produit que fournit cette plante est une eau acidule qui a l'odeur de champignon ; le second une eau empyreumatique ; le troisième une huile empyreumatique.
{ *hygrotechnique*, inconnue.

VERTUS. La première infusion dans l'eau bouillante est, dit-on, purgative : les habitans du Nord se servent de cette première infusion au printemps pour se purger. La seconde est astringente, béchique, propre aux ulcères du poumon, aux phthisies. La plante, sechée & réduite en poudre, est nourrissante.

USAGE. Les Suédois se purgent au printemps avec une décoction ou une infusion de cette plante ; la seconde infusion s'emploie au même pays avec succès, pour la phthisie pulmonnaire ; la plante desséchée & réduite en poudre est mélangée aux farines nourrissantes, & s'emploie comme aliment : cette plante employée en France dans les maladies de poitrine, n'a eu aucun succès.

DOSE. Comme purgatif, par poignées dans de l'eau ; comme béchique, la plante déja une fois infusée, jetée par pincées dans de nouvelle eau, & infusée comme du thé ; en aliment, mélangée avec cinq parties des farines nourrissantes.

ETYMOLOGIE. *Lichen*, du mot grec λειχην (voyez la page 10) ; *Islandicus*, d'Islande, parce que la première dont on a fait usage à Paris pour les ulcères du poumon, nous fut apportée d'Islande où cette plante est très-commune.

NOM GÉNÉRIQUE PHYTONOMATOTECHNIQUE.

Å B Ä I Z.

SYNONYMIE.

LICHEN (*Islandicus*) ; *foliaceus ascendens laciniatus ; marginibus elevatis ciliatis. Linn. Syst. Plant. 4. 536. id. Spec. Plant. 1611. id. Mat. Met. 228. Scop. Carn. ed. 2. n°. 1385. Œd. Flor. Dan. tab. 155. Gerard. Flor. gall. Prov. 29. Mur. Syst. Veget. ed. 13. 807. id. ed. 14. 960.*

———— *fronde convexâ, ciliatâ, pustulatâ, obtusè ramosâ, utrinque levi, ramis brevissimis bicornibus. Hal. Helv. n°. 1978.*

———— *pulmonarius, minor, angustifolius, spinis tenuissimis ad margines ornatus, recep- taculis florum transverse oblongis, rubris vel ex rubro - ferrugineis. Mich. Nov. Gener. Plant. 85. tab. 44. fol. 4.*

LICHENOÏDES *rigidum, eryngii folia referens. Ray, Synops. ed. 3. 77. n°. 90. Dil. Musc. 209. tab. 28. fig. 111.*

MUSCO *fungus terrestris, supernè cinereus Islandicus. Mor. Hist. part. 3. pag. 633.*

LICHEN d'Islande. *Lam. 1. pag. 81. genr. 127.*

ORSEILLE d'Islande. *Dub. 2. 436.*

A V I S.

Les Tables qui terminent le Tome II, contiennent les Noms des Plantes décrites dans les deux premiers Volumes.

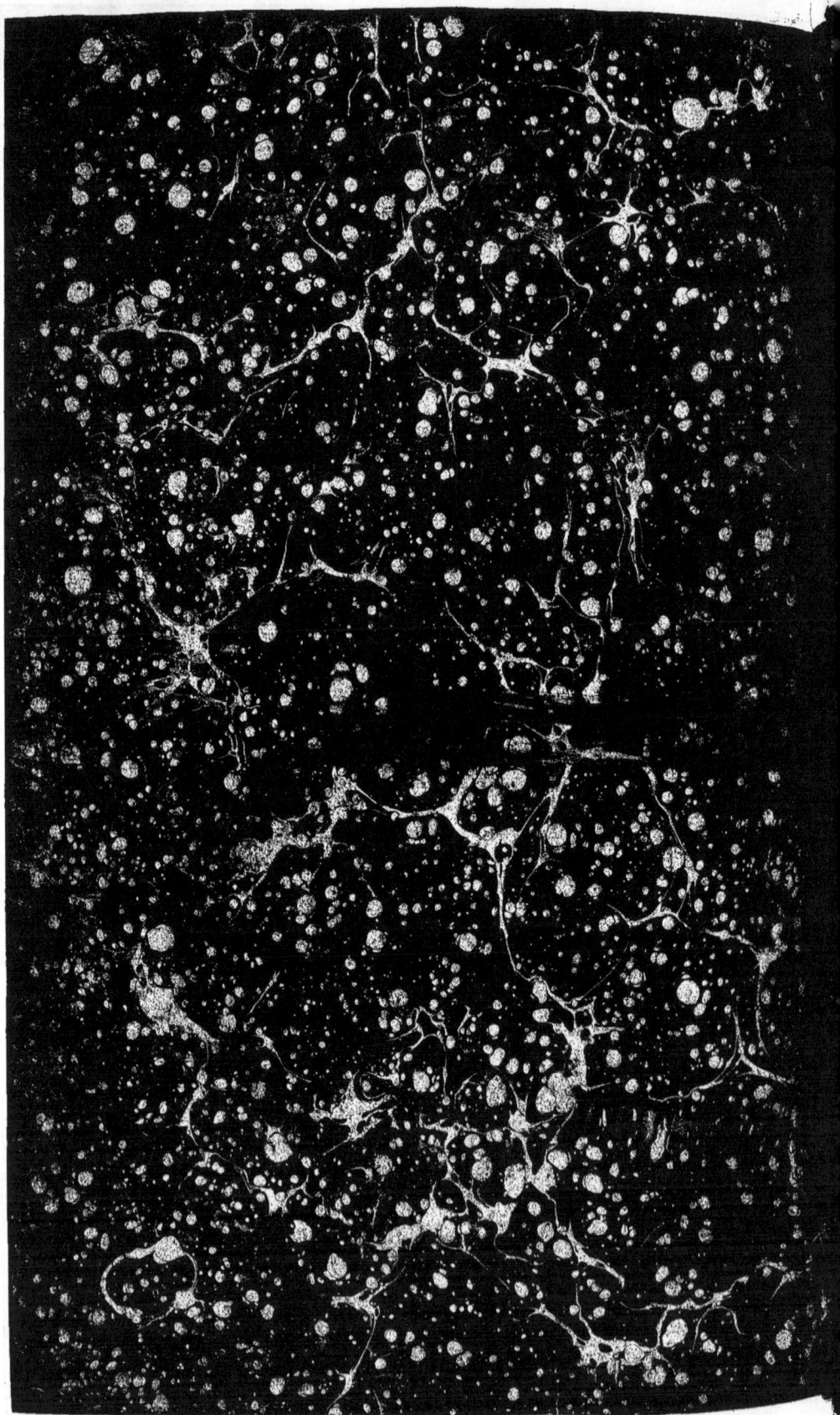

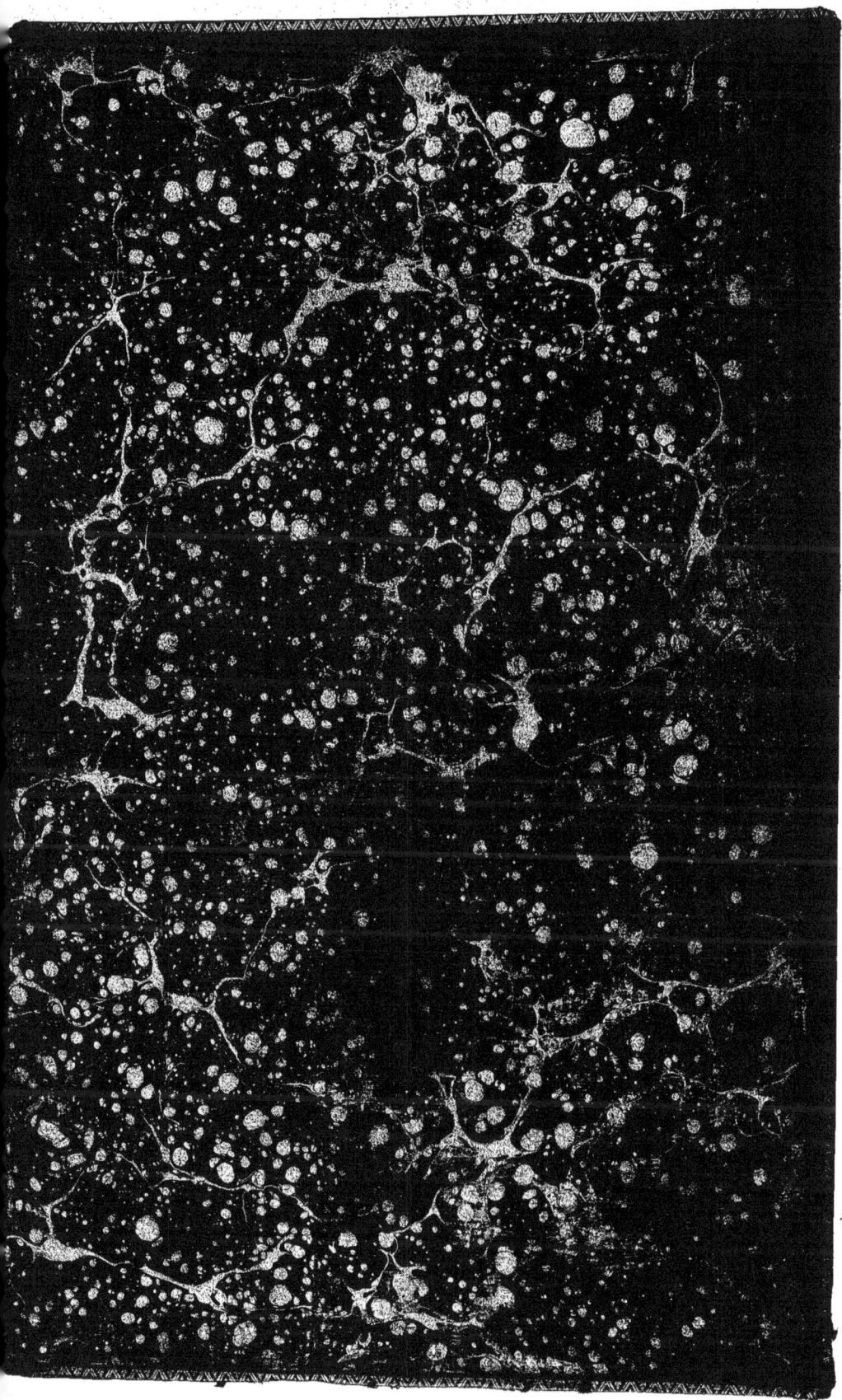